EUL VERLAG

FGF ENTREPRENEURSHIP-RESEARCH MONOGRAPHIEN

Herausgegeben von Prof. Dr. Heinz Klandt, Oestrich-Winkel, Prof. Dr. Dr. h. c. Norbert Szyperski, Köln, Prof. Dr. Michael Frese, Gießen, Prof. Dr. Josef Brüderl, Mannheim, Prof. Dr. Rolf Sternberg, Hannover, Prof. Dr. Ulrich Braukmann, Wuppertal, und Prof. Dr. Lambert T. Koch, Wuppertal

Band 65
Matthias Baum
International Entrepreneurship – Determinants of the Propensity to Internationalize and the Different Types of International New Ventures
Lohmar – Köln 2009 • 80 S. • € 37,- (D) • ISBN 978-3-89936-752-2

Band 66
Alexander Klaußner
Phasenangepasste Führung von Wachstumsunternehmen – Eine empirische Untersuchung im deutschsprachigen Raum
Lohmar – Köln 2009 • 324 S. • € 62,- (D) • ISBN 978-3-89936-843-7

Band 67
Benjamin Pfeifer
Zur Nachhaltigkeitsorientierung von Private Equity-Investoren
Lohmar – Köln 2009 • 408 S. • € 66,- (D) • ISBN 978-3-89936-877-2

Band 68
Florian Muschaweck
Franchising für Zahnärzte – Eine empirische Analyse
Lohmar – Köln 2010 • 308 S. • € 59,- (D) • ISBN 978-3-89936-994-6

Band 69
Markus Kurch
Leitungsstrukturen von Gründungs- und Wachstumsunternehmen – Analyse der Veränderungen im Zeitverlauf
Lohmar – Köln 2010 • 268 S. • € 57,- (D) • ISBN 978-3-89936-999-1

Band 70
Michael Alpert
Türkische Selbstständige in Deutschland – Strukturen und Erfolgsfaktoren im Gründungsprozess
Lohmar – Köln 2011 • 340 S. • € 63,- (D) • ISBN 978-3-8441-0029-7

JOSEF EUL VERLAG

Reihe: FGF Entrepreneurship-Research Monographien · Band 70

Herausgegeben von Prof. Dr. Heinz Klandt, Oestrich-Winkel, Prof. Dr. Dr. h. c. Norbert Szyperski, Köln, Prof. Dr. Michael Frese, Gießen, Prof. Dr. Josef Brüderl, Mannheim, Prof. Dr. Rolf Sternberg, Hannover, Prof. Dr. Ulrich Braukmann, Wuppertal, und Prof. Dr. Lambert T. Koch, Wuppertal

Dr. Michael Alpert

Türkische Selbstständige in Deutschland

Strukturen und Erfolgsfaktoren im Gründungsprozess

Mit einem Geleitwort von Prof. Dr. Werner Smolny,
Universität Ulm

EUL VERLAG

Bibliografische Information der Deutschen Nationalbibliothek

Die Deutsche Nationalbibliothek verzeichnet diese Publikation in der Deutschen Nationalbibliografie; detaillierte bibliografische Daten sind im Internet über <http://dnb.d-nb.de> abrufbar.

Dissertation, Universität Ulm, 2011

ISBN 978-3-8441-0029-7
1. Auflage April 2011

JOSEF EUL VERLAG GmbH
Brandsberg 6
53797 Lohmar
Tel.: 0 22 05 / 90 10 6-6
Fax: 0 22 05 / 90 10 6-88
E-Mail: info@eul-verlag.de
http://www.eul-verlag.de

Bei der Herstellung unserer Bücher möchten wir die Umwelt schonen. Dieses Buch ist daher auf säurefreiem, 100% chlorfrei gebleichtem, alterungsbeständigem Papier nach DIN 6738 gedruckt.

Meinen Eltern

Geleitwort

Die Bedeutung von Migranten für Wirtschaft und Gesellschaft ist regelmäßig Thema intensiver öffentlicher Diskussionen. Dabei wird selten gesehen, dass Migranten mittlerweile zu einem wichtiger Wirtschaftsfaktor in Deutschland geworden sind, was u.a. durch hohe und steigende Zahlen der von Migranten und Personen mit Migrationshintergrund geführten Betriebe zum Ausdruck kommt.

Die wissenschaftliche Analyse von Herrn Alpert widmet sich diesen Betrieben. Sie untersucht verschiedene Aspekte der Selbstständigkeit von Migranten; der Schwerpunkt liegt auf der Analyse der Erfolgsfaktoren türkischer Betriebe im Gründungsprozess. Der Ausgangspunkt der Arbeit ist eine allgemeine Darstellung, Erläuterung und Diskussion der Bedeutung ausländischer Selbstständiger in Deutschland auf der Basis der Literatur und empirischer Untersuchungen anhand aggregierter Daten und mikroökonomischer Daten des Sozio-oekonomischen Panels. Der Kern der Arbeit ist die theoretische und empirische Analyse der Strukturen und der Erfolgsfaktoren türkischer Selbstständiger in den Regionen Ulm/Neu-Ulm und Stuttgart.

Empirische Untersuchungen zu dieser Thematik auf wissenschaftlichem Niveau sind für Deutschland im Gegensatz zu den angelsächsischen Ländern eher selten, da zu ausländischen Selbstständigen bzw. von Migranten oder Personen mit Migrationshintergrund geführten Betrieben kaum aussagekräftige Datensätze vorliegen. Herr Alpert hat im Rahmen mehrerer Projekte zusammen mit zwei Vereinen ausländischer (insbesondere türkischer) Unternehmen eine eigene Erhebung konzipiert, durchgeführt und im Rahmen seiner wissenschaftlichen Arbeit ausgewertet.

Die Ergebnisse zeigen, dass sich der Aufwand gelohnt hat. Die Arbeit liefert neue empirische Evidenz für die in der Literatur diskutierten Hypothesen; für die spezielle Untersuchungsgruppe der türkischen Betriebe in Deutschland kann seine Untersuchung als erste Referenz angesehen werden. Seine wissenschaftliche Analyse liefert damit einen grundlegenden und innovativen Beitrag sowohl zur Migrationsforschung als auch zu den Determinanten und Erfolgsfaktoren der Selbstständigkeit.

Ulm, im März 2011 *Prof. Dr. Werner Smolny*

Danksagung

Mein erster Dank gilt Herrn Prof. Dr. Werner Smolny, der mir die Gelegenheit gab, die vorliegende Arbeit anzufertigen. Ihm danke ich sehr für das in mich gesetzte Vertrauen und zahlreiche anregende Diskussionen. Er gab mir die Freiheit bei der Themenfindung und unterstützte mich in jeder Phase dieser Arbeit mit seinem kompetenten Rat. Diese hervorragende wissenschaftliche Begleitung hat maßgeblich zum Gelingen der Arbeit beigetragen.

Die Zeit am Institut hat mich nicht nur im wissenschaftlichen Bereich geprägt, sondern ich konnte auch persönlich wertvolle Erfahrungen sammeln, auf die ich in meinem weiteren Leben zurückgreifen kann. Hierfür danke ich neben Herrn Prof. Dr. Werner Smolny meinen ehemaligen Kolleginnen und Kollegen.

Frau Prof. Dr. Sabine Jokisch danke ich für ihre Bereitschaft, das Gutachten der Arbeit übernommen zu haben sowie die angenehmen Diskussionen. Darüber hinaus danke ich dem Unternehmerverband Alb-Donau e.V. und dem Unternehmerverband SELF e.V. für die Bereitstellung des Datenmaterials.

Viele meiner ehemaligen Kolleginnen und Kollegen sind meine Freunde geworden, die mir nicht nur mit ihrem fachlichen Rat zur Seite standen, sondern mich auch persönlich bereichert haben. Herrn Dr. Matthias Kirbach danke ich sehr für die kompetente Durchsicht meines Manuskriptes, seine wertvollen Ratschläge und das gemeinsame Lauftraining. Mein herzlicher Dank gilt Herrn Thomas Roscher, der mich durch alle Höhen und Tiefen dieser Arbeit begleitete. Ihm danke ich für seinen unermüdlichen Einsatz im Vorfeld der Datenauswertung und seine mentale Unterstützung. Herrn Martin Schönberger danke ich für seine fachliche Hilfe und Herrn Michael Fischer für die intensive Durchsicht der Arbeit. Auch Herrn Christian Peukert danke ich für seine wertvollen Hinweise.

Für die angenehme, kollegiale und freundschaftliche Arbeitsatmosphäre am Institut möchte ich mich zusätzlich bei Frau Christine Brandt, Frau Sabrina Böck, Frau Kathrin Dengler, Herrn Dr. Kai Kohler, Herrn Manuel Baur und Herrn Daniel Siepe bedanken. Ein herzlicher Dank gebührt Frau Cornelia Schiller, die mich um viele organisatorische Angelegenheiten entlastete und an die ich mich stets wenden konnte.

Ohne meine Eltern wäre diese Arbeit nicht entstanden. Sie ermöglichten mir, meine Träume zu leben und waren immer für mich da, wenn ich ihre Hilfe brauchte. Ihnen und meinem Bruder gilt mein größter Dank. Meiner Freundin danke ich, dass sie in den schwierigen Phasen dieser Arbeit meine Launen ertragen hat und auch heute noch an meiner Seite ist.

Eningen, im September 2010 *Michael Alpert*

Inhaltsverzeichnis

Abbildungsverzeichnis

Tabellenverzeichnis

Abkürzungsverzeichnis

Abs.	Absatz
ADUV	Unternehmerverband Alb-Donau e.V.
AG	Aktiengesellschaft
BAföG	Bundesausbildungsförderungsgesetz
BGB	Bürgerliches Gesetzbuch
BIP	Bruttoinlandsprodukt
BLUE	bester linearer erwartungstreuer Schätzer (Best Linear Unbiased Estimator)
BMWi	Bundesministerium für Wirtschaft und Technologie
BRD	Bundesrepublik Deutschland
bzw.	beziehungsweise
CES	Center for Economic Studies, Washington D.C.
D.C.	District of Columbia
DDR	Deutsche Demokratische Republik
d.h.	das heißt
DIW	Deutsches Institut für Wirtschaftsforschung, Berlin
Difu	Deutsches Institut für Urbanistik, Berlin
DL	Dienstleistung
DM	Deutsche Mark
DtA	Deutsche Ausgleichsbank
EDV	Elektronische Datenverarbeitung
EG	Europäische Gemeinschaft
e.V.	eingetragener Verein
EIF	Europäischer Investmentfonds
einschl.	einschließlich
EK	Eigenkapital
ERP	European Recovery Program

ESRC	Economic and Social Research Council
Est.	Estimated
et al.	et alii, und andere
etc.	et cetera, und so weiter
EU	Europäische Union
f	folgende
ff	fort folgende
FK	Fremdkapital
GbR	Gesellschaft bürgerlichen Rechts
GmbH	Gesellschaft mit beschränkter Haftung
Hrsg.	Herausgeber
ifex	Initiative für Existenzgründungen und Unternehmensnachfolge, Stuttgart
ifm	Institut für Mittelstandsforschung der Universität Mannheim
IHK	Industrie- und Handelskammer
inkl.	inklusive
IZA	Forschungsinstitut zur Zukunft der Arbeit, Bonn
KfW	Kreditanstalt für Wiederaufbau
KG	Kommanditgesellschaft
KMU	kleine und mittlere Unternehmen
Koeff.	Koeffizient
KZ	Konzentrationslager
max.	maximal
Mio.	Millionen
Mrd.	Milliarden
NACE	Nomenclature of economic activities
neg.	negativ
Nr.	Nummer
NRW	Nordrhein-Westfalen
NW-DL	nicht-wissensintensive Dienstleistung
OHG	Offene Handelsgesellschaft
OLS	Methode der Kleinsten Quadrate (Ordinary Least Squares)
p.a.	per anno, pro Jahr
PIER	Penn Institute for Economic Research, Philadelphia

PIMS	Profit Impact of Market Strategies
pos.	positiv
ROI	Return on Investment
RWI	Rheinisch-Westfälisches Institut für Wirtschaftsforschung, Essen
S.	Seite
SB	Selbstbedienung
SCP	Structure-Conduct-Performance
SELF	Verein zur Unterstützung der Selbstständigen e.V.
SOEP	Sozio-oekonomisches Panel
sog.	sogenannte
SPD	Sozialdemokratische Partei Deutschlands
u.a.	und andere/ unter anderem
USA	United States of America
usw.	und so weiter
v.a.	vor allem
Vgl., vgl.	vergleiche
W-DL	wissensintensive Dienstleistung
z.B.	zum Beispiel
ZEW	Zentrum für Europäische Wirtschaftsforschung, Mannheim

Symbolverzeichnis

c	zensierter Wert an der Stelle c
E	Erwartungswert
F	F-verteilte Testgröße
H_0	Nullhypothese
i	Index für die Zahl der Beobachtungen
I	Beobachtungszahl: $i = 1, 2, \ldots, I$
I_T	Einheitsmatrix
j	Index für Zahl der exogenen Variablen
JB	Jarque-Bera
k	Zahl der exogenen Variablen
K	Wölbung
L	Likelihood des berechneten Modells
L_0	Likelihood, dass alle Koeffizienten außer der Konstanten Null sind
ln	natürlicher Logarithmus
min	Minimum
N(0,1)	Standardnormalverteilung mit Erwartungswert Null und Varianz Eins
N	Zahl der Beobachtungen: $i = 1, 2, \ldots, N$
$Prob$	Wahrscheinlichkeit
$Prob$-Wert	Probability-Wert
R^2	Bestimmtheitsmaß
$\bar{R}^2$	korrigiertes Bestimmtheitsmaß
S	Schiefe
s^2	Zufallsvariable mit Mittelwert Null und Varianz Eins
s_y	Varianz
t	Index für die Zahl der Perioden
T	Periodenanzahl: $t = 1, 2, \ldots, T$

$t-Wert$	Wert der t-Statistik
x	exogene Variable
X	Matrix, welche alle exogenen Variablen und die Konstante enthält
y	endogene Variable
z^*	latente Variable
$z-Wert$	Wert der z-Statistik

α	Irrtumswahrscheinlichkeit
β	Regressorkoeffizient
$\hat{\beta}$	geschätzter Koeffizient
ε	Residuum
∂	partielle Ableitung
χ^2	Chi-Quadrat-Verteilung
σ	Standardabweichung
$\hat{\sigma}$	geschätzte Standardabweichung
$\hat{\sigma}_i$	geschätzter Standardfehler des geschätzten Koeffizienten $\hat{\beta}_i$
σ^2	Varianz
Φ	Verteilungsfunktion der Standardnormalverteilung
λ	Likelihood-Ratio-Test

$\triangle$	Veränderung
%	Prozent
∞	unendlich

Variablenverzeichnis

Daten des Sozio-oekonomischen Panels (SOEP)

	Persönlicher Hintergrund
Frau	Person ist eine Frau, Dummy (0/1)
Alter unter 30	Person ist unter 30 Jahre, Dummy (0/1)
Alter 30 bis 40	Person ist zwischen 30 und 40 Jahren, Dummy (0/1)
Alter über 40	Person ist über 40 Jahre, Dummy (0/1)
Verheiratet	Person ist verheiratet, Dummy (0/1)
Kinder	Ein Kind oder mehrere Kinder im Haushalt, Dummy (0/1)
	Humankapital
Dauer	Schul- und Berufsausbildung in Jahren, Werte zwischen 1 und 18
Keinen	Person hat keinen Berufsabschluss, Dummy (0/1)
Lehre	Person hat einen Lehrabschluss, Dummy (0/1)
Meister	Person hat einen Meisterabschluss, Dummy (0/1)
FH	Person hat einen Fachhochschulabschluss, Dummy (0/1)
Uni	Person hat einen Universitätsabschluss, Dummy (0/1)
Gesundheit	Person ist in gutem gesundheitlichen Befinden, Dummy (0/1)
Selbst-Eltern	Eltern der Person sind selbstständig, Dummy (0/1)
Politik	Person ist an Politik interessiert, Dummy (0/1)
	Arbeitsumfeld
Stund niedrig	Person arbeitet max. 40 Stunden pro Woche, Dummy (0/1)
Stund mittel	Person arbeitet zwischen 40 bis 50 Stunden, Dummy (0/1)
Stund hoch	Person arbeitet mehr als 50 Stunden pro Woche, Dummy (0/1)
Eink niedrig	Bruttomonatsverdienst unter 2 000 €, Dummy (0/1)
Eink mittel	Bruttomonatsverdienst zwischen 2 000-3 000 €, Dummy (0/1)
Eink hoch	Bruttomonatsverdienst über 3 000 €, Dummy (0/1)
Haus	Person ist Hauseigentümer, Dummy (0/1)

Industrie	Branche: Industrie, Dummy (0/1)
Bau	Branche: Baugewerbe, Dummy (0/1)
Handel	Branche: Handel, Dummy (0/1)
Wissens-DL	Branche: Wissensintensive Dienstleistungen, Dummy (0/1)
Sonstige	Branche: Sonstige, Dummy (0/1)
	Push-Faktoren
Arbeitslos	Person war in der Vorperiode arbeitslos, Dummy (0/1)
Sorgen	Sorgen um wirtschaftliche Lage in Vorperiode, Dummy (0/1)

Daten der projektbezogenen Primärerhebung

	Personenbezogene Erfolgsfaktoren
Frau	Person ist eine Frau, Dummy (0/1)
Alter 30 bis 40	Person ist zwischen 30 und 40 Jahren, Dummy (0/1)
Alter über 40	Person ist über 40 Jahre, Dummy (0/1)
Verheiratet	Person ist verheiratet, Dummy (0/1)
Geburt Deutschl	Person ist in Deutschland geboren, Dummy (0/1)
Deutscher Pass	Person besitzt deutsche Staatsbürgerschaft, Dummy (0/1)
	Humankapital
Lehre	Person hat einen Lehrabschluss, Dummy (0/1)
Meister	Person hat einen Meisterabschluss, Dummy (0/1)
Hochschule	Person hat einen Hochschulabschluss, Dummy (0/1)
Berufsort	Abschluss in Deutschland erworben, Dummy (0/1)
Selbsterf	Person war früher bereits selbstständig, Dummy (0/1)
Branchenerf	Person verfügt über Branchenerfahrung, Dummy (0/1)
Vorgesetztenerf	Person war früher einmal Vorgesetzter, Dummy (0/1)
Kfm gut	Gute kaufmännische Kenntnisse zu Beginn, Dummy (0/1)
Kfm mittel	Mittlere kaufmännische Kenntnisse zu Beginn, Dummy (0/1)
	Planung und Vorbereitung
Vorbereit hoch	Gründungsvorbereitung von mehr als 6 Monaten, Dummy (0/1)
Geschäftsplan	Person erstellte einen Geschäftsplan, Dummy (0/1)
Beratung	Person nahm Gründungsberatung in Anspruch, Dummy (0/1)
Berat Familie	Person nahm bei Familie Beratung in Anspruch, Dummy (0/1)

Berat Kollegen	Person nahm bei Kollegen oder Geschäftspartnern Beratung in Anspruch, Dummy (0/1)
Berat Institution	Person nahm bei Unternehmensberatern, Kammern oder Unternehmerverein Beratung in Anspruch, Dummy (0/1)
Gezielt	Person wählte Standort gezielt, Dummy (0/1)
Push	Person gründete unfreiwillig, Dummy (0/1)
	Ethnische Ressourcen
Stark Beginn	Starke Verbindung zu Beginn eingesetzt, Dummy (0/1)
Stark Verlauf	Starke Verbindungen im Verlauf eingesetzt, Dummy (0/1)
Ethnisch Beginn	Ethnische Ressourcen zu Beginn eingesetzt, Dummy (0/1)
Ethnisch Verlauf	Ethnische Ressourcen im Verlauf eingesetzt, Dummy (0/1)
Selbst-Eltern	Person hat selbstständige Eltern, Dummy (0/1)
	Kapitalausstattung der Unternehmen
Kapital mittel	Person setzte zwischen 10 001-50 000 € ein, Dummy (0/1)
Kapital hoch	Person setzte mehr als 50 000 € ein, Dummy (0/1)
Mehr EK	Startkapital bestand aus mehr Eigenkapital, Dummy (0/1)
Mehr FK	Startkapital bestand aus mehr Fremdkapital, Dummy (0/1)
	Betriebliche Organisation
Einzel	Einzelunternehmen zu Beginn der Gründung, Dummy (0/1)
Wechsel	Rechtsformwechsel im Zeitverlauf, Dummy (0/1)
Neugründung	Person führte eine Neugründung durch, Dummy (0/1)
Vollerwerb	Gründung ist eine Vollerwerbsgründung, Dummy (0/1)
Beginn Doing	Zu Beginn Arbeit selbst übernommen, Dummy (0/1)
Verlauf Managing	Im Verlauf auf das Leiten konzentriert, Dummy (0/1)
Mitarbeiter	Betrieb hatte zu Beginn Mitarbeiter, Dummy (0/1)
Arbeitszeit hoch	Arbeitszeit von mehr als 40 Stunden pro Woche, Dummy (0/1)
	Betriebliche Strategie
Ausbr Situation	Person erreicht Kunden über Ethnie hinaus, Dummy (0/1)
Ausbr Gebiet	Person erweiterte das Marktgebiet, Dummy (0/1)
Differenzierung	Person verfolgt Strategie der Differenzierung, Dummy (0/1)
Marktnischen	Person konzentriert sich auf Marktnischen, Dummy (0/1)
Preisführer	Person verfolgt Strategie der Preisführerschaft, Dummy (0/1)
	Standortlage

BIP mittel	Durchschnittliches Wirtschaftswachstum in den ersten fünf Jahren nach Gründung von 0,6-1,5%, Dummy (0/1)
BIP hoch	Durchschnittliches Wirtschaftswachstum in den ersten fünf Jahren nach Gründung von mehr als 1,5%, Dummy (0/1)
Region mittel	Betrieb ist in Ulm/Neu-Ulm angesiedelt, Dummy (0/1)
Region groß	Betrieb ist in Stuttgart angesiedelt, Dummy (0/1)
Agglomeration	Betrieb liegt in Agglomerationslage, Dummy (0/1)
Konk mittel	Mittlere Konkurrenzdichte zu Beginn, Dummy (0/1)
Konk groß	Große Konkurrenzdichte zu Beginn, Dummy (0/1)
Förderung	Inanspruchnahme öffentlicher Fördermittel, Dummy (0/1)
	Branchenwahl
Einzelhandel	Branche: Einzelhandel, Dummy (0/1)
Gastronomie	Branche: Gastronomie, Dummy (0/1)
W-DL	Branche: Wissensintensive Dienstleistungen, Dummy (0/1)
NW-DL	Branche: Nicht-wissensintensive Dienstleistungen, Dummy (0/1)

Kapitel 1

Einleitung

Die Wirtschaftsmeldungen in den Medien werden geprägt durch die Schlagzeilen großer multinationaler Konzerne. Vor allem im Zuge der aktuellen Finanzmarktkrise richtet sich der Fokus der Öffentlichkeit und der Politik auf diese Großkonzerne. Mitteilungen über kleine und mittlere Unternehmen (KMU) werden dagegen häufig nur als Randnotiz wahrgenommen. Zu Unrecht, wie ein Blick auf die Zahlen des Statistischen Bundesamtes (Klees 2008) zeigt. 99,3% aller Unternehmen in Deutschland sind den KMU zuzuordnen. Nach einer Definition der Kommission der Europäischen Gemeinschaft beschäftigen diese Unternehmen weniger als 250 Mitarbeiter und erwirtschaften einen Jahresumsatz von höchstens 50 Millionen €. Fast 60% aller Arbeitsplätze werden von den KMU gestellt. Darüber hinaus generieren sie ein Drittel aller Umsätze. In einzelnen Wirtschaftszweigen nehmen die KMU sogar eine noch höhere Bedeutung für die deutsche Volkswirtschaft ein. So erzielten sie 80% der gesamten Umsätze im Bau- und Gastgewerbe im Jahr 2005 und beschäftigten dort 90% aller Arbeitnehmer. Das Bundesministerium für Wirtschaft und Technologie (BMWi (Hrsg.) 2009, S. 7) fasst den Stellenwert der KMU, die häufig auch als Mittelstand bezeichnet werden, wie folgt zusammen:

> *"Es sind insbesondere die kleinen und mittleren Unternehmen, die für die Vielfalt und die Wettbewerbsfähigkeit unserer Marktwirtschaft stehen. Von der freiberuflichen Arztpraxis oder Anwaltskanzlei über Dienstleistungs- und Handelsunternehmen, Handwerksbetriebe bis hin zu Maschinenbauern und Hightech-Schmieden: [...] Sie sind der Motor, der unsere Wirtschaft antreibt und für Wachstum und Fortschritt und damit für Wohlstand und soziale Sicherung sorgt."*

Der Blick auf die Zahlen belegt die Bedeutung der KMU für die deutsche Volkswirtschaft. Hierüber sind sich die Ökonomen und Politiker einig. Eine Tatsache ist jedoch der breiten Öffentlichkeit weitestgehend unbekannt: Ausländische Selbstständige stellen einen wachsenden Anteil an den KMU und bergen ein ganz erhebliches wirtschaftliches Potenzial. Wie kam es zu dieser Entwicklung? Im Zuge des Wiederaufbaus in der Bundesrepublik nach dem zweiten Weltkrieg herrschte ein akuter Mangel an Arbeitskräften. Um die Wirtschaft mit Arbeitskräften zu versorgen, schloss die Regierung Anwerbeabkommen mit Ländern wie Italien, Spanien und Griechenland. Im Jahre 1964 kam die Türkei hinzu. Der Begriff des "Gastarbeiters" wurde geboren. So wurden die ausländischen Arbeitnehmer als eine vorübergehende Erscheinung betrachtet, und die politischen Entscheidungsträger gingen von einer baldigen Rückkehr ins Heimatland aus. Auch bei den Migranten lag die Absicht vor, im Rahmen ihres befristeten Aufenthaltes Ersparnisse aufzubauen, um damit in die Heimat zurückzukehren.

Doch die Rückkehrabsichten der Ausländer änderten sich. Häufig reichte die Zeit nicht aus, ein hinreichend großes Vermögen aufzubauen. Zudem überwanden viele Migranten ihre Anpassungsschwierigkeiten und übernahmen deutsche Lebensgewohnheiten. Bei den türkischen Arbeitnehmern kam die wirtschaftlich angespannte Situation in ihrem Heimatland hinzu. Mit dem Nachzug der Familienangehörigen wurden aus den ehemaligen Gastarbeitern dauerhafte Bürger der Bundesrepublik. Die geänderten Verbleibeabsichten, aber auch drohende Arbeitslosigkeit in der Bundesrepublik nach Jahren wirtschaftlichen Aufschwungs, rückte die Selbstständigkeit für viele Migranten in das Blickfeld.

Ab den 1980er Jahren setzte ein regelrechter Boom an Existenzgründungen unter den Migranten ein, der bis in die Gegenwart anhält. So hat die Bedeutung ausländischer Selbstständiger in den letzten Jahren kontinuierlich zugenommen. Allein zwischen den Jahren 1990 und 2007 hat sich die Zahl der Migrantenbetriebe auf 378 000 verdoppelt. Die Zahl der deutschen Selbstständigen wuchs in diesem Zeitraum um lediglich ein Drittel. Heute stellen die von Migranten geführten Betriebe eine wichtige Stütze der deutschen Wirtschaft dar. Nach einer Untersuchung von Leicht et al. (2005) bieten sie je nach Schätzung zwischen 2,7% und 3,9% aller Beschäftigten in Deutschland einen Arbeitsplatz. Während der Beschäftigungsbeitrag der deutschen Unternehmen jüngst zurückging, erhöhte sich der der ausländischen Betriebe. Die mit Abstand ökonomisch stärkste Gruppe unter den ausländischen Selbstständigen stellen dabei die Türken dar. Schließt man zusätzlich die eingebürgerten Türken ein, so beziffern Leicht et al. (2005) deren Zahl auf mehr als 60 000. Diese Selbstständigen erwirtschafteten allein im Jahr 2003 einen Umsatz von 25 Milliarden €.

Trotz der zunehmenden ökonomischen Bedeutung sind Informationen über von Ausländern geführte Unternehmen nur unzureichend vorhanden. So liegt ein umfassender Überblick über die Entwicklung und Struktur des ethnischen Unternehmertums in Deutschland nicht vor. Die meisten amtlichen statistischen Angaben beruhen auf Auswertungen des Mikrozensus. Obwohl es in der bestehenden Literatur unumstritten ist, dass sich Strukturen und Bedürfnisse der Migrantenbetriebe von denen der deutschen Unternehmen unterscheiden, wurde dieser auch als "Ethnic Entrepreneurship" bezeichnete Bereich der Forschung bislang weitestgehend vernachlässigt. Während im angelsächsischen Raum, aber auch im benachbarten Ausland, ein ganzer Forschungszweig mit einer Vielzahl an theoretischen und empirischen Arbeiten entstand, beschränken sich in Deutschland die Erkenntnisse über das hier ansässige ethnische Unternehmertum auf einige wenige Studien. So existieren Angaben über

Anzahl und Strukturen der im gesamten Bundesgebiet beheimateten Migrantenbetriebe sowie vereinzelte regionale Untersuchungen. Strukturelle Vergleiche zwischen deutschen und ausländischen Selbstständigen liegen jedoch nur bedingt vor. Für Floeting et al. (2004, S. 16) stellen "die Wissenslücken hinsichtlich der Struktur ethnischer Unternehmer und deren spezifischer Funktionsmechanismen [...] ein wesentliches Hindernis für den Umgang mit dem Thema dar".

Mit der zunehmenden ökonomischen Bedeutung ausländischer Selbstständiger in Deutschland gehen aber existenzielle Probleme einher. So partizipieren Ausländer zwar im Vergleich zu den Deutschen überdurchschnittlich häufig an Gründungen, jedoch auch an Schließungen. Vielfach muss das erst neu gegründete Unternehmen nach wenigen Jahren bereits wieder schließen. Eine Studie des Mannheimer Instituts für Mittelstandsforschung kommt beispielsweise zu dem Ergebnis, dass in Mannheim auf fünf Gründungen türkischer Selbstständiger vier Betriebsschließungen folgen (Leicht et al. 2005). Eine erfolgreiche Gründung ist jedoch von erheblicher wirtschaftlicher Bedeutung für eine Volkswirtschaft. Koch (2001) unterscheidet dabei zwischen der faktorseitigen und güterseitigen Gründungswirkung. Auf der Faktorseite bietet eine Gründung dem Faktor Kapital neue, effizientere Investitionsmöglichkeiten. Zusätzlich gehen mit einer Gründung beschäftigungsfördernde Effekte einher. So werden in den meisten Fällen neue Arbeitsplätze geschaffen. Auf der Güterseite trägt eine Gründung zur Vielfalt an Waren und Dienstleistungen bei und übernimmt somit eine Versorgungsfunktion. Schließlich führt eine Gründung zur Belebung des Wettbewerbs. Die von Roman Herzog (1997) getroffene Aussage hat damit noch heute Gültigkeit:

> *"Wir brauchen in Deutschland wieder Gründerjahre, eine neue Wagniskultur, einen Mentalitätswandel hin zu mehr Risikobereitschaft, Flexibilität und Offenheit gegenüber dem Wandel. Dazu gehört auch eine Gründerwelle, damit junge und junggebliebene Menschen mit guten Ideen den Sprung in die berufliche Selbstständigkeit wagen."*

Aus diesen Überlegungen heraus ist eine erfolgreiche Gründung von großer wirtschaftlicher Bedeutung für jede Volkswirtschaft. Seit den 1970er Jahren beschäftigt sich die Erfolgsfaktorenforschung mit dieser Thematik. Besonders in der jüngsten Zeit hat das Interesse an diesem Forschungszweig sowohl von Seiten der Wissenschaft als auch von Seiten der Politik und Wirtschaft deutlich zugenommen. Dies spiegelt sich in Form steigender Publikationen wider. Doch trotz der gewachsenen ökonomischen Bedeutung ausländischer, im Speziellen türkischer Selbstständiger in Deutschland existiert bislang keine Untersuchung, die sich explizit mit dieser Gruppe auseinandersetzt. Bestehende Studien unterscheiden in ihren Stichproben die Selbstständigen nicht nach der Nationalität und führen keine gesonderten Auswertungen durch. Auch der im angelsächsischen Bereich entstandene Forschungszweig des "Ethnic Entrepreneurship" hat bislang nur wenige Arbeiten hervorgebracht, die sich mit den unternehmerischen Erfolgsfaktoren auseinandersetzen. Zu erwähnen sind v.a. die Studien von Bates (1993) sowie Basu und Goswami (1999). Auf diesem Gebiet besteht also akuter Forschungsbedarf, da auf Grund der strukturellen

Unterschiede deutscher und ausländischer Unternehmen Ergebnisse der allgemeinen Gründungsforschung nicht auf eine spezielle Gruppe übertragen werden können.

In diese Ausgangslage, dem wachsenden wirtschaftlichen Potenzial ausländischer Selbstständiger, den Wissenslücken bezüglich deren Strukturen sowie den Faktoren einer erfolgreichen Gründung, ist die Arbeit einzuordnen. Dabei liegt der Fokus auf der ökonomisch stärksten Gruppe unter den ausländischen Selbstständigen, den Türken. Das zentrale Ziel ist es, die Erfolgsfaktoren im Gründungsprozess zu untersuchen. Daraus leiten sich weitere Fragestellungen ab, die die Struktur der Arbeit bestimmen. So werden in einer einführenden Analyse strukturelle Informationen über ausländische Selbstständige in Deutschland gewonnen. Darüber hinaus interessieren die theoretischen Hintergründe der Erfolgsfaktorenforschung, um einen Modellrahmen für die empirische Analyse zu erarbeiten. Folgende Fragen stehen im Mittelpunkt:

- Wo liegen die Unterschiede zwischen ausländischen (insbesondere türkischen) und deutschen Selbstständigen?
- Welche theoretischen Erkenntnisse liegen in der Erfolgsfaktorenforschung für Migranten vor?

Nach der einführenden Analyse stehen die türkischen Selbstständigen im Mittelpunkt. Ziel ist es, Information über die betrieblichen Strukturen und die Erfolgsfaktoren im Gründungsprozess zu gewinnen. Ein für die Fragestellung geeigneter Datensatz liegt in Deutschland nicht vor. Daher wird auf einen Datensatz zurückgegriffen, der durch die Arbeit zweier Projekte entstand. So befragte der Unternehmerverband Alb-Donau e.V. (ADUV) 141 türkische Selbstständige in Ulm und Neu-Ulm. Weitere 45 Selbstständige aus Stuttgart ergänzen die Datenbasis. Die Befragung in Stuttgart wurde durch den Verein zur Unterstützung von Selbstständigen e.V. (SELF) durchgeführt. Folgende Fragen interessieren bei der empirischen Analyse:

- Welche betrieblichen Strukturen weisen türkische Selbstständige in Ulm/Neu-Ulm und Stuttgart auf?
- Was kennzeichnet einen erfolgreichen türkischen Gründer und gibt es dabei Unterschiede zu einem deutschen Gründer?

Der Gang der Untersuchung ist in Abbildung 1.1 graphisch dargestellt und vollzieht sich wie folgt: **Kapitel 2** gibt einen Überblick über die Strukturen ausländischer Selbstständiger und vergleicht dabei die Zielgruppe dieser Arbeit, die Türken, mit den restlichen Migranten und den Deutschen. Die Diskussion relevanter Begrifflichkeiten legt zunächst die definitorischen Grundlagen der Arbeit. Die Entwicklung der ausländischen Selbstständigen ist eng verbunden mit der deutschen Einwanderungsgeschichte. Daher interessiert die Zuwanderung nach dem zweiten Weltkrieg mit einem Schwerpunkt auf den Gastarbeitern. Um Informationen über ausländische Selbstständige zu gewinnen, wird auf unterschiedliche Quellen zurückgegriffen.

Abbildung 1.1: Gliederung der Arbeit

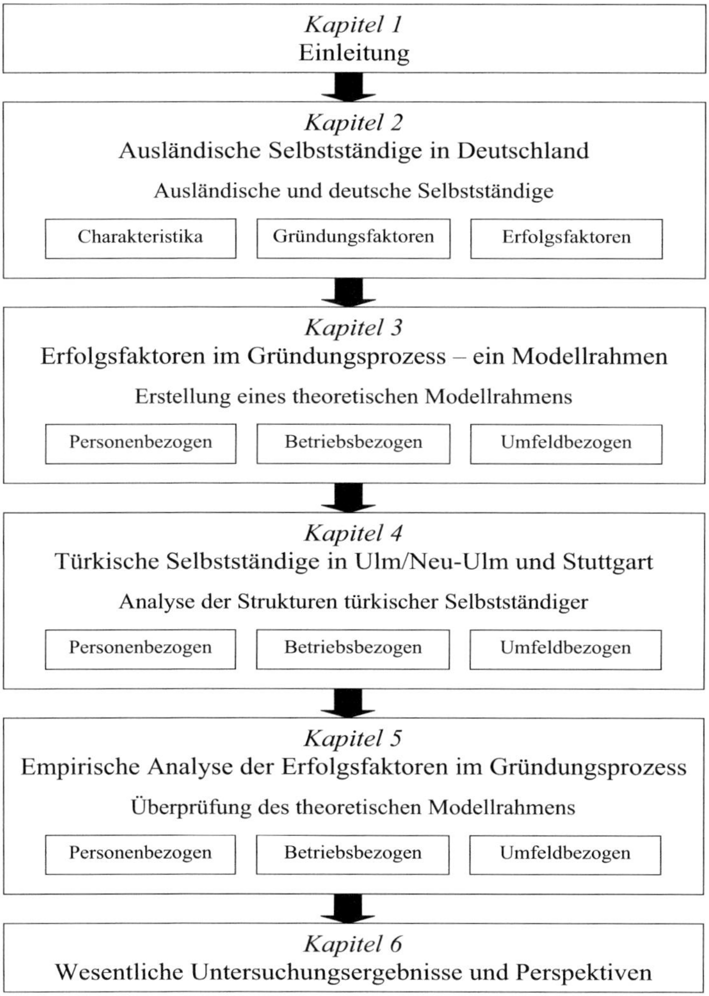

Zur Darstellung der Entwicklung ausländischer Selbstständigkeit werden Zahlen des Statistischen Bundesamtes ausgewertet. Die Analyse bestehender Studien bezüglich ausländischer Selbstständiger liefert erste strukturelle Informationen. Unterschieden werden kann dabei zwischen aggregierten Untersuchungen, die bundesweite Zahlen beinhalten, und regionalen Studien. Von besonderem Interesse sind die Strukturen der türkischen Selbstständigen. Ein weiterer Aspekt der Analysen von Kapitel 2 betrifft die Determinanten der Selbstständigkeit. Zunächst werden die Konzepte aus der allgemeinen Gründungsforschung vorgestellt. Im Wesentlichen werden zwei Hauptrichtungen diskutiert, die einen Gründungsimpuls auslösen: Faktoren, die in der Person des Gründers liegen und Faktoren, die der Umwelt des Gründers zugeordnet werden können. Die Konzepte aus der ethnischen Gründungsforschung konzentrieren sich auf das Nischenmodell, das Kulturmodell und das Reaktionsmodell. In einem Literaturüberblick wird die empirische Relevanz dieser Konzepte überprüft.

Der Fokus der empirischen Analyse liegt auf dem Vergleich zwischen türkischen, ausländischen und deutschen Selbstständigen. Für die Untersuchung werden Daten des Sozio-oekonomischen Panels (SOEP) des DIW verwendet, die die Jahre 1990 bis 2008 umfassen. In einer deskriptiven Analyse werden erste Aussagen über die Charakteristika türkischer, ausländischer und deutscher Selbstständiger getroffen. Die ökonometrische Untersuchung basiert auf dem Probit-Modell und vollzieht sich in drei Schritten. Zunächst werden die türkischen und ausländischen Selbstständigen anhand ausgewählter sozio-demographischer Merkmale charakterisiert sowie ein Vergleich zu den deutschen Selbstständigen gezogen. Die Auswahl der Variablen orientiert sich an den vorgestellten aggregierten und regionalen Studien. Im zweiten Schritt der Analyse interessieren die Faktoren, die den Gang in die Selbstständigkeit beeinflussen. Hierbei werden die Konzepte aus der allgemeinen und ethnischen Gründungsforschung empirisch überprüft. In einer dritten Analyse werden erste Anhaltspunkte darüber gewonnen, welche Faktoren den wirtschaftlichen Erfolg eines Selbstständigen beeinflussen. Das Kapitel schließt mit einer Zusammenfassung der gesammelten Ergebnisse.

Schwerpunkt dieser Arbeit bilden die Erfolgsfaktoren im Gründungsprozess eines ausländischen Selbstständigen. In **Kapitel 3** wird auf die theoretischen Hintergründe eingegangen, die die Basis der empirischen Analyse bilden und zur Auswahl der Erfolgsfaktoren dienen. Zunächst werden die Grundlagen der Erfolgsfaktorenforschung diskutiert. Das beinhaltet eine Einführung in die Geschichte der Erfolgsfaktorenforschung sowie die Diskussion der Ziele und Methodik. So kann hinsichtlich des methodischen Vorgehens zwischen der Erhebungsmethodik, der Auswertungsmethodik und der Theorieleitung unterschieden werden. Untersuchungsgegenstand der Analyse bildet die Unternehmensgründung. Zur Erläuterung des Begriffes wird auf die Phasen einer Unternehmensgründung eingegangen. In der Literatur werden diesbezüglich zahlreiche Modelle diskutiert. Im Wesentlichen lässt sich der Gründungsprozess jedoch in drei Phasen einteilen: die Keimphase, die Start-up-Phase und die Etablierungsphase. Um einen Modellrahmen bezüglich den Erfolgsfaktoren bei Gründungen durch Migranten zu erstellen, werden Konzepte aus der allgemeinen und ethnischen Gründungsforschung vorgestellt. Die allgemeine Gründungsforschung unterscheidet zwischen personenorientierten, betriebszentrierten und umfeldbezogenen Theorieansätzen. In der ethnischen Gründungsforschung dominiert ein Interaktionsmodell aus Möglichkeitsstrukturen und Gruppencharakteristika. Durch das Zusammenführen der Konzepte aus der allgemeinen und ethnischen Gründungsforschung werden die für die empirische Analyse relevanten Erfolgsfaktoren ausgewählt.

Als erste relevante Einflussgruppe auf den Gründungserfolg werden die personenbezogenen Erfolgsfaktoren diskutiert. Hierunter fallen sozio-demographische Merkmale wie das Geschlecht, das Alter und der Familienstand. Das Humankapital nimmt eine bedeutende Stellung unter den personenbezogenen Faktoren ein. Unterschieden wird dabei zwischen dem allgemeinen Humankapital, dem branchenspezifischen Humankapital und dem unternehmerischen Humankapital. Als weiterer personenbezogener Erfolgsfaktor wird auf die Rolle der Planung und Vorbereitung eingegangen. Weiter interessieren die ethnischen Ressourcen. Hierunter fallen inbesondere die Netzwerkaktivitäten der ausländischen Unternehmer/-innen. Die zweite Einflussgruppe auf den Gründungserfolg bilden die betriebsbezogenen Faktoren. Zunächst interessiert die Kapitalausstattung einer Gründung. Das betrifft die Höhe des Startkapitals sowie die Zusammensetzung der finanziellen Mittel. Weiter ist die betriebliche Organisation zu nennen. Hier wird auf die Rolle der Rechtsform, die Art der Gründung und die interne Struktur eingegangen. Die betriebliche Strategie als letzter betriebsbezogener Faktor konzentriert sich auf den Kundenkreis, an den sich der ausländische Selbstständige wendet. Unter die umfeldbezogenen Faktoren fällt die Lage des Standortes. Von Bedeutung ist dabei die regionale Ansiedlung, die lokale Einbettung sowie die Konkurrenzdichte. Zusätzlich wird auf die Bedeutung öffentlicher Fördermaßnahmen und die Wahl der Gründungsbranche eingegangen. Das Kapitel endet mit einer Zusammenfassung der gesammelten Ergebnisse.

In **Kapitel 4** wird der Datensatz vorgestellt, der die Grundlage für die empirische Analyse der Erfolgsfaktoren im Gründungsprozess bildet. Ziel des Kapitels ist es, betriebliche Informationen über von Türken geführten Unternehmen zu gewinnen. Wie bereits erwähnt, geht der Datensatz aus der Arbeit zweier Projekte hervor. Die Projekte richten sich an Selbstständige mit Migrationshintergrund und konzentrieren sich auf die Regionen Ulm/Neu-Ulm und Stuttgart. Insgesamt wurden 186 türkische Selbstständige durch die Projektträger persönlich und vor Ort befragt. Der bei der Betriebsbefragung eingesetzte Fragebogen ist in 16 themenspezifische Bereiche untergliedert und umfasst 30 Seiten.

Im Rahmen der deskriptiven Auswertung des Datensatzes werden die in Kapitel 3 identifizierten Erfolgsfaktoren vorgestellt. Zur Ermittlung der strukturellen Informationen wird daher erneut zwischen personenbezogenen, betriebsbezogenen und umfeldbezogenen Variablen unterschieden. Zusätzlich werden die Ergebnisse in den Kontext bestehender Untersuchungen eingeordnet. So interessiert, ob sich die Strukturen der befragten türkischen Selbstständigen aus Ulm/Neu-Ulm und Stuttgart von den bundesweiten Zahlen unterscheiden. Darüber hinaus wird ein Vergleich zwischen den Regionen Ulm/Neu-Ulm und Stuttgart durchgeführt. Das Kapitel schließt mit einer Zusammenfassung der gesammelten Ergebnisse.

In **Kapitel 5** wird der theoretische Modellrahmen zu den Faktoren des Erfolges im Gründungsprozess empirisch überprüft. Datenbasis bilden die bereits vorgestellten türkischen Selbstständigen aus Ulm/Neu-Ulm und Stuttgart. Betrachtet werden jedoch nur die Unternehmer/-innen, die ihren Betrieb nach dem Jahr 1995 gegründet haben. Als mögliche Erfolgsindikatoren bieten sich im Fragebogen zahlreiche Variablen an. Zur Überprüfung der Robustheit der empirischen Ergebnisse werden die Analysen für insgesamt drei unterschiedliche Erfolgsindikatoren durchgeführt. Weiter interessieren die Einflussgrößen auf den Gründungserfolg. Deren Auswahl wird auf Basis des in Kapitel 3 erstellten theoretischen Modellrahmens getroffen. Als Schätzverfahren wird erneut das Probit-Modell verwendet. Eine deskriptive Auswertung des Datensatzes gibt erste Anhaltspunkte über den Einfluss der personenbezogenen, betriebsbezogenen und umfeldbezogenen Faktoren auf den Gründungserfolg.

Im Rahmen der multivariaten Analyse wird das vorgestellte ökonometrische Modell spezifiziert und eine Basisschätzung diskutiert. Diese Basisschätzung besteht aus ausgewählten personenbezogenen, betriebsbezogenen und umfeldbezogenen Erfolgsfaktoren. Dadurch werden erste grundlegende Erkenntnisse über das Profil einer erfolgsversprechenden Gründung gesammelt. In den weiteren Analysen wird dieses Basismodell schrittweise um zusätzliche Erfolgsfaktoren erweitert. Das Basismodell liefert dabei einen unverzichtbaren Satz an Kontrollvariablen. Zunächst wird die Ausgangsschätzung um personenbezogene Erfolgsfaktoren ergänzt. Unterschieden wird zwischen sozio-demographischen Merkmalen des Gründers, Variablen des Humankapitals, Variablen der Planung sowie ethnischen Ressourcen. Zusätzlich wird das Basismodell um betriebsbezogene Faktoren erweitert. Diskutiert wird die Rolle des Finanzkapitals und der Organisation sowie die Wahl der betrieblichen Strategie. Schließlich wird der Einfluss weiterer umfeldbezogener Erfolgsfaktoren untersucht. Von Interesse ist u.a. die regionale Ansiedlung und die Bedeutung öffentlicher Fördermaßnahmen. Eine Einordnung der Ergebnisse aus den Schätzungen in die bestehende Literatur dient dazu, das Profil einer erfolgreichen türkischen Gründung mit dem einer erfolgreichen deutschen Gründung zu vergleichen. Das Kapitel schließt mit einer Zusammenfassung der gesammelten Ergebnisse.

Kapitel 6 fasst die wesentlichen Ergebnisse der Arbeit zusammen und wirft einen Blick auf die Implikationen für die politischen Entscheidungsträger. Darüber hinaus wird ein Ausblick auf weitere Forschungsmöglichkeiten gegeben.

Kapitel 2

Ausländische Selbstständige in Deutschland

Immer mehr Migranten prägen mit der Eröffnung eines neuen Ladens oder Büros das Erscheinungsbild der Städte. Nicht nur Alltagsbeobachtungen vermitteln den Eindruck, dass die ausländischen Selbstständigen mittlerweile ein ganz erhebliches wirtschaftliches Potenzial darstellen. Seit Anfang der 1990er Jahre hat sich die Zahl der Migrantenbetriebe mehr als verdoppelt. Die 378 000 von Migranten geführten Betriebe sind eine wichtige Stütze der deutschen Wirtschaft und leisten einen stetig wachsenden Beschäftigungsbeitrag. Im Jahr 2003 erwirtschafteten griechische, italienische und türkische Unternehmen einen Gesamtumsatz von fast 50 Milliarden €. Die zahlenmäßig größte Gruppe unter den ausländischen Selbstständigen stellen dabei die Türken.

Ziel des folgenden Kapitels ist es, das "Phänomen" der ausländischen Selbstständigkeit zu untersuchen. Im Fokus stehen die Strukturen der ausländischen Selbstständigen sowie die Determinanten der Selbstständigkeit. Dabei wird ein Vergleich zwischen Deutschen und Migranten gezogen und auf die Zielgruppe dieser Arbeit, die Türken, eingegangen. Im anschließenden Kapitel 2.1 folgt zunächst eine Diskussion des Begriffes der "ausländischen Selbstständigen". Das Entstehen der ausländischen Selbstständigkeit ist eng mit der deutschen Einwanderungsgeschichte verbunden. Kapitel 2.2 gibt daher einen kurzen Überblick über die deutsche Zuwanderung nach dem zweiten Weltkrieg. In Kapitel 2.3 werden die bestehenden Studien zur ausländischen Selbstständigkeit vorgestellt und ausgewertet. Dabei wird zwischen aggregierten und regionalen Untersuchungen unterschieden. Kapitel 2.4 geht auf die Determinanten der Selbstständigkeit ein. Nach einer Vorstellung der Modelle aus der allgemeinen Gründungsforschung interessieren die Konzepte aus der ethnischen Gründungsforschung. Es schließt sich eine Diskussion der empirischen Studien an. Kapitel 2.5 führt eine eigene empirische Untersuchung durch und baut auf den Ergebnissen aus der Literatur auf. Datengrundlage bildet das SOEP für die Jahre 1990 bis 2008. Die Analyse vollzieht sich in drei Schritten: Zunächst wird ein Selbstständiger anhand ausgewählter Merkmale charakterisiert. Im zweiten Schritt folgt eine Untersuchung der Determinanten der Selbstständigkeit. Abschließend werden erste

Anhaltspunkte über die unternehmerischen Erfolgsfaktoren gewonnen. Von besonderem Interesse ist dabei der Vergleich zwischen Deutschen, Türken und den übrigen Migranten. Kapitel 2.6 fasst die gesammelten Ergebnisse zusammen.

2.1 Begriffliche Grundlagen

Der Begriff des "ausländischen Selbstständigen" umfasst eine große Bandbreite an möglichen Untersuchungsgruppen von Selbstständigen und kleinen Familienbetrieben bis hin zu den Niederlassungen multinationaler Unternehmen. Daher bedarf es zunächst einiger wesentlicher definitorischer Abgrenzungen, auf deren Basis die weiteren Analysen durchgeführt werden. Nach der formalen Auseinandersetzung mit den Begrifflichkeiten des Ausländers und der Selbstständigkeit wird auf die in der Arbeit verwendeten Konzepte eingegangen.

In der wissenschaftlichen Literatur tauchen für Ausländer unterschiedlichste Begrifflichkeiten auf: Migranten, Personen mit Migrationshintergrund oder ethnische Minderheiten. Rechtlich definiert das deutsche Ausländergesetz einen Ausländer als eine Person, die nicht die deutsche Staatsbürgerschaft besitzt. Diese formalrechtliche Definition berücksichtigt jedoch nicht die heterogene Zusammensetzung der Gruppe der Ausländer. So leben viele nach dem zweiten Weltkrieg zugewanderten Personen mittlerweile über Jahrzehnte hinweg in Deutschland und verfügen sogar über eine deutsche Staatsbürgerschaft. Hier scheint der Terminus des Migranten angebrachter zu sein. Als Migranten werden nach Fischer (2002, S. 1) Personen bezeichnet, "[...] die dauerhaft oder zeitlich begrenzt ihre Heimat verlassen haben und in einem anderen Land eine Bleibe suchen bzw. sie gefunden haben". Ein Migrant kann folglich im Zuge seines dauerhaften Aufenthalts in Deutschland eine deutsche Staatsbürgerschaft erworben haben. Dabei lassen sich die Migranten im Wesentlichen in drei Gruppen unterteilen: Arbeitsmigranten oder auch die sog. Gastarbeiter, Aussiedler und Flüchtlinge (Hamburger 2000). Nicht erfasst werden mit dem Begriff des Migranten die in Deutschland geborenen Kinder der Einwanderer. Um auch diese zweite oder dritte Generation zu berücksichtigen, führte das Statistische Bundesamt in seinen Auswertungen im Jahr 2005 erstmals das Konzept der "Bevölkerung mit Migrationshintergrund" ein. Damit sollen nicht nur die Zuwanderer selbst, sondern auch bestimmte der in Deutschland geborenen Nachkommen betrachtet werden. Zu den Personen mit Migrationshintergrund zählen nach dem Statistischen Bundesamt demnach "[...] alle nach 1949 auf das heutige Gebiet der Bundesrepublik Deutschland Zugewanderten, sowie alle in Deutschland geborenen Ausländer und alle in Deutschland als Deutsche Geborenen mit zumindest einem zugewanderten oder als Ausländer in Deutschland geborenen Elternteil" (Statistisches Bundesamt 2009a, S. 6). Eine ebenso breite Definition liegt dem häufig in der wissenschaftlichen Literatur verwendeten Begriff der "ethnischen Minderheit" zu Grunde. Dieser bezieht sich auf die gemeinsame Herkunft, das Zusammengehörigkeitsbewusstsein sowie die gemeinsame Kultur und Geschichte einer bestimmten Teilbevölkerung der Gesellschaft (Kemper 1997). Dieses Konzept erfasst auch die Eingebürgerten, sofern sie sich der kulturellen Identität zugehörig fühlen. So definierte die parlamentarische

Versammlung des Europarates im Jahr 1993 auch für Eingebürgerte den Begriff der "nationalen Minderheit" (vgl. Angst 2005). Demnach wird als nationale Minderheit eine Gruppe von Personen bezeichnet, die

- im Hoheitsgebiet eines Staates ansässig und dessen Staatsbürger sind,
- langjährige, feste und dauerhafte Verbindungen zu diesem Staat aufrechterhalten,
- besondere ethnische, kulturelle, religiöse oder sprachliche Merkmale aufweisen,
- ausreichend repräsentativ sind, obwohl ihre Zahl geringer ist als die der übrigen Bevölkerung dieses Staates oder einer Region dieses Staates,
- vom Wunsch beseelt sind, die für ihre Identität charakteristischen Merkmale, inbesondere ihre Kultur, ihre Traditionen, ihre Religion oder ihre Sprache, gemeinsam zu erhalten.

In der vorliegenden Arbeit wird ein pragmatischer Definitionsansatz verfolgt, der sich an dem zur Verfügung stehenden Datenmaterial orientiert. In Kapitel 2 bezieht sich der Begriff des "Ausländers" zunächst auf Personen mit einer nicht-deutschen Staatsbürgerschaft. Bei der Auswertung des SOEP wird zwischen Migranten und Personen mit Migrationshintergrund unterschieden. In den weiteren Kapiteln werden sämtliche Personen mit einem Migrationshintergrund betrachtet. Dabei folgt der Begriff des "Migrationshintergrundes" der Definition des Statistischen Bundesamtes. Die Begriffe "Ausländer" und "Migrant" werden im Verlauf dieser Arbeit synonym verwendet.

Ein zweiter zu definierender Begriff ist die Selbstständigkeit. Die Bezeichnung "Selbstständige" und "Unternehmer" werden häufig synonym verwendet. Leicht et al. (2001) weisen jedoch darauf hin, dass die beiden Begriffe nicht deckungsgleich sind. In der Literatur lassen sich zahlreiche Definitionen zum Terminus der Selbstständigkeit finden, angeführt werden soll an dieser Stelle die Festlegung der amtlichen Statistik. Demnach sind Selbstständige "Personen, die einen Betrieb oder eine Arbeitsstätte gewerblicher oder landwirtschaftlicher Art wirtschaftlich und organisatorisch als Eigentümer/-innen oder Pächter/-innen leiten (einschl. selbstständiger Handwerker/-innen) sowie alle freiberuflich Tätigen, Hausgewerbetreibenden und Zwischenmeister/-innen" (Statistisches Bundesamt 2009b, S. 80). Der Begriff des "Unternehmers" wird demgegenüber häufig in den Wirtschaftswissenschaften verwendet (siehe u.a. Dietrich 1999). Eine formale Definition gibt das deutsche Bürgerliche Gesetzbuch (BGB). So ist ein Unternehmer eine "[...] natürliche oder juristische Person oder eine rechtsfähige Personengesellschaft, die bei Abschluss eines Rechtsgeschäfts in Ausübung ihrer gewerblichen oder selbstständigen beruflichen Tätigkeit handelt" (BGB, §14 Abs. 1). Nach dieser Definition ist ein Selbstständiger dann ein Unternehmer, wenn er bei Abschluss eines Rechtsgeschäfts in Ausübung seiner beruflichen Tätigkeit handelt. Neben dieser juristischen Abgrenzung versucht De (2005) die Unterschiede zwischen Selbstständigen/Freiberuflern und Unternehmern anhand der öffentlichen Wahrnehmung aufzuzeigen. So wird die Selbstständigkeit mehr als eine Form anleitender Mitarbeit verstanden. Demgegenüber sind Unternehmer arriviert, verfügen über eine gewisse Zahl an Beschäftigten und führen das Unternehmen. Zusätzlich wird seit einiger Zeit vermehrt der Begriff des "Entrepreneurs" verwendet. Dieser Begriff fällt v.a. im Zusammenhang mit der Erkennung von unternehmerischen Gelegenheiten und der Gründung eines Unternehmens (vgl. Volkmann und Tokarski 2006).

Die im Rahmen dieser Arbeit durchgeführten Untersuchungen beziehen sich auf sämtliche Selbstständige und Unternehmen jeglicher Rechtsformen sowie klein- und nebengewerbliche Formen der Unternehmertätigkeit und Selbstständige bzw. Unternehmen ohne weitere Beschäftigte. Diese breite Definition erfolgt auf Grund des nur begrenzt zur Verfügung stehenden Datenmaterials für ausländische Selbstständige. Die Begriffe "Selbstständige" und "Unternehmer" werden in den weiteren Ausführungen synonym verwendet.

2.2 Zuwanderung nach Deutschland

Zunächst wird auf die deutsche Migrationsgeschichte nach dem zweiten Weltkrieg eingegangen. Der Fokus liegt dabei insbesondere auf der Geschichte der Gastarbeiter, die ab den 1960er Jahren von der Bundesrepublik angeworben wurden. Dies trägt dazu bei, die Entwicklung der ausländischen Selbstständigkeit zu erklären.[1]

Die Jahre 1945 bis 1949 waren geprägt durch die Heimkehr von fast 12 Millionen Vertriebenen und Flüchtlingen aus den ehemaligen Ostgebieten nach Deutschland. Die Rückwanderungen von Kriegsgefangenen, Zwangsarbeitern und KZ-Häftlingen führten zunächst jedoch zu einem negativen Wanderungssaldo. Zwischen 1949 und 1961 kennzeichneten Wanderungen zwischen Ost- und Westdeutschland das Migrationsgeschehen. So verließen bis zum Bau der Mauer 3,8 Millionen Ostdeutsche die 1949 gegründete DDR (Münz und Ulrich 1998).

Zum Einwanderungsland entwickelte sich die Bundesrepublik durch die massive Anwerbung von Gastarbeitern in den Jahren 1961 bis 1973. Das deutsche Wirtschaftswunder in den 1950er Jahren führte dazu, dass selbst die große Zahl der zugewanderten Vertriebenen und DDR-Bürger die Arbeitskräftenachfrage in manchen Branchen nicht befriedigen konnte. Als Reaktion darauf schloss die Bundesrepublik im Jahr 1955 einen Anwerbevertrag von Gastarbeitern mit Italien ab. Es folgten Abkommen mit Spanien (1960) und Griechenland (1960). Dieses Anwerbeabkommen hatte zunächst nur eine geringe Bedeutung, da die Beschäftigung mit dem Abbau der Arbeitslosigkeit und der Eingliederung von DDR-Flüchtlingen wuchs. So hielten sich 1960 lediglich 329 000 ausländische Arbeitskräfte in der Bundesrepublik auf. Gut die Hälfte davon waren Italiener. Mit dem Bau der Mauer 1961 kam der Zustrom von

[1] Für einen detaillierten Überblick über die Zuwanderung nach dem zweiten Weltkrieg in Deutschland siehe Münz et al. (1999).

DDR-Flüchtlingen jedoch zum Erliegen. Zusätzlich wurde das Arbeitskräfteangebot durch die auf Grund des Babybooms ausgelöste geringere Erwerbsbeteiligung der Frauen sowie gestiegene Ausbildungszeiten reduziert. Die Bundesrepublik reagierte mit zusätzlichen Anwerbeverträgen. Innerhalb kurzer Zeit wurden Abkommen mit der Türkei (1961), Marokko (1963), Portugal (1964), Tunesien (1965) sowie Ex-Jugoslawien (1968) abgeschlossen.

Das Anwerbeverfahren basierte dabei auf dem Rotationsprinzip. Der deutsche Arbeitgeber meldete seine freie Stelle dem Arbeitsamt und reichte parallel einen Arbeitsvertrag ein. Konnte kein passender deutscher Bewerber gefunden werden, so schickte das Arbeitsamt den Vertrag an Vermittlungsagenturen ins Ausland. Erfüllte der ausländische Arbeitnehmer die gewünschte Qualifikation, so bekam er je nach Herkunftsland eine befristete Arbeits- und Aufenthaltserlaubnis.[2] Diese Arbeitserlaubnis war zunächst auf ein Jahr befristet. Während dieser Zeit waren die Ausländer an den deutschen Arbeitgeber gebunden. Eine Verlängerung der Arbeitserlaubnis war möglich, wenn dadurch die Belange der BRD nicht beeinträchtigt wurden. Durch das Rotationsprinzip kam es zu einem ständigen Wechsel der ausländischen Belegschaft (Fischer 2002). Anfangs war dieses Modell unumstritten. Die "Gastarbeiter" selbst hatten sich zum Ziel gesetzt, innerhalb kürzester Zeit möglichst viel Geld zu verdienen, es nach Hause zu schicken oder anzusparen, um dann in die Heimat zurückzukehren. Sie übernahmen dabei vornehmlich schlecht bezahlte und unattraktive Arbeit, die für einen Bürger der Bundesrepublik häufig nicht in Frage kam. Zusätzlich stützten die Gastarbeiter durch ihre Beitragszahlungen das Rentensystem und waren mit ihren befristeten Arbeitsverträgen ein wichtiges wirtschaftspolitisches Instrument, um flexibel auf Nachfrageschwankungen reagieren zu können.

Die Gesamtzahl an Ausländern in der Bundesrepublik erhöhte sich durch die Anwerbeabkommen kontinuierlich. Waren 1961 lediglich 686 200 Ausländer in der Bundesrepublik (1,2 % der Gesamtbevölkerung), so erhöhte sich diese Zahl bis zum Anwerbestopp 1973 auf nahezu 4 Millionen. Das entsprach einem Ausländeranteil von 6,4% an der Gesamtbevölkerung. Die zahlenmäßig stärkste Gruppe unter den Ausländern bildeten 1973 die Türken (23%), gefolgt von den Ex-Jugoslawen (17%) und Italienern (16%). Dass die Anwerbung von Gastarbeitern durchaus ein konjunkturabhängiges Instrument war, zeigte die Rezession in der Bundesrepublik in den Jahren 1966 und 1967. Während der Wanderungssaldo aus Zuzügen und Fortzügen zwischen 1957 und 1966 durchweg positiv war, ergab sich für das Rezessionsjahr 1967 ein negativer Saldo von 205 808 Personen. Nach Beendigung der Rezession stieg der Wanderungssaldo wieder an und war deutlich positiv bis zum Jahr des Anwerbestopps 1973. Die steigende Zahl an Ausländern wurde unterstützt durch den bereits in den 1960er Jahren beginnenden Nachzug von Familienangehörigen. Abbildung 2.1 gibt einen Überblick über die Entwicklung von Zuzügen, Fortzügen und den daraus resultierenden Wanderungssaldo in Deutschland.

[2]Bewerber aus der Türkei und Tunesien mussten zusätzlich eine Gesundheitsprüfung bestehen.

Abbildung 2.1: Wanderungsbewegungen in Deutschland von 1950 bis 2005

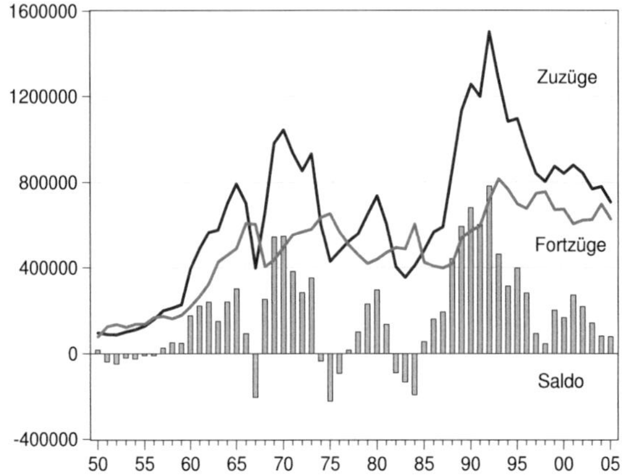

Quelle: Statistisches Bundesamt, eigene Darstellung

Ende der 1960er Jahre kam vermehrt Kritik am zunächst akzeptierten Rotationsmodell auf. So konnten viele Gastarbeiter in der Kürze der Zeit ihr selbstgestecktes Sparziel nicht erreichen und begannen den Lebensmittelpunkt nach Deutschland zu verlagern. Doch auch die Arbeitgeber sahen in dem Rotationsmodell Probleme. So mussten sie gezwungen durch den ständigen Wechsel der ausländischen Belegschaft fortwährend neue Arbeitskräfte anstellen und einlernen. Als Folge erließ die deutsche Bundesregierung im Jahr 1971 eine Arbeitserlaubnisverordnung, die es Ausländern ermöglichte, eine auf fünf Jahre befristete Arbeitserlaubnis zu erhalten. Voraussetzung war, dass die betreffende Person länger als fünf Jahre in der BRD beschäftigt war. Dadurch begann sich der Status vieler Ausländer in der Bundesrepublik zu verfestigen. Es setzte ein stärkerer Nachzug von Familienangehörigen ein. Darüber hinaus reduzierte sich mit der Entkopplung von Aufenthalts- und Beschäftigungsstatus die Möglichkeit, die Zuwanderung anhand der Entwicklung des Arbeitsmarktes zu steuern (Mahnig 2001).

Im Jahr 1973 vollzog sich ein Wandel in der Einwanderungspolitik der Bundesregierung. So wurde die Gebühr, die die Arbeitgeber zur Anwerbung von Gastarbeitern zahlen mussten, verdreifacht. Die auf Grund des ersten Ölpreisschocks einbrechende Konjunktur nahm die Bundesregierung zusätzlich zum Anlass, einen generellen Anwerbestopp für Nicht-EG-Staaten zu verhängen. Kurzfristig reduzierte sich der Ausländeranteil. Da für die Familien der Gastarbeiter (Ehepartner und Kinder bis 16 Jahre) jedoch das Recht auf Nachzug bestand, nahm der Ausländeranteil gegen Ende der 1970er Jahre erneut zu. Die Zusammensetzung der Ausländer änderte sich mehr und mehr. Aus jungen männlichen Gastarbeitern mit beschränktem Aufenthalt wurden Einwanderer mit Familien. Dies zeigte sich v.a. an der steigenden

Zahl von nicht erwerbstätigen Ausländern. Gegen Ende des Jahres 1978 wurde eine Verordnung erlassen, die es Gastarbeitern nach fünfjährigem Aufenthalt ermöglichte, eine unbefristete Aufenthaltserlaubnis zu beantragen, sowie nach achtjährigem Aufenthalt eine Aufenthaltsberechtigung. 1979 lag die Zahl der ausländischen Wohnbevölkerung bei 4,14 Millionen; die Zahl der sozialversicherten Beschäftigten betrug lediglich 1,97 Millionen. Dieser Trend setzte sich in den folgenden Jahren fort.

Die sinkende Zahl an ausländischer Beschäftigung hatte nach Münz et al. (1999) mehrere Gründe. Neben einem sich abschwächenden Wirtschaftswachstum trat die deutsche Babyboom-Generation in den Arbeitsmarkt ein. Weitere Konkurrenz für die Ausländer gab es durch eine massive Zuwanderung von Aus- und Übersiedlern, die neben einer häufig besseren Qualifikation zusätzlich über einen deutschen Pass verfügten, was zu gesteigerten Chancen auf dem Arbeitsmarkt führte. Zusätzlich bauten viele Branchen Stellen ab, in denen vornehmlich Ausländer beschäftigt waren. Die wachsende Arbeitslosigkeit unter den Ausländern begann ein Problem zu werden und stellte zusätzlich eine Belastung für das deutsche Sozialsystem dar. Bereits im Jahre 1983 versuchte die Bundesregierung mit dem Rückkehrhilfegesetz durch finanzielle Anreize Arbeitsmigranten zur Rückkehr in ihre Heimatländer zu bewegen. Die Wirkung dieses Gesetzes war jedoch nur kurzfristiger Natur. Häufig handelte es sich dabei um Mitnahmeeffekte von ohnehin abwanderungswilligen Ausländern.

Ende der 1980er Jahre trat eine neue Welle der Zuwanderung ein, die unterschiedliche Ursachen hatte. Durch den Fall des "Eisernen Vorhangs" und dem Zusammenbruch des "Warschauer Paktes" im Jahr 1990 setzte ein massiver Zuzug an deutschstämmigen Aussiedlern und Spätaussiedlern ein. Dies war v.a. auf die gelockerten Ausreisebestimmungen in der ehemaligen Sowjetunion zurückzuführen. Auch die Wanderbewegungen zwischen Ost- und Westdeutschland verstärkten sich. Zusätzlich stieg durch zahlreiche gewaltsame Konflikte, wie die ethnischen Säuberungen im ehemaligen Jugoslawien oder wie die Unterdrückung der Kurden in der Türkei, die Zahl der Kriegsflüchtlinge und Asylbewerber stark an. So suchten zwischen 1988 und 1993 mehr als 1,4 Millionen Menschen um politisches Asyl in Deutschland nach (vgl. Münz und Ulrich 1998, S. 700). Die Konflikte im ehemaligen Jugoslawien und der Türkei führten aber auch dazu, dass viele Arbeitsmigranten weitere Familienangehörige zu sich nach Deutschland holten. Die gute kunjunkturelle Entwicklung in den späten 1980er Jahren sowie der kurze Wirtschaftsboom nach der Wiedervereinigung 1990/1991 sorgte zusätzlich für den Zuzug von einer Gruppe neuer Arbeitsmigranten. Diese kamen vornehmlich aus Polen, der Tschechischen Republik und anderen osteuropäischen Staaten. Sie wurden auf der Grundlage neuer legaler Zugangsmöglichkeiten als Saison-, Werkvertrags- oder Gastarbeiter beschäftigt. Häufig wurden diese Arbeitsmigranten im Bereich der Landwirtschaft oder auch in der Pflege eingesetzt, um Engpässe auf dem Arbeitsmarkt zu beseitigen.

Verstärkt durch diese neuen Zuwanderungsströme erreichte der Wanderungssaldo, die Differenz aus Zu- und Abwanderung, im Jahr 1992 mit mehr als 780 000 seinen höchsten Stand in der deutschen Nachkriegsgeschichte. Vor allem der starke Zustrom von Asylbewerbern und Spätaussiedlern führte in den 1990er Jahren zu Änderungen im Asylrecht und neuen Gesetzen zur Aufnahme von Spätaussiedlern. Durch diese restriktivere Gesetzgebung kam es in der Folgezeit zu einer deutlich geringeren Zuwanderung nach Deutschland. Eine Wende in der Zuwanderungspolitik erfolgte ab dem Jahr 1998. Die damalige von SPD und Bündnis 90/Die Grünen geführte Bundesregierung erleichterte zunächst die Einbürgerung von in Deutschland lebenden Migranten[3] und öffnete mit der Green Card den Arbeitsmarkt für hochqualifizierte Ausländer. Das am 1. Januar 2005 in Kraft getretene Zuwanderungsgesetz regelt nun den komplexen Bereich der Zuwanderung in einem Gesetz.[4]

Im Jahr 2005 führte der Mikrozensus erstmals den Begriff "Menschen mit Migrationshintergrund" ein. Zu den Menschen mit Migrationshintergrund zählen alle nach 1949 auf das heutige Gebiet der Bundesrepublik Deutschland zugewanderten sowie alle in Deutschland geborenen Ausländer und alle in Deutschland als Deutsche Geborenen mit zumindest einem zugewanderten oder als Ausländer in Deutschland geborenen Elternteil. Durch diese weite Definition belief sich die Zahl der Personen mit Migrationshintergrund in Deutschland im Jahr 2007 auf 15,4 Millionen. Das entspricht einem Anteil von 18,7% an der Gesamtbevölkerung. Betrachtet man nur die Ausländer, d.h. Personen ohne deutsche Staatsbürgerschaft, so belief sich deren Zahl 2007 auf 7,3 Millionen (8,9% der Gesamtbevölkerung). Unter den Ausländern aus den ehemaligen Gastarbeiterländern stellen die Türken mit 1,71 Millionen die größte Gruppe, gefolgt von den Personen aus dem Ex-Jugoslawien (937 762), den Italienern (528 318) und Griechen (294 891).

Die linke Graphik der Abbildung 2.2 fasst die beschriebene Entwicklung der ausländischen Bevölkerung zusammen. Zu erkennen ist der starke Anstieg der Ausländer im Zuge der Anwerbeabkommen bis 1973. Die Anwerbestoppverordnung aus dem Jahr 1973 brachte einen Rückgang der Zahlen. In den Folgejahren setzte ein verstärkter Nachzug der Familienangehörigen ein, was die Zahl der Ausländer in Deutschland weiter ansteigen ließ. Ab den 1990er Jahren führte die Zuwanderung von Aussiedlern, Asylbewerbern, Kriegsflüchtlingen und neuen Arbeitsmigranten zu einer stark wachsenden ausländischen Bevölkerung. Gleichzeitig stieg die Zahl der Einbürgerungen seit Anfang der 1980er Jahre kontinuierlich an (Statistisches Bundesamt 2009d). Ein Indiz dafür, dass viele Ausländer ihren Lebensmittelpunkt dauerhaft nach Deutschland verlegten. Seit Mitte der 1990er Jahre verharrt die Zahl der Ausländer auf einem relativ konstanten Niveau. Zurückzuführen ist dies auf eine restriktivere Regelung der Zuwanderung.

[3]Bei der Einbürgerung von Ausländern herrscht fortan das Geburtsrecht. Demnach leitet sich die Staatsangehörigkeit nun vom Geburtsland ab. Zusätzlich wurde für nicht in Deutschland geborene Ausländer die für den Einbürgerungsanspruch notwendige Mindestaufenthaltsdauer von 15 auf 8 Jahren verkürzt.

[4]Für einen Überblick über den Wandel in der deutschen Zuwanderungspolitik siehe Hell (2005).

Abbildung 2.2: Die Entwicklung der ausländischen Bevölkerung

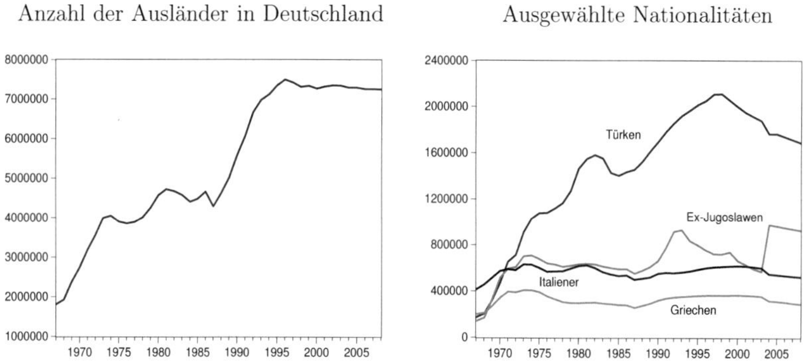

Quelle: Statistisches Bundesamt, eigene Darstellung

Die rechte Graphik der Abbildung 2.2 zeigt die Entwicklung einzelner Ausländergruppen aus den ehemaligen Gastarbeiterländern. Seit Beginn der 1970er Jahre sind die Türken die mit Abstand größte Gruppe der Ausländer in Deutschland. Die Anzahl der Italiener und Ex-Jugoslawen lag bis Anfang der 1990er Jahre auf einem ähnlichen Niveau. Ausgelöst durch die Krise auf dem Balkan und den damit verbundenen Zustrom an Kriegsflüchtlingen stieg die Zahl an Ausländern aus dem ehemaligen Jugoslawien an, nahm aber in der Folgezeit wieder ab. Seit 1992 fallen unter das ehemalige Jugoslawien Bosnien und Herzegowina, Kroatien, Mazedonien, Serbien, Montenegro, Slowenien einschließlich Personen mit der Staatsangehörigkeit des ehemaligen Jugoslawiens ohne nähere Angabe. Die drittgrößte Gruppe unter den Ausländern aus den früheren Gastarbeiternationen stellen seit Beginn der 1970er Jahre die Italiener.

Die deutsche Migrationsgeschichte nach dem zweiten Weltkrieg, insbesondere die Geschichte der Gastarbeiter mit deren gesellschaftlicher und wirtschaftlicher Situation, liefert einen Erklärungsbeitrag zur Entwicklung der ausländischen Selbstständigkeit. Auf diese Zusammenhänge wird im folgenden Abschnitt eingegangen.

2.3 Strukturen ausländischer Selbstständiger

2.3.1 Entwicklung ausländischer Selbstständigkeit

In den 1960er und 1970er Jahren waren Selbstständige unter den Ausländern in Deutschland kaum vertreten. Ab den 1980er Jahren setzte jedoch ein regelrechter Boom an Existenzgründungen unter Ausländern ein, der bis in die Gegenwart anhält. Wie die linke Graphik der Abbildung 2.3 zeigt, betrug die Zahl der ausländi-

Abbildung 2.3: Entwicklung der ausländischen Selbstständigen

Ausländische Selbstständige | Index der Entwicklung (1991 = 100)

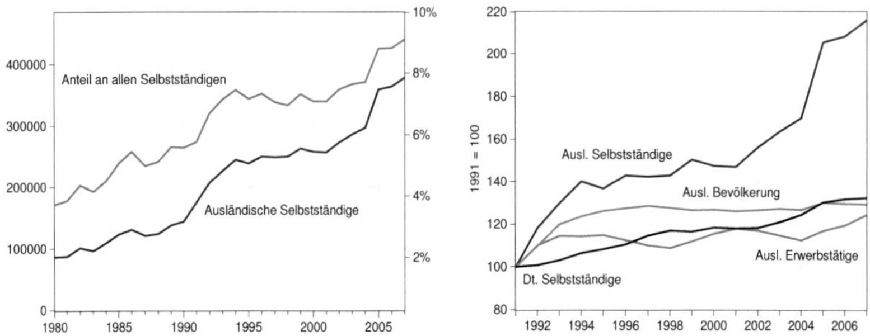

Quelle: Statistisches Bundesamt, eigene Darstellung

schen Selbstständigen[5] in Deutschland im Jahr 1980 noch 86 000. Bis zum Jahr 1991 verdoppelte sich diese Zahl auf 175 000 ausländische Selbstständige. Im Jahr 2007 gingen 378 000 Ausländer einer selbstständigen Beschäftigung nach, was erneut mehr als einer Verdopplung gegenüber 1991 gleichkommt. Ebenso kontinuierlich stieg der Anteil an allen Selbstständigen. So stellten die ausländischen Selbstständigen 2007 einen Anteil von 9,1% an allen Selbstständigen. Im Jahr 1980 betrug dieser Anteil noch 3,7%.

Die zunehmende Bedeutung ausländischer Selbstständiger unterstreicht die rechte Graphik der Abbildung 2.3. Dargestellt ist die Entwicklung der ausländischen und deutschen Selbstständigen, der ausländischen Erwerbstätigen sowie der ausländischen Bevölkerung zwischen 1991 und 2007. Normiert wurden diese Gruppen auf das Basisjahr 1991 (1991 = 100). Während sich die Zahl der deutschen Selbstständigen in dem Untersuchungszeitraum lediglich um 32% erhöhte, wuchs die Zahl der ausländischen Selbstständigen um 116%. Auch innerhalb der Gruppe der Ausländer zeichnen sich die Selbstständigen durch eine hohe Entwicklungsdynamik aus. So stagniert die ausländische Bevölkerung seit Mitte der 1990er Jahre und nahm über den gesamten Untersuchungszeitraum verglichen zum Basisjahr um 29% zu. Bei den ausländischen Erwerbstätigen fällt diese Zunahme mit 24% noch geringer aus.

Eng verbunden ist der starke Anstieg an ausländischen Selbstständigen mit der deutschen Migrationsgeschichte unter besonderer Berücksichtigung der angeworbenen Gastarbeiter. So führt Öztürk (2001) eine Reihe von Gründen aus der im vorangegangenen Kapitel beschriebenen Einwanderungshistorie an, die die Entwicklung der Selbstständigenzahlen positiv beeinflussten:

[5]Ausländische Selbstständige sind in diesem Zusammenhang Selbstständige mit einer anderen als der deutschen Staatsbürgerschaft.

- **Wandel der Verbleibeabsichten**
  Mit zunehmender Aufenthaltsdauer änderten sich Spar- und Konsumverhalten der Migranten. Das ursprüngliche Gastland wurde zum Heimatland und es wurde begonnen, individuelle Existenzen aufzubauen. Neben der eigentlichen abhängigen Beschäftigung begann die Selbstständigkeit eine Alternative zu werden.

- **Wandel in der Art der Betriebsgründungen**
  Die ersten Existenzgründungen fanden im Bereich der Nischenökonomie statt. So existierten spezielle Konsumbedürfnisse der in Deutschland lebenden Migranten, die von deutschen Händlern nicht abgedeckt wurden. Vor allem in den Bereichen des Einzelhandels und der Gastronomie wurde in der ersten Phase von Ausländern gegründet. Ab den 1990er Jahren begannen die Ausländer aus diesen Nischen auszubrechen und erschlossen sich auch andere Branchen. Dies führte zu einem zusätzlichen Schub in der Zahl der ausländischen Selbstständigen.

- **Wandel in der Sozialstruktur**
  Die Zusammensetzung der Ausländer änderte sich mehr und mehr. Aus männlichen Gastarbeitern mit beschränktem Aufenthalt wurden Einwanderer mit Familien. Es wächst eine junge und sozial heterogene neue "Ausländergeneration" heran, deren berufliche Orientierung durch das deutsche Wertesystem geprägt wird. Damit verbunden ist ein steigender Wunsch nach Unabhängigkeit und Selbstständigkeit.

- **Steigende Arbeitslosigkeit und Unzufriedenheit**
  Die v.a. unter den Migranten über die Jahre wachsende Arbeitslosigkeit lässt die Selbstständigkeit mehr und mehr als eine berufliche Perspektive erscheinen. Zusätzlich wird der Wunsch nach Selbstständigkeit durch fehlende Aufstiegschancen und Unzufriedenheit mit dem eigenen Einkommen verstärkt.

- **Wandel der rechtlichen Rahmenbedingungen**
  Grundsätzlich gilt für alle Deutsche und Staatsbürger aus einem EU-Mitgliedsland das Recht der Gewerbefreiheit. Alle Ausländer, die nicht aus EU-Staaten kommen, fallen unter die Regelungen des Ausländergesetzes und benötigen für die selbstständige Tätigkeit eine unbefristete Aufenthaltserlaubnis. Im Laufe der Jahre wurden die Regelungen rund um die Existenzgründung jedoch liberalisiert, um das Kleingewerbe zu fördern. Dies kam v.a. den türkischen Staatsbürgern zugute. Auch im Handwerk wurden vermehrt die im Ausland erworbenen Qualifikationen anerkannt.

Da die Ausländer aus den ehemaligen Gastarbeiternationen Türkei, Ex-Jugoslawien, Griechenland und Italien die deutsche Einwanderungshistorie maßgeblich geprägt haben, ist es nicht verwunderlich, dass diese Nationalitäten auch unter den ausländischen Selbstständigen mit am häufigsten vertreten sind. Die stärkste Gruppe bilden dabei die Türken, deren Zahl an Selbstständigen von 7 000 im Jahr 1989 auf 51 000 im Jahr 2007 zugenommen hat (siehe linke Graphik der Abbildung 2.4). Es folgen

Abbildung 2.4: Nationenspezifische Betrachtung der Selbstständigen

Anzahl der Selbstständigen | Selbstständigenquoten

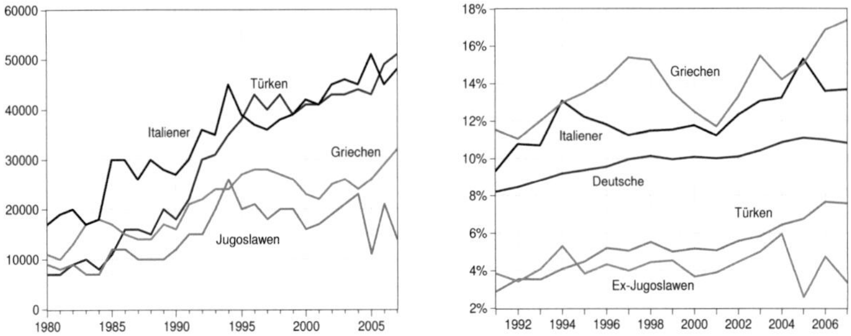

Quelle: Statistisches Bundesamt, eigene Darstellung

die Italiener mit 48 000 Selbstständigen. Durch die Anwerbung "neuer" Arbeitsmigranten aus den osteuropäischen Ländern nach der Wiedervereinigung nahmen auch die Existenzgründungen unter diesen Nationen zu. So waren im Jahr 2007 die Polen vor den Griechen die drittstärkste Gruppe unter den ausländischen Selbstständigen (39 000 bzw. 32 000). Geringer fällt die Zahl der Selbstständigen aus den Gebieten des ehemaligen Jugoslawiens aus (14 000).

Ein deutlicher Zuwachs an Selbstständigen kann unter den ehemaligen Gastarbeiternationen verzeichnet werden, wenn nicht nur die Staatsangehörigkeit, sondern zusätzlich der Migrationshintergrund berücksichtigt wird. So führte das Institut für Mittelstandsforschung der Universität Mannheim in einer Rechnung für das Jahr 2004 an, dass sich dadurch die Zahl an türkischen Selbstständigen um 18 000 erhöhen würde (Leicht et al. 2006). Bei den Griechen wäre es ein Zuwachs von 1 000 und bei den Italienern von 3 500. Damit würden die türkischen Selbstständigen die bei weitem größte Gruppe unter den ausländischen Selbstständigen stellen.

Die rechte Graphik der Abbildung 2.4 zeigt die Entwicklung der Selbstständigenquoten, das Verhältnis von Selbstständigen zu Erwerbstätigen, ausgewählter Nationalitäten. Auffällig ist, dass die Selbstständigenquoten der Griechen und Italiener seit Beginn der 1990er Jahre über der deutschen Quote liegen. Im Jahr 2007 beläuft sich die Quote der Griechen auf 17,4%. Bei den Italienern stellen die Selbstständigen unter den Erwerbstätigen einen Anteil von 13,7%; bei den Deutschen beträgt der Anteil 10,8%. Die Selbstständigenquote der Türken liegt über den gesamten Untersuchungszeitraum weit unter der deutschen Quote, diese hat sich jedoch seit 1991 fast verdreifacht und beläuft sich im Jahr 2007 auf 7,6%. Bei den Ex-Jugoslawen stellen die Selbstständigen im Jahr 2007 einen Anteil von 3,3% an den Erwerbstätigen.

Tabelle 2.1: Weitere Charakteristika der Selbstständigen

	Deutsche			**Ausländer**		
	1995	2000	2005	1995	2000	2005
Frauen (Anteil in %)	26,7	27,9	30,3	22,2	26,4	27,6
Mitarbeiter (Anteil in %)	55,1	49,9	44,4	48,5	43,0	38,2
Landwirtschaft (Anteil in %)	11,7	8,8	7,7	–	–	–
Industrie (Anteil in %)	22,1	21,3	20,7	16,6	13,2	14,3
Handel (Anteil in %)	30,0	29,5	24,2	56,6	53,2	48,6
Sonstiges (Anteil in %)	36,1	40,5	47,4	26,8	33,6	37,1

Quelle: Statistisches Bundesamt, eigene Berechnungen

Tabelle 2.1 fasst weitere Charakteristika deutscher und ausländischer Selbstständiger für die Jahre 1995, 2000 und 2005 zusammen. Bei der Betrachtung des Frauenanteils (*Frauen*) an den Selbstständigen fällt sowohl für die Deutschen als auch für die Ausländer ein steigender Trend über die Untersuchungszeitpunkte auf. Auch liegen die Quoten zwischen den beiden Gruppen nicht weit auseinander. Im Jahr 2005 waren bei den Deutschen 30,3% aller Selbstständigen weiblich; für die Ausländer betrug die Quote 27,6%. Der Anteil der Selbstständigen, die Mitarbeiter beschäftigen (*Mitarbeiter*), nimmt für die Deutschen und Ausländer kontinuierlich ab. Dabei weisen die Deutschen für die drei Untersuchungszeitpunkte leicht höhere Werte auf. Für das Jahr 2005 betrug der Anteil der Selbstständigen, die über Mitarbeiter verfügen, bei den Deutschen 44,4% und bei den Ausländern 38,2%.

Ebenso enthält Tabelle 2.1 eine grobe Einteilung der Selbstständigen auf die Wirtschaftszweige Land- und Forstwirtschaft sowie Fischerei (*Landwirtschaft*), Produzierende Gewerbe (*Industrie*), Handel/Gastgewerbe und Verkehr (*Handel*) und sonstige Dienstleistungen (*Sonstiges*). Der Bereich der Landwirtschaft hat für die ausländischen Selbstständigen keine Bedeutung und auch bei den deutschen Selbstständigen ist der Anteil derer, die in dieser Branche tätig sind, sehr gering. Im Jahr 2005 waren 20,7% aller deutschen Selbstständigen im Produzierenden Gewerbe tätig. Für die ausländischen Selbstständigen ist dieser Wirtschaftszweig von geringerer Bedeutung. So waren dort 2005 lediglich 14,3% tätig. Ein anderes Bild ergibt sich für den Bereich Handel/Gastgewerbe und Verkehr. In diesem Sektor sind gut die Hälfte aller ausländischen Selbstständigen vertreten. Bei den deutschen Selbstständigen ist der Anteil nur halb so groß. Der Anteil der Selbstständigen, die in den sonstigen Dienstleistungen tätig sind, nimmt sowohl für die Deutschen als auch für die Migranten zu. Im Jahr 2005 waren dort 47,4% aller deutschen Selbstständigen angesiedelt und 37,1% aller ausländischen Selbstständigen.

2.3.2 Aggregierte Untersuchungen

Trotz der zunehmenden Bedeutung ausländischer Selbstständigkeit in Deutschland liegt ein umfassender Überblick über deren Strukturen und Entwicklungstendenzen nur unzureichend vor. So stellen für Floeting et al. (2004, S. 16) "die Wissenslücken hinsichtlich der Struktur ethnischer Ökonomien und deren spezifischer Funktionsmechanismen auf kommunaler Ebene [...] ein wesentliches Hindernis für den Umgang mit dem Thema dar".

Erste Analysen entstanden in den 1980er Jahren von Wiebe (1982 und 1984), Blaschke und Ersöz (1987) oder dem im Jahre 1987 gegründeten Zentrum für Türkeistudien in Essen (1989 und 1991). Vielfach handelt es sich dabei jedoch um regionale Studien, die im nächsten Kapitel vorgestellt werden. Die meisten aggregierten Untersuchungen beruhen auf Auswertungen des Mikrozensus. Von Bedeutung sind hier die Arbeiten von Loeffelholz et al. (1994) und dem Institut für Mittelstandsforschung der Universität Mannheim (Leicht et al. 2005 und 2006), auf die im Folgenden näher eingegangen werden soll.

Die Studie von Loeffelholz et al. (1994) ist eine erste umfangreichere Untersuchung, die sich mit der gesamtwirtschaftlichen Bedeutung ausländischer Selbstständiger beschäftigt. Sie entstand als Forschungsauftrag des Bundeswirtschaftsministeriums an das Rheinisch-Westfälische Institut für Wirtschaftsforschung (RWI) in Essen. Ausgewertet wurden überwiegend Daten des Statistischen Bundesamtes mit besonderer Berücksichtigung des Jahres 1992. Die vorgestellten Ergebnisse können im Kontext neuer Untersuchungen unter dem Aspekt der Entwicklungstendenzen gesehen werden:

- **Sektorale Strukturen**
  Der Schwerpunkt ausländischer Selbstständiger lag 1992 in Westdeutschland im tertiären Sektor, insbesondere den sonstigen Dienstleistungen (v.a. dem Gastgewerbe). Jeder zweite ausländische Selbstständige ist in diesem Bereich tätig; bei den deutschen Selbstständigen trifft dies nur für jeden Dritten zu. Bei einer nationenspezifischen Betrachtung sind für die italienischen, griechischen und ex-jugoslawischen Selbstständigen die Gastronomie von großer Bedeutung; bei den Türken ist es der Handel.

- **Umsätze und Investitionen**
  1992 erwirtschafteten die ausländischen Selbstständigen einen Umsatz von 70 Mrd. DM (35,8 Mrd. €). Das entspricht gut 1% des Gesamtumsatzes. Der vergleichsweise geringe Umsatz der ausländischen Selbstständigen ist der Tatsache geschuldet, dass diese v.a. in umsatzschwachen Branchen tätig sind. Das Investitionsvolumen der ausländischen Selbstständigen belief sich 1992 auf 2

Mrd. DM (1,0 Mrd. €). Das entspricht einer durchschnittlichen Investitionssumme von knapp 10 000 DM (5 113 €) pro ausländischen Selbstständigen.

- **Beschäftigungsbeitrag**
  Insgesamt beschäftigten die 208 000 ausländischen Selbstständigen in Westdeutschland im Jahr 1992 700 000 Mitarbeiter. Das entspricht durchschnittlich 3,3 Mitarbeiter pro Betrieb. Damit bieten die ausländischen Selbstständigen 2,4% aller Erwerbstätigen in Westdeutschland einen Arbeitsplatz. Loeffelholz et al. (1994) halten fest, dass sich die ausländischen Selbstständigen aus den ökonomischen Nischen gelöst haben. Aus ehemaligen Arbeitsplatznachfragern sind bedeutende Anbieter von Arbeitsplätzen geworden mit einer zunehmenden Ausrichtung auf die deutsche Kundschaft und Einbindung in westdeutsche Liefernetze.

Weitere neuere Untersuchungen des Instituts für Mittelstandsforschung der Universität Mannheim (ifm) konzentrieren sich v.a. auf die sozio-demographischen Strukturen der ausländischen Selbstständigen. Im Folgenden soll dabei auf die Ergebnisse zweier Studien des ifm eingegangen werden, die sich teilweise ergänzen. Zum einen handelt es sich dabei um eine vom Bundeswirtschaftsministerium in Auftrag gegebene Studie mit dem Schwerpunkt auf selbstständigen Griechen, Italienern und Türken (Leicht et al. 2005) und zum anderen um eine Expertise für das Bundesamt für Migration und Flüchtlinge (Leicht et al. 2006), die sich allgemein mit ausländischen Selbstständigen beschäftigt.

Die Studie "Die Bedeutung der ethnischen Ökonomie in Deutschland" des ifm (Leicht et al. 2005) bezieht ihre Datengrundlage aus verschiedenen Quellen. So wurde neben amtlichen und wissenschaftlichen Sekundärstatistiken auf den Mikrozensus zurückgegriffen. Eine eigene Primärerhebung bei 2 010 ausländischen Selbstständigen ergänzt die Daten für spezifische Fragestellungen. Sie konzentriert sich auf griechische, italienische und türkische Selbstständige. Hier folgen einige wesentliche Untersuchungsergebnisse:

- **Sektorale Strukturen**
  Jeweils über die Hälfte aller griechisch- und italienischstämmigen Selbstständigen waren 2003 als Gastronomen tätig. Bei den Türken fällt dieser Anteil mit einem Viertel deutlich geringer aus. Den Schwerpunkt bildet der Handel. Allgemein handelt es sich bei den Branchen, in denen die Migrantenunternehmer/-innen verstärkt tätig sind, um sehr wettbewerbs- und arbeitsintensive Bereiche mit einem hohen Gründungs- und Schließungsgeschehen. Im Vergleich zu den Italienern und Griechen weisen die türkischen Selbstständigen eine etwas heterogenere Branchenorientierung auf. Legt man die Branchenverteilung deutscher Selbstständiger zugrunde, so sind die unternehmensnahen und freiberuflichen Dienstleistungen bei allen drei Ethnien deutlich unterrepräsentiert. Diese Dienstleistungen werden eher von Migranten mit deutschem Pass ausgeübt. Ebenso sind selbstständige Migranten im Handwerk deutlich unterrepräsentiert.

- **Erwirtschaftete Umsätze**
Basierend auf der Stichprobe von Leicht et al. (2005) erwirtschafteten im Jahr 2003 jeweils etwa 60% der griechischen, italienischen und türkischen Selbstständigen weniger als 100 000 € Umsatz. Bei den deutschen Unternehmern fiel dieser Anteil mit einem Drittel deutlich geringer aus. Rechnet man diese Zahlen hoch, so belief sich der Gesamtumsatz türkischer Selbstständiger für das Jahr 2003 auf 24,7 Mrd. €. Der Gesamtumsatz der Italiener lag bei 15,1 Mrd. € und der der Griechen bei 9,3 Mrd. €.

- **Beschäftigungsbeitrag**
Etwa die Hälfte aller türkischen Selbstständigen beschäftigt keine Mitarbeiter; bei den Italienern liegt dieser Anteil nur bei einem Drittel. Die durchschnittliche Betriebsgröße beträgt bei den Italienern 4,8 Mitarbeiter, bei den Türken 4,3 und bei den Griechen 4,0. Deutsche Betriebe unterhalten im Schnitt doppelt so viele Mitarbeiter. Hochgerechnet auf die Gesamtwirtschaft stellen die Türken 260 000 Arbeitsplätze, die Italiener 240 000 und die Griechen 109 000. Leicht et al. (2005) schätzen den Beschäftigungsbeitrag der übrigen Migrantengruppen auf zusätzliche 340 000 bis 780 000 Arbeitsplätze. Betrachtet man die Ausbildungsbeteiligung, so liegen die ausländischen Selbstständigen deutlich hinter den deutschen Unternehmern.

- **Die eigene Ethnie**
In vielen wissenschaftlichen Arbeiten aus dem angloamerikanischen Raum wird die Bedeutung der eigenen Ethnie für den Selbstständigen hervorgehoben. Bezogen auf die Herkunft der Kundschaft lässt sich jedoch konstatieren, dass "Landsleute" eine wesentlich geringere Rolle spielen als vielfach vermutet. So sind bei 93% der griechischen Selbstständigen weniger als ein Viertel der Kunden gleicher ethnischer Herkunft; bei den Italienern beträgt dieser Anteil 92%. Etwas anders verhält es sich bei den türkischen Selbstständigen. Hier sind bei 71% der Selbstständigen die Kunden zu weniger als einem Viertel von gleicher ethnischer Herkunft. Von großer Bedeutung sind die ethnische Beschäftigung und innerethnische Solidarität. So gehört bei den ausländischen Selbstständigen jeder zweite Beschäftigte zur Familie. Darüber hinaus sind vier von fünf Mitarbeitern der türkischen Selbstständigen türkischer Herkunft. Ähnlich verhält es sich bei den Griechen. Bei den Italienern liegt der Anteil bei zwei Dritteln. Mit zunehmender Betriebsgröße und höheren kognitiven Anforderungen nimmt die Bedeutung der ethnischen Beschäftigung jedoch ab.

Die Expertise "Bedeutung der ausländischen Selbstständigen für den Arbeitsmarkt und den sektoralen Strukturwandel" des ifm aus dem Jahr 2006 ergänzt die vorhergehende Studie v.a. um die individuelle Ressourcenausstattung der Migrantenunternehmer (Leicht et al. 2006). Datengrundlage bildet hauptsächlich der Mikrozensus des Statistischen Bundesamtes. Im Folgenden findet man einige wesentliche Untersuchungsergebnisse, die sich auf das Jahr 2003 beziehen:

- **Geschlechterverteilung und Altersstruktur**
Der Frauenanteil an den Selbstständigen liegt bei den Migranten mit 27% nur

unwesentlich unter dem Anteil der Deutschen. In der Gruppe der Migranten fällt v.a. die Frauenquote der Türken und Italiener ab (18% bzw. 20%). Unter den Migranten sind die türkischen Selbstständigen mit durchschnittlich 37 Jahren die Jüngsten. Das Durchschnittsalter der deutschen Selbstständigen beläuft sich auf 46 Jahre.

- **Aufenthaltsdauer und zweite Generation**
  Innerhalb der Gruppe der Migranten beläuft sich die Aufenthaltsdauer der Migranten auf durchschnittlich 20 Jahre und liegt damit 3 Jahre über der Dauer der Arbeitnehmer. 15% der in Deutschland lebenden Migrantenunternehmer/-innen wurden auch in Deutschland geboren. Der Anteil dieser zweiten Generation variiert stark unter den Migranten. So liegt dieser beispielsweise bei den Griechen und Türken über 20%. Die Selbstständigenquoten der zweiten Generation liegen etwas unter der Quote der im Ausland Geborenen, was sich durch das jüngere Durchschnittsalter erklären lässt.

- **Bildungshintergrund**
  Insgesamt weisen die selbstständigen Migranten ein niedrigeres Qualifikationsniveau als die deutschen Selbstständigen auf. So ist der Anteil an Selbstständigen ohne Berufsabschluss bei den Ausländern mit 30% gut viermal so hoch wie bei den Deutschen. Auch bei dem Meister/Techniker liegen die Migranten hinter den Deutschen (9% zu 21%). Bei dem Lehrabschluss ergeben sich zwischen den Migranten (38%) und den Deutschen (43%) keine großen Unterschiede. Ähnlich verhält es sich bei den akademischen Abschlüssen. Hier beträgt der Anteil unter den selbstständigen Migranten 24% und bei den deutschen Selbstständigen 28%. Verzerrt wird diese Statistik jedoch durch die gut ausgebildeten Nordeuropäer und Amerikaner. Betrachtet man nur die ehemaligen Anwerbestaaten, so beträgt beispielsweise der Anteil an Selbstständigen mit Hochschulabschluss unter den Türken und Italienern jeweils 8%.

- **Weitere Betriebscharakteristika**
  Die durchschnittliche Selbstständigkeitsdauer eines Ausländers liegt bei 8 Jahren und die eines Deutschen bei 12 Jahren. Innerhalb der Gruppe der Migranten fallen v.a. die Türken ab. Ihr durchschnittliches Betriebsalter liegt bei lediglich 5,5 Jahren. Wie in der vorangegangenen Untersuchung bereits beschrieben (vgl. Leicht et al. 2005), sind der Handel und das Gastgewerbe die "traditionellen" Sektoren der ausländischen Selbstständigen. Wobei dies vorrangig für Selbstständige aus den ehemaligen Anwerbestaaten gilt. Die durchschnittliche wöchentliche Arbeitszeit liegt sowohl bei den ausländischen Selbstständigen als auch bei den selbstständigen Deutschen bei 46 Stunden. Innerhalb der Gruppe der Migranten weichen die Griechen, Italiener und Türken von diesem Durchschnittswert nach oben ab. Drei Viertel der ausländischen Arbeitgeber leiten einen Kleinbetrieb mit höchstens vier Mitarbeitern. Bei den Deutschen beträgt dieser Anteil 63%.

Die vorgestellten Studien geben einen Überblick über betriebliche und sozio-demographische Strukturen der ausländischen Selbstständigen in Deutschland. Da jedoch überwiegend auf amtliche und wissenschaftliche Sekundärstatistiken sowie dem Mikrozensus als Datengrundlage zurückgegriffen wurde, können tiefergehende betriebsspezifische Fragestellungen nicht beantwortet werden. Daher wird im Folgenden auf einige regionale Untersuchungen eingegangen, die auf der Auswertung individuell gestalteter Fragebögen basieren.

2.3.3 Regionale Untersuchungen

Neben den gesamtdeutschen Studien entstanden seit den 1980er Jahren zahlreiche regionale Untersuchungen zur Bedeutung der ausländischen Selbstständigkeit für die lokale Ökonomie. Auf Grund des vergleichsweise hohen wirtschaftlichen Stellenwertes und der zahlenmäßigen Dominanz liegt bei vielen dieser Untersuchungen der Schwerpunkt auf den türkischen Selbstständigen. So gehen in den 1990er Jahren bedeutende regionale Studien auf das Zentrum für Türkeistudien zurück (u.a. Zentrum für Türkeistudien (Hrsg.) 1991; Humpert 1996). Räumliche Schwerpunkte der Untersuchungen sind dabei Berlin, mit der größten türkischen Ökonomie in Deutschland, das Ruhrgebiet und das Rhein-Main-Gebiet.

Tabelle 2.2: Regionale Untersuchungen

Autor	Jahr	Region	Stichprobe
Blaschke und Ersöz	1987	Berlin	34
Zentrum für Türkeistudien	1991	NRW	464
Humpert	1996	NRW	1187
Pütz	2000	Rhein-Main	124
Pütz	2003	Berlin	606
Sen und Sauer	2005	Berlin	302

Quelle: Eigene Darstellung

Tabelle 2.2 gibt einen Überblick über einige ausgewählte regionale Studien, die sich mit ausländischen Selbstständigen, im Speziellen türkischen Selbstständigen, beschäftigen. Die Arbeit "Herkunft und Geschäftsaufnahme türkischer Kleingewerbetreibender in Berlin" von Blaschke und Ersöz (1987) war eine der ersten Analysen zur Selbstständigkeit von Ausländern. Befragt wurden 34 türkischstämmige Geschäftsinhaber, die in Berlin Kreuzberg ein Kleingewerbe eröffnet hatten, sowie deren Familien. Hierbei standen die Herkunft und die frühere Lebenssituation in der Türkei im Vordergrund der Untersuchung. Zu Beginn der 1990er Jahre untersuchte das Zentrum für Türkeistudien (1991) mit Hilfe eines standardisierten Fragebogens die Selbstständigkeit von Türken, Italienern, Griechen und Ex-Jugoslawen in Nordrhein-Westfalen. Diese Vergleichsstudie basiert auf einer Stichprobe von 464 Unternehmern. Fünf Jahre später analysierte Humpert (1996) die sozio-demographischen Merkmale, Gründungsbedingungen und Betriebsstrukturen von 1 187 türkischen Unternehmern aus 47 Städten in Nordrhein-Westfalen. Im Jahr 2000 befragte Pütz 124 türkische Einzelhändler im Rhein-Main-Gebiet. Es folgte eine Befragung von 606 türkischen Unternehmern in Berlin (Pütz 2003). Ebenfalls in Berlin untersuchten Sen und Sauer (2005) per computergestützter Telefonbefragung Struktur, Wirtschaftskraft und Problemlagen von insgesamt 302 türkischen Selbstständigen.

In Ergänzung zu den Erkenntnissen aus den aggregierten Untersuchungen wird im Folgenden auf ausgewählte Ergebnisse der beschriebenen regionalen Studien eingegangen. Da sich die Untersuchungsregionen, die Methodik sowie Aktualität dieser Analysen unterscheiden, sollen nur grobe Entwicklungstendenzen wiedergegeben werden, um das Bild eines ausländischen Selbstständigen zu vervollständigen. Auf Grund der hohen Anzahl an Forschungsarbeiten mit einem speziellen Fokus auf türkischen Selbstständigen liegt auch der Schwerpunkt der vorgestellten Ergebnisse auf dieser Gruppe.

- **Weiteres Qualifikationsniveau**
  In den Auswertungen der aggregierten Untersuchungen wurde bereits eine im Vergleich zu den deutschen Selbstständigen schlechtere formale Bildung der ausländischen Selbstständigen festgehalten. Zusätzlich liegen v.a. bei den türkischen Unternehmern Probleme mit der deutschen Sprache vor (u.a. Zentrum für Türkeistudien (Hrsg.) 1991; Humpert 1996). Darüber hinaus mangelt es an betriebswirtschaftlichem Grundlagenwissen. Ebenso scheinen Türken weit weniger über die administrativen Verhältnisse in Deutschland informiert zu sein als Italiener, Griechen oder Ex-Jugoslawen. Neuere Untersuchungen unterstreichen auch die mangelnde Branchenerfahrung ausländischer Selbstständiger. So heben Tolciu und Schaland (2008) hervor, dass 40% aller türkischen Unternehmer/-innen vor Gründung weder in derselben noch in einer ähnlichen Branche gearbeitet haben, in der sie jetzt tätig sind. Der Anteil unter den deutschen Unternehmern liegt hier bei 20%. Der Vergleich zwischen älteren und neueren Studien lässt nur geringfügige Änderungen im Qualifikationsniveau der türkischen Selbstständigen erkennen. Unterschiede ergeben sich jedoch durch die gut ausgebildete zweite Generation an Migrantenunternehmern, was neuere Untersuchungen berücksichtigen (u.a. Sen und Sauer 2005).

- **Betriebliche Organisation**
  Da viele Migrantenbetriebe nur kleinere Strukturen aufweisen, ist es nicht verwunderlich, dass der Status des Einzelunternehmers die mit Abstand meist gewählte Rechtsform ist. Im Vergleich zu den anderen Nationalitäten spielt auch die GmbH bei den türkischen Selbstständigen eine Rolle (Zentrum für Türkeistudien (Hrsg.) 1991). Eine Änderung im Zeitverlauf ist nicht zu erkennen. So bestätigen sowohl die Studien aus den 1990er Jahren als auch die neueren Untersuchungen die große Bedeutung des Einzelunternehmens für den türkischen Selbstständigen. Bei der Betrachtung der Art der Gründung wird zwar ähnlich wie bei den Deutschen eine Neugründung bevorzugt, jedoch werden von den Migranten Beteiligungen und Übernahmen überproportional häufig bevorzugt. So halten beispielsweise Kohn und Spengler (2007) nach Auswertung des KfW-Gründungsmonitors fest, dass der Einstieg in bereits

existierende Netzwerke und deren intensive Nutzung für die Migranten eine wichtige Rolle spielt.

- **Finanzierung**
  Wurden in den aggregierten Untersuchungen bereits die Bedeutung der Familie und des ethnischen Netzwerkes im Rahmen der Mitarbeiterakquise hervorgehoben, so spielen diese auch bei der Beschaffung des Finanzkapitals eine große Rolle. Da v.a. zur Gründung des vielfach klein strukturierten Betriebes keine Sicherheiten für einen Bankkredit vorliegen, wird zur Anschubfinanzierung auf die Familie oder Bekannte zurückgegriffen. In sämtlichen vorgestellten Untersuchungen stellt das Kapital aus dem familiären Umfeld und Bekanntenkreis einen großen Anteil am Startkapital. Der Bankkredit ist von untergeordneter Bedeutung. Und falls ein Bankkredit in Anspruch genommen wird, so wird auch hier vielfach auf die Hilfe der Familie zurückgegriffen. Entweder laufen die Kredite auf den Namen eines Familienangehörigen, weil dieser über Sicherheiten verfügt, oder es wird aus dem privaten Umfeld für den Existenzgründer gebürgt (Pütz 2003).

- **Problemfelder**
  Ein weit verbreitetes Problemfeld unter den ausländischen Unternehmern ist ein Informationsdefizit bezüglich allgemeiner Themen der Existenzgründung / Selbstständigkeit. So werden fehlende Informationen häufig als ein Gründungsproblem genannt (z.B. Zentrum für Türkeistudien (Hrsg.) 1991). Dies bestätigen sowohl die älteren als auch die neueren Untersuchungen. Vielfach sind den Selbstständigen Anlaufstellen zur Informationsbeschaffung nicht bekannt. Es bestehen jedoch auch gewisse Berührungsängste mit öffentlichen Instanzen. Vor dem Hintergrund des geringen Informationsgrades ist es nicht verwunderlich, dass bei den ausländischen Selbstständigen kaum Kenntnisse über die Möglichkeiten einer öffentlichen Förderung vorliegen (u.a. Humpert 1996). Hinsichtlich der Schwierigkeiten bei der Kapitalbeschaffung wären öffentliche Fördermittel jedoch eine wichtige Finanzierungsoption. Gerade in der jüngeren Vergangenheit wurden viele Initiativen gestartet, um Anlaufstellen zur Informationsbeschaffung bekannt zu machen und diese grundlegenden Defizite zu beseitigen.

Dieser kurze Überblick über einige ausgewählte regionale Studien trägt dazu bei, das Bild eines ausländischen Selbstständigen hinsichtlich spezifischer Fragestellungen zu erweitern. Im folgenden Kapitel interessiert nun, wie sich diese große Zunahme der ausländischen Selbstständigkeit erklären lässt. In Kapitel 2.3.1 wurde bereits auf einige Punkte eingegangen, die im Weiteren in einer theoretischen Diskussion vertieft werden sollen.

2.4 Erklärungsansätze ausländischer Selbstständigkeit

2.4.1 Allgemeine Gründungsforschung

Die allgemeine Gründungsforschung, die sich seit den 1980er Jahren vermehrt mit den Determinanten der Selbstständigkeit auseinandersetzt, unterscheidet im Wesentlichen zwischen zwei Hauptrichtungen, die einen Gründungsimpuls auslösen. Das sind zum einen Faktoren, die in der Person des Gründers liegen, und zum anderen Faktoren, die der Umwelt des Gründers zugeordnet werden können (für eine ausführliche Diskussion siehe u.a. Corsten 2002 oder Freiling 2006).

Bei den personenorientierten Faktoren sind zunächst sozio-demographische Merkmale des Gründers wie Alter, Geschlecht, Herkunftsfamilie, Ausbildung, berufliche Position, Berufserfahrung oder Anzahl der Beschäftigungsverhältnisse zu nennen. Weitere persönliche Merkmale sind mit den psychologischen Charakteristika des Gründers verbunden. So unterstützen bestimmte Persönlichkeitseigenschaften den Wunsch nach einer Existenzgründung (Corsten 2002, S. 11):

- Autonomie/Unabhängigkeitsstreben/Entscheidungsfreiheit,
- Durchsetzung eigener Ideen,
- Selbstentfaltung,
- Leistungsstreben und
- Wille zum Schließen einer Marktlücke.

In den Bereich der personenorientierten Gründungsdeterminanten fallen zusätzlich die von Shapero (1975) genannten Deplatzierungsfaktoren. Getrennt wird hier zwischen Push- und Pull-Faktoren. Unter die Pull-Faktoren fallen Motive der Unabhängigkeit und Selbstverwirklichung, die ein Individuum aktiv nach einer Chance zur Existenzgründung suchen lassen. Push-Faktoren drängen ein Individuum in die Selbstständigkeit, weil die aktuelle Situation als unattraktiv empfunden wird. Zu erwähnen wären beispielsweise Probleme am Arbeitsplatz, Formen der Diskriminierung oder (drohende) Arbeitslosigkeit. De (2005) spricht in diesem Zusammenhang auch von freiwilligen und unfreiwilligen Gründungen.

Bei den umweltspezifischen Determinanten lässt sich im Wesentlichen zwischen den Inkubatororganisationen, dem rechtlichen Umfeld, dem politischen Umfeld sowie dem Gründungsklima unterscheiden. Unter Inkubatororganisationen fallen u.a. außeruniversitäre Forschungseinrichtungen wie die Frauenhofer-Institute, in denen spezielle gründungsspezifische Kenntnisse erworben werden.

Das rechtliche und politische Umfeld gibt den Rahmen vor, der für Unternehmensgründungen von entscheidender Bedeutung ist. So hat die Sicherung des Privateigentums einen gravierenden Einfluss auf die unternehmerische Aktivität. Eng damit verbunden ist der Schutz der immateriellen Vermögensgegenstände im Sinne einer angemessenen Patentregelung. Zudem sind kapitalintensive Gründungen auf eine wirtschaftsfreundliche Gesetzgebung und staatliche Finanzierungsprogramme angewiesen. Darüber hinaus führt Freiling (2006) an, dass starke rechtswirksame Eingriffe des Staates, wie im Fall der Gentechnologie geschehen, Auswirkungen auf das Gründungsgeschehen haben. Auf lokaler Ebene können spezielle Gründer- und Technologiezentren das Gründungsklima positiv beeinflussen.

Das Gründungsklima wird im Wesentlichen von dem ökonomischen Umfeld bestimmt. So beeinflusst die konjunkturelle Situation ganz erheblich die Erfolgschancen einer Gründung. Nach De (2005) ergeben sich gerade in Wachstumsphasen Gelegenheiten, die von potenziellen Gründern genutzt werden können. Die hohe Nachfrage bietet den Gründern die Chance, bestehende Geschäftsideen zu kopieren oder neue Produkte/Dienstleistungen auf dem Markt anzubieten. Doch auch die in konjunkturellen Abschwüngen einhergehenden strukturellen Veränderungen lassen, sofern von den Gründern erkannt, neue Geschäftsmöglichkeiten entstehen.

2.4.2 Ethnische Gründungsforschung

Zwar gibt es in Deutschland seit Beginn der 1990er Jahre eine wachsende Zahl an Arbeiten, die sich mit ausländischen Selbstständigen beschäftigen, jedoch konzentrieren sich diese Untersuchungen auf strukturelle Analysen und weisen kaum ein theoriegebundenes Vorgehen auf. Anders sieht die internationale Forschungslandschaft aus, deren Schwerpunkt im angelsächsischen Raum liegt. Hier beschäftigt sich der Großteil der Arbeiten schon seit den 1970er Jahren v.a. theoretisch und konzeptionell mit den Entstehungsbedingungen des unternehmerischen Handelns von ethnischen Minderheiten. Dieser Bereich der Wissenschaft wird auch als "Ethnic Entrepreneurship" bezeichnet. Im Folgenden wird ein kurzer Ausschnitt aus der internationalen Forschungsdebatte sowie ein Überblick über die in Deutschland diskutierten Erklärungsansätze zur Selbstständigkeit von Migranten gegeben (für einen Forschungsstand vgl. auch Leicht et al. 2006).

Grundlegende Arbeiten zur theoretisch-konzeptionellen Erfassung der Selbstständigkeit gehen auf Light (1972), Bonacich (1973) und Porter (1981) zurück. Im Rahmen der "middleman minorities" wurde diskutiert, inwieweit gesellschaftliche und soziale Diskriminierung Minderheiten dazu veranlasst, als Reaktion auf diese Umstände eine Schicht an aufwärtsstrebenden Unternehmern zu bilden. In diesem Zusammenhang ist auch die "Enclave Theory" von Borjas (1986) und Portes (1987) zu sehen. Hier folgt die Gründung eines Unternehmens aus einer wirtschaftlichen Not, wie beispielsweise der Arbeitslosigkeit, heraus. Diesen eher makrostrukturellen Erklärungsansätzen, die den Einfluss gesellschaftlicher oder institutioneller Rahmenbedingungen betonen, stehen die personenorientierten Ansätze auf der Mikro-Ebene gegenüber. Diese personenorientierten Ansätze konzentrieren sich im Wesentlichen auf die der Person zur Verfügung stehenden Ressourcen. Hierbei wird zwischen den Gruppenressourcen und den individuellen Ressourcen unterschieden.

Gruppenressourcen sind eng verbunden mit dem Konzept der ethnischen Ressourcen. Nach Light und Gold (2000) sind ethnische Ressourcen soziokulturelle Merkmale einer bestimmten ethnischen Gruppe, die von Mitgliedern im Geschäftsleben aktiv benutzt werden können oder von denen sie passiv ökonomisch profitieren. Demnach beziehen sich ethnische Ressourcen auf diejenigen Ressourcen, die einem Unternehmer auf Grund seiner Angehörigkeit zu einer bestimmten ethnischen Minderheit zur Verfügung stehen. Bei den Ansätzen zu den Gruppenressourcen wird sich in diesem Zusammenhang v.a. auf die kulturellen Faktoren und das soziale Kapital konzentriert. Kulturelle Faktoren erklären die verstärkte Selbstständigkeit bestimmter ethnischer Gruppen dadurch, dass aus dem Heimatland gewisse Traditionen und Handlungsstrategien mit in das Aufnahmeland übernommen werden (Light 1972 und 1987). Theorien zu dem sozialen Kapital besagen, dass die starke Verbundenheit innerhalb der ethnischen Gruppen eine entscheidende Rolle beim unternehmerischen Handeln von Migranten spielen. So betont Portes (1995) insbesondere die ethnischen Netzwerke.

Ansätze, die sich auf die individuellen Ressourcen konzentrieren, sehen in der Ausstattung an Finanz- und Humankapital einer Person den entscheidenden Grund für die Aufnahme einer unternehmerischen Tätigkeit (u.a. Light und Rosenstein 1995; Lee et al. 1997). In der Literatur werden dieses Ressourcen auch als "Klassenressourcen" bezeichnet. Nach Pütz (2000, S. 36) würde Unternehmertum "[...] so mit der Ressourcenverfügbarkeit einer unternehmerischen Klasse z.B. an materiellem Kapital zur Unternehmensgründung und an Bildungskapital zur Unternehmensführung, aber auch bourgeoisen Werten, Einstellungen, Kenntnissen und Fertigkeiten, die im Rahmen des Sozialisationsprozesses von Generation zu Generation weitergegeben werden, erklärt".

In einem noch heute vielfach zitierten Modell führen Waldinger et al. (1990) verschiedene Ansätze zusammen und erklären die Entwicklung ethnischen Unternehmertums durch drei interaktive Komponenten. Möglichkeitsstrukturen beinhalten die Marktbedingungen und den Zugang zu Geschäftsgelegenheiten. Neben diesen strukturellen Rahmenbedingungen spielen ebenso die Gruppencharakteristika eine Rolle. Hierunter werden v.a. ethnisch-soziale Netzwerke und die Möglichkeit der Ressourcenmobilisation (ethnische Ressourcen und Klassenressourcen) verstanden. Ethnische Strategien entstehen dann aus der Interaktion zwischen Möglichkeiten und Gruppencharakteristika, wie die ethnischen Gruppen sich ihrer Umgebung anpassen. Neue Modelle wie der "Mixed Embeddedness" Ansatz von Kloosterman et al. (1999) versuchen auf Grund unterschiedlicher landesspezifischer Regelungen das ethnische Unternehmertum durch die Einbettung des Individuums in die ökonomischen, sozialen und institutionellen Umfeldbedingungen zu erklären.

In der deutschen Literatur lassen sich die Erklärungsansätze für die unternehmerische Tätigkeit von Migranten im Wesentlichen auf drei Modelle reduzieren: dem Nischenmodell, dem Kulturmodell und dem Reaktionsmodell. Die Modelle beinhalten einen Großteil der auch in der internationalen Forschungslandschaft diskutierten Theorien (für eine ausführliche Übersicht vgl. Floeting et al. 2004):

- **Nischenmodell**
  Nach diesem Modell entstehen durch die spezifischen Bedürfnisse der einzelnen ethnischen Gruppen Marktnischen, in denen sich die Angehörigen der jeweiligen Ethnie selbstständig machen. Dies gilt v.a. für die Einwanderer erster Generation, die mit ihren speziellen Vorlieben zunächst kein entsprechendes Angebot vorfanden. Durch die Vernachlässigung dieses Potenzials von Seiten der deutschen Unternehmen und der kulturellen Kompetenz der Migranten entstanden so hauptsächlich Lebensmittelgeschäfte, Gastronomiebetriebe, Ex- und Importläden oder spezialisierte Reisebüros. Im weiteren Verlauf orientierten sich diese Betriebe auch an den deutschen Konsumgewohnheiten und wurden zu einem wichtigen Bestandteil der lokalen Nahversorgung. Floeting et al. (2005) verwenden hierfür den Ausspruch "Von Tante Emma zu Onkel Ali".

- **Kulturmodell**
  Nach diesem Ansatz wird die unternehmerische Tätigkeit der Migranten auf den kulturellen Hintergrund einer Person zurückgeführt. Demnach beeinflussen bestimmte Faktoren aus dem Herkunftsland des Einwanderes, wie beispielsweise die Wirtschaftsordnung, das Herkunftsmilieu oder die Tradition, den Wunsch, sich im Aufnahmeland selbstständig zu machen. In diesem Zusammenhang wird oft von einer "Händlermentalität" bestimmter ethnischer Gruppen gesprochen (Blaschke und Ersöz 1987).

- **Reaktionsmodell**
  Dieses Modell erklärt das unternehmerische Handeln der Migranten als Reaktion auf nicht beeinflussbare externe Faktoren. Durch ungünstige Chancen auf dem Arbeitsmarkt oder aber auch Diskriminierung bietet sich die Selbstständigkeit als Ausweg an. Demnach erfolgt die Gründung nicht nach einem Streben zur Verwirklichung eigener Ideen, wie es die Pull-Faktoren beschreiben, sondern vielmehr ist ein äußerer Zwang das Hauptmotiv. Der Schritt in die Selbstständigkeit erfolgt im Sinne der Push-Faktoren also unfreiwillig.

Hauptkritikpunkt an den beschriebenen Modellen ist, dass ein Erklärungsansatz allein nicht ausreicht, die Geschäftsaufnahme von Migranten zu beschreiben. Vielmehr ist es ein Zusammenspiel unterschiedlichster Faktoren, wie schon Waldinger et al. (1990) in ihrem Interaktions-Modell zum Ausdruck bringen. Floeting et al. (2004) halten jedoch fest, dass einzelne Erklärungsansätze durchaus typisch für bestimmte Migrationsstadien sind. So kann das Nischenmodell zur Erklärung der Selbstständigkeit von Migranten erster Generation herangezogen werden. Im weiteren Verlauf verliert das co-ethnische Nachfragepotenzial jedoch an Bedeutung, da sich viele Migrantenunternehmer dem offenen Markt zuwenden und sich vermehrt auf die einheimische Kundschaft konzentrieren. Durch die wachsende Arbeitslosigkeit unter den

Migranten wird in jüngerer Vergangenheit v.a. das Reaktionsmodell als Erklärungsgrundlage herangezogen. Kritik an diesem Modell ist jedoch die Vernachlässigung der individuellen Ressourcen und Gruppenressourcen eines angehenden Unternehmers (Leicht et al. 2006). Am Kulturmodell lässt sich die unzureichende Berücksichtigung individueller Motive bemängeln. Ebenso kommen Migranten der zweiten Generation kaum für dieses Modell in Betracht.

Die beschriebenen Ansätze geben einen kurzen Überblick über den internationalen und deutschen Forschungsstand. Im Folgenden wird auf die empirische Relevanz dieser Modelle eingegangen. Der Schwerpunkt liegt dabei auf Studien für Deutschland.

2.4.3 Empirische Evidenz

In der internationalen Forschungslandschaft entstanden zahlreiche Arbeiten, die sich mit der empirischen Überprüfung der vorgestellten theoretischen Erklärungsansätze zur Entstehung des ethnischen Unternehmertums beschäftigen (siehe u.a. Borjas 1986; Yuengert 1995; Fairlie und Meyer 1996; Kenneth und Drinkwater 1998; Hammarstedt 2001). Dagegen liegen derartige Untersuchungen, die auch auf multivariate Analysemethoden zurückgreifen, für Deutschland nur bedingt vor. Die vorgestellten regionalen Studien in Kapitel 2.3.3 erheben die Motive zur Aufnahme einer selbstständigen Beschäftigung im Rahmen des eingesetzten Fragebogens und werten diese deskriptiv aus. Untersuchungen, die tiefergehende statistische Methoden anwenden, basieren auf Auswertungen des Mikrozensus sowie des Sozio-oekonomischen Panels (SOEP). Zu erwähnen sind hier die Arbeiten von Öztürk (2001), Constant et al. (2003), Constant und Zimmermann (2004) und Leicht et al. (2006). Im Folgenden werden zunächst einige Erkenntnisse aus den regionalen Studien vorgestellt und anschließend wird auf die ökonometrischen Untersuchungen eingegangen.

Das Zentrum für Türkeistudien (Hrsg.) (1991) kommt bei der Befragung von ausländischen Betrieben in Nordrhein-Westfalen zu dem Ergebnis, dass Push-Faktoren, wie Arbeitslosigkeit bzw. der drohende Verlust des Arbeitsplatzes, eine eher untergeordnete Rolle spielen. Vielmehr werden Unabhängigkeit, Aussicht auf ein höheres Einkommen und die Verbesserung des sozialen Status als Motive für die Existenzgründung genannt. Zwischen den einzelnen Nationalitäten bestehen durchaus Unterschiede. So steht bei türkischen Gründern überdurchschnittlich häufig die Unabhängigkeit und der soziale Status im Vordergrund. Griechische Gründer betonen dagegen v.a. die Einkommensverbesserung. In einer weiteren Befragung des Zentrums für Türkeistudien von Humpert (1996) werden die vorherigen Ergebnisse bestätigt. Die Möglichkeiten eines sozialen Aufstiegs, ein höheres Einkommen und die Unabhängigkeit werden besonders häufig als Beweggrund für die Aufnahme einer unternehmerischen Tätigkeit genannt. Humpert (1996) betont, dass die Entscheidungen der Selbstständigen nicht vor dem Hintergrund einer ungewissen oder negativen Berufssituation getroffen werden, sondern vielmehr die positiven Möglichkeiten und Chancen ausschlaggebend sind.

Zu einem unterschiedlichen Ergebnis kommt die Untersuchung von Pütz (2000). Zwar ist auch hier der Wunsch nach selbstständiger Arbeit das Hauptmotiv für die Gründung, jedoch nannte immerhin jeder Dritte die Arbeitslosigkeit als Bestimmungsfaktor. Eine ähnliche Tendenz lässt sich bei der Primärerhebung des Instituts für Mittelstandsforschung der Universität Mannheim (Leicht et al. 2005) feststellen. Zwar werden von einer Mehrheit der Unternehmer Motive zur Existenzgründung genannt, die in den Bereich von persönlichen Einstellungen und Wunschvorstellungen fallen, allerdings fügen Leicht et al. (2005) an, dass bei einem Großteil der Selbstständigen sowohl Pull- als auch Push-Faktoren gleichzeitig zum Tragen kamen. Ein Hinweis dafür, dass im Laufe der Jahre auf Grund der schlechter werdenden Arbeitsmarktbedingungen für die Migranten Push-Faktoren in den Vordergrund rücken. Zwischen den einzelnen Nationalitäten können die Autoren, was die Motive betrifft, keine großen Unterschiede feststellen. Kulturelle Ressourcen als Bestimmungsfaktoren für unternehmerisches Handeln spielen nach Leicht et al. (2005) nur eine untergeordnete Rolle. So entstand nur bei einer Minderheit der Unternehmer der Gründungswunsch im Heimatland, und auch die Selbstständigkeitsneigung zwischen der ersten und zweiten Generation der Migranten unterscheidet sich nicht signifikant. Dagegen wird das Humankapital als grundlegender Bestimmungsfaktor hervorgehoben. So steigen mit zunehmender formaler Bildung auch die Selbstständigenquoten. Die deskriptiven Auswertungen der regionalen Studien konzentrieren sich im Wesentlichen auf die Rolle der Push- und Pull-Faktoren durch gezieltes Abfragen der Gründungsmotive. Tiefergehende ökonometrische Analysen schließen darüber hinaus sozio-demographische Faktoren mit ein und werfen einen differenzierteren Blick auf die Bedeutung der individuellen Ressourcen als Bestimmungsfaktor für unternehmerisches Handeln.

Zur Überprüfung der Push- und Pull-Faktoren erklären Loeffelholz et al. (1994) die Zahl der Selbstständigen mittels Regressionsanalyse durch die relative Einkommensposition der Selbstständigen gegenüber den abhängig Beschäftigten sowie der Arbeitslosenquote. Den Untersuchungszeitraum bilden dabei die Jahre 1970 bis 1991 für alle Selbstständigen bzw. 1974 bis 1991 für die ausländischen Selbstständigen. Bezüglich des Einkommens bestehen zwischen den Selbstständigen insgesamt und den ausländischen Selbstständigen, was das Vorzeichen betrifft, keine Unterschiede. Der Effekt ist positiv. Anders verhält es sich bei der Arbeitslosenquote. Bei einer branchenspezifischen Betrachtung veranlasst steigende Arbeitslosigkeit ausländische Erwerbspersonen zu einer Existenzgründung sowohl im Dienstleistungsgewerbe als auch im warenproduzierenden Gewerbe (Loeffelholz et al. 1994, S. 39). Für die ausländischen Selbstständigen lässt sich hier ein gegenteiliger Effekt beobachten. Insgesamt betonen Loeffelholz et al. (1994) die Bedeutung der Push-Faktoren für die Existenzgründung eines Migranten.

Öztürk (2001) kombiniert Daten des SOEP für das Jahr 1998 mit einer eigenen Primärerhebung. Mittels des Probit-Ansatzes wird das Entscheidungsverhalten von Ausländern zur Selbstständigkeit analysiert. Öztürk (2001) identifiziert eine Reihe von Faktoren, die diese Entscheidung positiv beeinflussen. Dabei wird zwischen

Ausländern der ersten und "nichtersten" Generation unterschieden. Festzuhalten ist, dass bei der ersten Generation die Selbstständigkeit eng an familiäre Unterstützung geknüpft ist. Für die "nichterste" Generation verliert dieser Faktor an Bedeutung. Höhere Schulbildung ist für die erste Generation nur von untergeordneter Rolle. Anders verhält es sich bei der "nichtersten" Generation. Hier steigt die Wahrscheinlichkeit selbstständig zu werden mit der formalen Bildung. Für beide Generationen wird der Schritt in die Selbstständigkeit gefördert, wenn bereits die Eltern einer selbstständigen Beschäftigung nachgehen. Mit steigender Arbeitsmarkterfahrung nimmt die Wahrscheinlichkeit zu, der ersten Generation anzugehören. Bei der "nichtersten" Generation ist dieser Effekt nicht zu beobachten. Push-Faktoren spielen nach Öztürk (2001) bei der ersten Generation eine Rolle. Bei der "nichtersten" Generation überwiegen jedoch die Pull-Faktoren. Einen großen Einfluss auf die Selbstständigkeits-Wahrscheinlichkeit nehmen gute Kenntnisse der deutschen Sprache. Dies gilt allerdings nur für die "nichterste" Generation.

Seit Anfang des Jahres 2000 entstanden weitere ökonometrische Arbeiten, die das Entscheidungsverhalten von Ausländern zur Selbstständigkeit auf Basis des SOEP analysieren (u.a. Constant et al. 2003; Constant und Zimmermann 2004; Constant et al. 2005). Da sich die Studien methodisch nicht stark unterscheiden, wird hier exemplarisch auf Constant und Zimmermann (2004) eingegangen. Grundlage bilden Daten des SOEP für das Jahr 2000. Mittels des Probit-Modells wird untersucht, welche Faktoren Einfluss auf die Entscheidung, selbstständig zu werden, nehmen. Dabei unterscheiden Constant und Zimmermann (2004) zwischen männlichen Deutschen und männlichen Migranten. Insgesamt wagen sowohl die Deutschen als auch die Migranten aus sehr ähnlichen Motiven den Schritt in die Selbstständigkeit. So steigt für beide Gruppen die Selbstständigkeits-Wahrscheinlichkeit, wenn die Eltern ebenfalls einer selbstständigen Beschäftigung nachgehen. Ebenso spielen der Hausbesitz und Sorgen um die eigene finanzielle Situation als Push-Faktor eine Rolle. Als zusätzlicher Push-Faktor kommt bei den Migranten das Gefühl der Diskriminierung hinzu. Ehe und Kinder sind nur bei den Migranten ein Bestimmungsfaktor für die Selbstständigkeit. So ist die Wahrscheinlichkeit selbstständig zu werden bei verheirateten Migranten höher; das Vorhandensein von Kindern mindert die Wahrscheinlichkeit jedoch. Abschließend halten Constant und Zimmermann (2004) fest, dass ein großer Unterschied zwischen selbstständigen und abhängigen Beschäftigten-Einkommen die Wahrscheinlichkeit der Selbstständigkeit erhöht.

Neben dem SOEP dient der Mikrozensus als Grundlage für ökonometrische Arbeiten, die sich mit der Selbstständigkeit von Migranten beschäftigen. Mittels logistischer Regression überprüfen Leicht et al. (2006), welche Faktoren die Wahrscheinlichkeit beeinflussen, dass Personen bestimmter Herkunft einer selbstständigen statt einer abhängigen Beschäftigung nachgehen. Datenbasis bildet dabei der Mikrozensus für das Jahr 2003. Festzuhalten ist, dass ein zunehmendes Alter und das männliche Geschlecht sowohl bei den Deutschen als auch bei den Ausländern einen ähnlich starken Einfluss auf die Wahrscheinlichkeit nehmen, selbstständig zu sein. Eine hohe berufliche Bildung steigert ebenso die Selbstständigkeits-Wahrscheinlichkeit in beiden Gruppen. Leichte Unterschiede ergeben sich hier, wenn bei den Ausländern zwischen Personen aus den EU-15 Ländern und Nicht-EU Ländern unterschieden wird. So spielt bei Personen aus den EU-15 Ländern der Berufsabschluss eine größere Rolle für die Selbstständigkeit als für Migranten von außerhalb der EU. Unterschiede zwischen Deutschen und Ausländern lassen sich hinsichtlich des Wohnortes beobachten. Kommt ein Ausländer aus Ostdeutschland, so erhöht sich seine Wahrscheinlichkeit selbstständig zu sein deutlich stärker als bei einem Deutschen. Leicht et al. (2006) erklären dies auf Grund der nur geringen Präsenz und Chancen von Migranten auf dem ostdeutschen Arbeitsmarkt. Bezüglich der städtischen Struktur lassen sich zwischen Deutschen und Migranten keine Unterschiede feststellen. Für beide Gruppen wird die Gründungsneigung durch Ansiedlung in einem urbanen Raum geschmälert, da hier im Vergleich zu einem ländlichen Milieu eine höhere Konkurrenzdichte herrscht. Innerhalb der Gruppe der Migranten nimmt die Aufenthaltsdauer als Nährwert für informelles Humankapital und soziales Kapital Einfluss auf die Gründungsneigung. So wirkt sich eine kürzere Verweildauer nachteilig auf die Zutrittschancen in die Selbstständigkeit aus.

Die Bedeutung der Push-Faktoren für das unternehmerische Handeln von Migranten wird sowohl in den deskriptiven Auswertungen der regionalen Studien als auch in den ökonometrischen Untersuchungen betont. Darüber hinaus heben die ökonometrischen Untersuchungen die Rolle der ethnischen Ressourcen und der Klassenressourcen hervor. Nachteil dieser Analysen, die überwiegend auf dem SOEP basieren, ist der nur begrenzte Untersuchungshorizont. Dies führt zu geringen Beobachtungszahlen und einer fehlenden Entwicklungstendenz. Die folgenden Analysen nutzen daher die Möglichkeit des SOEP, panelspezifische Untersuchungen durchzuführen. Dabei wird näher auf die Gruppe der türkischen Selbstständigen eingegangen, die den Schwerpunkt der empirischen Untersuchungen dieser Arbeit bilden. Ziel ist es, das Bild eines türkischen Selbstständigen zu erweitern und Unterschiede gegenüber deutschen und ausländischen Selbstständigen aufzuzeigen.

2.5 Deutsche und ausländische Selbstständige – ein Vergleich

2.5.1 Datengrundlage – das Sozio-oekonomische Panel

Die Untersuchung erfolgt auf Basis der Daten des Sozio-oekonomischen Panels, kurz SOEP. Das SOEP wird vom Deutschen Institut für Wirtschaftsforschung (DIW) erhoben und ist eine umfassende Quer- und Längsschnittbefragung in der Bundesrepublik Deutschland. Das SOEP richtet sich an private Haushalte und umfasst alle darin lebenden Personen. Mittels Interviews werden dabei alle Haushaltsmitglieder direkt befragt, die das 17. Lebensjahr erreicht haben.[6] Die repräsentative Befragung wird seit 1984 jährlich bei immer den gleichen Personen und Familien durchgeführt.

[6]Zusätzlich enthält das SOEP Informationen über die Kinder des Haushaltes. Auskunft zu diesem Thema, aber auch zu anderen allgemeinen Fragen zum Haushalt gibt der Haushaltsvorstand.

Das zentrale Ziel des SOEP ist es, repräsentative Mikrodaten über Personen, Haushalte und Familien zu sammeln, um Stabilität und Änderungen der Lebensbedingungen zu erfassen. Zu diesem Zweck werden eine Reihe zentraler Themen erfragt: Persönlichkeitsmerkmale, Gesundheit und Lebenszufriedenheit, Erwerbs- und Familienbiographie, Kinderbetreuung und Bildungsbeteiligung, Erwerbsbeteiligung und berufliche Mobilität, Einkommensverläufe, Haushaltszusammensetzung und Wohnsituation sowie gesellschaftliche Partizipation und Zeitverwendung. Darüber hinaus werden im Rahmen jährlich wechselnder Sonderbefragungen spezielle Themengebiete, wie Familie und soziale Dienste, Weiterbildung und Qualifikation, soziale Sicherung oder Energie- und Umweltverhalten, abgedeckt.

Ausgewählt werden die Haushalte mittels eines mehrstufigen Zufallssystems; einmal erfasste Personen aus den Haushalten werden über die Zeit verfolgt und kontinuierlich befragt. Dadurch wird eine hohe Stabilität des SOEP gewährleistet. Zu Beginn im Jahr 1984 umfasste das SOEP 5 921 Haushalte mit 12 290 befragten Personen. Nach 25 Wellen[7] sind es 2008 etwa 11 000 Haushalte mit mehr als 20 000 Personen. Dabei wurde das SOEP im Laufe der Zeit um zusätzliche Stichproben erweitert:

- 1984 Stichprobe A: **Frühere Bundesrepublik**
  Beinhaltet Personen in privaten Haushalten, deren Haushaltsvorstand nicht zu der Gruppe der "Gastarbeiter" gehört.

- 1984 Stichprobe B: **Ausländische Mitbürger**
  Beinhaltet Personen in privaten Haushalten, deren Haushaltsvorstand türkischer, griechischer, ex-jugoslawischer, spanischer oder italienischer Herkunft ist.

- 1990 Stichprobe C: **Frühere DDR**
  Beinhaltet private Haushalte, deren Haushaltsvorstand Staatsbürger der ehemaligen DDR war.

- 1995 Stichprobe D: **Immigranten**
  Beinhaltet private Haushalte, in denen mindestens ein Haushaltsmitglied nach 1984 aus dem Ausland nach Westdeutschland gezogen ist.

- 1998 Stichprobe E: **Auffrischung**
  Eine neue Stichprobe, die aus den Personen der privaten Haushalte der Bundesrepublik Deutschland gezogen wurde.

- 2000 Stichprobe F: **Innovation**
  Eine Stichprobe, die unabhängig von allen anderen Stichproben aus den Personen der privaten Haushalte im Jahr 2000 gezogen wurde, allerdings mit doppelter Auswahlwahrscheinlichkeit für Ausländer.

Ferner werden seit dem Jahr 2000 jugendspezifische Biographiedaten über die 16- bis 17-Jährigen gesammelt.

[7]Mit "Welle" wird der Zeitraum eines Jahres zur Erhebung der Daten bezeichnet. Das Jahr 1984 entspricht also der ersten Welle und das Jahr 2008 der 25. Welle.

- 2002 Stichprobe G: **Hochlohneinkommen**
  Eine Stichprobe, die unabhängig von allen anderen Stichproben aus den Personen der privaten Haushalte im Jahr 2000 gezogen wurde. Ursprüngliche Voraussetzung war, dass der betreffende Haushalt ein Monatseinkommen von mindestens 7 500 DM (3 835 €) aufweist. Ab der zweiten Welle wurde die Grenze auf 4 500 € nach oben gesetzt.

Die empirische Untersuchung beruht auf Daten der Wellen 7 bis 25. Das entspricht dem Beobachtungszeitraum 1990 bis 2008. Da die Zahl an Selbstständigen pro Welle gering ist, werden alle Stichproben in die Untersuchung einbezogen. Durch dieses Vorgehen soll eine möglichst breite Datenbasis geschaffen werden. Im Mittelpunkt der Analyse steht der Vergleich zwischen deutschen Selbstständigen und selbstständigen Migranten. Für diese Unterscheidung wurde eine globale Ausländervariable generiert. Dabei wird bei den Ausländern zwischen Migranten und Personen mit Migrationshintergrund getrennt. Folgende Abgrenzungen wurden getroffen:

- **Deutsch**
  Eine Person, die in Deutschland geboren wurde, von Geburt an die deutsche Staatsbürgerschaft besitzt und keine doppelte Staatsbürgerschaft aufweist.

- **Migrant**
  Eine im Ausland geborene Person, die über eine doppelte Staatsbürgerschaft verfügen kann oder eine deutsche Staatsbürgerschaft nach Geburt erworben haben kann.

- **Migrationshintergrund**
  Eine Person, die in Deutschland geboren wurde, über eine doppelte bzw. ausländische Staatsbürgerschaft verfügt oder eine deutsche Staatsbürgerschaft nach Geburt erworben hat.

Zusätzlich zu dem Vergleich zwischen deutschen und ausländischen Selbstständigen interessiert die Einordnung der türkischen Unternehmer/-innen. Unter die Türken fallen alle Personen, die zwischen 1983 und 2008 jemals einen türkischen Pass besessen haben oder über eine entsprechende zweite Staatsangehörigkeit verfügten.

Auf die deutschen Selbstständigen entfallen für den gesamten Untersuchungszeitraum von 1990 bis 2008 15 381 Beobachtungen. Für die ausländischen Selbstständigen ohne die Türken stehen 1 665 Beobachtungen zur Verfügung und für die türkischen Unternehmer/-innen 362. Um einen Selbstständigen zu charakterisieren, dient eine Gruppe bestehend aus Arbeitern, Angestellten, Beamten, Praktikanten und Arbeitslosen als Referenz. Für diese Vergleichsgruppe liegen bei den deutschen Personen 151 265 Beobachtungen vor. Bei den Migranten (ohne Türken) sind es 26 923 Beobachtungen und bei den Türken 8 411 Beobachtungen. Die konkreten Beobachtungszahlen können von der Gesamtzahl abweichen und sind den jeweiligen Tabellen und Schätzungen zu entnehmen. Auf Grund der nur geringen Fallzahlen an Personen mit Migrationshintergrund wird in den folgenden Auswertungen auf eine getrennte Betrachtung der beiden Gruppen verzichtet.[8]

2.5.2 Variablenauswahl

Das SOEP bietet eine breite Auswahl an Variablen, die dazu beitragen können, das auf Basis der bestehenden Literatur gezeichnete Bild eines ausländischen Selbstständigen zu erweitern. Die Untersuchung vollzieht sich in drei Schritten. Zunächst werden die ausländischen und türkischen Selbstständigen anhand ausgewählter soziodemographischer Merkmale charakterisiert und ein Vergleich zu den deutschen Selbstständigen gezogen. Als Referenz dienen dabei die unselbstständigen Personen. Die Auswahl der Variablen orientiert sich an den Ergebnissen der in Kapitel 2.3 vorgestellten Studien. So werden der persönliche Hintergrund, das Humankapital sowie das Arbeitsumfeld erfasst. Anschließend erfolgt eine Analyse der Faktoren, die den Schritt in die Selbstständigkeit beeinflussen. Um die in Kapitel 2.4 beschriebenen Theorien zu überprüfen, werden zusätzlich Variablen aufgenommen, die den Push-Faktoren der Selbstständigkeit zuzuordnen sind. Ziel der dritten Analyse ist es, erste Anhaltspunkte darüber zu gewinnen, welche Faktoren den wirtschaftlichen Erfolg eines Selbstständigen beeinflussen.

Im Folgenden wird eine detaillierte Übersicht über die für die Untersuchung ausgewählten Variablen gegeben. Die Arbeitshypothesen beziehen sich dabei auf die Charakterisierung eines Selbstständigen und die Determinanten der Selbstständigkeit.

- **Persönlicher Hintergrund**
  Der Frauenanteil unter den Selbstständigen ist bei den Migranten geringer als bei den Deutschen. Am geringsten fällt die Quote bei den Türken aus. Für die Charakterisierung eines Selbstständigen ist daher ein negativer Einfluss des weiblichen Geschlechts (*Frau*) zu erwarten. Gleiches wird für die Determinanten der Selbstständigkeit angenommen. Die ausländischen Selbstständigen sind etwas jünger als die deutschen Selbstständigen. Deutlich niedriger fällt das Durchschnittsalter der türkischen Selbstständigen aus. Bei der Charakterisierung eines Selbstständigen wird von einem positiven Einfluss der beiden Altersvariablen (*Alter unter 30*, *Alter 30 bis 40*) ausgegangen, wobei der Effekt bei den Türken geringer ausfallen sollte. Bei den Determinanten der Selbstständigkeit wird dagegen erwartet, dass die Gründer eher jüngeren Alters sind. Bezüglich des Familienstandes liegen keine vergleichende Analysen zwischen deutschen und ausländischen Selbstständigen vor. Es wird jedoch erwartet, dass der Anteil an verheirateten Personen (*Verheiratet*) unter den Selbstständigen höher ausfällt als unter den Unselbstständigen. Aufgrund kultureller Faktoren sollte dieser Einfluss unter den Migranten stärker sein. Auch

[8] In den weiteren Ausführungen werden Migranten und Personen mit Migrationshintergrund zusammengefasst und fortan mit den Begriffen "Migrant" oder "Ausländer" bezeichnet, sofern nicht explizit eine einzelne Gruppe hervorgehoben wird.

bei der Analyse der Determinanten der Selbstständigkeit wird von einem positiven Einfluss der Variable *Verheiratet* ausgegangen, was u.a. an der finanziellen und arbeitstechnischen Unterstützung durch den Ehepartner liegen könnte. Das Vorhandensein von Kindern im Haushalt (*Kinder*) korreliert mit dem Familienstand des Selbstständigen.

- **Humankapital**
  Ausländische Selbstständige weisen ein geringeres Qualifikationsniveau als deutsche Selbstständige auf. Innerhalb der Gruppe der Migranten ist das formale Bildungsniveau bei den Türken am geringsten. Unabhängig von der Nationalität wird jedoch davon ausgegangen, dass die Selbstständigen besser qualifiziert sind (*Lehre*, *Meister*, *FH*, *Uni*) als die Unselbstständigen. Geringer sollte dieser Effekt bei den türkischen Selbstständigen ausfallen. Bei den Determinanten der Selbstständigkeit ist ebenfalls von einem positiven Einfluss der Bildungsvariablen auszugehen. Über das gesundheitliche Befinden der Selbstständigen liegen bislang keine vergleichenden empirische Ergebnisse vor. Studien betonen die Selbstausbeutung vieler ausländischer Selbstständiger in Form von langen Arbeitszeiten. Dies könnte sich negativ auf den Gesundheitszustand auswirken. Für die Migranten wird daher erwartet, dass die Selbstständigen in einem schlechteren gesundheitlichen Befinden sind als die Unselbstständigen. Das Vorzeichen der Variable *Gesundheit* (Person ist in gutem gesundheitlichen Befinden) sollte daher negativ ausfallen. Bei den Determinanten ist davon auszugehen, dass Personen mit einem besseren Gesundheitszustand eher den Schritt in die Selbstständigkeit wagen. Es wird ein positiver Einfluss der Variable *Gesundheit* erwartet. Auch bezüglich des politischen Interesses liegen keine Ergebnisse über die Unterschiede zwischen deutschen und ausländischen Selbstständigen vor. Allgemein sollte das politische Interesse (*Politik*) eines Selbstständigen höher sein als das eines Unselbstständigen, wobei ein geringerer Effekt bei den Migranten erwartet wird. Darüber hinaus ist ein gewisses politisches Interesse Voraussetzung für den Schritt in die Selbstständigkeit. Daher sollte das Vorzeichen der Variable *Politik* auch bei der Analyse der Determinanten der Selbstständigkeit positiv ausfallen. Studien betonen, dass ein selbstständiges Elternteil die Wahrscheinlichkeit der Selbstständigkeit erhöht. Für beide Analysen ist daher von einem positiven Einfluss der Variable *Selbst-Eltern* auszugehen.

- **Arbeitsumfeld**
  Allgemein ist das Arbeitsaufkommen für einen Selbstständigen höher als das für einen Unselbstständigen. Bei der Charakterisierung eines Selbstständigen sollte das Vorzeichen der Variablen *Stund mittel* (Wöchentliche Arbeitszeit von 40 bis 50 Stunden) und *Stund hoch* (Wöchentliche Arbeitszeit von mehr als 50 Stunden) positiv ausfallen. Der Theorie der Selbstausbeutung folgend, wird ein größerer Effekt bei den Migranten erwartet. Vergleichende Analysen über das Einkommen deutscher und ausländischer Selbstständiger liegen bislang nicht vor. Es wird davon ausgegangen, dass der Verdienst eines Selbstständigen über dem eines Unselbstständigen liegt, weshalb die Variablen *Eink mittel* (Bruttomonatsverdienst zwischen 2 000 € und 3 000 €) und *Eink hoch* (Brut-

tomonatsverdienst von mehr als 3 000 €) ein positives Vorzeichen haben sollten. Ein geringerer Verdienst löst nach der Theorie der Push-Faktoren einen Gründungsimpuls aus. Bei der Analyse der Determinanten der Selbstständigkeit wird daher von einem negativen Einfluss eines höheren Einkommens ausgegangen. Als weitere Variable, die Auskunft über die Vermögensverhältnisse der Selbstständigen gibt, wird in den Analysen der Einfluss des Immobilienbesitzes (*Haus*) untersucht. Unter die Branchenvariablen fällt das Verarbeitende Gewerbe (*Industrie*), das Baugewerbe (*Bau*), die Bereiche Handel und Gastronomie (*Handel*) und wissensintensive Dienstleistungen (*Wissens-DL*). Studien betonen die sektorale Konzentration der ausländischen Selbstständigen auf die Gastronomie und den Handel. Deutlich unterrepräsentiert sind die ausländischen Selbstständigen dagegen in den wissensintensiven Dienstleistungen.

- **Push-Faktoren**
  Empirische Untersuchungen betonen den positiven Einfluss der Push-Faktoren auf die Entscheidung, sich selbstständig zu machen. Unter die Push-Faktoren fallen bei der Analyse die Arbeitslosigkeit (*Arbeitslos*) und Sorgen um die eigene wirtschaftliche Situation (*Sorgen*). Für beide Variablen wird ein positives Vorzeichen erwartet.

Zur genauen Bestimmung der Determinanten der Selbstständigkeit werden im zweiten Schritt der Analyse die Variablen des persönlichen Hintergrundes, des Humankapitals sowie des Arbeitsumfeldes zur Vorperiode genommen. Die folgende deskriptive Analyse des Datensatzes konzentriert sich auf die Charakterisierung eines Selbstständigen.

2.5.3 Deskriptive Befunde

Gegenstand der folgenden Ausführungen ist eine erste deskriptive Analyse des zur Verfügung stehenden Datenmaterials. Im Mittelpunkt steht dabei die Charakterisierung eines deutschen, türkischen und ausländischen Selbstständigen. Die Gruppe der ausländischen Selbstständigen umfasst dabei nicht die Türken. Allgemein ist anzumerken, dass Sprünge in den Abbildungen für die Jahre 1995, 1998, 2000 und 2002 auf die Integration von neuen Stichproben in das SOEP zurückgeführt werden können. Ebenso lassen sich starke Schwankungen bei den türkischen Selbstständigen durch die nur geringen Fallzahlen erklären.

Für die Erfassung der Selbstständigen wurde im SOEP auf die Frage nach der derzeitigen beruflichen Stellung zurückgegriffen.[9] Im Rahmen der Untersuchung fallen unter den Begriff der Selbstständigkeit dabei jegliche Formen der Selbstständigkeit, d.h. selbstständige Landwirte, freie Berufe bzw. selbstständige Akademiker, sonstige Selbstständige und mithelfende Familienangehörige. Diese breite Abgrenzung der Selbstständigen wird v.a. auf Grund der geringen Fallzahlen bei ausländischen

[9]Frage 46 im Fragebogen der Welle X: "In welcher beruflichen Stellung sind Sie derzeit beschäftigt?"

Selbstständigen gewählt, um eine möglichst große Anzahl an Beobachtungen zu erreichen. Die Vergleichsgruppe zu den Selbstständigen bilden Arbeiter, Angestellte, Beamte, Praktikanten und Arbeitslose. Diese Vergleichsgruppe wird in den weiteren Ausführungen mit dem Begriff "Unselbstständige" bezeichnet. Sofern nicht anders hervorgehoben, bezieht sich der Begriff "Ausländer" bzw. "Migrant" auf sämtliche Ausländer ohne die Türken.

Abbildung 2.5: Migrantenanteil und Selbstständigenquote

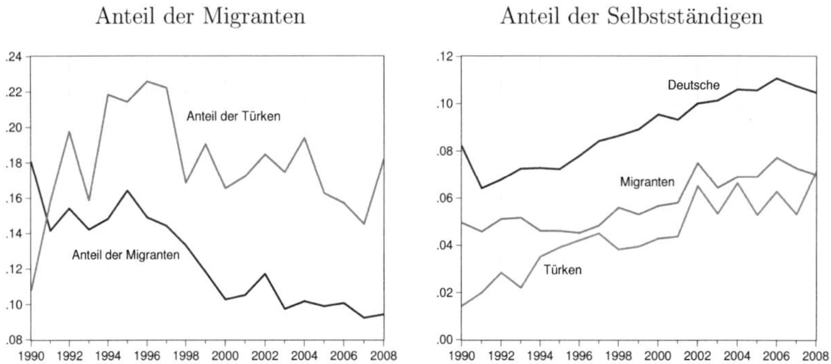

Quelle: SOEP 1990-2008, eigene Berechnungen

Die linke Graphik der Abbildung 2.5 stellt den Anteil der ausländischen Selbstständigen (inklusive der Türken) an allen Selbstständigen sowie den Anteil der türkischen Selbstständigen an den ausländischen Selbstständigen dar. Für den gesamten Beobachtungszeitraum beläuft sich der Anteil der Migranten an allen Selbstständigen auf durchschnittlich 12,6%. Auffallend ist der sinkende Migrantenanteil im Zeitverlauf. Der Anteil der Türken an den ausländischen Selbstständigen beläuft sich von 1990 bis 2009 auf durchschnittlich 17,9%. Die Türken sind damit die zahlenmäßig stärkste Gruppe unter den ausländischen Selbstständigen. Auf den weiteren Plätzen folgen die Italiener und Griechen.

Die rechte Graphik der Abbildung 2.5 wirft einen Blick auf die Selbstständigenquote der einzelnen Gruppen. Die Selbstständigenquote gibt den Anteil der Selbstständigen an den Arbeitern, Angestellten, Beamten, Praktikanten und Arbeitslosen wider. Die durchschnittliche Selbstständigenquote der Deutschen beläuft sich für den gesamten Untersuchungszeitraum auf 8,9%. Zwischen den Migranten und Türken lässt sich eine Annäherung der Selbstständigenquote im Zeitverlauf erkennen. Am aktuellen Rand sind 7,1% der Türken und 7,0% der Migranten selbstständig. Verglichen zum Jahr 1990 hat sich dabei die Selbstständigenquote der Türken verfünffacht.

Der starke Anstieg der Selbstständigenquote im Jahr 2002 auf Seiten der Migranten bzw. der Türken ist durch die erstmalige Hinzunahme der Stichprobe G, den Hoch-

Abbildung 2.6: Anteil der Frauen

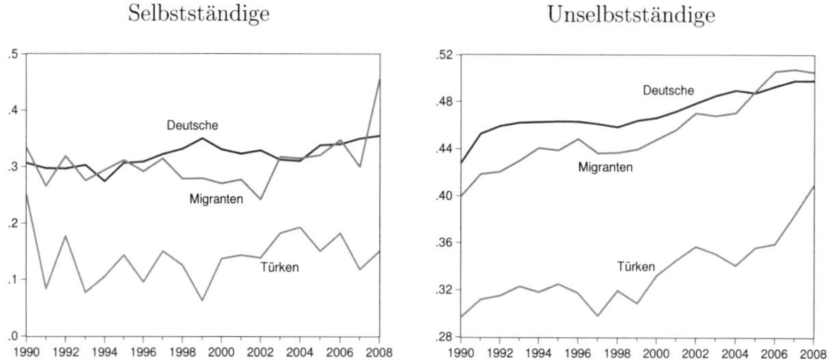

Quelle: SOEP 1990-2008, eigene Berechnungen

lohnempfängern, zu erklären. Vor allem in der Gruppe der Migranten befinden sich im Hocheinkommensbereich überproportional viele Selbstständige.[10]

Abbildung 2.6 zeigt den Anteil der Frauen an den Selbstständigen (linke Graphik) und den Unselbstständigen (rechte Graphik). Operationalisiert wird das Geschlecht mittels einer Dummy-Variablen (*Frau*), die den Wert 1 für weibliche Personen annimmt und 0 für männliche Personen. Auffallend ist, dass der Frauenanteil unter den Selbstständigen geringer ist als unter den Unselbstständigen. Das gilt sowohl für die Deutschen als auch für die Türken und die anderen Migranten. Über den gesamten Untersuchungszeitraum hinweg befinden sich unter den deutschen Selbstständigen durchschnittlich 32% Frauen; unter den unselbstständigen Personen liegt der Frauenanteil bei 47,1%. Betrachtet man die Türken, so ergeben sich noch deutlichere Unterschiede: Für die Selbstständigen beläuft sich die Frauenquote zwischen 1990 und 2008 auf lediglich 14%; bei den unselbstständigen Personen beträgt diese 33,5%. Bei den anderen Migranten fällt der Abstand bezüglich der Frauenquote zwischen Selbstständigen und Unselbstständigen geringer aus als bei den Türken (30,6% zu 45,4%).

Abbildung 2.7 verdeutlicht die Entwicklung des Alters bei den Selbstständigen (linke Graphik) und den Unselbstständigen (rechte Graphik). Das Durchschnittsalter der deutschen und ausländischen Selbstständigen liegt über den gesamten Beobachtungszeitraum auf einem ähnlichen Niveau. Für die Jahre 1990 bis 2008 ergibt sich für die deutschen Selbstständigen ein durchschnittliches Alter von 45,2 Jahren; bei den ausländischen Selbstständigen beträgt das Durchschnittsalter 44 Jahre. Deutlich jünger sind dagegen die türkischen Selbstständigen. Ihr Durchschnittsalter beläuft sich für den Untersuchungszeitraum auf lediglich 36,9 Jahre. Darüber hinaus ist fest-

[10]In der Stichprobe G beträgt die Selbstständigenquote der Migranten in der Welle R bzw. im Jahr 2002 etwa 27,2%. Die Quote der Deutschen liegt hier bei gut 19,1%.

Abbildung 2.7: Durchschnittliches Alter in Jahren

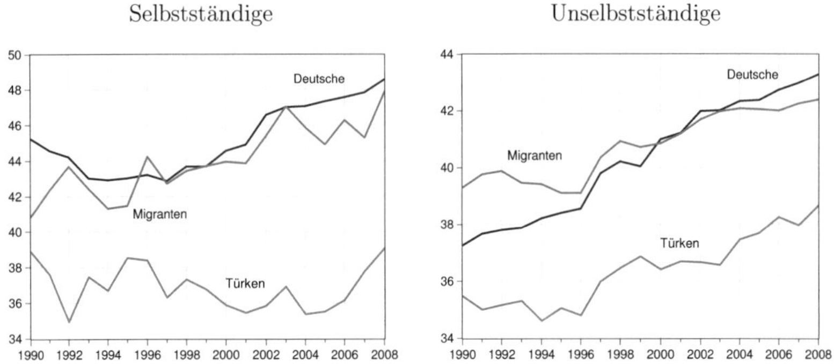

Quelle: SOEP 1990-2008, eigene Berechnungen

zuhalten, dass sowohl bei den Deutschen als auch bei den Türken und den anderen Migranten die Selbstständigen älter sind als die Unselbstständigen. Am geringsten ist dieser Altersunterschied bei den Türken. Hier liegen zwischen den Selbstständigen und den Unselbstständigen durchschnittlich drei Jahre. In den weiteren ökonometrischen Analysen werden die Selbstständigen in Altersgruppen eingeteilt (*Alter unter 30*, *Alter 30 bis 40* und *Alter über 40*).

Abbildung 2.8: Anteil der verheirateten Personen

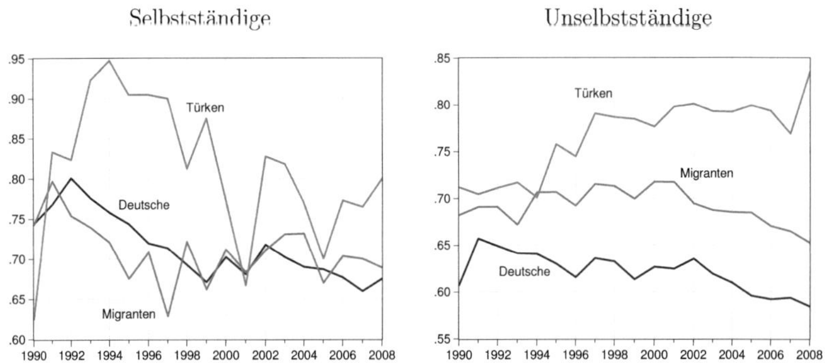

Quelle: SOEP 1990-2008, eigene Berechnungen

Die linke Graphik der Abbildung 2.8 stellt die Entwicklung des Anteils der verheirateten Personen bei den Selbstständigen (linke Graphik) und den Unselbstständigen (rechte Graphik) dar. Auch der Familienstand (*Verheiratet*) wird mittels einer Dummy-Variablen operationalisiert mit dem Wert 1 für verheiratete Personen und

0 für sonstigen Familienstand. Bei den deutschen und ausländischen Selbstständigen ergeben sich über den gesamten Beobachtungszeitraum nur geringfügige Unterschiede. Zwischen 1990 und 2008 waren durchschnittlich 71,5% aller deutschen Selbstständigen verheiratet; für die ausländischen Selbstständigen liegt dieser Anteil bei 70,9%. Deutlich höher ist der Anteil an verheirateten Selbstständigen bei den Türken. Hier beträgt der Durchschnittswert für den gesamten Untersuchungszeitraum 81,3%. Die starken Schwankungen bei den türkischen Selbstständigen sind auf die nur geringen Beobachtungszahlen zurückzuführen. Bezogen auf den Durchschnittswert ist der Anteil an verheirateten Personen unter den Selbstständigen höher als unter den Unselbstständigen. Dies lässt sich für alle Nationalitäten beobachten.

Abbildung 2.9: Anteil der Personen mit Kindern

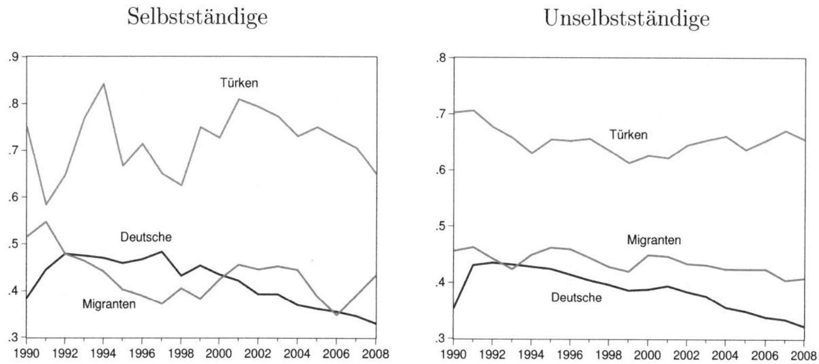

Quelle: SOEP 1990-2008, eigene Berechnungen

Einen weiteren familiären Aspekt, den Anteil der Personen mit einem oder mehreren Kindern, veranschaulicht Abbildung 2.9. Dabei bezieht sich die linke Graphik auf die Selbstständigen und die rechte Graphik auf die Unselbstständigen. Die Dummy-Variable (*Kinder*) erhält hier den Wert 1 für Personen mit Kindern und 0 für kinderlose Personen. Da das Vorhandensein von Kindern erwartungsgemäß mit dem Familienstand korreliert, überraschen die Ergebnisse nicht. Bezogen auf den Durchschnittswert für die Jahre 1990 bis 2008 liegen die türkischen Selbstständigen weit vor den ausländischen und deutschen Selbstständigen. So haben durchschnittlich 71,9% aller türkischen Selbstständigen Kinder im Haushalt. Bei den ausländischen Selbstständigen beläuft sich dieser Wert auf 43% und bei den deutschen Selbstständigen auf 41,8%. Dabei ist der Anteil an Personen mit Kindern unter den Selbstständigen etwas höher als unter den Unselbstständigen. Bezogen auf den Durchschnittswert des gesamten Untersuchungszeitraums gilt das insbesondere für die Deutschen und die Türken.

Abbildung 2.10: Dauer der Ausbildung in Jahren

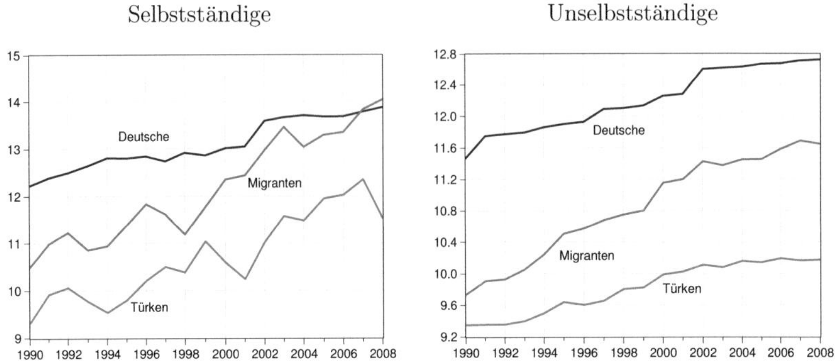

Quelle: SOEP 1990-2008, eigene Berechnungen

Eine zentrale Bedeutung in der Selbstständigenforschung kommt dem Humankapital als individuelle Investition in die persönliche Produktivität bei.[11] In der weitergehenden Untersuchung wird das Humankapital dabei auf zwei Arten operationalisiert. Dem Ansatz von Mincer (1974) folgend, wird jedem Individuum für die erreichte schulische und berufliche Ausbildung diejenige durchschnittliche Anzahl an Jahren zugeordnet, die zur Erreichung dieses Abschlusses nötig gewesen wären. Da mit dieser Variablen nur die benötigten, nicht jedoch die tatsächlichen Jahre der Ausbildung erfasst werden, können etwaige Verzerrungen, die nicht zur Steigerung des Humankapitals beitragen, ausgeschlossen werden.[12] Die Variable *Dauer* kann die Werte 1 bis 18 annehmen. Zusätzlich zu der Anzahl an Ausbildungsjahren wird im Rahmen der Untersuchung das Humankapital qualifikationsspezifisch betrachtet. So wird nach den einzelnen Berufsabschlüssen (*Lehre*, *Meister*, *FH* und *Uni*) differenziert. Die Operationalisierung erfolgt mittels Dummy-Variablen. Für ein Individuum mit Universitätsabschluss hat die Variable beispielsweise den Wert 1, ansonsten 0. Im Rahmen der deskriptiven Analyse wird sich auf die Dauer der Ausbildung beschränkt.

Abbildung 2.10 veranschaulicht die Entwicklung des Humankapitals in Form von Ausbildungsjahren für die Selbstständigen (linke Graphik) und die Unselbstständigen (rechte Graphik). Bei einem Vergleich zwischen den ausländischen und deutschen Selbstständigen lässt sich bezüglich der Ausbildungsdauer ein Angleichungsprozess beobachten. Trennten die beiden Gruppen im Jahr 1990 noch fast zwei Ausbildungsjahre, so liegen die ausländischen Selbstständigen im Jahr 2008 sogar leicht vor den deutschen Selbstständigen. Anders verhält es sich bei den türkischen Selbstständi-

[11]Vgl. zu dem Konzept des Humankapitals die zentralen Arbeiten von Schultz 1960 und 1961; Mincer 1970 und 1974; Becker 1962 und 1964.

[12]Mincer (1974) erfasste bei seiner Messung von Bildungsrenditen das schulische und berufliche Humankapital mit der tatsächlichen Anzahl an Ausbildungsjahren.

gen. Hier ist kein Konvergenzprozess zu den deutschen Selbstständigen zu erkennen. Zwar steigt die Dauer der Ausbildung im Zeitverlauf an, jedoch trennen im Jahr 2008 deutsche und türkische Selbstständige mehr als zwei Ausbildungsjahre. Unabhängig von der Nationalität sind die Selbstständigen besser ausgebildet als die Unselbstständigen. So liegt die Ausbildungsdauer der Selbstständigen sowohl für die Deutschen als auch die Türken und die anderen Migranten um etwa ein Jahr über der Ausbildungsdauer der Unselbstständigen.

Einen zusammenfassenden Überblick über drei weitere Charakteristika der Deutschen, Türken und anderen Migranten gibt Tabelle 2.3. Die Tabelle enthält die Durchschnittswerte über den gesamten Beobachtungszeitraum. Zunächst interessiert der prozentuale Anteil an selbstständigen Eltern. Dabei kann entweder nur ein Elternteil oder aber es können auch beide Teile selbstständig sein. Die Dummy-Variable (*Selbst-Eltern*) erhält den Wert 1 für Personen, deren Eltern selbstständig sind, ansonsten ist der Wert 0. Für die Jahre 1990 bis 2008 liegt der Anteil an selbstständigen Eltern für die Deutschen bei 27,6%. Deutlich geringer fällt dieser Anteil für die Türken und anderen Migranten aus (12,2% bzw. 11,9%). Auffallend ist, dass sich unabhängig von der Nationalität unter den Selbstständigen mehr Personen mit selbstständigen Eltern befinden als unter den Unselbstständigen.

Bei der Variablen Gesundheit (*Gesundheit*) wird im Fragebogen des SOEP die Zufriedenheit mit der gegenwärtigen Gesundheit erhoben. Die Antwortmöglichkeiten umfassen eine Skala von 0 "niedrig" bis 10 "hoch". Im Rahmen der Untersuchung wurde die Gesundheit mittels einer Dummy-Variablen operationalisiert. Bei den Werten 6-10, also einem zufriedenstellenden Gesundheitszustand, nimmt die Variable die Ausprägung 1 an, ansonsten hat die Variable die Ausprägung 0. Die Variable in Tabelle 2.3 gibt also den Anteil der Personen wieder, die mit ihrer Gesundheit eher zufrieden sind. Bei der Betrachtung der durchschnittlichen Zufriedenheit mit der Gesundheit über den gesamten Beobachtungszeitraum fällt auf, dass sich die Werte von deutschen, ausländischen und türkischen Selbstständigen auf einem ähnlichen Niveau befinden. So waren bei den Deutschen durchschnittlich 75,8% mit ihrer Gesundheit zufrieden; bei den Ausländern beläuft sich dieser Anteil auf 79,4% und bei den Türken auf 80,6%. Der Anteil an Personen mit einem guten gesundheitlichen Befinden ist unter den Selbstständigen etwas höher als unter den Unselbstständigen. Das gilt sowohl für die Deutschen als auch für die Türken und die anderen Migranten.

Das politische Interesse wird im Fragebogen des SOEP über die Frage nach dem allgemeinen Interesse für Politik erhoben und soll im Rahmen der Untersuchung als ein Maßstab für gesellschaftliche Integration dienen. Die Skala reicht hier von 1 "sehr stark" bis 4 "überhaupt nicht". Die Operationalisierung erfolgt erneut mittels einer Dummy-Variablen. Die Dummy-Variable (*Politik*) bekommt dabei die Ausprägung 1 für ein vorhandenes politisches Interesse (Werte 1-2 auf der Antwortskala), ansonsten 0. Die Variable in Tabelle 2.3 stellt den Anteil an Personen mit politischem Interesse dar. Für die Jahre 1990 bis 2008 befanden sich unter den deutschen Selbstständigen durchschnittlich 55% politisch interessierte Personen. Geringer ist dieser Anteil

Tabelle 2.3: Weitere Charakteristika der Selbstständigen und Unselbstständigen

Selbstständig	**Deutsche**	**Migranten**	**Türken**
	1990-2008	1990-2008	1990-2008
Selbstständige Eltern	27,6	12,2	11,9
(Anteil in %)	*(0,440)*	*(0,325)*	*(0,269)*
Gesundheit	75,8	79,4	80,6
(Anteil in %)	*(0,428)*	*(0,403)*	*(0,397)*
Politik	55,0	41,5	33,3
(Anteil in %)	*(0,496)*	*(0,489)*	*(0,467)*
Hausbesitz	64,3	37,8	21,1
(Anteil in %)	*(0,478)*	*(0,477)*	*(0,351)*
Unselbstständig	**Deutsche**	**Migranten**	**Türken**
	1990-2008	1990-2008	1990-2008
Selbstständige Eltern	10,9	10,0	4,00
(Anteil in %)	*(0,311)*	*(0,300)*	*(0,185)*
Gesundheit	75,1	75,0	73,9
(Anteil in %)	*(0,432)*	*(0,433)*	*(0,439)*
Politik	35,1	21,9	18,5
(Anteil in %)	*(0,474)*	*(0,411)*	*(0,388)*
Hausbesitz	47,9	26,0	18,2
(Anteil in %)	*(0,497)*	*(0,427)*	*(0,375)*

Standardabweichung in Klammern
Quelle: SOEP 1990-2008, eigene Berechnungen

mit 41,5% unter den ausländischen Selbstständigen. Noch weiter hinten liegen die türkischen Selbstständigen mit 33,3%. Deutlich größer als bei den Unselbstständigen ist das politische Interesse unter den Selbstständigen. Dies lässt sich über alle Nationalitäten hinweg beobachten.

Die Variable Hausbesitz (*Haus*) in Tabelle 2.3 gibt den Anteil an Personen wieder, die Eigentümer eines Hauses sind. Die Variable kann erste Hinweise auf die Einkommensverhältnisse der Selbstständigen geben. Über den gesamten Untersuchungszeitraum liegt der Anteil unter den deutschen Selbstständigen bei 64,3%. Bei den ausländischen Selbstständigen waren lediglich 37,8% Eigentümer einer Immobilie. Noch geringer fällt dieser Anteil mit 21,1% bei den Türken aus. Auffallend ist, dass für alle Nationalitäten der Anteil an Hauseigentümern unter den Selbstständigen höher ist als unter den Unselbstständigen.

Abbildung 2.11 zeigt die Entwicklung des Bruttomonatseinkommens im letzten Monat vor Erhebung der Daten.[13] Die linke Graphik bezieht sich auf die Selbstständi-

[13]Verwendet wird dieses letzte Bruttomonatseinkommen wegen seiner Aktualität und Genauigkeit gegenüber selbst berechneten Durchschnitten.

Abbildung 2.11: Bruttomonatseinkommen in €

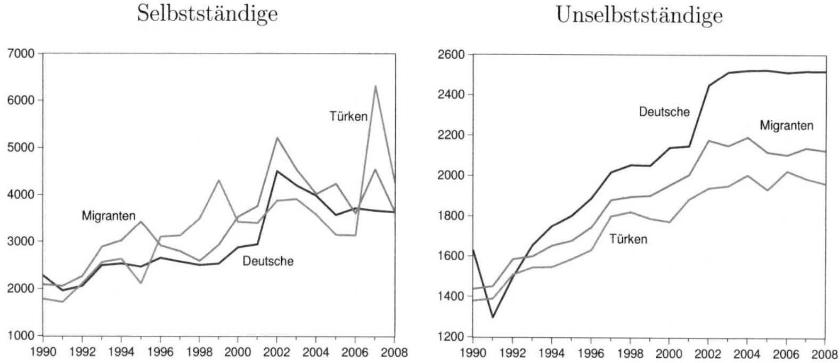

Quelle: SOEP 1990-2008, eigene Berechnungen

gen und die rechte Graphik auf die Unselbstständigen. Insgesamt lassen sich für die Selbstständigen aller Gruppen Einkommenszuwächse im Zeitverlauf beobachten. Die starken Ausschläge sind durch die Ergänzungen der Stichproben zu erklären. So wurden beispielsweise im Jahr 2002 erstmals die Hochlohnempfänger berücksichtigt. Zwischen den deutschen, ausländischen und türkischen Selbstständigen fallen die Einkommensunterschiede eher gering aus. Über den gesamten Beobachtungszeitraum verdienten die deutschen Selbstständigen monatlich 3 006 €, die ausländischen Selbstständigen 3 370 € und die türkischen Selbstständigen 3 261 €. Die Durchschnittseinkommen der Unselbstständigen liegen unter diesen Werten: Ein Deutscher verdient durchschnittlich 2 078 €, ein Türke 1 760 € und ein anderer Migrant 1 883 €. Die niedrigeren Durchschnittseinkommen bei den unselbstständigen Personen sind u.a. darauf zurückzuführen, dass sich in dieser Gruppe auch Arbeitslose und Praktikanten befinden. In den folgenden Schätzungen wird das Einkommen über drei Dummy-Variablen in das Modell integriert. *Eink niedrig* nimmt den Wert 1 an, falls die Personen weniger als 2 000 € pro Monat verdienen. *Eink mittel* erfasst Personen, die zwischen 2 000 und 3 000 € pro Monat verdienen, und *Eink hoch* bezieht sich auf Personen mit einem Bruttomonatsverdienst von mehr als 3 000 €.

Abbildung 2.12 stellt den Verlauf der wöchentlichen Arbeitszeit für die Selbstständigen (linke Graphik) und die Unselbstständigen (rechte Graphik) dar. Auffallend ist die seit dem Jahr 2001 im Vergleich zu den deutschen und ausländischen Selbstständigen deutlich höhere Arbeitszeit bei den türkischen Selbstständigen. Im Jahr 2008 liegt die wöchentliche Arbeitszeit der türkischen Selbstständigen 10 Stunden über der Zeit der deutschen Selbstständigen. Über den gesamten Untersuchungszeitraum ergibt sich eine durchschnittliche Arbeitszeit von 52,8 Stunden für die türkischen Selbstständigen, 50,4 Stunden für die ausländischen Selbstständigen und 48,3 Stunden für die deutschen Selbstständigen. Deutlich geringer fällt die durchschnittliche Wochenarbeitszeit bei den Unselbstständigen aus. Das gilt sowohl für die Deutschen

Abbildung 2.12: Wochenarbeitszeit in Stunden

Selbstständige Unselbstständige

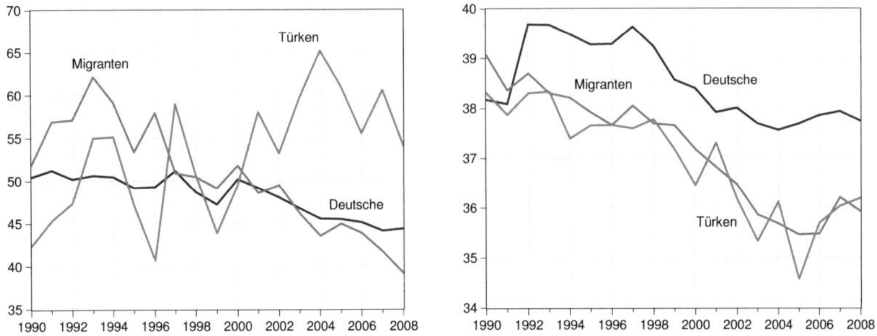

Quelle: SOEP 1990-2008, eigene Berechnungen

als auch für die Türken und anderen Migranten. Dabei ist jedoch anzumerken, dass sich unter den unselbstständigen Personen auch Arbeitslose und Praktikanten befinden, was analog zur Betrachtung der Einkommen zu leicht verzerrten Ergebnissen führt. In den Schätzungen wird die Arbeitszeit über drei Dummy-Variablen operationalisiert. *Stund niedrig* bezieht sich auf einen Arbeitseinsatz von weniger als 40 Stunden pro Woche, *Stund mittel* auf eine Arbeitszeit zwischen 40 und 50 Stunden sowie *Stund hoch* auf eine Arbeitszeit von mehr als 50 Stunden.

Die Klassifizierung der Wirtschaftszweige erfolgt auf Basis der NACE-Codierung. NACE ist die statistische Systematik der Wirtschaftszweige in der Europäischen Gemeinschaft, um die wirtschaftlichen Tätigkeiten statistischer Einheiten in allen amtlichen Statistiken einheitlich zu erfassen. In der vorliegenden Untersuchung wird der NACE-Schlüssel in fünf Gruppen eingeteilt und mittels einer Dummy-Variablen operationalisiert:

- *Industrie:* Verarbeitendes Gewerbe, Energie und Wasserversorgung.
- *Bau:* Baugewerbe.
- *Handel:* Handel, Instandhaltung und Reparatur von Kraftfahrzeugen und Gebrauchsgütern; Gastgewerbe; Verkehr und Nachrichtentechnik.
- *Wissens-DL:* Kredit- und Versicherungsgewerbe; Grundstücks- und Wohnungswesen, Vermietung beweglicher Sachen; Erbringung von Dienstleistungen für Unternehmen.
- *Sonstiges:* Öffentliche Verwaltung, Verteidigung, Sozialversicherung; Erziehung und Unterricht; Gesundheits-, Veterinär- und Sozialwesen; Erbringung von

sonstigen öffentlichen und persönlichen Dienstleistungen; Land- und Forstwirtschaft; Fischerei und Fischzucht; Bergbau und Gewinnung von Steinen und Erden.

Tabelle 2.4: Branchenverteilung der Selbstständigen und Unselbstständigen

Selbstständig	**Deutsche**	**Migranten**	**Türken**
	1990-2008	1990-2008	1990-2008
Industrie (Anteil in %)	12,2 *(0,327)*	13,6 *(0,342)*	10,1 *(0,275)*
Bau (Anteil in %)	11,6 *(0,320)*	10,6 *(0,308)*	6,9 *(0,233)*
Handel (Anteil in %)	29,3 *(0,449)*	39,5 *(0,472)*	61,1 *(0,488)*
Wissens-DL (Anteil in %)	20,9 *(0,401)*	14,0 *(0,331)*	17,3 *(0,365)*
Sonstige (Anteil in %)	25,9 *(0,437)*	22,3 *(0,411)*	4,6 *(0,165)*
Unselbstständig	**Deutsche**	**Migranten**	**Türken**
	1990-2008	1990-2008	1990-2008
Industrie (Anteil in %)	26,4 *(0,439)*	43,0 *(0,491)*	52,0 *(0,497)*
Bau (Anteil in %)	7,2 *(0,256)*	7,7 *(0,261)*	6,3 *(0,238)*
Handel (Anteil in %)	21,4 *(0,409)*	19,3 *(0,394)*	21,3 *(0,405)*
Wissens-DL (Anteil in %)	10,4 *(0,303)*	8,4 *(0,274)*	5,8 *(0,231)*
Sonstige (Anteil in %)	34,7 *(0,475)*	21,6 *(0,407)*	14,5 *(0,352)*

Standardabweichung in Klammern

Quelle: SOEP 1990-2008, eigene Berechnungen

Einen Überblick über die Branchenverteilung gibt Tabelle 2.4. Dargestellt werden die Durchschnittswerte für den gesamten Untersuchungszeitraum. Verglichen mit den deutschen und ausländischen Selbstständigen sind die türkischen Selbstständigen in der Branche *Industrie* etwas unterrepräsentiert. Gleiches gilt für das Baugewerbe (*Bau*). Den sektoralen Schwerpunkt der türkischen Selbstständigen bildet die Branche *Handel*. Für die Jahre 1990 bis 2008 waren hier im Schnitt 61,1% der türkischen Selbstständigen tätig. Deutlich geringer fällt dieser Anteil bei den deutschen und ausländischen Selbstständigen aus (29,3% bzw. 39,5%). In den Sektoren, die den wissensintensiven Dienstleistungen zuzuordnen sind (*Wissens-DL*), sind dagegen die deutschen Selbstständigen stärker vertreten als die ausländischen und türkischen Selbstständigen. Die sonstigen Branchen (*Sonstige*) spielen keine Rolle bei den türkischen Selbstständigen (4,6%). Anders verhält es sich bei den deutschen und ausländischen Selbstständigen (25,9% bzw. 22,3%). Die türkischen und ausländischen Unselbstständigen sind v.a. in der *Industrie* beschäftigt. Bei den deutschen Unselbstständigen liegt der Schwerpunkt in den Branchen *Sonstige* und der *Industrie*.

Durch die umfassende deskriptive Auswertung des SOEP-Datensatzes konnten erste Informationen über deutsche, ausländische und türkische Selbstständige gewonnen werden. In einem nächsten Schritt werden diese Ergebnisse mittels multivariater Analysemethoden vertieft. Dazu wird im Folgenden zunächst auf das zu Grunde liegende ökonometrische Modell eingegangen.

2.5.4 Das Probit-Modell

Im Mittelpunkt der Untersuchung steht die Fragestellung, ob eine Person selbstständig ist oder nicht. Demnach handelt es sich um eine qualitative endogene Variable mit den Ausprägungen 0 und 1. Einfache lineare Regressionsmodelle lassen sich zwar auf diesen Fall übertragen, sind jedoch mit Problemen behaftet (vgl. Pindyck und Rubinfeld 1997, S. 299-304). Gravierende Probleme sind zum einen, dass die Residuen weder normalverteilt noch homoskedastisch sind. Zum anderen macht das lineare Modell die Annahme, dass im Fall von Extremwerten die Wahrscheinlichkeit größer als Eins werden kann. Eine Möglichkeit mit diesen Problemen umzugehen, ist auf den linearen Zusammenhang zu verzichten und eine Standardnormalverteilung zu unterstellen. Die Modellierung erfolgt anhand des Probit-Modells (siehe u.a. Ronning 1991, S. 8-11; Pindyck und Rubinfeld 1998, S. 304-307; Winker 2006, S. 205-211). Im ökonometrischen Anhang der Arbeit befindet sich ein Vergleich zwischen dem linearen Wahrscheinlichkeitsmodell und dem verwendeten Probit-Modell.

Ein zentrales Element des Probit-Modells, das erstmals von Chester Ittner Bliss im Jahr 1935 eingeführt wurde, ist die Konstruktion einer latenten, unbeobachtbaren Variablen z_i^*. Diese unbeobachtbare Größe ist linear abhängig von den Einflussgrößen $x_{1,i} \dots x_{k,i}$. Nach Realisation von z_i^* fasst die beobachtbare Variable z_i zusammen, welche der zwei möglichen Entscheidungen getroffen wurde. Anders als im linearen Wahrscheinlichkeitsmodell wird demnach nicht mehr davon ausgegangen, dass der vom Modell erklärte Teil die Wahrscheinlichkeit der Ausprägung mit dem Wert Eins repräsentiert. Wird angenommen, dass die latente Variable z_i^* linear von den exogenen Größen $x_{1,i} \dots x_{k,i}$ abhängt, dann erhält man folgendes "latente" Modell:

$$z_i^* = \beta_0 + \beta_1 \cdot x_{1,i} + \beta_2 \cdot x_{2,i} + \dots + \beta_k \cdot x_{k,i} + \varepsilon_i \quad . \tag{2.1}$$

Wobei ε eine stochastische Restkomponente darstellt, die den Erwartungswert 0 und die Varianz σ^2 aufweist.

Überträgt man diese Überlegungen auf den Fall der Selbstständigkeit, so repräsentiert z_i^* die "Neigung" einer Person gegenüber einer selbstständigen Beschäftigung.

Abbildung 2.13: Wahrscheinlichkeit im Probit-Modell

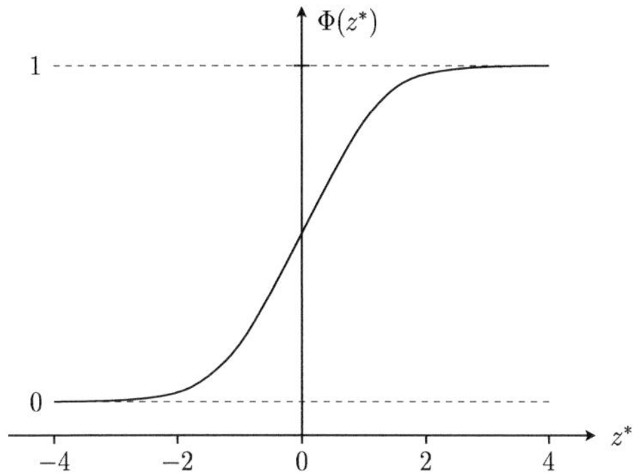

Quelle: Eigene Darstellung, nach Winker (2006), S. 209

Für diese Größe liegen im Datensatz jedoch keine Beobachtungen vor. Lediglich z_i ist bekannt, also ob eine Person selbstständig ist oder nicht. Ist nun die Neigung z_i^* zur Selbstständigkeit größer als ein bestimmter Schwellenwert c, dann ist diese Person auch selbstständig. Nimmt z_i^* folglich Werte größer als c an, so wird der beobachtbaren Variablen z_i genau der Wert 1 zugeordnet. Dieser Zusammenhang lässt sich wie folgt darstellen:

$$z_i = \begin{cases} 1, & falls \quad z_i^* > c \\ 0, & falls \quad z_i^* \leq c \end{cases}$$

Dabei kann der Schwellenwert c ohne Beschränkung der Allgemeinheit auf Null gesetzt werden. Je größer z_i^* ist, desto wahrscheinlicher ist es, dass eine Person selbstständig ist.

Mittels der unterstellten Standardnormalverteilung lässt sich in einem nächsten Schritt die Wahrscheinlichkeit $Prob_i$, dass eine Person einer selbstständigen Beschäftigung nachgeht, unter Berücksichtigung der latenten Variablen z_i^* bestimmen:

$$Prob_i = \Phi(z_i^*) = \frac{1}{\sqrt{2 \cdot \pi}} \cdot \int_{-\infty}^{z_i^*} e^{\frac{-s^2}{2}} ds \quad mit \quad z_i^* = \beta_0 + \sum_{j=1}^{k} \beta_j \cdot x_{j,i} \quad . \tag{2.2}$$

Abbildung 2.13 stellt den Zusammenhang zwischen der latenten Variablen z_i^* (normalverteilt mit dem Erwartungswert Null und der Varianz Eins) und der Wahrscheinlichkeit im Probit-Modell dar. Die Werte der Wahrscheinlichkeit $Prob_i$ liegen im Intervall [0;1] und werden auf Basis der Verteilungsfunktion Φ der Standardnormalverteilung berechnet.

Die einfache Kleinste-Quadrate-Methode kann als Schätzverfahren für das Probit-Modell nicht herangezogen werden. Grund hierfür ist, dass die latente Variable z_i^* nicht beobachtet werden kann und damit eine Berechnung der Residuen ε nicht möglich ist. Deshalb beruht die Schätzung auf dem Maximum-Likelihood-Ansatz (vgl. Winker 2006, S. 208). Kerngedanke dieses Ansatzes ist es, die Wahrscheinlichkeiten für $\beta_1 ... \beta_k$ und zugehörigen σ der N(0,1)-Verteilung zu maximieren. Die Zielfunktion lautet:

$$L(\beta, \sigma^2) = \left(\frac{1}{\sqrt{2 \cdot \pi \cdot \sigma^2}} \right)^n \cdot e^{-\left\{ \frac{(y - X\beta)^T (y - X\beta)}{2\sigma^2} \right\}} \tag{2.3}$$

bzw. in äquivalenter logarithmierter Form:

$$ln\ L(\beta, \sigma^2) = -\frac{n}{2} \cdot ln(2\pi\sigma^2) - \frac{1}{2\sigma^2} \cdot (y - X\beta)^T (y - X\beta) \tag{2.4}$$

bzw.

$$-2\ ln\ L(\beta, \sigma^2) = n \cdot ln(2\pi\sigma^2) + \frac{1}{\sigma^2} \cdot (y - X\beta)^T (y - X\beta) \quad . \tag{2.5}$$

Um diese Likelihood-Funktion zu maximieren und Schätzwerte für die unbekannten Parameter zu erhalten, müssen die partiellen Ableitungen nach den β-Koeffizienten und nach σ gleich Null gesetzt werden:

$$\frac{\partial L}{\partial \beta} = 0 \quad und \quad \frac{\partial L}{\partial o} = 0 \quad . \tag{2.6}$$

Die Ermittlung der Nullstellen erfolgt durch iterative numerische Verfahren, da eine explizite Lösung oftmals nicht zu bestimmen ist.

Anders als im linearen Wahrscheinlichkeitsmodell ist eine direkte Interpretation der Koeffizienten im Probit-Modell nicht möglich. Der Grund liegt in der Normalisierung des Schwellenwertes c auf den Wert Null und der nichtlinearen Transformation mittels Standardnormalverteilung. Im Folgenden wird daher auf die Umrechnung der Koeffizienten und deren Bedeutung eingegangen. Dazu zeigt Tabelle 2.5 die Ergebnisse einer einfachen Panelschätzung für die Jahre 1990-2008. Die Schätzung beinhaltet deutsche Personen und die endogene Variable bildet die Wahrscheinlichkeit selbstständig zu sein.

Der Koeffizient der Konstanten $\hat{\beta}_0$ beläuft sich auf -1,198. Der entsprechende z-Wert der kumulierten Standardnormalverteilung beträgt:

$$Prob_i = \Phi(-1,198) \approx \Phi(-1,20) = 0,1151 \approx 11,5\% \quad .$$

Tabelle 2.5: Interpretation der Koeffizienten im Probit-Modell

Panel 1990-2008	**Probit Methode**
$\hat{\beta}_0$	**-1,198**
$\hat{\sigma}(\hat{\beta}_0)$	*(0,005)*
$\hat{\beta}_1 = Frau$	**-0,315**
$\hat{\sigma}(\hat{\beta}_1)$	*(0,009)*
Est. Mittelwert	0,092
Beobachtungen	166 643

Dieser Wert bildet im Probit-Modell die Basiswahrscheinlichkeit, dass eine Person der Referenzgruppe selbstständig ist. Demnach hat ein Mann eine Basiswahrscheinlichkeit von 11,5%, dass er einer selbstständigen Beschäftigung nachgeht.

Betrachtet man nun die Dummy-Variable Frau, so ändert sich die Basiswahrscheinlichkeit wie folgt:

$$\begin{aligned} Prob_i &= \Phi(-1,198 - 0,315) - \Phi(-1,198) \\ &= \Phi(-1,513) - \Phi(-1,198) \approx \Phi(-1,51) - \Phi(-1,20) \\ &= 0,0655 - 0,1151 = -0,0496 \approx -5,0\% \quad . \end{aligned}$$

Ist die Person eine Frau, so reduziert sich ihre Wahrscheinlichkeit selbstständig zu sein um 5%[14]; ihre Wahrscheinlichkeit selbstständig zu sein beträgt:

$$\begin{aligned} Prob_i &= \Phi(-1,198 - 0,315) \approx \Phi(-1,51) \\ &= 0,0655 \approx 6,6\% \quad . \end{aligned}$$

Ein zweites Verfahren zur Berechnung der Änderungswahrscheinlichkeit bietet die Betrachtung der Steigung der Standardnormalverteilung an der Stelle z. Das geschätzte arithmetische Mittel (*Est. Mittelwert*) der Beispielschätzung beläuft sich auf 0,092 bzw. 9,2%.[15] In der Standardnormalverteilung entspricht das dem Wert $\Phi(0,092) \approx -1,33$. Die Steigung an dieser Stelle beträgt 0,165. Damit lässt sich der marginale Effekt, also die Änderungswahrscheinlichkeit einer selbstständigen Beschäftigung, für eine Frau wie folgt berechnen:

$$Prob_i = 0,165 \cdot (-0,315) \approx -0,051 = -5,1\% \quad .$$

[14]Wenn in den weiteren multivariaten Analysen von Änderungen in % gesprochen wird, so bezieht sich dies immer auf Prozentpunkte zur Basiswahrscheinlichkeit.

[15]Das geschätzte arithmetische Mittel gibt die Wahrscheinlichkeit der Selbstständigkeit für die Durchschnitte der exogenen Variablen wieder.

Für die Wahrscheinlichkeit selbstständig zu sein, ergibt sich:

$$Prob_i = 0,115 + 0,165 \cdot (-0,315) \approx 0,064 = 6,4\% \quad .$$

Die erste Methode ermöglicht eine exaktere Bestimmung der Änderung der Wahrscheinlichkeit, falls die Dummy-Variable für eine Person zutrifft. Das zweite Verfahren hat den Vorteil einer schnelleren Abschätzung des marginalen Effektes. Stark abweichende Werte zwischen den beiden Verfahren ergeben sich nur für größere Koeffizienten, so dass im Rahmen der vorliegenden Untersuchung aus Gründen der praktikableren Anwendung auf die zweite Methode zurückgegriffen wird.

2.5.5 Multivariate Analyse

2.5.5.1 Modellspezifizierung

Die ökonometrische Analyse des SOEP vollzieht sich in drei Schritten. Zunächst wird ein deutscher, ausländischer und türkischer Selbstständiger charakterisiert. Dabei dient die Gruppe der Unselbstständigen bestehend aus Arbeitern, Angestellten, Beamten, Praktikanten und Arbeitslosen als Referenz. Die endogene Variable bezeichnet die Wahrscheinlichkeit einer selbstständigen Beschäftigung nachzugehen. Als Einflussgrößen werden die in der deskriptiven Analyse vorgestellten Variablen betrachtet:

- **Persönlicher Hintergrund**
  Geschlecht, Alter, Familienstand und Kinder im Haushalt.
- **Humankapital**
  Berufsabschluss, gesundheitliches Befinden, Selbstständigkeit der Eltern und politisches Interesse.
- **Arbeitsumfeld**
  Arbeitszeit, Einkommen, Hauseigentümer und Branchenzugehörigkeit.

Der Beobachtungszeitraum umfasst die Jahre 1990 bis 2008; das Probit-Modell wird als ökonometrisches Verfahren herangezogen. Für die Panelschätzung über den gesamten Zeitraum ergibt sich unter Berücksichtigung von jahresspezifischen fixen Effekten und den beschriebenen exogenen Variablen:

$$\begin{aligned} Selb_{i,t} &= \beta_{0,t} + \beta_1 \cdot (Person)_{i,t} + \beta_2 \cdot (HK)_{i,t} + \\ &\quad \beta_3 \cdot (Umfeld)_{i,t} + \varepsilon_{i,t} \end{aligned} \tag{2.7}$$

mit $\beta_{i,t}$ als Koeffizienten für den persönlichen Hintergrund ($Person$), das Humankapital (HK) und das Arbeitsumfeld ($Umfeld$) sowie $Selb$ als endogene Variable für die Wahrscheinlichkeit einer selbstständigen Beschäftigung nachzugehen.

Im zweiten Schritt der Analyse interessieren die Determinanten der Selbstständigkeit. Hierzu werden die selbstständig gewordenen Personen jeder Welle betrachtet. Als Vergleichsgruppe dienen Arbeiter, Angestellte, Beamte, Praktikanten und Arbeitslose. Die endogene Variable beschreibt die Wahrscheinlichkeit einer Person selbstständig zu werden. Einflussgrößen bilden die Variablen des persönlichen Hintergrundes, des Humankapitals und des Arbeitsumfeldes. Als Push-Faktoren werden zusätzlich die berufliche Stellung und Sorgen um die eigene wirtschaftliche Situation in das Modell integriert. Um den genauen Einfluss der Determinanten zu erfassen, wird bei einigen Variablen auf den Wert der Vorperiode zurückgegriffen. Daher bezieht sich der Untersuchungszeitraum auf die Jahre 1991 bis 2008. Für die Wahrscheinlichkeit selbstständig zu werden (Det), wird eine Konstante über den gesamten Beobachtungszeitraum geschätzt. Nach Ersetzen von $\beta_{i,t}$ durch β_0 und der Aufnahme der Push-Faktoren ($Push$) erhält man:

$$\begin{aligned} Det_{i,t} &= \beta_0 + \beta_1 \cdot (Person)_{i,t} + \beta_2 \cdot (HK)_{i,t} + \\ &\quad \beta_3 \cdot (Umfeld)_{i,t} + \beta_4 \cdot (Push)_{i,t} + \varepsilon_{i,t} \quad . \end{aligned} \tag{2.8}$$

Die abschließende dritte Analyse untersucht mögliche Einflussfaktoren auf den Unternehmenserfolg. Hierzu wird zwischen erfolgreichen und weniger erfolgreichen Unternehmern unterschieden. Erfolgreiche Selbstständige weisen einen Bruttomonatsverdienst von mehr als 3 000 € auf. Bei weniger erfolgreichen Selbstständigen liegt das Einkommen unter 3 000 €. Die endogene Variable gibt die Wahrscheinlichkeit wieder, wirtschaftlich erfolgreich zu sein. Als mögliche Einflussfaktoren werden die Variablen des persönlichen Hintergrundes, des Humankapitals und des Arbeitsumfeldes betrachtet. Der Untersuchungszeitraum bezieht sich auf die Jahre 1990 bis 2008. Für die Erfolgswahrscheinlichkeit ($Erfolg$) ergibt sich bei der Schätzung der Konstanten über den gesamten Beobachtungszeitraum:

$$\begin{aligned} Erfolg_{i,t} &= \beta_0 + \beta_1 \cdot (Person)_{i,t} + \beta_2 \cdot (HK)_{i,t} + \\ &\quad \beta_3 \cdot (Umfeld)_{i,t} + \varepsilon_{i,t} \quad . \end{aligned} \tag{2.9}$$

Bei der Schätzung mit Paneldaten können unterschiedliche Probleme auftreten. Im ökonometrischen Anhang dieser Arbeit befindet sich eine breite Diskussion dieser Probleme sowie eine Übersicht über die unterschiedlichen Teststatistiken zur Bewertung der Güte der Schätzung.

Da das Probit-Modell auf dem Maximum-Likelihood-Prinzip basiert, können Tests wie der White-Test oder F-Test nicht durchgeführt werden. Ebenso ist eine Angabe der Standardfehler der Schätzung nicht möglich. Als Gütekriterien der Schätzung werden der Standardfehler der Koeffizienten und die z-Statistik herangezogen. Bei einer Irrtumswahrscheinlichkeit von $\alpha = 0,05$ liegt der wahre, aber unbekannte Wert β_i bei Unterstellung der Normalverteilung mit einer Wahrscheinlichkeit von 95% im Intervall $[\hat{\beta}_i \pm 2 \cdot \hat{\sigma}_i]$. Dividiert man den Koeffizienten durch den Standardfehler, so erhält man den Wert der z-Statistik. Je kleiner der Standardfehler, desto zuverlässiger ist die Schätzung des Koeffizienten. Die z-Statistik prüft nun die Hypothese, ob der Koeffizient Null ist, d.h. $\beta_i = 0$. Bei Unterstellung einer Irrtumswahrscheinlichkeit von $\alpha = 0,05$ kann diese Nullhypothese abgelehnt werden, falls der z-Wert betragsmäßig größer als 1,96 ist. Bei Ablehnung der Nullhypothese ist der Koeffizient von Null verschieden und leistet einen signifikanten Erklärungsbeitrag bezüglich der endogenen Variablen. In den folgenden Untersuchungen werden Koeffizienten, die zu der Irrtumswahrscheinlichkeit $\alpha = 0,05$ signifikant sind, mit ** gekennzeichnet und Koeffizienten, die zum 10%-Niveau signifikant sind, mit *.

Um dem Problem der Heteroskedastizität, d.h. die Varianz der Störvariablen ε ist nicht konstant, entgegenzutreten, werden robuste Schätzverfahren verwendet; in diesem Fall heteroskedastiekonsistente Schätzer nach Huber und White. Für die Untersuchung der Normalverteilung der Residuen wird auf den Jarque-Bera-Test zurückgegriffen. Die Nullhypothese geht von einer bestehenden Normalverteilung aus. Muss bei einer Irrtumswahrscheinlichkeit von $\alpha = 0,05$ die Nullhypothese verworfen werden, so kann der kritische Wert der z-Statistik hinsichtlich der Signifikanz der Variablen nicht herangezogen werden. Allerdings kann ab einer Mindestzahl von 30 Beobachtungen annähernd von einer Normalverteilung der z-Statistik ausgegangen werden.

2.5.5.2 Charakterisierung eines Selbstständigen

Im Rahmen der Charakterisierung eines Selbstständigen werden drei unterschiedliche Schätzungen vorgestellt, diskutiert und interpretiert. Für die Deutschen, die Türken und die anderen Migranten werden die Selbstständigen mit den unselbstständigen Personen verglichen. Tabelle 2.6 gibt einen Überblick über die Ergebnisse der drei Schätzungen. Für die Untersuchungen wurden robuste Schätzer, genauer gesagt heteroskedastiekonsistente Schätzer nach Huber und White, verwendet. Der Beobachtungszeitraum umfasst die Jahre 1990 bis 2008. Die Tabelle enthält dabei die Schätzungen der Deutschen (*Deutscher*), der Migranten (*Migrant*) sowie der Türken (*Türke*) mit den jeweiligen marginalen Effekten und den Standardfehlern. Alle drei Schätzungen wurden mit jahresspezifischen Konstanten durchgeführt, um mögliche Änderungen in der Basiswahrscheinlichkeit zu berücksichtigen. Die Referenz bildet das Jahr 1990.[16] Zur besseren Einordnung werden im Folgenden die Ergebnisse der drei Schätzungen nicht nacheinander, sondern parallel diskutiert.

Für die Untersuchung der Deutschen liegen 124 030 Beobachtungen vor. Bei den Migranten sind es 20 752 und bei den Türken 5 826. Der Jarque-Bera-Test überprüft die Normalverteilung der Residuen. Die Nullhypothese geht von einer bestehenden Normalverteilung aus. Bei einer Irrtumswahrscheinlichkeit von $\alpha = 0,05$ muss die Nullhypothese für alle drei Schätzungen verworfen werden. Allerdings kann ab einer Mindestzahl von 30 Beobachtungen annähernd von einer Normalverteilung der

[16]Der Anhang zu Kapitel 2 enthält die Tabellen mit den Koeffizienten der Schätzungen sowie den Werten der einzelnen Jahreskonstanten.

z-Statistik ausgegangen werden. Daher wird im weiteren Verlauf die z-Statistik als Gütekriterium für die Signifikanz der Koeffizienten herangezogen. Die Referenz für die Analyse ist eine männliche Person im Jahr 1990, unter 30 Jahre alt, kinderlos, unverheiratet, ohne einen beruflichen Abschluss, in einem schlechten gesundheitlichen Befinden, ohne selbstständige Eltern, mit geringem politischem Interesse, einer Arbeitszeit von weniger als 40 Stunden, einem Einkommen unter 2 000 €, kein Hausbesitzer und tätig in einer sonstigen Branche. Für die Schätzung der Deutschen beträgt die Konstante -2,352. Damit lässt sich die Basiswahrscheinlichkeit der Selbstständigkeit für diese Person nach dem in Kapitel 2.5.4 vorgestellten Verfahren bestimmen:

$$Prob_i = \Phi(-2,352) \approx \Phi(-2,35) = 0,009 = 0,9\% \quad .$$

Die Basiswahrscheinlichkeit beträgt folglich 0,9%. Nach dem gleichen Verfahren ergibt sich für die zweite Schätzung die Basiswahrscheinlichkeit, dass ein Migrant selbstständig ist, von 1,6%. Die Basiswahrscheinlichkeit der dritten Schätzung für die Türken beläuft sich auf 0,2%. Um den Effekt einer exogenen Variablen zu berechnen, wurde in Kapitel 2.5.4 auf zwei Methoden eingegangen. Im weiteren Verlauf der Arbeit erfolgt die Berechnung der marginalen Effekte unter Verwendung der Steigung zum geschätzten arithmetischen Mittel. Dieses Verfahren ermöglicht eine schnelle Berechnung der marginalen Änderungen.

Der Einfluss des Geschlechts bei der Schätzung der Deutschen lässt sich wie folgt berechnen:

$$Prob_i = 0,097 \cdot (-0,049) \approx -0,005 = -0,5\%$$

mit dem Wert 0,097 für die Steigung $\Phi(0,047)$ an der Stelle -1,68 sowie dem Koeffizienten $\hat{\beta}_1 = -0,049$. Ist die Person eine Frau, so reduziert sich demnach die Wahrscheinlichkeit selbstständig zu sein um 0,5%. Die Richtung des Effektes ist nicht verwunderlich, da Frauen unter den Selbstständigen deutlich unterrepräsentiert sind. Auch bei den Migranten und den Türken ergibt sich ein negativer Einfluss des Geschlechts, allerdings ist der Effekt nicht signifikant.

Hinsichtlich des Alters bestätigen sich die Ergebnisse aus der deskriptiven Analyse, dass Selbstständige im Schnitt älter sind als unselbstständige Personen. Ist ein Deutscher zwischen 30 und 40 Jahre alt, dann erhöht sich seine Wahrscheinlichkeit selbstständig zu sein um 3,8%. Für die über 40-Jährigen fällt dieser Einfluss mit 5,1% deutlich größer aus. Die Referenzgruppe bildet dabei die Altersklasse bis 30 Jahren. Bei den Migranten und den Türken sind die Altersvariablen ebenfalls signifikant, der marginale Effekt ist jedoch kleiner als bei den Deutschen. Bei einem Migranten zwischen 30 und 40 Jahren erhöht sich die Wahrscheinlichkeit selbstständig zu sein um 1,3%. Für die Migranten über 40 Jahren liegt dieser Effekt bei etwas geringeren 1,1%. Bei den Türken beläuft sich der Einfluss der Altersvariablen auf 1% bzw. 0,9%. Insgesamt lassen sich damit die Überlegungen unterstützen, dass Selbstständigkeit ein

Tabelle 2.6: Wahrscheinlichkeit einer selbstständigen Beschäftigung

Zu erklärende Variable: Wahrscheinlichkeit der Selbstständigkeit (0/1)

	(1) Deutscher		(2) Migrant		(3) Türke	
Frau	-0,005**	(0,001)	-0,001	(0,002)	-0,003	(0,002)
Alter 30 bis 40	0,038**	(0,002)	0,013**	(0,003)	0,010**	(0,002)
Alter über 40	0,051**	(0,002)	0,011**	(0,003)	0,009**	(0,002)
Verheiratet	-0,010**	(0,001)	0,001	(0,002)	0,003	(0,002)
Kinder	0,002*	(0,001)	-0,002	(0,002)	-0,004**	(0,002)
Lehre	-0,016**	(0,001)	-0,007**	(0,002)	0,000	(0,001)
Meister	0,021**	(0,002)	0,011**	(0,004)	-0,000	(0,004)
FH	0,011**	(0,002)	0,002	(0,004)	0,009*	(0,004)
Uni	0,008**	(0,002)	0,008**	(0,003)	0,012**	(0,004)
Gesundheit	0,003**	(0,001)	0,002	(0,002)	0,000	(0,002)
Selbst-Eltern	0,037**	(0,002)	-0,002	(0,004)	0,007**	(0,003)
Politik	0,014**	(0,001)	0,006**	(0,002)	0,001	(0,001)
Eink mittel	-0,022**	(0,002)	0,003	(0,002)	0,003	(0,002)
Eink hoch	-0,004*	(0,002)	0,030**	(0,003)	0,016**	(0,003)
Haus	0,020**	(0,001)	0,003	(0,002)	0,001	(0,002)
Stund mittel	-0,021**	(0,002)	-0,004	(0,002)	-0,002	(0,002)
Stund hoch	0,080**	(0,002)	0,046**	(0,003)	0,018**	(0,004)
Industrie	-0,028**	(0,002)	-0,035**	(0,003)	-0,007**	(0,003)
Bau	0,036**	(0,002)	0,004	(0,003)	0,003	(0,003)
Handel	0,022**	(0,002)	0,009**	(0,002)	0,011**	(0,003)
Wissens-DL	0,052**	(0,002)	0,005*	(0,003)	0,015**	(0,004)
Jahres-Dummys	inkl.		inkl.		inkl.	
Beobachtungen	124 030		20 752		5 826	
Est. Mittelwert	0,047		0,020		0,005	
Konstante	-2,352		-2,152		-2,824	
Log likelihood	-27 713,088		-2 988,299		-497,171	
Jarque-Bera	0,000		0,000		0,000	

Daten des SOEP für die Jahre 1990-2008; robuste Schätzer nach Huber und White
Marginale Effekte mit Standardabweichungen in Klammern
* $p < 0,10$, ** $p < 0,05$

gewisses Maß an Erfahrung voraussetzt, was sich in einem höheren Durchschnittsalter der Unternehmer/-innen ausdrückt. Deutlich abgeschwächt ist dieser Effekt jedoch bei den Türken und den anderen Migranten.

Der Blick auf den familiären Hintergrund ergibt ein uneinheitliches Bild. Bei den Deutschen reduziert sich für eine verheiratete Person die Wahrscheinlichkeit selbstständig zu sein um 1%. Für die Migranten und die Türken ergibt sich ein positives Vorzeichen, jedoch ist der Einfluss nicht signifikant. Eng verbunden mit dem Familienstand ist das Vorhandensein von Kindern im Haushalt. Für einen Deutschen erhöht sich die Wahrscheinlichkeit selbstständig zu sein, falls Kinder im Haushalt sein sollten. Der Effekt ist zum 10%-Niveau signifikant. Negative Vorzeichen lassen sich dagegen bei den Migranten und Türken beobachten. Bei den Migranten ist der marginale Effekt nicht signifikant.

Bezüglich des formalen Bildungsniveaus lassen sich die Ergebnisse der deskriptiven Analyse bestätigen: Selbstständige sind besser qualifiziert als unselbstständige Personen. Einen negativen Einfluss auf die Wahrscheinlichkeit selbstständig zu sein, nimmt der Lehrabschluss. So liegt der marginale Effekt für die Deutschen bei -1,6% und für die Migranten bei geringeren -0,7%. Nicht signifikant ist dieser Einfluss bei den Türken. Hinsichtlich des Meisterabschlusses bestehen ebenso Unterschiede zwischen Deutschen und Migranten, was die Höhe des Effektes betrifft. Für einen Deutschen mit Meisterabschluss beläuft sich der marginale Effekt auf 2,1%. Bei einem Migranten mit Meisterabschluss ist dieser Einfluss mit 1,1% nur halb so groß wie bei einem Deutschen. Für die Türken ist der Effekt nicht signifikant. Die Bedeutung des Meisterabschlusses verwundert nicht, da der Meister eine wesentliche Voraussetzung für die Existenzgründung im handwerklichen Bereich ist. Der Unterschied in der Höhe des Effektes zwischen Deutschen und Migranten lässt sich dadurch erklären, dass bei vielen Migranten der Meisterabschluss aus dem Heimatland in Deutschland oftmals nicht anerkannt wird. Dadurch wird die Existenzgründung im handwerklichen Bereich erschwert. Das betrifft v.a. Migranten aus der ersten Generation. Für nachfolgende Generationen, die in Deutschland aufgewachsen sind und dort auch ihren Meisterabschluss erworben haben, stellt sich dieses Problem dagegen nicht.

Hinsichtlich des Hochschulabschlusses ergeben sich die aus der deskriptiven Analyse erwarteten Vorzeichen. Besitzt ein Deutscher einen Fachhochschulabschluss, so erhöht sich seine Wahrscheinlichkeit selbstständig zu sein um 1,1%. Für die Türken liegt dieser Effekt mit 0,9% in einer ähnlichen Größenordnung. Nicht signifikant ist der Einfluss des Fachhochschulabschlusses dagegen bei den anderen Migranten. Ein Universitätsabschluss erhöht die Wahrscheinlichkeit einer selbstständigen Beschäftigung bei den Deutschen und Migranten um jeweils 0,8%. Etwas höher fällt der marginale Effekt mit 1,2% bei den Türken aus. Die Referenzgruppe bilden die Personen ohne einen Berufsabschluss. Es lässt sich bestätigen, dass die Selbstständigkeit spezifische Anforderungen an den Unternehmer stellt, weshalb das Qualifikationsniveau über dem eines Unselbstständigen liegt. Dies gilt sowohl für die Deutschen als auch für die Türken und die anderen Migranten.

Viele Studien betonen, dass ausländische Selbstständige zur Selbstausbeutung neigen, um unternehmerisch erfolgreich zu sein. Diese Selbstausbeutung in Form von langen Arbeitszeiten könnte sich auf das gesundheitliche Befinden niederschlagen. Die Schätzung liefert keine Hinweise für diese Hypothese. Weder bei den Türken noch bei den anderen Migranten unterscheiden sich die Selbstständigen und Unselbstständigen bezüglich des gesundheitlichen Zustandes signifikant voneinander. Bei den Deutschen erhöht sich sogar die Wahrscheinlichkeit selbstständig zu sein, falls die Person ein gutes körperliches Befinden aufweist.

Interessant ist der Blick auf die Variable der Selbstständigkeit der Eltern. Die Referenzgruppe bilden Personen, deren Eltern keiner Selbstständigkeit nachgehen, sowie Personen, bei denen hierzu keine Angaben im SOEP gemacht wurden. Weist ein Deutscher ein selbstständiges Elternteil auf, so erhöht sich seine Wahrscheinlichkeit selbstständig zu sein um 3,7%. Bei den Türken beläuft sich dieser Einfluss auf 0,7%. Für die anderen Migranten ist der Effekt nicht signifikant. Insgesamt lassen sich Hinweise für die Hypothese finden, dass durch die Selbstständigkeit im familiären Umfeld die jeweilige Person ebenfalls dazu beeinflusst wird, den Schritt in die Selbstständigkeit zu wagen. So werden bereits im Kindesalter von den selbstständigen Eltern spezifische Fähigkeiten, Werte und Einstellungen, wie berufliche Unabhängigkeit, vermittelt und bewusst oder unbewusst weitergegeben.

Ein Blick auf die Variable *Politik* zeigt, dass sich bei politisch interessierten Personen die Wahrscheinlichkeit erhöht, selbstständig zu sein. Das gilt sowohl für die Deutschen als auch die Migranten. Bei den Deutschen beläuft sich der Effekt auf 1,4% und bei den Migranten auf deutlich geringere 0,6%. Dagegen lässt sich bei den Türken kein signifikanter Einfluss der Variablen *Politik* beobachten. Allgemein überrascht es nicht, dass Selbstständige ein höheres politisches Interesse aufweisen als Unselbstständige. So ist davon auszugehen, dass mögliche politische Veränderungen direkte Auswirkungen auf wesentliche Felder haben, in denen der Selbstständige agiert. Zu erwähnen sei hier beispielsweise die steuerliche Gesetzgebung. Ein politisches Interesse ist daher von Vorteil für den Selbstständigen. Die geringere Bedeutung dieser Variablen für die Türken und die anderen Migranten könnte auf mangelnde Integrationsbemühungen zurückgeführt werden.

Bezüglich des Einkommens ergeben sich unterschiedliche Ergebnisse für die Deutschen und die Migranten. Erzielt eine deutsche Person ein Bruttomonatseinkommen von 2 000 bis 3 000 € (*Eink mittel)*, dann reduziert sich die Wahrscheinlichkeit selbstständig zu sein um 2,2%. Für die Einkommenskategorie von über 3 000 € (*Eink hoch)* fällt der marginale Effekt mit -0,4% ebenfalls negativ aus. Dieser Einfluss ist zum 10%-Niveau signifikant. Anders verhält es sich bei den Türken und den anderen Migranten. In beiden Gruppen liegt der marginale Effekt für die mittlere Einkommenskategorie bei 0,3%. Die marginalen Effekt sind jedoch nicht signifikant. Verdient ein Migrant über 3 000 € brutto pro Monat, so erhöht sich seine Wahrscheinlichkeit selbstständig zu sein um 3%. Für die Türken beträgt der marginale Effekt 1,6%. Die Referenzgruppe bilden die Personen, deren Bruttomonatseinkommen unter 2 000 € liegen.

Im Gegensatz zu den Deutschen zeichnet sich ein türkischer und ausländischer Selbstständiger also dadurch aus, dass er im Vergleich zu den Unselbstständigen ein höheres Einkommen erzielt.

Eine weitere Variable, die Auskunft über die Vermögensverhältnisse gibt, betrifft das Wohnverhältnis. Ist ein Deutscher Hauseigentümer, dann erhöht sich seine Wahrscheinlichkeit selbstständig zu sein um 2%. Bei den Türken und den anderen Migranten lässt sich ebenfalls ein positives Vorzeichen beobachten, allerdings ist der Einfluss nicht signifikant. Das höhere Einkommen eines türkischen und ausländischen Selbstständigen äußert sich demnach nicht im Immobilienbesitz. Eine mögliche Erklärung könnte in der geringeren Aufenthaltsdauer der Migranten liegen. So erfordert der Erwerb einer Immobilie einen gewissen Kapitalstock, der über Jahre hinweg aufgebaut werden muss.

Bezüglich der wöchentlichen Arbeitszeit ergeben sich zwischen deutschen und ausländischen Selbstständigen Unterschiede, was die Höhe des Effektes betrifft. Beläuft sich die wöchentliche Arbeitszeit eines Deutschen auf 40 bis 50 Stunden (*Stund mittel*), dann reduziert sich seine Wahrscheinlichkeit selbstständig zu sein um 2,1%. Bei den Türken und den anderen Migranten ist der Effekt nicht signifikant. Ein Arbeitseinsatz von mehr als 50 Stunden erhöht die Wahrscheinlichkeit der selbstständigen Beschäftigung eines Deutschen um 8%. Deutlich geringer fällt dieser Einfluss bei den Türken und den anderen Migranten aus (1,8% bzw. 4,6%). Die Referenzgruppe bilden die Personen mit einer wöchentlichen Arbeitszeit von unter 40 Stunden. Insgesamt zeichnet sich ein Selbstständiger im Vergleich zu einem Unselbstständigen durch längere Arbeitszeiten aus. Die Theorie der Selbstausbeutung in Form eines hohen Arbeitseinsatzes kann speziell für die ausländischen Selbstständigen jedoch nicht bestätigt werden. So ist der Effekt der Variablen *Stund hoch* bei den Türken und den anderen Migranten wesentlich geringer als bei den Deutschen.

Ein Blick auf die Wirtschaftszweige zeigt Gemeinsamkeiten zwischen Deutschen, Türken und den anderen Migranten. So sind die Selbstständigen im Vergleich zu den Unselbstständigen seltener in der Industrie anzutreffen. Arbeitet ein Deutscher in dieser Branche, dann reduziert sich seine Wahrscheinlichkeit selbstständig zu sein um 2,8%. Bei den Migranten beträgt dieser Effekt -3,5% und bei den Türken -0,7%. Für die Baubranche ergibt sich lediglich für die Deutschen ein signifikanter Effekt von 3,6%. Die Variable *Handel* hat für alle drei Gruppen ein positives Vorzeichen und nimmt einen signifikanten Einfluss auf die Wahrscheinlichkeit selbstständig zu sein. Gleiches gilt für die wissensintensiven Dienstleistungen. Für einen Deutschen erhöht sich in diesem Bereich die Wahrscheinlichkeit einer selbstständigen Beschäftigung um 5,2%. Deutlich geringer fällt der Effekt bei den Türken mit 1,5% aus. Auch für die restlichen Migranten ist ein positiver Einfluss zu beobachten. Dieser ist allerdings lediglich zum 10%-Niveau signifikant. Referenzgruppe bilden die Personen der Branche *Sonstige*.

Insgesamt ergab diese erste Analyse ein hohes Maß an Gemeinsamkeiten zwischen dem Profil eines deutschen und ausländischen Selbstständigen. Unabhängig von der Nationalität sind die Selbstständigen im Vergleich zu den Unselbstständigen höheren Alters, weisen ein besseres Qualifikationsniveau auf, haben selbstständige Eltern und zeichnen sich durch einen überdurchschnittlichen Arbeitseinsatz aus. Anders als bei den Deutschen erwies sich bei den Türken und den anderen Migranten ein höheres Einkommen als positiver Einflussfaktor auf die Wahrscheinlichkeit einer selbstständigen Beschäftigung. Im zweiten Schritt der Analyse interessieren die Determinanten der Selbstständigkeit.

2.5.5.3 Bestimmungsfaktoren der Selbstständigkeit

In einer zweiten Analyse werden Faktoren identifiziert, die den Schritt in die Selbstständigkeit beeinflussen. Hierzu werden die selbstständig gewordenen Personen jeder Welle betrachtet. Als Vergleich dient erneut die Gruppe der Unselbstständigen, bestehend aus Arbeitern, Angestellten, Beamten, Praktikanten und Arbeitslosen. Die endogene Variable bezeichnet dabei die Wahrscheinlichkeit selbstständig zu werden. Auf Grund der Konzentration des SOEP auf sozio-demographische Merkmale beschränkt sich die Analyse auf personenorientierte Determinanten der Selbstständigkeit. Diese Faktoren umfassen den persönlichen Hintergrund des Gründers, das Humankapital, das Arbeitsumfeld in Form der Vermögensverhältnisse sowie Push-Faktoren der Selbstständigkeit.

Zur Bestimmung der Determinanten der Selbstständigkeit wird bei einigen Variablen auf den Wert der Vorperiode zurückgegriffen, d.h. dem Zeitpunkt, an dem die Personen noch nicht selbstständig waren. Dabei handelt es sich um die Variablen *Verheiratet*, *Kinder*, *Gesundheit*, *Politik*, *Eink mittel*, *Eink hoch*, *Haus*, *Arbeitslos*, *Sorgen*. Der Untersuchungszeitraum umfasst die Jahre 1991 bis 2008. Für die Deutschen stehen für diesen Zeitraum insgesamt 149 360 Beobachtungen zur Verfügung. Darunter befinden sich 1 879 selbstständig gewordene Personen. Bei den Migranten beläuft sich die Zahl der Beobachtungen auf 25 887, wovon 236 selbstständig gewordene Personen sind. Bei den Türken beträgt die Zahl der Beobachtungen 7 943. 84 Personen sind den Gründern zuzuordnen. Die konkreten Beobachtungszahlen für die Schätzungen sind der Tabelle zu entnehmen. Auf Grund der geringen Fallzahlen an Gründern wurde auf jahresspezifische Änderungen der Basiswahrscheinlichkeit verzichtet. Die Basiswahrscheinlichkeit bezieht sich folglich auf den gesamten Untersuchungszeitraum von 1991 bis 2008. Tabelle 2.7 enthält die Schätzungen der Deutschen, Migranten und Türken.

Für die Deutschen liegen 105 333 Beobachtungen vor, bei den Migranten 17 766 und bei den Türken 5 107. Die Nullhypothese für die Normalverteilung der Residuen muss für alle drei Schätzungen verworfen werden. Durch die hinreichend große Zahl an Beobachtungen kann jedoch auf die z-Statistik zur Überprüfung der Signifikanz der Koeffizienten zurückgegriffen werden. Die Basiswahrscheinlichkeit bezieht sich auf einen kinderlosen, unverheirateten Mann, unter 30 Jahre alt, ohne beruflichen Abschluss, in einem schlechten gesundheitlichen Befinden, keine selbstständigen Eltern, wenig an Politik interessiert, Einkommen unter 2 000 €, kein Hausbesitzer, nicht arbeitslos und ohne Sorgen um die eigene wirtschaftliche Situation. Die Konstante beträgt für die Deutschen -2,444. Damit lässt sich die Basiswahrscheinlichkeit, dass diese Person selbstständig wird, wie folgt bestimmen:

$$Prob_i = \Phi(-2,444) \approx \Phi(-2,44) = 0,0073 = 0,73\% \quad .$$

Bei den Migranten ergibt sich eine Basiswahrscheinlichkeit von 0,89% und bei den Türken von 0,35%.

Eindeutige Ergebnisse lassen sich für alle drei Gruppen bezüglich des Geschlechts festhalten. So reduziert sich bei einer deutschen Frau die Wahrscheinlichkeit selbstständig zu werden um 0,4%. Auch bei den Migranten fällt der Einfluss des Geschlechts mit -0,3% negativ aus. Am stärksten ist der "Frauenabschlag" mit -0,6% bei den Türken. Frauen sind demnach unter den Gründern deutlich unterrepräsentiert. Erklärt werden kann dies durch geschlechterspezifische Besonderheiten im Gründungsprozess, die u.a. die Akquisition von Finanzmitteln betreffen. Der starke "Frauenabschlag" bei den Türken ist darüber hinaus auf kulturelle Faktoren zurückzuführen.

In den vorangegangenen Untersuchungen konnten Unterschiede in der Altersstruktur ausländischer und deutscher Selbstständiger festgehalten werden. Dies bestätigt sich auch für die Gruppe der selbstständig gewordenen Personen. Ist eine Person deutsch und zwischen 30 und 40 Jahre alt, so erhöht sich seine Wahrscheinlichkeit selbstständig zu werden um 0,3%. Für die Altersklasse über 40 Jahren ist der Einfluss nicht signifikant. Die Referenzgruppe bilden die unter 30-Jährigen. Bei den Ausländern ist der Einfluss der Altersklasse von 30 bis 40 Jahren dagegen nicht signifikant. Ein signifikant negativer Effekt ergibt sich für die über 40-Jährigen. Ist ein Ausländer demnach über 40 Jahre alt, dann reduziert sich seine Wahrscheinlichkeit selbstständig zu werden um 0,5%. Gleiches gilt für die Türken. Hier ist der marginale Effekt zum 10%-Niveau signifikant und beläuft sich auf -0,4%. Es lässt sich festhalten, dass einen türkischen und ausländischen Gründer im Vergleich zu einem deutschen Gründer ein tendenziell geringeres Lebensalter kennzeichnet. Dass der Schritt in die Selbstständigkeit ein gewisses Maß an Erfahrung voraussetzt, was sich im Lebensalter ausdrückt, ist daher eher für die Deutschen festzuhalten.

Unterschiede zwischen den drei Gruppen ergeben sich bezüglich des familiären Hintergrundes. Beim Familienstand lässt sich vermuten, dass verheiratete Personen eher den Schritt in die Selbstständigkeit wagen, was u.a. in der finanziellen und arbeitstechnischen Unterstützung durch den Ehepartner liegt. Bei den Türken ist diese Hypothese zu unterstützen. So steigt bei einer verheirateten Person die Wahrscheinlichkeit selbstständig zu werden um 0,4%. Anders verhält es sich bei den Deutschen und den übrigen Migranten. Hier nimmt die Wahrscheinlichkeit selbstständig zu werden bei verheirateten Personen um jeweils 0,2% ab. Für die Ausländer ist dieser

Tabelle 2.7: Determinanten der Selbstständigkeit

Zu erklärende Variable: Wahrscheinlichkeit selbstständig zu werden (0/1)

	(1) Deutscher		(2) Migrant		(3) Türke	
Frau	-0,004**	(0,001)	-0,003**	(0,001)	-0,006**	(0,002)
Alter 30 bis 40	0,003**	(0,001)	-0,001	(0,001)	0,000	(0,002)
Alter über 40	-0,000	(0,001)	-0,005**	(0,001)	-0,004*	(0,002)
Verheiratet	-0,002**	(0,001)	-0,002*	(0,001)	0,004**	(0,002)
Kinder	0,002**	(0,001)	-0,001	(0,001)	-0,001	(0,002)
Lehre	-0,002**	(0,001)	-0,001	(0,001)	0,001	(0,001)
Meister	0,001	(0,001)	0,004**	(0,002)	0,003	(0,004)
FH	0,004**	(0,001)	-0,002	(0,003)	0,010**	(0,003)
Uni	0,005**	(0,001)	0,005**	(0,002)	0,010**	(0,004)
Gesundheit	0,002**	(0,001)	0,001	(0,001)	-0,001	(0,002)
Selbst-Eltern	0,003**	(0,001)	-0,001	(0,002)	0,005	(0,004)
Politik	0,003**	(0,001)	0,002*	(0,001)	0,003*	(0,001)
Eink mittel	-0,003**	(0,001)	0,002	(0,001)	-0,003	(0,002)
Eink hoch	-0,002*	(0,001)	0,005**	(0,001)	0,002	(0,003)
Haus	-0,000	(0,001)	0,000	(0,001)	0,001	(0,002)
Arbeitslos	0,012**	(0,001)	0,004**	(0,001)	0,004**	(0,002)
Sorgen	0,002**	(0,001)	0,003**	(0,001)	-0,001	(0,001)
Jahres-Dummys	ohne		ohne		ohne	
Beobachtungen	105 333		17 776		5 107	
Est. Mittelwert	0,008		0,004		0,003	
Konstante	-2,444		-2,367		-2,703	
Log likelihood	-5 473,191		-641,889		-184,377	
Jarque-Bera	0,000		0,000		0,000	

Daten des SOEP für die Jahre 1991-2008; robuste Schätzer nach Huber und White
Marginale Effekte mit Standardabweichungen in Klammern
* $p < 0,10$, ** $p < 0,05$

Effekt lediglich zum 10%-Niveau signifikant. Als Gegenargument zu der eingangs formulierten Hypothese ließe sich anführen, dass unverheiratete Personen keine Verantwortung zur Versorgung der Familie tragen müssen und daher eher dazu bereit sind, das Risiko der Selbstständigkeit einzugehen. Bezüglich des Vorhandenseins von Kindern ergibt sich im Gegensatz zu den Türken und Ausländern bei den Deutschen ein signifikanter Einfluss. Hier erhöht sich die Wahrscheinlichkeit selbstständig zu werden um 0,2%, falls eine Person Kinder im Haushalt hat.

Ein Blick auf die beruflichen Abschlüsse unterstreicht die Bedeutung der Bildung als Voraussetzung für den Schritt in die Selbstständigkeit. Anders als bei den Ausländern und den Türken nimmt der Lehrabschluss bei den Deutschen einen signifikanten Einfluss auf die Wahrscheinlichkeit selbstständig zu werden. So sinkt die Wahrscheinlichkeit einer Person zu gründen um 0,2%, wenn sie eine Lehre aufweist. Der Meisterabschluss ist einzig bei den Ausländern signifikant und erhöht die Gründungswahrscheinlichkeit um 0,4%. Eindeutig sind die Ergebnisse hinsichtlich des Hochschulabschlusses. Bei den Deutschen erhöht der Fachhochschulabschluss die Wahrscheinlichkeit selbstständig zu werden um 0,4% und der Universitätsabschluss um 0,5%. Bei den Migranten beläuft sich der marginale Effekt des Universitätsabschlusses auf ebenfalls 0,5%. Am stärksten ist der Einfluss eines Hochschulabschlusses bei den Türken. Hier erhöht der Fachhochschul- bzw. Universitätsabschluss die Gründungswahrscheinlichkeit um jeweils 1%. Die Referenzgruppe bilden Personen ohne einen beruflichen Abschluss. Insgesamt lässt sich festhalten, dass die Bildung ein wesentliches Kriterium für die Existenzgründung darstellt.

Hinsichtlich des Gesundheitszustandes lassen sich Unterschiede zwischen den Deutschen und den Ausländern beobachten. So steigt bei einem Deutschen in einer guten körperlichen Verfassung die Wahrscheinlichkeit selbstständig zu werden um 0,2%. Bei den Türken und den restlichen Ausländern ist dieser Effekt dagegen nicht signifikant. Die Referenzgruppe bilden Personen in einer schlechteren gesundheitlichen Verfassung.

In Anbetracht der Ergebnisse der vorangegangenen Schätzungen ist der positive Zusammenhang zwischen der Selbstständigkeit der Eltern und der Wahrscheinlichkeit einer Person selbstständig zu werden nicht überraschend. So erhöht sich diese Wahrscheinlichkeit bei einem Deutschen um 0,3%. Bei den Türken und restlichen Migranten ist der Effekt jedoch nicht signifikant. Die Theorie, dass durch eine Selbstständigkeit der Eltern bestimmte Werte und Einstellungen vermittelt werden, die dazu führen, dass auch das Kind selbstständig wird, lässt sich anhand der durchgeführten Analysen für die Deutschen unterstützen. Eltern übernehmen in der Berufswahl eine Vorbildfunktion. Dies führt dazu, dass für Kinder mit Selbstständigen im familiären Umfeld die Existenzgründung viel eher eine Berufsalternative darstellt als für Kinder ohne diesen Hintergrund.

Hinsichtlich des politischen Interesses ergibt sich für die Deutschen und Ausländer ein einheitliches Bild. Ist ein Deutscher an Politik interessiert, so erhöht sich seine Wahrscheinlichkeit selbstständig zu werden um 0,3%. Bei den Ausländern beläuft sich dieser Einfluss auf 0,2% und bei den Türken auf 0,3%. Beide Effekte sind zum 10%-Niveau signifikant. Politisches Interesse ist demnach für alle drei Gruppen ein Bestimmungsfaktor für die Selbstständigkeit. Politische Veränderungen sind für das unternehmerische Umfeld von Bedeutung. So ergeben sich neue Geschäftsmöglichkeiten, die durch ein intensives Verfolgen der politischen Geschehnisse genutzt werden können.

Bezüglich des Einflusses des Einkommens auf die Wahrscheinlichkeit selbstständig zu werden, lassen sich zwischen den Deutschen und Ausländern Unterschiede beobachten. Bei einem Deutschen reduziert sich die Gründungswahrscheinlichkeit um 0,3%, wenn sein Bruttomonatsgehalt zwischen 2 000 und 3 000 € liegt. Bei einem Verdienst über 3 000 € ist dieser Abschlag zum 10%-Niveau signifikant und beläuft sich auf -0,2%. Bei den Ausländern ist lediglich die Variable *Eink hoch* signifikant. Anders als bei den Deutschen erhöht sich die Gründungswahrscheinlichkeit bei einem Verdienst über 3 000 € um 0,5%. Bei den Türken nimmt keine der beiden Variablen einen signifikanten Einfluss auf die Wahrscheinlichkeit selbstständig zu werden. Die Referenzgruppe bilden Personen, deren Bruttomonatseinkommen unter 2 000 € liegt. Für die Deutschen lassen sich erste Anhaltspunkte für die Push-Faktoren der Selbstständigkeit finden. So beeinflusst beispielsweise eine wirtschaftliche Notlage die Entscheidung, sich selbstständig zu machen. Mit einem höheren Einkommen nimmt die Gründungswahrscheinlichkeit der Deutschen ab, was für diese Überlegungen sprechen könnte. Der Immobilienbesitz als weitere Vermögensvariable hat sowohl bei den Deutschen als auch bei den Türken und restlichen Ausländern keinen Effekt auf die Wahrscheinlichkeit sich selbstständig zu machen.

Als weitere Push-Faktoren wurden die Arbeitslosigkeit und Sorgen um die eigene wirtschaftliche Situation in das Modell integriert. Die Ergebnisse sind für alle drei Gruppen eindeutig. War ein Deutscher in der Vorperiode arbeitslos gemeldet, dann erhöht sich seine Wahrscheinlichkeit selbstständig zu werden um 1,2%. Bei den Türken und den restlichen Migranten beläuft sich dieser Effekt auf jeweils 0,4%. Auch bezüglich der wirtschaftlichen Sorgen ergibt sich ein weitestgehend einheitliches Bild. Machte sich ein Deutscher in der Vorperiode Sorgen um die eigene wirtschaftliche Situation, so nimmt seine Gründungswahrscheinlichkeit um 0,2% zu. Für die Migranten beträgt der marginale Effekt 0,3%. Keinen signifikanten Einfluss auf die Wahrscheinlichkeit selbstständig zu werden, nehmen die Sorgen um die eigene wirtschaftliche Situation dagegen bei den Türken. Insgesamt ist zu beobachten, dass die Push-Faktoren für das unternehmerische Handeln von Migranten und Deutschen eine entscheidende Rolle spielen.

Als wesentliche Determinanten der Selbstständigkeit können sowohl für die Deutschen als auch für die Türken und restlichen Migranten ein gutes formales Bildungsniveau und Push-Faktoren der Gründung festgehalten werden. Bei den türkischen Selbstständigen ist darüber hinaus der Familienstand von Bedeutung. In einer letzten Analyse sollen erste Anhaltspunkte über Einflussgrößen auf den unternehmerischen Erfolg gesammelt werden.

2.5.5.4 Faktoren des unternehmerischen Erfolges

Im Folgenden wird versucht, auf Basis des SOEP erste Hinweise über mögliche Einflussfaktoren auf den unternehmerischen Erfolg zu gewinnen. Auf theoretische Hintergründe soll an dieser Stelle verzichtet werden, da diese in Kapitel 3 vertieft werden. Auf Grund der Konzentration des SOEP auf personenbezogene Informationen kann eine Abgrenzung zwischen erfolgreichen und weniger erfolgreichen Selbstständigen lediglich am Bruttomonatseinkommen durchgeführt werden. Tiefergehende betriebswirtschaftliche Erfolgskennzahlen werden im SOEP nicht erfasst. Auch wenn der weitere Schwerpunkt der Arbeit auf den Erfolgsfaktoren im Gründungsprozess liegt, werden im Rahmen der abschließenden Analyse nicht nur Gründer betrachtet, sondern sämtliche Unternehmer/-innen unabhängig von der Dauer ihrer Selbstständigkeit. Zurückzuführen ist dieses Vorgehen auf die nur geringen Fallzahlen an Gründern im SOEP. Als erfolgreich wird ein Selbstständiger bezeichnet, wenn dessen Bruttomonatsverdienst über 3 000 € liegt.[17] Bei weniger erfolgreichen Selbstständigen beläuft sich das Einkommen dementsprechend auf unter 3 000 €. Die endogene Variable bezeichnet die Wahrscheinlichkeit eines Selbstständigen erfolgreich zu sein.

Als mögliche Erfolgsfaktoren werden die Einflüsse des persönlichen Hintergrundes des Selbstständigen, des Humankapitals und des Arbeitsumfeldes in Form der Arbeitszeit und der Branche auf die endogene Variable untersucht. Der Untersuchungszeitraum umfasst die Jahre 1990 bis 2008. 11 522 deutsche Selbstständige machten in diesem Zeitraum eine Angabe zu ihrem Einkommen. 39,7% dieser Personen sind den erfolgreichen Selbstständigen zuzuordnen und 60,3% den weniger Erfolgreichen. Auf die Migranten entfallen 1 246 Beobachtungen. Der Erfolgsanteil beläuft sich auf 45,2%. Bei den Türken sind 42,7% der 253 Selbstständigen erfolgreich. Die genauen Beobachtungszahlen für die Schätzungen sind der Tabelle 2.8 zu entnehmen. Auf Grund der nur geringen Beobachtungszahlen wurde auf jahresspezifische Änderungen der Basiswahrscheinlichkeit verzichtet. Folglich bezieht sich die Basiswahrscheinlichkeit auf den gesamten Untersuchungszeitraum. Tabelle 2.8 fasst die Ergebnisse der Schätzungen für die Deutschen, Migranten und Türken zusammen.

Die genaue Beobachtungszahl der jeweiligen Schätzung beläuft sich bei den Deutschen auf 9 790, bei den Migranten auf 1 008 und bei den Türken auf 208. Die Nullhypothese für die Normalverteilung der Residuen muss für alle drei Schätzungen verworfen werden. Durch die hinreichend große Zahl an Beobachtungen kann jedoch auf die z-Statistik zur Überprüfung der Signifikanz der Koeffizienten zurückgegriffen werden. Die Basiswahrscheinlichkeit bezieht sich auf einen erfolgreichen männlichen Selbstständigen im Alter bis 30 Jahre, unverheiratet, ohne Kinder, kein beruflicher Abschluss, in schlechtem gesundheitlichen Befinden, ohne selbstständige Eltern, geringes politisches Interesse, Arbeitszeit unter 40 Stunden und tätig in einer sonstigen Branche. Der Wert der Konstanten beträgt bei den Deutschen -1,92. Damit beläuft sich die Basiswahrscheinlichkeit auf:

$$Prob_i = \Phi(-1,92) = 0,027 = 2,7\% \quad .$$

Bei den Migranten ergibt sich eine Basiswahrscheinlichkeit von 6,9% und bei den Türken eine Basiswahrscheinlichkeit von 0,5%.

[17] Die Abgrenzung orientiert sich an dem monatlichen Durchschnittsverdienst eines deutschen Selbstständigen für die Jahre 1990 bis 2008.

Tabelle 2.8: Faktoren unternehmerischen Erfolges

Zu erklärende Variable: Wahrscheinlichkeit erfolgreich zu sein (0/1)

	(1) Deutscher		(2) Migrant		(3) Türke	
Frau	-0,168**	(0,013)	-0,139**	(0,044)	-0,388**	(0,148)
Alter 30 bis 40	0,177**	(0,028)	0,232**	(0,065)	0,221*	(0,126)
Alter über 40	0,291**	(0,027)	0,212**	(0,064)	0,195	(0,146)
Verheiratet	0,017	(0,013)	-0,077*	(0,047)	-0,074	(0,145)
Kinder	0,018	(0,012)	0,012	(0,040)	0,125	(0,125)
Lehre	-0,024*	(0,014)	0,019	(0,041)	-0,056	(0,093)
Meister	-0,069**	(0,019)	0,070	(0,069)	0,075	(0,248)
FH	0,102**	(0,019)	0,157**	(0,077)	-0,045	(0,243)
Uni	0,223**	(0,017)	0,266**	(0,054)	0,123	(0,158)
Gesundheit	0,095**	(0,013)	0,096**	(0,044)	0,382**	(0,119)
Selbst-Eltern	0,034**	(0,013)	0,083	(0,064)	-0,021	(0,145)
Politik	0,040**	(0,011)	0,022	(0,038)	0,101	(0,089)
Stund mittel	0,295**	(0,017)	0,386**	(0,056)	0,039	(0,155)
Stund hoch	0,349**	(0,015)	0,429**	(0,053)	0,159	(0,123)
Industrie	0,021	(0,019)	-0,014	(0,064)	0,155	(0,286)
Bau	0,033*	(0,019)	0,048	(0,067)	-0,072	(0,319)
Handel	-0,045**	(0,016)	-0,138**	(0,052)	0,335	(0,282)
Wissens-DL	0,169**	(0,015)	-0,021	(0,055)	0,634**	(0,270)
Jahres-Dummys	ohne		ohne		ohne	
Beobachtungen	9 790		1 008		208	
Est. Mittelwert	0,391		0,461		0,437	
Konstante	-1,920		-1,484		-2,561	
Log likelihood	-5 558,122		-584,685		-113,120	
Jarque-Bera	0,000		0,000		0,013	

Daten des SOEP für die Jahre 1990-2008; robuste Schätzer nach Huber und White
Marginale Effekte mit Standardabweichungen in Klammern
* $p < 0,10$, ** $p < 0,05$

Bezüglich des Einflusses des Geschlechts sind die Ergebnisse für alle drei Gruppen eindeutig. Handelt es sich bei den Deutschen um einen weiblichen Selbstständigen, dann reduziert sich die Wahrscheinlichkeit erfolgreich zu sein um 16,8%. Bei den Migranten beläuft sich dieser Abschlag auf 13,9% und bei den Türken auf 38,8%. Frauen verdienen demnach weniger als ihre männlichen Unternehmerkollegen. Zurückgeführt werden könnte das Ergebnis auf eine risikoaversere Haltung der Frauen.

Auch bezüglich des Alters ergibt sich ein einheitliches Bild. Wirtschaftlich erfolgreichere Selbstständige sind tendenziell älter als weniger Erfolgreiche. Ist bei den Deutschen eine Person zwischen 30 und 40 Jahre alt, dann erhöht sich die Wahrscheinlichkeit erfolgreich zu sein um 17,7%. Für die über 40-Jährigen steigt die Erfolgswahrscheinlichkeit sogar um 29,1%. Auch bei den ausländischen Selbstständigen nehmen beide Variablen einen signifikanten Einfluss auf die Wahrscheinlichkeit erfolgreich zu sein. Für die Variable *Alter 30 bis 40* beläuft sich der marginale Effekt auf 23,3% und für die Variable *Alter über 40* auf 21,2%. Bei den Türken erhöht sich die Erfolgswahrscheinlichkeit für einen Selbstständigen zwischen 30 und 40 Jahren um 22,1%. Der Effekt ist zum 10%-Niveau signifikant. Die Referenzgruppe bilden die Personen unter 30 Jahren. Allgemein lässt sich vermuten, dass ein höheres Alter mit mehr Erfahrung einhergeht, was den Unternehmenserfolg positiv beeinflusst.

Keinen Einfluss auf den wirtschaftlichen Erfolg eines Selbstständigen scheint dagegen der familiäre Hintergrund zu nehmen. So wirkt sich der Familienstand weder bei den Deutschen noch bei den Türken signifikant auf den Unternehmenserfolg aus. Einzig bei den restlichen Ausländern ist der marginale Effekt zum 10%-Niveau signifikant. Ist hier ein Selbstständiger verheiratet, dann reduziert sich seine Erfolgswahrscheinlichkeit um 7,7%. Das Vorhandensein von Kindern im Haushalt nimmt dagegen bei allen drei Gruppen keinen signifikanten Einfluss auf den wirtschaftlichen Erfolg.

Bezüglich des formalen Qualifikationsniveaus lässt sich festhalten, dass erfolgreiche Selbstständige tendenziell besser ausgebildet sind als weniger Erfolgreiche. Besitzt ein deutscher Selbstständiger einen Lehrabschluss, dann reduziert sich seine Erfolgswahrscheinlichkeit um 2,4%. Der Einfluss ist zum 10%-Niveau signifikant. Für den Meisterabschluss ergibt sich ein Abschlag von 6,9%. Dagegen wirkt sich ein Hochschulabschluss positiv auf den Unternehmenserfolg aus. So erhöht sich bei einem Fachhochschulabschluss die Wahrscheinlichkeit erfolgreich zu sein um 10,2% und bei einem Universitätsabschluss um 22,3%. Auch bei den ausländischen Selbstständigen fällt der marginale Effekt des Fachhochschul- und Universitätsabschlusses signifikant positiv aus (15,7% bzw. 26,6%). Einzig bei den türkischen Selbstständigen kann kein signifikanter Zusammenhang zwischen dem Bildungsniveau und dem Unternehmenserfolg festgestellt werden.

Der gesundheitliche Zustand nimmt bei allen drei Gruppen einen signifikanten Einfluss auf die Wahrscheinlichkeit erfolgreich zu sein. Für einen deutschen Selbstständigen mit gutem gesundheitlichen Befinden steigt die Erfolgswahrscheinlichkeit um 9,5%. Bei den ausländischen Selbstständigen liegt der marginale Effekt bei 9,6% und bei den türkischen Selbstständigen bei 38,2%. Die Ergebnisse überraschen nicht, denn der Gesundheitszustand wirkt sich auf die Leistungsbereitschaft einer Person und damit den Arbeitserfolg aus.

Hinsichtlich der Selbstständigkeit der Eltern ergibt sich kein einheitliches Bild. Sind die Eltern eines Deutschen ebenfalls selbstständig, dann erhöht sich die Wahrscheinlichkeit erfolgreich zu sein um 3,4%. Erklärt werden kann dieser Effekt dadurch, dass die Person bereits im Kindesalter eine informelle Ausbildung erhält, von der später profitiert werden kann. Für die Türken und die restlichen Ausländer lässt sich dieser Einfluss jedoch nicht bestätigen. Auch hinsichtlich des politischen Interesses ergibt sich lediglich für die Deutschen ein signifikanter Effekt. Hier steigt die Erfolgswahrscheinlichkeit bei einem politisch interessierten Selbstständigen um 4%.

Ein positiver Einfluss der Arbeitsintensität auf die Wahrscheinlichkeit erfolgreich zu sein lässt sich bei den deutschen und ausländischen Selbstständigen feststellen. Beläuft sich die wöchentliche Arbeitszeit eines Deutschen auf 40 bis 50 Stunden (*Stund mittel*), dann erhöht sich seine Erfolgswahrscheinlichkeit um 29,5%. Bei einer Arbeitszeit von mehr als 50 Stunden (*Stund hoch*) beträgt der marginale Effekt 34,9%. Die Referenzgruppe bilden die Selbstständigen mit einer Arbeitszeit von weniger als 40 Stunden. Für die ausländischen Selbstständigen liegt der marginale Effekt der Variablen *Stund mittel* und *Stund hoch* bei 38,6% bzw. 42,9%. Ein überdurchschnittlicher Arbeitseinsatz scheint demnach den Unternehmenserfolg positiv zu beeinflussen. Angemerkt sei an dieser Stelle jedoch ein Kausalitätsproblem. Geht es dem Unternehmer wirtschaftlich gut, sind die Auftragsbücher voll, was zu einem gesteigerten Arbeitsaufkommen führt. Die Richtung des Effektes lässt sich daher nicht eindeutig bestimmen. Für die türkischen Selbstständigen ist kein signifikanter Zusammenhang zwischen der Arbeitszeit und dem Unternehmenserfolg festzustellen.

Als letzter Erfolgsfaktor interessiert der Wirtschaftszweig, in dem der Selbstständige tätig ist. Für die Branche des Verarbeitenden Gewerbes (*Industrie*) ergibt sich für alle drei Gruppen kein signifikanter Einfluss auf die Erfolgswahrscheinlichkeit. Für das Baugewerbe lässt sich bei den deutschen Selbstständigen ein positiver marginaler Effekt zum 10%-Niveau beobachten. Ist ein Deutscher in dieser Branche tätig, dann erhöht sich seine Wahrscheinlichkeit erfolgreich zu sein um 3,3%. Signifikante Abschläge ergeben sich dagegen für den Handel. So reduziert sich bei einem deutschen Selbstständigen die Erfolgswahrscheinlichkeit um 4,5%. Für einen ausländischen Selbstständigen liegt der marginale Effekt bei -13,8%. Gerade in dem Bereich des Handels herrscht ein großer Konkurrenzkampf, was die Erfolgsaussichten schmälert. Für die türkischen Selbstständigen ist jedoch kein signifikanter Einfluss dieser Branchenvariablen festzustellen. Hinsichtlich der wissensintensiven Dienstleistungen lässt sich ein positiver marginaler Effekt bei den deutschen und türkischen Selbstständigen beobachten (16,9% bzw. 63,4%). Die Referenzgruppe bilden dabei die übrigen Branchen, zusammengefasst in der Variablen *Sonstiges*.

Im Rahmen der abschließenden Analyse des SOEP konnten erste Hinweise über die Faktoren unternehmerischen Erfolges gewonnen werden. Unabhängig von der Nationalität des Selbstständigen scheinen das Alter, das Humankapital sowie die Branchenwahl Einfluss auf die wirtschaftliche Entwicklung zu nehmen. Neben den personenbezogenen Faktoren beeinflussen jedoch eine Vielzahl an weiteren Faktoren den Erfolg eines Unternehmens. Dies soll im dritten Kapitel der Arbeit zunächst theoretisch vertieft werden.

2.6 Zusammenfassung

Ziel des Kapitels war es, einen Überblick über die Strukturen ausländischer Selbstständiger zu geben und dabei die Türken als Zielgruppe dieser Arbeit vorzustellen.

Ab den 1980er Jahren setzte eine regelrechter Boom an Existenzgründungen unter den Ausländern ein, der bis in die Gegenwart anhält. Alleine zwischen 1991 und 2007 verdoppelte sich die Zahl an ausländischen Selbstständigen auf 378 000. Die Zahl der deutschen Selbstständigen wuchs in dem gleichen Zeitraum lediglich um knapp ein Drittel. Erste Ansatzpunkte für diese Entwicklungsdynamik ließen sich in der Migrationsgeschichte finden. Die Ausländer aus den ehemaligen Gastarbeiternationen sind unter den ausländischen Selbstständigen am häufigsten vertreten. Die stärkste Gruppe bilden die Türken gefolgt von den Italienern, Polen und Griechen. Tiefergehende strukturelle Informationen über die ausländischen Selbstständigen sind nur unzureichend vorhanden. Bedeutende deutschlandweite Untersuchungen erstellte v.a. das Mannheimer Institut für Mittelstandsforschung.

Die Auswertung der aggregierten Studien zeigte, dass der Frauenanteil an den Selbstständigen bei den Migranten nur unwesentlich unter dem der Deutschen liegt. Deutlich geringer fällt die Frauenquote unter den Türken aus. Ebenso sind türkische Selbstständige deutlich jünger als deutsche Unternehmerinnen. Insgesamt weisen die selbstständigen Migranten ein niedrigeres Qualifikationsniveau als die deutschen Selbstständigen auf. Bei den griechisch- und italienischstämmigen Selbstständigen lässt sich eine sektorale Konzentration auf den Bereich der Gastronomie erkennen. Schwerpunkt bei den Türken bildet der Handel. Im Vergleich zu den Italienern und Griechen weisen die türkischen Selbstständigen eine etwas heterogenere Branchenorientierung auf. Allgemein handelt es sich bei den Branchen, in denen die Migrantenunternehmerinnen verstärkt tätig sind, um sehr wettbewerbs- und arbeitsintensive Bereiche mit einem hohen Gründungs- und Schließungsgeschehen. Etwa die Hälfte aller türkischen Selbstständigen beschäftigt keine Mitarbeiter. Von großer Bedeutung ist die ethnische Beschäftigung und innerethnische Solidarität. So gehört bei einem ausländischen Selbstständigen jeder zweite Beschäftigte zur Familie.

Zur Erklärung für das Entstehen ausländischer Selbstständigkeit wurde zunächst auf die Konzepte der allgemeinen Gründungsforschung eingegangen. Hier lässt sich im Wesentlichen zwischen zwei Hauptrichtungen unterscheiden, die einen Gründungsimpuls auslösen. Unter die persönlichen Faktoren fallen sozio-demographische Merkmale und psychologische Charakteristika des Gründers. Zusätzlich sind hier die Pull-Faktoren, Motive der Unabhängigkeit oder Selbstverwirklichung, und die Push-Faktoren, d.h. Gründung aus einer Notlage heraus, zu erwähnen. Eine zweite Hauptrichtung sind umweltspezifische Determinanten, wie die Inkubatororganisation, das rechtliche und politische Umfeld sowie das Gründungsklima. In Deutschland erklärt die ethnische Gründungsforschung das unternehmerische Handeln von Migranten im Wesentlichen mit drei Modellen. Nach dem Nischenmodell entstehen durch die spezifischen Bedürfnisse der einzelnen ethnischen Gruppen Marktnischen, in denen sich die Angehörigen der jeweiligen Ethnie selbstständig machen. Das Kulturmodell führt die unternehmerische Tätigkeit der Migranten auf den kulturellen Hintergrund einer Person zurück. Das Reaktionsmodell erklärt das unternehmerische Handeln der Migranten ganz im Sinne der Push-Faktoren als Reaktion auf nicht beeinflussbare externe Faktoren. Empirische Untersuchungen zur Überprüfung der theoretischen Ansätze betonen die Bedeutung der Push-Faktoren für die Aufnahme einer selbstständigen Beschäftigung der Migranten. Zusätzlich spielen ethnische Ressourcen, wie das familiäre Umfeld sowie Klassenressourcen in Form von Humankapital eine Rolle.

In einer eigenen empirischen Untersuchung wurde das Profil eines ausländischen Selbstständigen erweitert und Vergleiche zu den deutschen Selbstständigen gezogen. Grundlage bildeten die Daten des SOEP für die Jahre 1990-2008. Die deskriptive Analyse des Datensatzes charakterisierte einen Selbstständigen anhand ausgewählter Variablen des persönlichen Hintergrundes, des Humankapitals und des Arbeitsumfeldes. Zu beobachten ist, dass die Frauenquote der türkischen Selbstständigen über den gesamten Beobachtungszeitraum hinweg unter der Quote der Deutschen und restlichen Ausländern liegt. Türkische Selbstständige sind darüber hinaus deutlich jünger als die deutschen und die übrigen ausländischen Selbstständigen. Unabhängig von der Nationalität sind die Selbstständigen im Schnitt älter als die Unselbstständigen. Der Anteil an Verheirateten und Kindern im Haushalt ist unter den türkischen Selbstständigen am größten. Bezüglich des Qualifikationsniveaus lässt sich festhalten, dass die türkischen Selbstständigen schlechter ausgebildet sind als die Deutschen und die anderen Migranten. Darüber hinaus weisen die Selbstständigen ein höheres Qualifikationsniveau als die Unselbstständigen auf. Das gilt für alle Nationalitäten. Deutlich weniger türkische als deutsche Selbstständige haben selbstständige Eltern, sind politisch interessiert und verfügen über eine Immobilie. Bezüglich des Bruttomonatseinkommens bestehen kaum Unterschiede zwischen deutschen, ausländischen und türkischen Selbstständigen. Bei der wöchentlichen Arbeitszeit liegen die Türken im Jahr 2008 vor den Deutschen und restlichen Ausländern. Der sektorale Schwerpunkt der türkischen Selbstständigen liegt im Handel.

In der anschließenden multivariaten Analyse wurden die Ergebnisse der deskriptiven Statistik vertieft. Zunächst interessierte das Profil eines deutschen, ausländischen und türkischen Selbstständigen. Sowohl bei den Deutschen als auch bei den Türken und den anderen Migranten ergibt sich ein negativer Einfluss des weiblichen Geschlechts auf die Wahrscheinlichkeit selbstständig zu sein. Allerdings ist dieser Effekt nur bei den Deutschen signifikant. Bezüglich des Alters lässt sich unabhängig von der Nationalität festhalten: Je älter eine Person ist, desto höher fällt seine Wahrscheinlichkeit aus, selbstständig zu sein. Dabei ist dieser Einfluss bei den Türken und den anderen Migranten geringer als bei den Deutschen. Der Familienstand nimmt einzig bei den Deutschen einen signifikant negativen Einfluss auf die Wahrscheinlichkeit einer selbstständigen Beschäftigung nachzugehen. Gleiches gilt hinsichtlich des Vorhandenseins von Kindern im Haushalt bei den Türken. Ein wesentliches Charakteristikum eines Selbstständigen ist ein gutes formales Bildungsniveau: Unabhängig von der Nationalität nimmt der Hochschulabschluss einen positiven Einfluss auf die Wahrscheinlichkeit selbstständig zu sein. Als weitere Einflussfaktoren erweisen sich selbstständige Eltern und das Interesse für Politik. Bezüglich des Einkommens ergeben sich Unterschiede zwischen den Deutschen und den Migranten. Bei den Deutschen nimmt die Wahrscheinlichkeit selbstständig zu sein mit zunehmendem Einkommen ab. Für die Türken und die anderen Migranten lässt sich ein gegenteiliger Effekt beobachten. Die Variablen des Hausbesitzes und der Gesundheit sind einzig bei den Deutschen signifikant und positiv. Für alle Nationalitäten gilt jedoch, dass die Wahrscheinlichkeit einer selbstständigen Beschäftigung mit dem Arbeitseinsatz steigt. Auch sind Selbstständige im Vergleich zu Unselbstständigen häufiger im Handel und den wissensintensiven Dienstleistungen anzutreffen.

Im zweiten Schritt der Analyse interessierten die Determinanten der Selbstständigkeit. Hierzu wurden lediglich die selbstständig gewordenen Personen jeder Periode betrachtet. Sowohl bei den Deutschen als auch bei den Türken und restlichen Ausländern reduziert sich bei einer Frau die Gründungswahrscheinlichkeit. Bezüglich des Alters ergibt sich ein uneinheitliches Bild. Bei den Türken und den anderen Migranten verringert sich für die Personen über 40 Jahren die Wahrscheinlichkeit selbstständig zu werden. Ein positiver Einfluss ergibt sich für die Deutschen bei den 30- bis 40-Jährigen. Als signifikanter Einflussfaktor erweist sich bei den Türken der Familienstand: Bei verheirateten Personen erhöht sich die Gründungswahrscheinlichkeit. Bei den Deutschen ergibt sich ein gegenteiliger Effekt. Als wesentliche Determinante der Selbstständigkeit kann für alle drei Gruppen ein gutes formales Qualifikationsniveau festgehalten werden. Der Gesundheitszustand, die Selbstständigkeit der Eltern und das politische Interesse spielen lediglich bei den Deutschen eine Rolle. Als weitere grundlegende Bestimmungsfaktoren der Selbstständigkeit sind die Push-Faktoren zu nennen. So erhöht eine Arbeitslosigkeit in der Vorperiode bei allen drei Gruppen die Gründungswahrscheinlichkeit signifikant. Gleiches gilt für die Deutschen und Migranten bei Sorgen um die eigene wirtschaftliche Situation.

In einer dritten Analyse wurden erste Anhaltspunkte über die unternehmerischen Erfolgsfaktoren gewonnen. Hierzu wurde zwischen erfolgreichen und weniger erfolgreichen Selbstständigen unterschieden. Erfolgreiche Selbstständige weisen ein Bruttomonatsverdienst von mehr als 3 000 € auf. Bei weniger erfolgreichen Selbstständigen liegt das Einkommen unter 3 000 €. Für alle drei Gruppen reduziert sich bei einer Frau die Erfolgswahrscheinlichkeit signifikant. Zusätzlich kann festgehalten werden, dass ältere Selbstständige wirtschaftlich erfolgreicher sind. Der familiäre Hintergrund nimmt dagegen keinen signifikanten Einfluss auf die Erfolgswahrscheinlichkeit. Für die Deutschen und Migranten kann ein positiver Zusammenhang zwischen einer guten formalen Bildung und der wirtschaftlichen Entwicklung beobachtet werden. Gleiches gilt für die wöchentliche Arbeitszeit. Bei den türkischen Selbstständigen sind jedoch weder die Bildung noch die Arbeitsintensität signifikante Einflussfaktoren. In allen drei Gruppen erhöht ein besserer Gesundheitszustand die Erfolgswahrscheinlichkeit. Zusätzlich sind bei den Deutschen die Selbstständigkeit der Eltern und das politische Interesse von Bedeutung. Als zweiter wesentlicher Erfolgsfaktor ist neben dem Humankapital die Wahl der Branche zu nennen. Bei den deutschen und türkischen Selbstständigen erhöht sich die Wahrscheinlichkeit erfolgreich zu sein, wenn die Person in den wissensintensiven Dienstleistungen tätig ist. Im Handel sinkt dagegen die Erfolgswahrscheinlichkeit für die Deutschen und Ausländer.

In Kapitel 2 konnten umfangreiche Informationen über die Strukturen ausländischer Selbstständiger gewonnen werden und die Zielgruppe dieser Arbeit, die türkischen Unternehmer/-innen, vorgestellt werden. Insgesamt ergaben sich Unterschiede zwischen türkischen und ausländischen bzw. deutschen Selbstständigen. So sind türkische Unternehmer/-innen deutlich jünger und schlechter ausgebildet. Wesentliche Determinanten der Selbstständigkeit sind unabhängig von der Nationalität des Unternehmers ein gutes formales Bildungsniveau und Push-Faktoren, wie die Arbeitslosigkeit oder Sorgen um die wirtschaftliche Situation. Bezüglich den unternehmerischen Erfolgsfaktoren ließen sich erste empirische Anhaltspunkte festhalten, die nun theoretisch vertieft werden.

Kapitel 3

Erfolgsfaktoren im Gründungsprozess – ein Modellrahmen

Wie Kapitel 2 gezeigt hat, stellen die von Migranten geführten Betriebe mittlerweile eine wichtige Stütze der deutschen Wirtschaft dar. Gerade Migranten weisen jedoch ein überproportional hohes Gründungs- und Schließungsgeschehen auf. Vielfach muss das erst neu gegründete Unternehmen bereits nach kurzer Zeit wieder schließen. Durch ein Scheitern entstehen nicht nur dem Gründer hohe Kosten. So müssen die Gläubiger bei einer Insolvenz des Unternehmens Forderungsverluste hinnehmen. Volkswirtschaftlich ist der Forderungsausfall insofern relevant, dass Insolvenzen kummulative Effekte bei Kunden und Zulieferern auslösen, denen dadurch ebenfalls Zahlungsschwierigkeiten drohen könnten. Eine erfolgreiche Gründung ist daher auch aus volkswirtschaftlicher Sicht von Bedeutung. Mit der Erforschung von Einflussgrößen auf die unternehmerische Entwicklung beschäftigt sich seit Beginn der 1970er Jahre ein noch relativ junger Wissenschaftszweig: die Erfolgsfaktorenforschung.

Ziel des folgenden Kapitels ist es, einen theoretischen Modellrahmen zu den Erfolgsfaktoren im Gründungsprozess eines Migranten zu erarbeiten. Dieser Modellrahmen bildet die Basis für die weiteren empirischen Analysen. Kapitel 3.1 geht auf die Grundlagen der Erfolgsfaktorenforschung ein. Hierunter fallen begriffliche Definitionen, die Ziele und Methodik der Erfolgsfaktorenforschung sowie die Phasen einer Unternehmensgründung. Kapitel 3.2 beschäftigt sich mit den theoretischen Erklärungsansätzen aus der allgemeinen und ethnischen Erfolgsfaktorenforschung, um eine Auswahl wesentlicher Einflussgrößen zu treffen. Unterschieden wird zwischen personenbezogenen, betriebsbezogenen und umfeldbezogenen Erfolgsfaktoren. Kapitel 3.3 stellt zunächst die personenbezogenen Erfolgsfaktoren vor. Das sind sozio-demographische Merkmale des Gründers, das Humankapital, die Planung und Vorbereitung sowie ethnische Ressourcen. Unter die in Kapitel 3.4 diskutierten betriebsbezogenen Erfolgsfaktoren fallen die Kapitalausstattung, die betriebliche Organisation und die betriebliche Strategie. Schließlich wird in Kapitel 3.5 auf die umfeldbezogenen Erfolgsfaktoren eingegangen. Neben der Standortlage und der öffentlichen Förderung interessiert dabei die Wahl der Branche. Kapitel 3.6 fasst die gesammelten Ergebnisse zusammen.

3.1 Grundlagen der Erfolgsfaktorenforschung

3.1.1 Begriffliche Grundlagen

Zu Beginn der Einführung in die Erfolgsfaktorenforschung werden einige wesentliche Begrifflichkeiten definiert. Dazu gehört ein kurzer Überblick über die Entstehung der Erfolgsfaktorenforschung sowie eine Diskussion des Erfolgsmaßes und des Erfolgsfaktors.

Nach Hildebrandt (1989, S. 6) versucht die Erfolgsfaktorenforschung "[...] Bestimmungsgründe oder strategische Einsatzfaktoren zu ermitteln, die den Erfolg einer Planungseinheit (z.B. ein Produkt, ein Betrieb, das Gesamtunternehmen) – gemessen an unterschiedlichen Kriterien – verursachen". Dabei ist die Erfolgsfaktorenforschung noch ein relativ junges Gebiet der Wissenschaft. Ihre Ursprünge liegen dabei in der Praxis. So unternahm der McKinsey-Berater und spätere Geschäftsführer D.R. Daniel im Jahr 1961 Bemühungen, Managementinformationssysteme zu installieren, die Auskunft über Erfolgsfaktoren geben sollten (Nicolai und Kieser 2002, S. 580). Weitere Versuche, Determinanten des unternehmerischen Erfolges zu identifizieren, folgten in den Vereinigten Staaten (u.a. Mayer und Goldstein 1961; Hoad und Rosko 1964). Woywode (2004) bezeichnet die Anfänge jedoch als vorwissenschaftlich und einzelfallorientiert. Ende der 1970er Jahre setzte dann eine Systematisierung der Forschungsbemühungen ein. So wurden nicht nur für einzelne Unternehmen, sondern über ganze Branchen hinweg Analysen erstellt. Einzelfallorientierte Untersuchungen rückten in den Hintergrund und der Umfang der Stichproben wurde größer.

Einen weiteren Aufschwung erlebte die Erfolgsfaktorenforschung, als sich die strategische Managementforschung dieser Disziplin annahm. Im Zentrum der Bemühungen stand das Ziel, auf "wissenschaftliche" Weise Variablen zu ermitteln, die mit der Unternehmensperformance korrelieren. Dieser Ansatz wurde auf der Pittsburgher Konferenz im Jahr 1977 beschlossen und seitdem verfolgt (Nicolai und Kieser 2002, S. 581). Es folgten größere Forschungsprojekte im Rahmen der Strategischen Managementforschung. Als bekanntestes Projekt ist an dieser Stelle die PIMS-Studie (*Profit Impact of Market Strategies*) zu nennen (vgl. Homburg 2000). Das Projekt wurde 1960 von General Electric zunächst als interne Studie angelegt, um Determinanten des Geschäftserfolges einzelner Geschäftseinheiten zu erfassen. 1972 wurde das Projekt aus dem Konzern ausgegliedert und der Harvard Business School übertragen. Die Harvard Business School erweiterte den Untersuchungsrahmen und bezog zusätzliche Unternehmen in die Analyse ein. 1975 übernahm das Strategic Planning Institute in Cambridge die Betreuung des Projektes. Über die Jahre hinweg lieferten über 4 000 Geschäftseinheiten Daten für die statistischen Auswertungen.

1999 wurde das Projekt eingestellt. Als Ursache wird die abnehmende Bedeutung von strategischen Stabsabteilungen, der Hauptzielgruppe von PIMS, gesehen.

Auch Forscher aus der Industrieökonomik interessierten sich insbesondere in den 1970er und 1980er Jahren für die Faktoren unternehmerischen Erfolges (vgl. Woywode 2004). Auslöser war das industrieökonomische SCP-Paradigma (*Structure Conduct Performance*). Nach dem SCP-Paradigma beeinflusst die Marktstruktur in einer Branche und das daraus resultierende Verhalten der Unternehmer/-innen den Geschäftserfolg. Ursprünglich diente das SCP-Paradigma Wirtschaftspolitikern als Basis ordnungspolitischer Entscheidungen, jedoch wurde es auch vermehrt für betriebliche Überlegungen eingesetzt. So ließen sich die Unternehmer/-innen nach dem SCP-Paradigma gezielt in weniger wettbewerbsintensiven Branchen nieder, um höhere Gewinne zu erzielen. Im Verlauf der Jahre widmeten sich weitere wirtschaftswissenschaftliche Teilbereiche des Marketings, der Organisation oder der Finanzierung der Erforschung unternehmerischer Erfolgsfaktoren. Dies führte in den 1990er Jahren zu einem starken Anstieg der wissenschaftlichen Publikationen zu dieser Thematik.

Auch in Deutschland ist das Interesse an der Erfolgsfaktorenforschung groß. Erste nennenswerte Studien lagen zu Beginn der 1980er Jahre vor (Szyperski und Nathusius 1977; Klandt 1984). Weitere größere Untersuchungen und eine Vielzahl kleinerer Forschungsprojekte folgten. Zu Beginn der 1990er Jahre wurden die ersten Meta-Studien erstellt. So gaben Müller-Böling und Klandt (1993) einen Überblick über die deutschsprachigen Forschungsergebnisse. Insgesamt werteten sie 61 Studien aus. Im internationalen Kontext veröffentlichten Capon et al. (1990) eine Meta-Analyse über 320 Studien, die sich mit den Faktoren unternehmerischen Erfolges beschäftigen. Trotz der wachsenden Zahl an Publikationen liegen in Deutschland bislang keine Untersuchungen vor, die sich explizit mit den Erfolgsfaktoren von ausländischen Selbstständigen beschäftigen. Auch in der internationalen Forschung ist die Zahl an Studien begrenzt. Zu erwähnen sind hier die Arbeiten von Bates (1993) sowie Basu und Goswami (1999), die sich mit asiatischen Selbstständigen in den Vereinigten Staaten bzw. in Großbritannien beschäftigen. Bezüglich der Erfolgsfaktoren von Betrieben, deren Inhaber einen Migrationshintergrund aufweisen, lässt sich demnach ein großer Forschungsbedarf festhalten.

Nach der kurzen Einführung in die Historie der Erfolgsfaktorenforschung gilt es im Folgenden zwei wesentliche Begrifflichkeiten zu diskutieren: das Erfolgsmaß und den Erfolgsfaktor.

Ganz abstrakt lässt sich der Erfolg als Zielerreichungsgrad definieren, der das Ergebnis einer Aktivität darstellt (Wolf 2003, S. 165). Je nach Fragestellung identifiziert Herr (2007) verschiedene Dimensionen des Erfolges:

- **Subjektiv und objektiv**
  Eine subjektive Bewertung des Erfolges liegt vor, wenn Personen direkt um

ihre Einschätzungen zum Erfolgszustand gebeten werden. Eine objektive Bewertung basiert dagegen auf Kennzahlen wie dem Cashflow.

- **Bi-modal, multimodal und Kontinuität**
  Der bi-modale Ansatz bezieht sich auf die beiden Extreme "Erfolg" und "Misserfolg" und führt zu einer dichotomen Erfolgsvariablen. Weitere Abstufungen bei den Extremen ergeben eine multimodale Erfolgsgröße. Darüber hinaus kann der Erfolg auch in seiner zeitlichen Dimension erfasst werden. Diese Dynamik kann beispielsweise durch das Umsatzwachstum aufgefangen werden.

- **Materiell und immateriell**
  Erfolg kann sich über die Schaffung von materiellen Werten, die sich durch den Unternehmenswert ausdrücken, definieren. Auf der anderen Seite spiegeln sich Werte wie Erfahrung oder persönliche Zufriedenheit im immateriellen Erfolg wider.

- **Erfüllte und nicht erfüllte Erwartungen**
  An eine Gründung stellt der Gründer gewisse Erwartungen. Eingetretener und nicht eingetretener Erfolg richten sich danach, ob diese Erwartungen erfüllt werden. Diesem Ansatz liegt eine subjektive Bewertung zu Grunde.

Zur Messung des Erfolges kann zwischen verschiedenen Erfolgsmaßen unterschieden werden (für eine ausführliche Diskussion vgl. Herr 2007). Ökonomische Erfolgsmaße orientieren sich an klassischen betriebswirtschaftlichen Kennzahlen wie dem ROI oder der Gesamtkapitalrendite. Qualitative Erfolgsmaße erfassen die persönliche Einschätzung des Unternehmers zur Geschäftsentwicklung. Werden Einschätzungen aus dem Umfeld des Betriebes eingeholt, so handelt es sich um erweiterte Erfolgsmaße. Empirisch validierte Erfolgsmaße bestimmen dagegen den Erreichungsgrad von Zielsetzungen. In den Studien der Erfolgsfaktorenforschung werden eine Vielzahl von Erfolgsmaßen eingesetzt. Im Wesentlichen basieren diese nach Jacobsen (2006) jedoch auf den klassischen betriebswirtschaftlichen Kennzahlen, d.h. dem Gewinn, dem Umsatz, der Mitarbeiterzahl oder den Wachstumsraten dieser Größen. Die empirische Analyse der vorliegenden Arbeit konzentriert sich auf den Umsatz als Erfolgsgröße, da wesentliche betriebswirtschaftliche Kennziffern mit diesem Maß korrelieren (siehe hierzu Albach et al. 1985). Ergänzt wird der Erfolgsindikator des Umsatzes durch das Investitionsverhalten und die persönliche Zufriedenheit.

Die Definition eines Erfolgsfaktors ergibt sich durch das von Nicolai und Kieser (2002) beschriebene typische Vorgehen einer Studie der Erfolgsfaktorenforschung. In einem ersten Schritt werden Variablen ermittelt, von denen ein Zusammenhang mit dem Erfolg vermutet wird. Diese Variablen werden operationalisiert und mittels Korrelations- oder Regressionsanalysen wird untersucht, ob ein Einfluss auf den Erfolg besteht. Demnach sind Erfolgsfaktoren Größen, von denen erwartet wird, dass sie den Erfolg oder Misserfolg eines Unternehmens entscheidend beeinflussen. In einer bis heute gültigen Sichtweise interpretiert Rockart (1979) Erfolgsfaktoren als eine Konzentration auf einige wenige Variablen, die für den Großteil des Erfolges Verantwortung tragen. Hildebrandt und Trommsdorff (1989) unterscheiden dabei zwischen kontrollierbaren und nicht-kontrollierbaren Erfolgsfaktoren. Kontrollierbare Größen kann der Unternehmer direkt beeinflussen, nicht-kontrollierbare Größen entziehen sich dagegen einer Steuerung des Unternehmers. Nicht-kontrollierbare Einflussgrößen liegen v.a. im markttechnischen Umfeld des Selbstständigen.

Nach der kurzen Einführung in die begrifflichen Grundlagen wird im Folgenden auf die Ziele und Methodik der Erfolgsfaktorenforschung eingegangen.

3.1.2 Ziele und Methodik

Nach Daschmann (1993, S. 12) liegt das Ziel der Erfolgsfaktorenforschung in der Explikation, der Selektion und der Disposition Erfolg beeinflussender Größen. Die Explikation bezieht sich dabei auf die Erklärung des Erfolges durch unabhängige Größen. Die Selektion beschreibt die Konzentration auf wesentliche Größen und die Disposition die Instrumentalisierung von Einflussgrößen zur Steuerung. Demnach lassen sich drei Teilziele der Erfolgsfaktorenforschung festhalten (vgl. u.a. Böing 2001; Herr 2007):

- Die Beschreibung von Phänomenen,
- die Erklärung der zu Grunde liegenden Kausalitäten
- und der daraus abzuleitenden Vorhersagen.

Zunächst gilt es, Zusammenhänge zu erkennen und ein Verständnis für relevante Theoriekonstrukte zu entwickeln. Nach dem beschreibenden Aspekt steht die Identifizierung von Ursache-Wirkungs-Zusammenhängen im Vordergrund. Anschließend wird auf Basis der aufgezeigten Wirkungszusammenhänge versucht, mögliche Prognosen unter sich veränderten Rahmenbedingungen zu entwickeln.

Hinsichtlich des methodischen Vorgehens einer Erfolgsfaktorenstudie unterscheidet Böing (2001) zwischen der Erhebungsmethodik, der Auswertungsmethodik und der Theorieleitung. Die Erhebungsmethodik umfasst qualitative und quantitative Forschungsansätze (siehe u.a. Jenner 1999). Qualitative Ansätze fallen zumeist in den Bereich der Fallstudienforschung. Hierbei sollen möglichst tiefgreifende Informationen über den Kontext, in dem sich Ereignisse vollziehen, gesammelt werden. Die Datenerhebung erfolgt gründlich und auf einem niedrigen Abstraktionsniveau. Die Ergebnisse sind jedoch von begrenzter zeitlicher und räumlicher Gültigkeit. So bezieht sich die Informationsgewinnung auf einen einzelnen Fall und hat eher den Charakter einer Beschreibung mit einem niedrigen Grad an Allgemeingültigkeit. Demgegenüber zeichnet sich die quantitative Forschung durch größere Stichproben aus, was den Grad der Allgemeingültigkeit erhöht. Kritiker werfen den quantitativen Ansätzen der Erfolgsfaktorenforschung ein Theoriedefizit vor, was durch das datenorientierte Vorgehen begründet wird (Kubicek 1977; Dellmann 1991). Als weitere Kritikpunkte werden der geringe Grad der erklärten Varianz, der abstrakte

Charakter von Schlüsselvariablen sowie die fehlende Vergleichbarkeit verschiedener Studien genannt (Bonoma 1985, S. 203). Jedoch bieten auch die qualitativen Ansätze kein adäquates Umgehen mit diesen Problemen, zumal es bei diesem Vorgehen an Möglichkeiten der statistischen Auswertung fehlt.

Die Auswertungsmethodik unterscheidet zwischen der direkten und der indirekten Ermittlung der Erfolgsfaktoren (Grünig et al. 1996). Bei der direkten Ermittlung wird unmittelbar nach den Determinanten betrieblichen Erfolges gefragt. Dies kann in einer Entscheidungssituation durch eine direkte Expertenbefragung oder in einem Forschungsansatz methodisch unterstützt durch die Anwendung von Kreativtechniken bis hin zu heuristischen Verfahren erfolgen. Dabei sollten die Experten in der Lage sein, Erfolgsfaktoren richtig zu identifizieren, und bereit sein, diese auch weiterzugeben. Die indirekte Ermittlung von Erfolgsfaktoren fällt in den Bereich der empirischen Erfolgsfaktorenforschung. Hier wird mittels statistischer Verfahren oder gedanklicher Analysen untersucht, welche Faktoren Einfluss auf den betrieblichen Erfolg nehmen. So werden nach Grünig et al. (1996, S. 7) "[...] einerseits die Ausprägungen von Erfolgsindikatoren und andererseits die Ausprägungen einer Vielzahl von Variablen, die auf Grund von Intuition, Erfahrung, Plausibilitätsüberlegungen und theoretischen Kenntnissen als erfolgsrelevant eingeschätzt werden, erhoben". Demnach wird bei der indirekten Erhebung von Erfolgsfaktoren der empirische Zusammenhang zwischen potenziellen Erfolgsfaktoren als exogene Variablen und Erfolgsindikatoren als endogene Variablen überprüft. Getrennt werden kann dabei je nach Datenerhebung zwischen den bereits beschriebenen qualitativen und quantitativen Forschungsansätzen.

Bezüglich der Theorieleitung kann zwischen explorativen und konfirmatorischen Ansätzen unterschieden werden (Herr 2007). Explorative zielen auf die Entdeckung von Zusammenhängen und Strukturen ab. So werden aus einer Vielzahl an potenziellen Erfolgsfaktoren diejenigen herausgefiltert, die einen signifikanten Einfluss auf den Erfolg nehmen. Dabei muss der Forscher nicht zwangsläufig eine Vorstellung über die Wirkungszusammenhänge haben. Bei dem konfirmatorischen Ansatz werden aus der Theorie abgeleitete Hypothesen empirisch überprüft. Demnach steht nicht die Identifikation von Variablen im Vordergrund, sondern das Testen von Wirkungszusammenhängen. Bei einer konfirmatorisch angelegten Erfolgsfaktorenstudie werden nach Böing (2001, S. 17) "[...] aus theoretischen Überlegungen heraus abgeleitete Hypothesen über Erfolgsfaktoren verifiziert oder falsifiziert".

Nach der kurzen Einführung in das methodische Vorgehen der Erfolgsfaktorenforschung wird im Folgenden näher auf das Untersuchungsobjekt der empirischen Analyse eingegangen, die Unternehmensgründung.

3.1.3 Phasen einer Unternehmensgründung

Die Erforschung der Erfolgsfaktoren konzentriert sich in der vorliegenden Arbeit auf junge Betriebe, die sich im Gründungsprozess befinden. Bei der Gründung handelt es sich um die Errichtung eines arbeitsfähigen, erwerbswirtschaftlichen Betriebes. Kuipers (1990) fasst dies als einen zeitpunktbezogenen, finanziell-juristischen Akt auf. In der Literatur besteht jedoch Einigkeit, dass vor und nach der formalen Gründung eine klare Phasenstruktur zu erkennen ist, mit der sich der Gründungsprozess beschreiben lässt. Es liegen eine Vielzahl an Phasenmodellen vor, die den Gründungsprozess beschreiben (u.a. Bhave 1994; Vahs 2003; Hering und Vincenti 2005; Klandt 2006). Freiling (2006) fasst die Ansätze zusammen und entwickelt auf Basis der folgenden Rahmenüberlegungen eine eigene Phasenstruktur:

- Berücksichtigung der Aktivitäten vor der formalen Gründung, da in dieser Phase seitens des Gründers zahlreiche prägende Einflüsse auf das Venture ausgehen.
- Konzentration auf eine möglichst einfache Phasenstruktur, welche nur die wichtigsten Stadien des Gründungsprozesses enthält.
- Möglichkeit zur Berücksichtigung diskontinuierlicher Entwicklungsverläufe mit Rückkoppelungsschleifen.

Darauf aufbauend unterteilt Freiling (2006) den Gründungsprozess in die Keimphase, die Start-up-Phase und die Etablierungsphase.[18]

Die Keimphase ist zeitlich vor dem Akt der formalen Gründung anzusiedeln und beinhaltet die Entstehung einer geschäftlichen Idee mit deren Ausreifung in Form einer geschäftlichen Konzeption. Gemeint ist dabei nicht die unverbindliche Absicht, zu einem nicht bestimmten Zeitpunkt den Schritt in die Selbstständigkeit zu wagen, sondern vielmehr der grundsätzliche Entschluss zur Aufnahme der Gründungstätigkeit einschließlich der Ausformulierung einer Geschäftsgrundlage. Im Mittelpunkt der Keimphase steht der Gründer selbst, der durch das Auffinden und Erkennen von Ideen als Initiator der Gründung auftritt. Unterscheiden lässt sich dabei, ob der Gründer die Entscheidung zur Gründung aktiv gefasst hat oder ob das zufällige Entdecken einer Marktchance die Gründung veranlasst hat (Herr 2007). Im ersten Fall bedeutet der Gründungsentschluss eine aktive Ideensuche und im zweiten Fall werden Lösungsideen aufgespürt, um bestehendes Nachfragepotenzial zu bedienen. In beiden Fällen konkretisiert der Gründer sein Vorhaben, indem er die Umsetzbarkeit der Ideen überprüft. Neben der Ausformulierung der Geschäftsidee beinhalten die Planungselemente die erstmalige Ableitung eines Geschäftsmodells und die Erarbeitung eines Geschäftsplans.

Die Start-up-Phase bezieht sich auf den formalen Akt der Gründung und die damit verbundenen Aufgaben. Im Zentrum der Bemühung steht die juristische Ausstattung der Unternehmung mit einem Rechtskleid. Die konkreten Tätigkeiten ergeben

[18] Für eine ausführliche Diskussion der einzelnen Phasen siehe Freiling (2006), S. 163-173.

sich aus der Umsetzung des in der Keimphase erstellten Geschäftsplans. So gilt es insbesondere, das Unternehmen für den Eintritt in den Markt vorzubereiten. Das beinhaltet den Aufbau einer Vertriebsstruktur sowie die Erstellung einer Ablauf- und Aufbauorganisation. Bezüglich der Verbindlichkeit der Phase spricht Klandt (2006, S. 107) von einem "point of no return". Demnach kann der Gründer sein Vorhaben nicht mehr problemlos ad acta legen. Der Gründer muss aufbauend auf den im Geschäftsplan ermittelten Ressourcenbedarf Finanzkapital und Mitarbeiter akquirieren. Verträge werden abgeschlossen und der Fixkostenblock steigt auf Grund der Gehälter und Miete sprunghaft an. Sobald die Gründung formal vollzogen ist und der Eintritt in den marktlichen Austauschprozess erfolgt, d.h. die ersten Unternehmensleistungen werden an die Kunden verkauft, endet die Start-up-Phase.

Mit dem Einstieg in die Markttransaktionen beginnt die Etablierungsphase. Durch den Markteintritt ist das Gründungsunternehmen nun erstmals in der Lage, sein Wachstumspotenzial freizusetzen. Der Aufbau des Unternehmens muss vorangetrieben werden und erste Vertriebsstrukturen müssen intensiviert werden. Die Phase entscheidet darüber, inwieweit das Unternehmen am Markt bestehen kann und ob die Produkte am Markt akzeptiert werden. Infolge marktlicher Rückkopplungen ist in vielen Fällen eine Anpassung im Innenverhältnis erforderlich. So werden unternehmensbezogene Werte und Grundanschauungen einem Bewährungsprozess unterzogen, was zu einer Hinterfragung der Führungslogik des Unternehmens führt. Zusätzlich kommt es durch die Erfahrungen in Transaktionen und den Umgang mit Geschäftspartnern zu Lerneffekten, die es zu nutzen gilt. Die Etablierungsphase endet mit dem Erreichen des Zustandes nachhaltiger Wettbewerbsfähigkeit. Freiling (2006) spricht dabei von einer nachhaltigen Bewährung der Transaktionen gegenüber Kunden und Lieferanten sowie der nachhaltigen Behauptung gegenüber Konkurrenten und Bedrohungen aus dem Umfeld. Als abgeschlossen kann demnach eine Gründung bezeichnet werden, wenn aus einem Jungbetrieb ein fest etabliertes Unternehmen geworden ist. Studien gehen davon aus, dass sich der Gründungsprozess über mindestens drei bis fünf Jahre, längstens über acht bis zwölf Jahre erstreckt (Herr 2007). Dies kann jedoch nur als ungefährer Anhaltspunkt gesehen werden, da Variablen wie Branche, Ressourcen oder Strategie verschieden ausfallen und den Gründungszyklus maßgeblich beeinflussen.

Nach der Klärung wesentlicher begrifflicher Grundlagen erfolgt ein Überblick über die zentralen Theorieansätze zur Erforschung von Erfolgsfaktoren.

3.2 Theoretische Erklärungsansätze

3.2.1 Allgemeine Gründungsforschung

Vielen Studien, die der empirischen Erfolgsfaktorenforschung zuzuordnen sind, wird ein mangelndes konzeptionelles Vorgehen vorgeworfen. Nach Grabner-Kräuter (1993, S. 278) fehlt der Mehrzahl empirischer Untersuchungen über Einflussgrößen des

Unternehmenserfolges "[...] ein klar definierter theoretischer Bezugsrahmen, die methodische Vorgehensweise ist bestenfalls als datengesteuert und keinesfalls als theoriegeleitet zu kennzeichnen". Um das Theoriedefizit abzubauen, gab es in den letzten Jahren verstärkt Bemühungen, die Erforschung von Erfolgsfaktoren einer Systematisierung zu unterziehen. In der Literatur hat sich dabei eine Dreiteilung der Einflussgruppen in personenorientierte, betriebszentrierte und umfeldbezogene Theorieansätze durchgesetzt (u.a. Hunsdiek und May-Strobl 1986; Schüßler und Voss 1988; Brüderl et al. 1998). Personenorientierte Ansätze beziehen sich auf Merkmale und Verhaltensweisen des Unternehmensgründers. Betriebszentrierte Ansätze konzentrieren sich dagegen auf Merkmale des Betriebes zum Zeitpunkt der Gründung. Umfeldbezogene Ansätze erfassen schließlich das lokale, branchenspezifische und gesamtwirtschaftliche Umfeld des Betriebes. Im Folgenden wird auf das Grundkonzept der drei unterschiedlichen Forschungsansätze eingegangen. Anzumerken sei an dieser Stelle, dass es sich dabei lediglich um allgemeine Aussagen darüber handelt, welche Faktoren vermutlich einen positiven Einfluss auf den Unternehmenserfolg nehmen. Die Auswahl der spezifischen Variablen auf Basis der vorgestellten Forschungsansätze erfolgt in Kapitel 3.2.3.

Personenorientierte Ansätze sehen in der Person des Gründers den zentralen Einflussfaktor auf den Erfolg einer Gründung. Vor allem in den Anfängen der Gründungsforschung wurde sich hauptsächlich auf die Persönlichkeitsmerkmale des Gründers konzentriert. Bei diesen *Traits-Ansätzen* sollen spezifische Eigenschaften identifiziert werden, die Gründer/-innen von anderen Bevölkerungsteilen unterscheiden. Klandt (1984) fasst die relevanten Personenmerkmale des Gründers in zwei Rubriken zusammen:

- **Merkmalsdimensionen der Person des Gründers**
  Hierunter fallen die Unterpunkte dynamische Wesenszüge, Charaktereigenschaften, Fähigkeitswesenszüge, Geschlecht und Alter, momentane Gestimmtheit und physiologisch-morphologische Faktoren.
- **Merkmalsdimensionen des mikrosozialen Umfeldes**
  Hierunter fallen die Unterpunkte der privaten, beruflichen und finanziellen Sphäre.

Die dynamischen Wesenszüge erstrecken sich von der allgemeinen Antriebsenergie über die Leistungsmotivation bis hin zu allgemeinen berufsbezogenen Werthaltungen. Die Charaktereigenschaften konzentrieren sich u.a. auf das Machbarkeitsdenken, und die Fähigkeitswesenszüge beinhalten die Intelligenz des Gründers. Darüber hinaus lassen starke Stimmungsschwankungen einen negativen Einfluss auf den Gründungserfolg vermuten. Ebenso ist eine gute körperliche Verfassung von Vorteil, da gerade in der Anfangszeit der Gründung die Arbeitsintensität hoch ist. Die zweite Rubrik der Personenmerkmale betrifft das mikrosoziale Umfeld. So ist der Gründer von einem Umfeld umgeben, das ihn beeinflusst. Diese Hintergrundfaktoren sind überwiegend sozialer Natur und beziehen sich beispielsweise auf das vorherige Arbeitsverhältnis, den Familienhintergrund oder die ethnisch-kulturelle Zugehörigkeit. Nach Herr (2007, S. 102) bestimmt die Mischung dieser Merkmale darüber,

"[...] inwieweit ein Gründer die Existenz einer Chance zunächst erkennt (Chancenerkennung), um dann mit adäquatem Ressourceneinsatz das Gründungsvorhaben effizient zu verfolgen (Chancenumsetzung), sowie durch eine passende Strategieimplementierung den Gründungserfolg nachhaltig zu sichern (Chancenausbeute)".

Seit Ende der 1980er Jahre kam vermehrt Kritik an den *Trait-Ansätzen* auf (u.a. Preisendörfer und Voss 1990; Aldrich und Wiedenmayer 1993). Demnach entscheidet die Art des gegründeten Betriebes, welche Persönlichkeitsmerkmale ein Gründer aufweisen muss. Zusätzlich spricht der beobachtbare mehrmalige Wechsel von Personen zwischen der abhängigen Beschäftigung und der Selbstständigkeit gegen das Vorhandensein von dauerhaften Unternehmerattributen. Brüderl et al. (1998) halten diese Kritik für durchaus berechtigt, verweisen jedoch darauf, dass zwischen der betrieblichen Größe differenziert werden sollte. So rücken die persönlichen Eigenschaften bei größeren betrieblichen Einheiten in den Hintergrund. Hier liegt der Fokus verstärkt auf der betrieblichen Organisation. Neu gegründete Unternehmen sind demgegenüber häufig sehr klein und einfach strukturiert, wodurch die Person des Gründers an Bedeutung gewinnt. Dennoch nahm die Zahl der Studien, die sich mit den Persönlichkeitsmerkmalen des Gründers beschäftigen, in den 1990er Jahren ab. So wurden in Untersuchungen andere Schwerpunkte gelegt, beispielsweise darauf wie der Gründer Wissen, Informationen, Netzwerke und andere Ressourcen nutzt, um das Unternehmen aufzubauen (Jacobsen 2006, S. 11-12).

Betriebliche Ansätze gehen auf die Theorie des *Organizational Imprinting* zurück (vgl. Brüderl et al. 1998, S. 36-38). Demnach beeinflussen strukturelle Setzungen eines Betriebes zu Beginn der Gründung dauerhaft die weitere geschäftliche Entwicklung. So werden bei der Gründung Räumlichkeiten beschafft, Arbeitskräfte akquiriert, materielle Investitionen durchgeführt und interne Routinen festgelegt. Dies alles lässt sich nicht ohne weiteres rückgängig machen, sondern "[...] bestimmt (so die "Imprinting"-These) für längere Zeit das Schicksal eines Betriebes, da die betrieblichen Basismerkmale zu einer gewissen Stabilität tendieren" (Brüderl et al. 1998, S. 37). Die Ressourcenausstattung eines Unternehmens stellt die Basis des unternehmerischen Handelns dar. In der empirischen Literatur wird v.a. die Rolle des Finanzkapitals betont. Die Kapitalbeschaffung ist zum einen eine wesentliche Gründungsbarriere und stellt zum anderen das Hauptproblem in der Anfangszeit der Gründung dar (u.a. Hunsdiek und May-Strobl 1986; Storey 1994). Eine unzureichende Kapitaldeckung führt zu Liquiditätsengpässen und schränkt das weitere Investitionspotenzial ein. Neben dem Finanzierungsproblem steht das Konzept der Gründungsidee (Picot et al. 1989). Nach dieser Überlegung beeinflusst das Vorhandensein einer Marktlücke, ein innovatives Produkt oder die Bereitstellung eines kostengünstigen Produktes den Erfolg einer Gründung. Neben dieser strategischen Ausrichtung betonen empirische Studien die Bedeutung der Ausgestaltung der Gründung. So kann der Gründer beispielsweise zwischen einer Neugründung oder einer Betriebsübernahme entscheiden. Eine Betriebsübernahme hat den Vorteil eines bereits aufgebauten Kundenstammes, schränkt aber die weiteren Gestaltungsmöglichkeiten ein. Analog verhält es sich bei der Entscheidung, ob eine volle

Selbstständigkeit oder die Anbindung an einen bestehenden Betrieb angestrebt wird. Zusätzlich kann der Unternehmer mit einem oder mehreren Partnern eine Gründung vollziehen. Dadurch lässt sich der Betrieb auf eine breitere finanzielle Basis stellen, jedoch können Differenzen mit dem Partner die unternehmerische Entwicklung stören (Brüderl et al. 1998).

Als weiterer Einflussbereich wird das Umfeld, in dem die Gründung vollzogen wird, diskutiert. Konkrete Ausformulierungen des Ansatzes stehen im Zusammenhang mit der *Industrial Organization-Theorie*, die auf Mason (1939) zurückgeht. Kerngedanke der Theorie ist es, "[...] das Verständnis für das Verhalten von Industrien und Unternehmungen zu erhöhen und deren Beitrag zum Erfolg (der Performance) einer Volkswirtschaft abzuschätzen" (Grabner-Kräuter 1993, S. 279). Ursprünglich dienten die Überlegungen als Basis wirtschaftspolitischer Entscheidungen, jedoch fand die Theorie auch in der Erfolgsfaktorenforschung Einzug. Das Modell beruht dabei auf drei Variablengruppen:

- Marktstruktur,
- Marktverhalten,
- Markterfolg.

Die Variablengruppen sind interdependent, und es wird angenommen, dass die Marktstruktur das Verhalten von Unternehmen in diesem Markt bestimmt und das Verhalten bestimmend für den Markterfolg ist (Grabner-Kräuter 1993, S. 279). Charakteristika der Marktstruktur werden überwiegend auf die Käufer- und Verkäuferkonzentration, die Produktdifferenzierung, die Höhe der Markteintrittsbarrieren, die Kostenstrukturen und die Wachstumsrate der Nachfrage reduziert. Das Marktverhalten resultiert als Reaktion der Unternehmen auf die Marktstruktur und äußert sich beispielsweise im Innovations- und Imitationsverhalten, in der Preispolitik, der Investitionspolitik sowie der Produktpolitik und Werbung. Diese Reaktion des Unternehmers auf die Marktstruktur beeinflusst schließlich den Markterfolg.

Nach dem umfeldbezogenen Ansatz sind demnach die Bedingungen in einer Branche bzw. einem Industriezweig entscheidend für den Gründungserfolg eines Unternehmens. Neben den Branchenbedingungen lassen sich noch weitere Ebenen identifizieren, die für die unternehmerische Entwicklung von Bedeutung sind. So nennen Brüderl et al. (1998) das unmittelbare lokale und regionale Nahumfeld als zusätzlichen Faktor. Betont werden in diesem Zusammenhang u.a. die Existenz von öffentlichen Förderprogrammen, die Möglichkeit des Zugangs zu Kapital über Banken, die lokale Konkurrenzdichte, die Art der Verkehrsanbindung, die Struktur der Wohnbevölkerung oder das Qualifikationsniveau der Arbeitskräfte. Die abschließende Ebene bilden die gesamtwirtschaftlichen und gesamtgesellschaftlichen Rahmenbedingungen. Hierunter fallen die allgemeine konjunkturelle Lage, die staatliche Steuerpolitik und die Geldpolitik (Brüderl et al. 1998, S. 40).

Die vorgestellten Theorien konnten einen Überblick über das Spektrum möglicher Erfolgsdeterminanten geben. Bevor die Variablen weiter konkretisiert werden, wird zunächst ein Blick auf die Ansätze der ethnischen Gründungsforschung geworfen.

3.2.2 Ethnische Gründungsforschung

Die Erforschung der Selbstständigkeit von Migranten ist ein sehr junger Wissenschaftszweig und wird im internationalen Kontext als "Ethnic Entrepreneurship" bezeichnet. Bezüglich des Begriffs "ethnischer Unternehmer" gehen Aldrich und Waldinger (2000, S. 243) davon aus, "[...] dass das, was an einem ethnischen Unternehmer "ethnisch" ist, mitunter nicht mehr sein könnte, als eine Vielzahl von Verbindungen oder regulären Verhaltensmustern zwischen Personen, die einen gemeinsamen nationalen Hintergrund oder gemeinsame Migrationserfahrung teilen". Erste nennenswerte theoretische Arbeiten entstanden in den 1970er Jahren in den Vereinigten Staaten (einen Überblick gibt u.a. Oliveira 2007). Ein Modell, das bis heute Gültigkeit hat und sich mit der Entwicklung des ethnischen Unternehmertums beschäftigt, ist das bereits in Kapitel 2.4.2 eingeführte Interaktionsmodell von Waldinger et al. (1990). Demnach kann die Entstehung ethnischer Unternehmen nicht auf einen einzelnen Faktor zurückgeführt werden, der den unternehmerischen Erfolg einer ethnischen Gruppe beeinflusst. Vielmehr hängt der Erfolg eines ethnischen Unternehmens von einem komplexen Zusammenspiel zwischen Möglichkeitsstrukturen und Gruppencharakteristika ab. Ethnische Strategien werden aus den beiden Komponenten entwickelt und drücken aus, wie die ethnischen Gruppen sich ihrer Umgebung anpassen. Abbildung 3.1 fasst die Überlegungen zusammen.

Bei den Möglichkeitsstrukturen unterscheiden Waldinger et al. (1990) zwischen Marktbedingungen, dem Zugang zu Geschäften, den Arbeitsmarktbedingungen und der Politik. Da der Zugang zu Geschäften, die Arbeitsmarktbedingungen und die Politik in Form von gesetzlichen Rahmenbedingungen primär das Entstehen von ethnischen Unternehmen erklären und sich weniger auf die Entwicklungsmöglichkeiten übertragen lassen, soll im Folgenden auf die Marktbedingungen eingegangen werden. Die Marktbedingungen repräsentieren die Nachfrageseite und beinhalten Nischenmärkte und offene Märkte. Typischerweise entstehen Möglichkeiten aus der Entwicklung einer neuen ethnischen Gemeinschaft. Diese Gemeinschaften haben spezifische Bedürfnisse, die nur die eigene Ethnie bedienen können. Je größer die kulturellen Unterschiede zwischen der ethnischen Gruppe und dem Gastland sind, desto stärker ist das Bedürfnis nach ethnischen Waren und Dienstleistungen und desto größer ist das Potenzial des Nischenmarktes. Beschränken sich die ethnischen Selbstständigen auf den ethnischen Markt, so sind die weiteren Wachstumsmöglichkeiten begrenzt. Nach Aldrich und Waldinger (2000, S. 248) ist das Wachstumshemmnis der ethnische Markt selbst, "[...] der nur eine kleine Anzahl von Unternehmen stützen kann, da er quantitativ klein ist und weil die ethnische Bevölkerung oft zu verarmt ist, um ausreichende Kaufkraft zu entwickeln, die ausreichendes Wachstum nährt". Der Zugang zu offenen Märkten, die für gewöhnlich von einheimischen Unternehmern besetzt sind, ist häufig durch extensive Skalenerträge und hohe Einstiegskosten be-

Abbildung 3.1: Das Interaktionsmodell ethnischen Unternehmertums

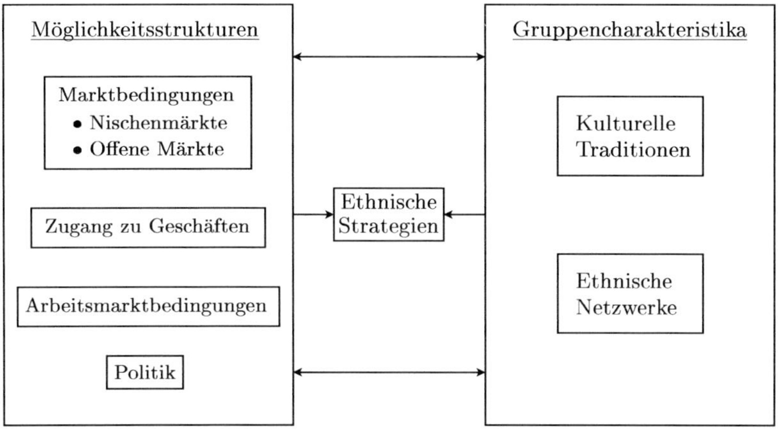

Quelle: In Anlehnung an Waldinger et al. (1990), S. 22

schränkt. Aldrich und Waldinger (2000) haben jedoch vier Umstände identifiziert, unter denen kleine ethnische Unternehmen auch in einem offenen Markt wachsen können. Eine erste Nische bietet sich in Märkten, die von den großen Massenmarktorganisationen vernachlässigt werden. Diese unversorgten Märkte ergeben sich beispielsweise im Einzelhandel. Häufig ziehen sich die großen Lebensmittelketten aus einzelnen Stadtteilen zurück und ethnische Unternehmer nutzen die lokalen "Versorgungslücken". Eine zweite Nische bietet sich in Märkten, in denen die Skalenerträge niedrig sind. Bei fehlenden kapitalintensiven hochvolumigen Wettbewerbern verfolgen die ethnischen Unternehmer/-innen die Strategie der Selbstausbeutung. Weitere Nischen ergeben sich in Märkten, die durch Instabilität oder Unsicherheit beeinträchtigt sind, sowie in Märkten für exotische Güter.

Die zweite Komponente des Interaktionsmodells bezieht sich auf die Charakteristika einer ethnischen Gruppe. In der Literatur fällt in diesem Zusammenhang häufig der Begriff der ethnischen Ressourcen (u.a. Light und Gold 2000). Ethnische Ressourcen sind diejenigen Ressourcen, die einem Unternehmer auf Grund seiner Angehörigkeit zu einer bestimmten ethnischen Minderheit zur Verfügung stehen. Ausprägungen der ethnischen Ressourcen sind kulturelle Merkmale und ethnische Netzwerke, über die Informationen, Finanzkapital und Arbeitskräfte akquiriert werden können. Kulturelle Merkmale sind bestimmte Fähigkeiten einer ethnischen Gruppe, die u.a. handwerklicher oder künstlerischer Natur sein können. Manche Untersuchungen betonen darüber hinaus bestimmte kulturelle Werte, die sich positiv auf den unternehmerischen Erfolg auswirken können. Das kann beispielsweise eine ausgeprägte Händlermentalität in islamischen Kulturen sein (Wiebe 1984). Ethnische

Netzwerke spiegeln den Grad der Verflechtung mit der Verwandtschaft, den Freunden und der ethnischen Gemeinschaft wider. Über diese Netzwerke beziehen die ethnischen Unternehmer/-innen Kapital, Arbeitskräfte und Informationen. In der Literatur herrscht weitestgehend Einigkeit darüber, dass ethnische Netzwerke für die unternehmerische Entwicklung von großer Bedeutung sind. So hält Volery (2007, S. 35) fest, dass "such interrelational connections play a crucial role in the success of an ethnic enterprise and can compensate for many disadvantages foreigners face in an alien environment".

Zwischen den Möglichkeitsstrukturen und den ethnischen Ressourcen bestehen fortwährende Wechselbeziehungen. Demnach können gewisse Aspekte der Möglichkeitsstrukturen beispielsweise durch die Hilfe ausgeprägter ethnischer Netzwerke beeinflusst werden. Ethnische Strategien entstehen als Reaktion auf die Interaktion von Möglichkeitsstrukturen und Gruppencharakteristika. Sie drücken aus, wie sich die ethnischen Unternehmer/-innen an die Ressourcen, die ihnen zur Verfügung stehen, anpassen. So müssen die Selbstständigen für eine Vielzahl von Problemen Handlungsmaßnahmen erarbeiten: Der Erwerb von Übung und Fertigkeiten, die für das Leiten eines Geschäftes erforderlich sind, die Akquise von effizienten und billigen Arbeitskräften, die Bewältigung der Beziehungen mit Kunden und Lieferanten, das Bewältigen der Geschäftskonkurrenz, das Schützen vor politischen Angriffen (Aldrich und Waldinger 2000, S. 269).

Wesentliche Einflussfaktoren auf die unternehmerischen Entwicklungen sind nach dem Interaktionsmodell von Waldinger et al. (1990) folglich die Marktbedingungen, d.h. ob sich der Unternehmer auf den ethnischen Markt oder den offenen Markt konzentriert sowie das Ausnutzen von ethnischen Ressourcen. Das Interaktionsmodell hat bis heute Bestand, es wurde aber über die Jahre hinweg von verschiedenen Autoren weiterentwickelt. Eine Erweiterung stellt der *Mixed Embeddedness-Ansatz* von Kloosterman und Rath (2001) dar. Dieser Ansatz erweitert die Möglichkeitsstrukturen um die ökonomischen, sozialen und institutionellen Bedingungen des Umfeldes. Berücksichtigt wird dabei v.a. die Rolle von Gesetzen und Regulierungen der politischen Institutionen. So zeigt der *Mixed Embeddedness-Ansatz*, "[...] that immigrants' entrepreneurial strategies must also be explained within labour and entrepreneurial market' policies, migration laws, social benefits rights and the banking system" (Oliveira 2007, S. 63).

In einem abschließenden Schritt werden die theoretischen Überlegungen aus der allgemeinen und ethnischen Gründungsforschung zusammengeführt, um eine Auswahl der Erfolgsgrößen zu treffen.

3.2.3 Auswahl der Erfolgsfaktoren

Die theoretischen Ansätze aus der allgemeinen und ethnischen Gründungsforschung zeigen ein hohes Maß an Gemeinsamkeiten. So lassen sich die Gelegenheitsstrukturen aus dem Interaktionsmodell von Waldinger et al. (1990) durchaus im Sinne der *Industrial Organization-Theorie* interpretieren. Beide Überlegungen zielen auf die Nachfrageseite ab und betonen die Bedeutung der Marktstrukturen für die unternehmerische Entwicklung. Als Ausgangsbasis für die Auswahl der Erfolgsfaktoren wird daher die eingangs getroffene Dreiteilung der Einflussgruppen nach personenbezogenen, betriebsbezogenen und umfeldbezogenen Variablen verwendet.

Für eine weitere Konkretisierung der personenorientierten Ansätze bietet sich eine Unterscheidung zwischen sozio-demographischen Merkmalen, dem Humankapital sowie der Planung und Vorbereitung an. Ergänzt werden diese Faktoren durch das Konzept der ethnischen Ressourcen aus der ethnischen Gründungsforschung.

- **Sozio-demographische Merkmale**
  Nach den *Traits-Ansätzen* aus der allgemeinen Gründungsforschung fallen unter die sozio-demographischen Merkmale das Geschlecht, das Alter, der Familienstand, das Geburtsland und die Staatsbürgerschaft.

- **Humankapital**
  Die Bedeutung des Humankapitals wird in vielen Studien der Gründungsforschung betont. Unterschieden werden kann dabei zwischen dem allgemeinen Humankapital in Form der Schulbildung und der beruflichen Bildung, dem branchenspezifischen Humankapital als berufliche Erfahrung in der Gründungsbranche und dem unternehmerischen Humankapital, das spezifische Qualifikationen und Fähigkeiten umfasst (Preisendörfer und Voss 1990).

- **Planung und Vorbereitung**
  Viele Studien betonen die Bedeutung einer sorgfältigen Planung der Gründung für die unternehmerische Entwicklung (Gälweiler 1986; Brüderl et al. 1998). Dadurch können Unsicherheiten vermieden werden, und Lösungen für Zukunftsprobleme erarbeitet werden. Indikatoren der Planung sind dabei die Vorbereitungszeit, die Erstellung eines Geschäftsplans und die Inanspruchnahme einer Gründungsberatung.

- **Ethnische Ressourcen**
  Ethnische Ressourcen ergeben sich durch die Angehörigkeit zu einer ethnischen Minderheit. Diese Ressourcen werden als wesentlicher Faktor für das wirtschaftliche Überleben eines ethnischen Unternehmers gesehen. Wichtigste Ausprägungen sind kulturelle Merkmale und ethnische Netzwerke, über die Informationen, Kapital und Arbeitskräfte bezogen werden.

Im Kontext der Theorie des *Organizational Imprinting* lässt sich bei den betriebsbezogenen Faktoren zwischen der Kapitalausstattung des Unternehmens, der Organisation und der betrieblichen Strategie unterscheiden. Dabei enthält die strategische Ausrichtung Elemente aus der ethnischen Gründungsforschung und berücksichtigt, ob sich das Unternehmen auf ethnische Märkte oder offene Märkte konzentriert.

- **Kapitalausstattung**
  Die Kapitalbeschaffung stellt eine wesentliche Gründungsbarriere dar und ist gleichzeitig das Hauptproblem in der Anfangszeit der Gründung. Mittelpunkt der weiteren Untersuchung ist dabei die Höhe des Startkapitals, die Kapitalzusammensetzung sowie das Durchführen von Folgeinvestitionen.

- **Betriebliche Organisation**
  Dem Transaktionskostenansatz von Williamson (1975) folgend nimmt die organisatorische Ausgestaltung des Betriebes einen wesentlichen Einfluss auf den Unternehmenserfolg. Unterschieden werden kann dabei zwischen der internen und externen Organisationsstruktur. Die externe Struktur bezieht sich auf das juristische Rechtskleid der Gründung. Die interne Struktur konzentriert sich auf die Ausgestaltung der betrieblichen Prozesse und Arbeitsabläufe.

- **Betriebliche Strategie**
  Den Überlegungen aus der ethnischen Gründungsforschung folgend spielt v.a. die Marktsituation eine bedeutende Rolle für den Unternehmenserfolg. Die Marktsituation bezieht sich auf den Kundenkreis des Unternehmens. Unterschieden werden kann zwischen dem ethnischen und dem offenen Markt. Konzentriert sich der Selbstständige auf Kunden aus der eigenen Ethnie, ist sein Wachstumspotenzial begrenzt. Durch das Ansprechen einer breiteren Kundengruppe lässt sich dagegen zusätzliche Nachfrage generieren.

Die Erhebung von umfeldbezogenen Variablen ist mit Problemen behaftet, da diese häufig auf subjektiven Einschätzungen der Unternehmer/-innen basieren (Brüderl et al. 1998). Dies bezieht sich v.a. auf die Beschreibung und Beurteilung der Standortlage. Die Erfassung der Gründungsbranche als weitere Konkretisierung der umfeldbezogenen Erfolgsfaktoren ist dagegen unproblematisch.

- **Standortlage**
  Studien betonen, dass die Wahl des Standortes einen Einfluss auf die unternehmerische Entwicklung nimmt (Casson 1982; Reynolds und White 1997). Gemeint ist hierbei beispielsweise die Infrastruktur oder die Zusammensetzung der Wohnbevölkerung. Im Rahmen der Analyse interessiert die regionale Ansiedlung des Betriebes sowie die Konkurrenzdichte.

- **Öffentliche Förderung**
  Von Seiten der öffentlichen Hand gibt es eine Reihe an Unterstützungsangeboten. Die Analyse konzentriert sich v.a. auf die finanziellen Fördermaßnahmen. Hier signalisieren Studien einen positiven Einfluss auf den unternehmerischen Erfolg (z.B. Brüderl et al. 1998).

- **Branchenwahl**
  Der *Industrial Organization-Theorie* folgend beeinflusst die Marktstruktur das Verhalten von Unternehmen in diesem Markt, und das Verhalten der Unternehmen wiederum ist bestimmend für den Markterfolg. Demnach ist die Branchenwahl ein entscheidendes Charakteristikum des Umfeldes.

Abbildung 3.2: Einflussgruppen auf den Gründungserfolg

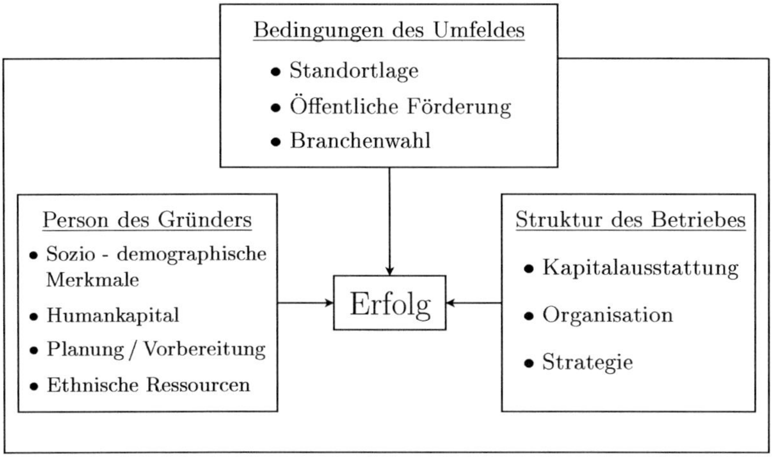

Quelle: Eigene Darstellung

Abbildung 3.2 fasst die Auswahl der Erfolgsfaktoren auf Basis der theoretischen Überlegungen aus der allgemeinen und ethnischen Gründungsforschung zusammen.

In den weiteren Ausführungen werden die einzelnen Einflussgruppen weiter konkretisiert und im Kontext empirischer Untersuchungen diskutiert. Anzumerken ist an dieser Stelle, dass empirische Studien zur Erforschung der Erfolgsfaktoren von Migrantenunternehmen in Deutschland bislang nicht vorliegen. Auch in der internationalen Forschungslandschaft existieren nur wenige empirische Untersuchungen (v.a. Bates 1993; Basu und Goswami 1999). Die Diskussion der einzelnen Einflussgruppen erfolgt daher im Wesentlichen auf der Basis von Analysen aus der allgemeinen Gründungsforschung.

3.3 Personenbezogene Faktoren

3.3.1 Sozio-demographische Merkmale

Anders als die in den *Traits-Ansätzen* untersuchten Charaktereigenschaften eines Gründers lassen sich die sozio-demographischen Merkmale einer Person objektiv erheben. Daher wird der Einfluss des Geschlechts, des Alters und des Familienstandes in fast jeder Erfolgsfaktorenstudie untersucht (Jacobsen 2006).

Kapitel 2.3.2 hat bereits gezeigt, dass Frauen in der Unternehmerwelt deutlich unterrepräsentiert sind. Unter den Deutschen beträgt deren Anteil nach Leicht et al. (2006) an allen Selbstständigen 29%. Bei den Türken liegt die Frauenquote lediglich bei 18%. Als Gründe werden hierfür bei den Frauen eine stärker verwurzelte Verantwortung für Kinder und Familie gesehen. Zusätzlich herrschen in der Geschäftswelt immer noch sehr patriarchalische Strukturen. Besonders unter den Migranten sind solche Strukturen bis heute etabliert. Einige Studien vermuten, dass Frauen einen größeren Fokus auf die Verfolgung nicht-ökonomischer Ziele, d.h. persönlicher Ziele, legen und der finanzielle Erfolg in den Hintergrund rückt. Darüber hinaus sind Frauen oft risikoaverser und besitzen weniger Antriebskraft (u.a. Hisrich und Brush 1987). Zusätzlich scheint das Zutrauen in die eigenen Fähigkeiten, aber auch das Zutrauen des Umfeldes, zu fehlen. So sehen sich Frauen in vielen Fällen einer eher skeptischen Umwelt ausgesetzt, und einige Netzwerke bleiben ihnen verschlossen. Eine Konsequenz daraus sind u.a. größere Finanzierungsprobleme in der Gründungsphase (siehe z.B. Marlow 1997; Carter und Rosa 1998; Coleman 2004).

Auf Grund dieser Überlegung überrascht das Ergebnis vieler Studien nicht, dass weibliche Selbstständige weniger finanziell erfolgreich sind als männliche Selbstständige (z.B. Denison und Alexander 1986; Hisrich und Brush 1987; Sexton und Robinson 1989). Auch die Analyse des SOEP aus Kapitel 2.5.5.4 ergab einen negativen Einfluss des Geschlechts auf die Erfolgswahrscheinlichkeit. Zu einem etwas differenzierteren Ergebnis kommen Brüderl et al. (1998). In einer groß angelegten Studie wurden 1 849 Gründer/-innen in München und Oberbayern befragt und die Daten ökonometrisch ausgewertet. Bezüglich des Geschlechts kommen die Autoren zu dem Ergebnis, dass die von Frauen geführten Betriebe genauso überlebensfähig sind wie die Betriebe der Männer. Jedoch gelingt es den Frauen seltener, das Unternehmen auf Expansionskurs zu bringen. Eine Studie aus der ethnischen Gründungsforschung von Bates (1993) sieht ebenfalls geringere Wachstumsaussichten bei weiblichen Selbstständigen. Der Autor bezieht sich in seiner Untersuchung auf asiatische Selbstständige in den Vereinigten Staaten.

Ein weiteres sozio-demographisches Merkmal ist das Alter des Gründers. Im Durchschnitt sind die türkischen Selbstständigen fast 10 Jahre jünger als die deutschen Unternehmer/-innen (Leicht et al. 2006). Allgemein lässt sich vermuten, dass ein höheres Alter mit mehr Erfahrung einhergeht, was sich positiv auf den unternehmerischen Erfolg auswirkt. Verschiedene Studien haben den Zusammenhang zwischen dem Alter und dem Erfolg untersucht, jedoch lässt sich kein einheitliches Bild festhalten. Manche Studien kommen zu dem Schluss, dass Gründungen älterer Personen öfter überlebten und ein höheres Einkommen abwarfen (Denison und Alexander 1986; Cooper et al. 1988). Die Auswertung des SOEP aus Kapitel 2.5.5.4 konnte dies bestätigen. Andere Analysen beobachteten bei Unternehmen von älteren Gründern geringere Wachstumsraten (Dunkelberg und Cooper 1982; Cragg und King 1988). Klandt (1984) konnte dagegen keinen Effekt des Alters auf den unternehmerischen Erfolg beobachten. Auch die Untersuchung aus der ethnischen Gründungsforschung von Bates (1993) sieht keinen signifikanten Einfluss des Alters. Auf Grund der unterschiedlichen Ergebnisse scheint der Zusammenhang zwischen dem Alter des Gründers und dem Erfolg daher nicht eindeutig zu sein.

Bezüglich weiterer sozio-demographischer Merkmale, wie dem Familienstand, liegen nur wenige Informationen vor. Vermutet werden kann, dass ein verheirateter Familienstand gerade in der Gründungsphase einen positiven Einfluss nimmt. So kann der Ehepartner zum einen im Betrieb für arbeitstechnische Entlastung sorgen und zum anderen wäre es möglich, dass der Ehepartner die Gründung finanziell unterstützt. So hat nach Bates (1993) ein verheirateter Familienstand einen positiven Effekt auf die Ertragslage des Unternehmens. Auch wenn viele Studien Zusammenhänge zwischen den sozio-demographischen Merkmalen des Gründers und dem Erfolg feststellen konnten, lassen sich hierzu viele Kritikpunkte anführen. Für Jacobsen (2006) sind sozio-demographische Merkmale viel zu statisch und können keine dynamischen, vielschichtigen Phänomene erklären. Insgesamt fehlt es den Merkmalen an Voraussagekraft. Ernst und Angst (1983, S. 11) sprechen über diesen Ansatz als "sheer waste of time and money".

Als sozio-demographische Merkmale werden für die empirische Analyse der Erfolgsfaktoren im Gründungsprozess das Geschlecht, das Alter und der Familienstand betrachtet. Es wird erwartet, dass die Gründung einer männlichen, unverheirateten Person höheren Alters erfolgreicher verläuft.

3.3.2 Humankapital

Nach dem zu Beginn der 1960er Jahre erarbeiteten Humankapitalansatz, der nicht länger auf der Heterogenität des Faktors Arbeit basiert, stellt das Humankapital eine individuelle Investition in die persönliche Produktivität dar (vgl. dazu die zentralen Arbeiten von Schultz 1961; Becker 1962 und 1964; Mincer 1970 und 1974). Franz (2003, S. 75) versteht unter Humankapital den "Bestand an Wissen und Fertigkeiten eines Individuums [...]". Formale Bildung wie der Schul- und Hochschulabschluss und informelle Bildung wie Berufserfahrung sind die Basisformen des Humankapitals. Klassischerweise findet die Humankapitaltheorie ihre Anwendung in der Bestimmung des Einkommens von abhängig Beschäftigten. Nachdem empirische Untersuchungen jedoch auch einen positiven Zusammenhang zwischen dem Humankapital eines Selbstständigen und dessen unternehmerischem Erfolg ergaben (vgl. beispielsweise Mayer und Goldstein 1961; Boswell 1972; Picot et al. 1989), hielt das Humankapital auch verstärkt in der allgemeinen Gründungsforschung Einzug.

Preisendörfer und Voss (1990) unterscheiden dabei zwischen drei Formen des Humankapitals, die für den Unternehmer von Bedeutung sind: Das allgemeine Humankapital umfasst die Schulbildung und Berufserfahrung, das branchenspezifische Humankapital die berufliche Erfahrung in der Branche der Betriebsgründung und das unternehmerische Humankapital die spezifischen betriebswirtschaftlichen Qualifikationen und Fähigkeiten. Nach Brüderl et al. (1998) beeinflusst die Humankapitalausstattung des Unternehmers über zwei Kanäle die Erfolgs- und Überlebenschancen des Betriebes. Zunächst kommen die Produktivitätseffekte des Humankapitals zu tragen. Demnach beeinflusst das Humankapital nicht nur die Produktivität des Arbeitnehmers, sondern auch des Selbstständigen. Bildung erhöht den Wissensstand des Unternehmers und dessen Fähigkeit, Geschäftschancen und -risiken abzuwägen, den Betrieb effizient zu leiten sowie mit Kunden, Banken, Lieferanten und anderen Stakeholdern zu kommunizieren. Wichtig für den ethnischen Unternehmer sind hier v.a. sprachliche Kompetenzen, die es erleichtern, geschäftliche Aktivitäten durchzuführen. Berufserfahrung im Aufnahmeland vor der Selbstständigkeit verringert zusätzlich Informationskosten, die die Arbeitswelt betreffen. So wurden beispielsweise bereits Erfahrungen mit der Bürokratie im Land gemacht, die den Einstieg in die Selbstständigkeit erleichtern. Bildung und Berufserfahrung ermöglichen dem Unternehmer auch den Zugang zu sozialen Netzwerken, die über die eigene ethnische Gemeinschaft hinausgehen. Darüber hinaus kann die Humankapitalausstattung des Unternehmers Vertrauen beim Kunden aufbauen und die Kaufentscheidung positiv beeinflussen. Selektionseffekte des Humankapitals treten nach Brüderl et al. (1998) im Vorfeld der Gründung auf. Personen mit hoher Humankapitalausstattung sind schon in der Startphase der Betriebsgründung begünstigt. So haben Personen mit einem hohen Qualifikationsniveau bessere Verdienstmöglichkeiten in ihrem vorherigen Job. Dadurch bringen die Gründerinnen mehr Startkapital für ihre Unternehmung mit. Bates (1990) zeigt bei einer Untersuchung von mehr als 4 000 Betriebsgründungen in den USA, dass Personen mit höherer Schulbildung ihre Gründung mit mehr Finanzkapital ausstatten können als Personen mit schlechterer Schulbildung. Zusätzlich erhält ein Unternehmer mit reicherer Humankapitalausstattung auf Grund seiner besseren beruflichen Position vor der Gründung eher Zugang zu Geschäftsinformationen und kann den Schritt in die Selbstständigkeit sorgfältiger planen.

Zahlreiche Studien haben den Einfluss der Humankapitalausstattung auf den unternehmerischen Erfolg untersucht. Konzentriert wird sich dabei auf den beruflichen Abschluss, die Branchenerfahrung, die Selbstständigenerfahrung und die kaufmännischen Kenntnisse. Die Ergebnisse dieser Untersuchungen lassen einen positiven Effekt vermuten (Brüderl et al. 1998). Für die einzelnen Ausprägungen des Humankapitals ergeben sich dabei Unterschiede. Viele Studien beobachten eine Korrelation zwischen dem Grad der beruflichen Ausbildung und dem Unternehmenserfolg (u.a. Klandt 1984; Lussier und Pfeifer 2000), jedoch fällt diese nicht stark aus und scheint branchenabhängig zu sein. Auch die Analyse des SOEP aus Kapitel 2.5.5.4 ergab einen positiven Zusammenhang zwischen einer guten formalen Bildung und dem Unternehmenserfolg. Weitaus bedeutender scheint jedoch die Branchenerfahrung zu sein. So werden demjenigen Gründer, der vorher noch nicht in seiner Gründungsbranche gearbeitet hat, geringere Erfolgschancen eingeräumt (Klandt 1984; Brüderl et al. 1998; Delmar und Davidsson 2000). Ebenso spielt die Selbstständigenerfahrung eine Rolle. Nach Jovanovic (1982) verläuft die Selbstständigkeit als Lernprozess. Demnach können positive oder negative Erfahrungen aus einer früheren Selbstständigkeit für die neue Gründung hilfreich sein. Als weitere Ausprägung des Humankapitals unterstreichen viele Studien die Bedeutung betriebswirtschaftlicher Kenntnisse für den Unternehmenserfolg (Casson 1982; Lussier und Pfeiffer 2000). Hierunter fällt auch die Vorgesetztenerfahrung, die auf vorhandene Managementfähigkeiten schließen lässt. Auch Untersuchungen aus der ethnischen Gründungsforschung unterstreichen die positiven Auswirkungen des Humankapitals in Form einer guten formalen Ausbildung und Managementkompetenzen auf den unternehmerischen Erfolg (Bates 1993; Basu und Goswami 1999).

Wie bereits erwähnt, liegen in Deutschland keine Untersuchungen vor, die sich mit den Erfolgsfaktoren ausländischer Unternehmer/-innen beschäftigen. Daher lassen sich Ansätze zur Rolle des Humankapitals lediglich in einigen deskriptiven Auswertungen finden. Die Untersuchung des Instituts für Mittelstandsforschung der Universität Mannheim (Leicht et al. 2005) zur Bedeutung griechischer, italienischer und türkischer Selbstständiger in Deutschland kommt zu dem Ergebnis, dass Bildung und Wissen grundlegende Bestimmungsfaktoren für die Gründungsneigung und -fähigkeit von Migranten sind. So ist die Selbstständigenquote positiv korreliert mit dem Qualifikationsniveau. Festzuhalten ist auch, dass das Bildungsniveau der ethnischen Geschäftsinhaber/-innen deutlich geringer ist als das der deutschen Unternehmer. Jedem vierten türkischstämmigen Existenzgründer fehlt es an betriebswirtschaftlichen Grundkenntnissen. Dies ist ein möglicher Erklärungsansatz für das überproportional hohe Gründungs- und Schließungsgeschehen der Migranten.

Pütz (2003) hebt bei der Untersuchung zum Berliner Unternehmertum türkischer Herkunft hervor, dass zwischen Qualifikationsniveau und unternehmerischem Erfolg eine positive Korrelation besteht. Je höher der eigene Bildungsabschluss ist, desto zufriedener sind die befragten Geschäftsinhaber/-innen mit ihrer ökonomischen Situation. Pütz (2003) erklärt diesen Zusammenhang u.a. mit besseren kaufmännischen Grundkenntnissen und damit, dass Gründer/-innen mit besserem Bildungsabschluss nicht aus finanzieller Not in die Selbstständigkeit gedrängt werden (vgl. Pütz 2003, S. 261). Darüber hinaus erlaubt ein höheres Qualifikationsniveau die Konzentration auf wirtschaftlich lukrative Branchen wie die wissensintensiven Dienstleistungen. Sen und Sauer (2005) unterstreichen bei ihrer Untersuchung türkischer Selbstständiger in Berlin das heterogene Qualifikationsniveau der Geschäftsinhaber/-innen. Mehr als ein Drittel der befragten Unternehmer/-innen verfügt über keine Berufsausbildung, ein Fünftel verfügt jedoch über einen Fachhochschul- oder Universitätsabschluss. Am Beispiel der Migranten erster Generation betonen Sen und Sauer (2005) die Bedeutung der Qualifikation für den unternehmerischen Erfolg. Eine Untersuchung des Mannheimer Instituts für Mittelstandsforschung (Leicht et al. 2006) zum Qualifizierungsbedarf türkischstämmiger Existenzgründer/-innen und Selbstständiger in Mannheim kommt zu dem Ergebnis, dass jeder fünfte türkische Gründer weder über Branchenerfahrung noch über eine Berufsausbildung verfügt.

Leicht et al. (2006) halten fest, dass v.a. junge, schlecht ausgebildete Türken schnell und unvorbereitet den Schritt in die Selbstständigkeit wagen. So sind es relativ häufig Türken mit hohem Qualifikationsniveau, die sich Zeit mit der Umsetzung der Geschäftsidee lassen und einen Businessplan erstellen. Unternehmerischer Erfolg und Planung sind eng miteinander verbunden, wie die weiteren Ausführungen noch zeigen werden.

Insgesamt lässt sich auf Basis der Studien das erarbeitete Humankapitalprofil eines erfolgreichen Gründers von Brüderl et al. (1998) unterstreichen. So halten Brüderl et al. (1998, S. 47) fest: "Die Person hat Kenntnisse und Erfahrungen in der Branche, in der sie den Betrieb gründet; sie hat in ihrer bisherigen Berufsbiographie bereits frühere Phasen der Selbstständigkeit, am besten in der Branche, in der die Gründung beabsichtigt ist; [...] sie verfügt über fundierte betriebswirtschaftlich-kaufmännische Kenntnisse".

Als Ausprägungen des Humankapitals werden für die empirische Analyse der Erfolgsfaktoren im Gründungsprozess der Berufsabschluss, der Ort des Berufsabschlusses, die Selbstständigenerfahrung, die Branchenerfahrung, die Vorgesetztenerfahrung und die kaufmännischen Kenntnisse betrachtet. Es wird erwartet, dass die Gründung einer formal gut ausgebildeten Person mit branchenspezifischem und unternehmerischem Humankapital erfolgreicher verläuft.

3.3.3 Planung und Vorbereitung

Die einschlägige Literatur zur Unternehmensplanung und etliche Ratgeber zum Thema Selbstständigkeit heben die Bedeutung einer gut vorbereiteten Planung für die spätere unternehmerische Entwicklung hervor (vgl. z.B. Szyperski und Nathusius 1977; Gälweiler 1986).

Bereits im Rahmen der Gründung sollte eine systematische Vorbereitung und Planung erfolgen, um Unsicherheiten zu vermeiden und Lösungen von Zukunftsproblemen zu erarbeiten. So beruhen 90% der eingetretenen Verluste oder Fehlentwicklungen auf einer mangelnden Planung (Gälweiler 1986). Den eher theoretischen Argumenten kann man entgegenhalten, dass der Schritt in die Selbstständigkeit nach einem "Trial-and-Error"-Prozess verläuft, der nicht geplant werden kann, sondern vielmehr über Selbsterfahrung verläuft. Ebenso ließe sich nach Szyperski und Nathusius (1977) argumentieren, dass eine überzeugende Geschäftsidee keiner planerischen Bearbeitung bedarf oder die mangelnde Zeit in der Anfangsphase die Prioritäten eher auf praktische Problemlösungen verschiebt. Jedoch halten Szyperski und Nathusius (1977) fest, dass solche Einstellungen zum Scheitern der Gründung führen können. Vielmehr bedarf es für erfolgreiche Projekte einer umfassenden Planung im Vorfeld der Gründung. Diese Planung sollte sich mit den Zielen und Strategien, der Wahl des Standortes, Absatz und Beschaffung, Produktion und der Finanzierung der Unternehmung beschäftigen.

In der Literatur liegen eher wenig fundierte empirische Erkenntnisse über den Einfluss der Planung auf den unternehmerischen Erfolg vor. Existierende Untersuchungen sehen jedoch in einem Planungsdefizit die Hauptursache für ein späteres Scheitern der Gründung (z.B. Hunsdieck und May-Strobl 1986 und 1987; Hull und Hjern 1987; Assig 1987). Die Münchner Gründerstudie von Brüderl et al. (1998) liefert tiefergehendere Informationen. Mittels einer multivariaten Analyse wird der positive Einfluss der Planung betont. Planung operationalisieren die Autoren dabei durch die Zahl der Ansprechpartner, mit denen im Rahmen der Gründung Kontakt aufgenommen wurde, durch die Zahl der Vorbereitungsaktivitäten wie Durchsicht von Fachliteratur oder Besuche von Schulungen sowie durch den Planungszeitraum und das Erstellen eines Geschäftsplanes. Betriebe, die auf diese Maßnahmen zurückgegriffen haben, werden weniger oft in den ersten drei Betriebsjahren aufgelöst und können eher ihre Beschäftigtenzahl sowie den Umsatz steigern.

Gründliche Vorbereitungs- und Planungsaktivitäten scheinen also einen positiven Einfluss auf die weitere geschäftliche Entwicklung zu nehmen. Migranten wagen jedoch häufig schlecht vorbereitet den Schritt in die Selbstständigkeit. In einer aktuelleren Arbeit beschäftigen sich Leicht und Leiß (2007) mit dem Planungsverhalten von türkischstämmigen Gründern und Unternehmern. Dabei halten die Autoren fest, dass sich im Vergleich zu deutschen Gründern unter türkischstämmigen Selbstständigen deutlich mehr "Kurzentschlossene", d.h. Gründer mit einem Planungszeitraum von weniger als einem halben Jahr, befinden. Ebenso weisen die türkischen Gründer/-innen eine hohe Beratungsresistenz auf: Nur 23% der befragten Türken nahmen überhaupt Beratung in Anspruch. Bei Deutschen liegt der Anteil bei 40%. Die Befragung türkischer Unternehmer/-innen in Berlin von Sen und Sauer (2005) kommt sogar zu dem Ergebnis, dass 91% der Türken ohne jegliche Beratung den Schritt in die Selbstständigkeit wagten. Häufig gehen die türkischen Selbstständigen davon aus, sich das benötigte Wissen selbst aneignen zu können. Wird dann auf Beratung zurückgegriffen, so werden Ratschläge aus dem Freundes- und Bekanntenkreis eingeholt. Darüber hinaus haben lediglich 35% der von Leicht und Leiß (2007) befragten türkischstämmigen Selbstständigen einen Geschäftsplan erstellt.

Zusätzlich untersuchen Leicht und Leiß (2007) die Determinanten der Inanspruchnahme von Beratung und der Erstellung eines Geschäftsplanes. Diese ökonometrische Analyse schließt neben sozialen Merkmalen des Unternehmers und äußerlichen Rahmenbedingungen auch das Humankapital ein. Festzuhalten ist, dass für die Inanspruchnahme von Beratung die berufliche Bildung eine Rolle spielt. So erhöht sich die Wahrscheinlichkeit, dass türkischstämmige Gründerinnen mit einem Berufsabschluss Beratung eingeholt haben, um das 2- bis 2,5-fache im Vergleich zu türkischstämmigen Gründern ohne einen Berufsabschluss. Bei der Erstellung eines Geschäftsplanes lässt sich festhalten, dass türkische Unternehmer/-innen mit einer Lehre oder ähnlichem Abschluss signifikant häufiger einen solchen aufstellen als Unqualifizierte. Eine Untersuchung Hamburger Migrantenunternehmer/-innen von Burgbacher (2004) unterstützt die Ergebnisse von Leicht und Leiß (2007): Die Bereitschaft, einen systematischen Businessplan zu erstellen, steigt mit zunehmendem Humankapital in Form von Sprachkenntnissen und beruflicher Bildung.

Abschließend wird im Rahmen der Vorbereitung und Planung die Rolle der Motive für die Gründung diskutiert. Kapitel 2.4.1 unterschied zwischen Push- und Pull-Faktoren der Gründung. Push-Faktoren haben einen eher zwingenden Hintergrund, während Pull-Faktoren den Aspekt der Chancennutzung in den Vordergrund stellen (Herr 2007). Zahlreiche Studien kommen zu dem Ergebnis, dass durch Pull-Faktoren ausgelöste Gründungen eine höhere Überlebenswahrscheinlichkeit aufweisen (u.a. Van Praag und Cramer 2001; Van Praag 2003). Dies kann auf eine höhere Motivation der freiwilligen Gründungen im Vergleich zu den unfreiwilligen Gründungen zurückgeführt werden.

Als Ausprägungen der Planung und Vorbereitung werden für die empirische Analyse der Erfolgsfaktoren im Gründungsprozess die Vorbereitungszeit, die Erstellung eines Geschäftsplans, die Inanspruchnahme einer Gründungsberatung, die gezielte Standortwahl sowie das Motiv der Gründung betrachtet. Es wird erwartet, dass die Gründung einer Person, die vielfältige Vorbereitungsaktivitäten durchführt und sich in keiner wirtschaftlichen Notlage befindet, erfolgreicher verläuft.

3.3.4 Ethnische Ressourcen

Nach Light und Gold (2000) sind ethnische Ressourcen sozio-kulturelle Merkmale einer bestimmten ethnischen Gruppe, die von Mitgliedern im Geschäftsleben aktiv benutzt werden können oder von denen sie passiv ökonomisch profitieren. Demnach beziehen sich ethnische Ressourcen auf diejenigen Ressourcen, die einem Unternehmer auf Grund seiner Angehörigkeit zu einer bestimmten ethnischen Minderheit zur Verfügung stehen. Als wichtigste Formen der ethnischen Ressourcen werden in der Literatur das ethnische Sozial- und Finanzkapital, ethnische Arbeit und kulturelle Merkmale genannt (Mars und Ward 1984; Light und Gold 2000; Basu 2006). Light und Gold (2000) sehen in diesen Ressourcen einen wesentlichen Faktor für das unternehmerische Überleben: "The most important feature of ethnic resources is their ability to contribute to economic survival and achievement among groups lacking class-based endowments of skill, education, or capital" (vgl. Light und Gold 2000, S. 106). Ethnische Ressourcen entstehen aus dem Zusammenleben der einzelnen Gruppenmitglieder. Spezifische Fertigkeiten, Ansichten und Verhaltensregeln werden als Teil des Gemeinschaftslebens weitergegeben. Oftmals haben die Migranten in ihrem Aufnahmeland Probleme mit der gesellschaftlichen und ökonomischen Integration. Es fehlt häufig an Sprachkenntnissen, gesellschaftlichen Bindungen oder wirtschaftlichen Ressourcen. Durch eine reaktive Solidarität suchen die Migranten die Nähe zu ihren Landsleuten, um diesen Defiziten entgegenzusteuern. Zusätzlich führt ein starkes Gefühl der Verbundenheit und Loyalität Mitglieder der gleichen ethnischen Gruppe zusammen.

Eng verbunden mit dem Konzept der ethnischen Ressourcen ist das soziale Kapital. Hanifan (1916 und 1920) verwendete den Begriff des sozialen Kapitals erstmalig im Zusammenhang mit einer Diskussion über schulische Gemeinschaftszentren. Er beschrieb mit diesem Ausdruck "those tangible substances [that] count for most in the daily lives of people" (vgl. Hanifan 1916, S. 130). Hanifan untersuchte, wie mit Kameradschaft, Sympathie und gesellschaftlichem Umgang eine soziale Einheit geschaffen werden kann. In der Folgezeit beschäftigten sich eine Reihe von Autoren mit der Idee des sozialen Kapitals. Als erste zentrale wissenschaftliche Beiträge können die Arbeiten von Bourdieu (1983) und Coleman (1988) genannt werden, die dem sozialen Kapital ein theoretisches Konstrukt geben. Demnach kann soziales Kapital als instrumentell einsetzbare, individuelle Ressource verstanden werden, die aus der Zugehörigkeit zu einer Gruppe und der Einbettung in soziale Netzwerke hervorgeht. Soziales Kapital basiert auf dem Vorhandensein von Netzwerken. Grundbestandteile des sozialen Kapitals sind die Anzahl der Personen im individuellen Netzwerk, die Stärke der Beziehungen und die daraus zur Verfügung gestellten Ressourcen.

Auch in den jüngeren Forschungsarbeiten zum ethnischen Unternehmertum hat die Idee des sozialen Kapitals und dessen Bedeutung für den ethnischen Geschäftsinhaber Einzug gehalten (z.B. Portes 1995; Flap et al. 2000; Marger 2001; Deakins et al. 2007). Hier wird unter sozialem Kapital vor allem das Vorhandensein von Netzwerken zwischen dem ethnischen Unternehmer und Angehörigen der ethnischen Gruppe verstanden. Diese Netzwerke werden als ein wichtiger Faktor für den Geschäftserfolg von Migranten gesehen. So ermöglichen sie den Zugang zu billigen Arbeitskräften. Darüber hinaus fungieren Netzwerke als Kommunikationsmedium, über das Geschäftsinformationen eingeholt und ausgetauscht werden. Zusätzlich helfen Netzwerke bei der Mobilisierung von Finanzkapital. Ethnische Unternehmer/-innen unterscheiden zwischen zwei Arten ihrer Netzwerke: Auf der einen Seite der enge und erweiterte Familienkreis und nahe stehende Freunde, auf der anderen Seite eher losere Freunde, Kollegen und sonstige Bekanntschaften. Die Netzwerke der ethnischen Unternehmer/-innen setzen sich überwiegend aus Mitgliedern der gleichen Gruppe zusammen. Granovetter (1973) identifizierte hier starke (Familie und enge Freunde) und schwache Verbindungen (Bekannte und Geschäftskontakte) innerhalb des Netzwerkes. Die Stärke der Verbindung richtet sich nach der Summe der Zeit, die man dem Netzwerkpartner widmet, der emotionalen Nähe sowie dem gegenseitigen Vertrauen. Studien haben ergeben, dass ethnische Unternehmen je nach Art der Ressource zwischen diesen beiden Verbindungen unterscheiden (für einen Überblick siehe Flap et al. 2000). So eröffnet sich der Zugang zu ethnischem Finanzkapital überwiegend über den erweiterten Familienkreis, während Geschäfts- und Marktinformationen sowie Einstellungsempfehlungen über schwächere Verbindungen wie Bekannte oder Kollegen eingeholt werden.

Abbildung 3.3 fasst die unterschiedlichen Ausprägungen der ethnischen Ressourcen zusammen. Kulturelle Merkmale wie das Zusammengehörigkeitsgefühl zu einer ethnischen Gruppe fördern den Ausbau ethnischer Netzwerke. Darüber hinaus beinhalten kulturelle Merkmale auch bestimmte Eigenschaften, die für die unternehmerische Entwicklung von Vorteil sein können. So hebt Wiebe (1984) den Einfluss traditioneller und kultureller Verhaltensmuster auf das ökonomische Handeln der Migranten hervor. In seiner Untersuchung zur sozioökonomischen Bedeutung türkischer Gewerbetreibender in der Bundesrepublik Deutschland stellt der Autor eine ausgeprägte

Abbildung 3.3: Ausprägungen ethnischer Ressourcen

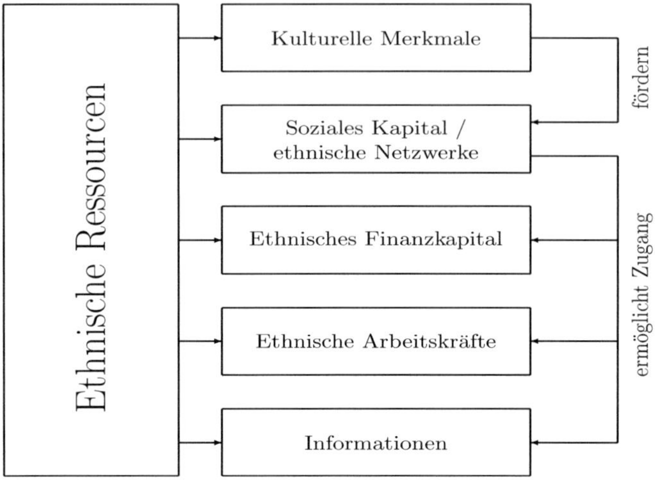

Quelle: Eigene Darstellung

Händlermentalität im Islam fest. Verschiedenste Studien widerlegen derartige Vorstellungen jedoch (u.a. Blaschke und Ersöz 1987). Dagegen wird in der Literatur die "Selbstausbeutung" vieler Migrantenunternehmer/-innen betont. So kommt eine Studie des Instituts für Mittelstandsforschung der Universität Mannheim (Leicht et al. 2005) zur Bedeutung der ethnischen Ökonomie in Deutschland zu dem Ergebnis, dass ausländische Selbstständige nur durch einen hohen persönlichen Arbeitseinsatz am Markt bestehen können. Die Migrantenunternehmer/-innen arbeiten im Durchschnitt drei bis sechs Stunden länger als ihre deutschen Geschäftskollegen. Ein weiterer Einfluss auf die unternehmerische Entwicklung wird im Kontext des kulturellen Kapitals dem körpergebundenen Bildungskapital zugeschrieben (Light und Gold 2000). Dies wird von der Familie an die Kinder weitergegeben. Falls die Familienangehörigen zu der damaligen Zeit ein eigenes Geschäft betrieben haben, kann den Selbstständigen bereits im Kindesalter eine gewisse Geschäftskultur vermittelt werden. Dadurch findet bereits in jungen Jahren eine informelle Ausbildung statt, ohne dass das Kind in dem Betrieb arbeitet. Spezifische Fähigkeiten, Werte und Einstellungen wie berufliche Unabhängigkeit werden während dieser Zeit bewusst oder unbewusst weitergegeben. Einige Studien bestätigen den Zusammenhang zwischen dem familiären Hintergrund und dem unternehmerischen Erfolg (Luissier und Pfeifer 2000; Henley 2005).

Wie Abbildung 3.3 weiter zeigt, ermöglichen ethnische Netzwerke den Zugang zu Informationen, ethnischem Finanzkapital und ethnischen Arbeitskräften. Besonders die beiden zuletzt genannten Ressourcen scheinen nach Meinung der ethnischen

Gründungsforschung für das geschäftliche Überleben des ethnischen Selbstständigen von entscheidender Bedeutung zu sein. Da die ethnischen Unternehmer/-innen vor allem in arbeitsintensiven Branchen angesiedelt sind, ist es für sie wichtig, die Arbeitskosten geringer zu halten als die Konkurrenten. Unentgeltlich mithelfende Familienangehörige und Arbeitskräfte der gleichen ethnischen Gruppe, die häufig dazu bereit sind, für eine Bezahlung zu arbeiten, die weit unter marktüblichen Konditionen liegt, sind für den ethnischen Geschäftsinhaber dabei von entscheidender Bedeutung (Leicht et al. 2005). Zusätzlich zeichnen sich mithelfende Familienangehörige und ethnische Arbeitskräfte durch eine hohe Flexibilität im Bereich der Arbeitszeiten aus. So besteht die Bereitschaft, lange Arbeitszeiten bis in den späten Abend oder am Wochenende zu leisten. Neben den positiven Aspekten, die ethnische Arbeitskräfte und mithelfende Familienangehörige für den Unternehmer haben, können sich jedoch auch nachteilige Effekte ergeben (z.B. Basu und Altinay 2003; Basu 2006). Hervorzuheben sind v.a. zwei Problembereiche. Zum einen existiert eine Hemmschwelle seitens des Unternehmers, vertraute Mitarbeiter zu entlassen. Durch das besondere Verhältnis zwischen dem Geschäftsinhaber und seinen ethnischen Arbeitskräften entsteht eine gewisse Fürsorgepflicht, die es dem Unternehmer oft schwer macht, betriebsbedingte Kündigungen vorzunehmen. Das Unternehmen ist dadurch weniger flexibel. Zum anderen kann eine Beschäftigung von ausschließlich ethnischen Arbeitskräften die Innovationsfähigkeit des Betriebes einschränken. So können gerade Mitarbeiter außerhalb der eigenen Ethnie neue Ideen in das Unternehmen einbringen und für "frischen Wind" sorgen. Beispielsweise können einheimische Mitarbeiter bei Sprachproblemen oder Behördengängen helfen.

Nach Barrett et al. (1996) ist das Finanzkapital die am schwersten zu beschaffende Ressource für den ethnischen Unternehmer. Auch die Befragung türkischer Unternehmen in Berlin von Sen und Sauer (2005) zeigt, dass der Zugang zu Finanzmitteln das Hauptproblem in der Gründungsphase ist. Da die Migrantenbetriebe überwiegend klein strukturiert sind und von Banken nicht als ausreichende Sicherheit angesehen werden können, ist v.a. der Zugang zu ethnischem Finanzkapital von Bedeutung. Nach Pütz (2003) stellen die Familie und die ethnische Gemeinschaft für den ausländischen Unternehmer eine der wichtigsten Finanzierungsquellen dar. Neben den engsten Familienangehörigen wird auch die weitläufige Familie wie Onkel oder Cousins mit einbezogen. Je größer der Familien- und Bekanntenkreis ist, desto größer ist der Pool an potenziellen Geldgebern für den ethnischen Geschäftsinhaber. Die Größe der Familie und das Beziehungsgeflecht untereinander sind kultureller Natur. Das Gefühl in einem "fremden" Land zu wohnen, schweißt die Familie zusätzlich zusammen und erzeugt eine starke Verbundenheit. Moralische Imperative bilden hier den Hauptantrieb, Finanzkapital zur Verfügung zu stellen. In vielen Fällen erhalten die ethnischen Unternehmer/-innen dieses Finanzkapital ohne die Erwartung einer materiellen Gegenleistung. So werden selten Zinsen verlangt oder Verträge abgeschlossen. Die Rückzahlungsmodalitäten werden flexibel gehandhabt, so dass für den ethnischen Geschäftsinhaber kein Termindruck entsteht. Zusätzlich ist die Finanzierung aus der ethnischen Gemeinschaft für viele Migranten attraktiv, weil Unkenntnisse und Berührungsängste mit dem jeweiligen Bankensystem vorliegen (Basu und Altinay 2003). Ein weiterer Punkt, der vor anderen Finanzierungsmöglichkeiten abschreckt, ist die Angst, zu große Risiken einzugehen und damit das geschäftliche Überleben zu gefährden. Viele Migranten stehen Darlehen von "außen" skeptisch gegenüber. Hier spielt das Vertrauen gegenüber der eigenen Ethnie eine wichtige Rolle.

Insgesamt lässt sich festhalten, dass eine Vielzahl an Untersuchungen aus der ethnischen Gründungsforschung in den ethnischen Ressourcen einen wesentlichen Faktor für das unternehmerische Überleben sehen. Basu (2006, S. 588) fasst diesen Standpunkt wie folgt zusammen: "One holds that entrepreneurial survival or success achieved by ethnic minorities is attributable to their unique access to, or exploitation of, ethnic resources and opportunities, which cannot be accessed by nonmembers". Aldrich und Waldinger (2000) kritisieren jedoch, dass viele Forscher einen zu starken Fokus auf die Bedeutung der ethnischen Ressourcen für den Migrantenunternehmer gelegt haben. Häufig wird der Faktor überbewertet, da Vergleiche mit nicht-ethnischen Gruppen fehlen. Sequeira und Rasheed (2004) vertiefen diese differenzierte Betrachtung und untersuchen die Rolle des sozialen Kapitals bzw. der Stärke der Beziehungen innerhalb des persönlichen Netzwerkes für die Start- und Wachstumsphase des ethnischen Unternehmens.[19]

Sequeira und Rasheed (2004) unterscheiden zwischen drei Phasen, die ein ethnischer Unternehmer durchläuft. Vor der eigentlichen Existenzgründung macht sich der ethnische Unternehmer mit seiner neuen Umgebung im Aufnahmeland vertraut, baut soziales Kapital auf, verbessert seine Sprachkenntnisse und erlernt kaufmännische Fähigkeiten. Schwache Beziehungen und der persönliche Austausch im sozialen Netzwerk überwiegen. In der zweiten Phase, der Start- oder Gründungsphase des Geschäftes, hängt der ethnische Unternehmer auf Grund seiner Ressourcen- und Wissensknappheit stark von seiner Umwelt ab. Die Familie und der Freundeskreis, also starke Verbindungen innerhalb des sozialen Netzwerkes, spielen eine wichtige Rolle für den ethnischen Geschäftsinhaber. So ist der Unternehmer v.a. in der Startphase auf billige Arbeitskräfte, Finanzkapital und die Versorgung mit Informationen angewiesen. Hierfür greift der Geschäftsinhaber auf die Hilfe der ethnischen Gemeinschaft zurück. Das aufgebaute Netzwerk versorgt ihn mit den benötigten Ressourcen und erzeugt eine "[...] closed, protected environment that buffers the entrepreneur from uncertainties that may exist in the environment outside the community" (vgl. Sequeira und Rasheed 2004, S. 84). In der Startphase sind also ethnische Ressourcen von besonderer Bedeutung für den Unternehmer, die über starke Verbindungen innerhalb des sozialen Netzwerkes akquiriert werden.

In der dritten Phase, der horizontalen Expansion in den nicht-ethnischen Markt, sind nach Sequeira und Rasheed (2004) starke Verbindungen hinderlich. Viele ethnische Unternehmer/-innen sehen das Wachstum des eigenen Geschäftes über eine bestimmte Größe hinaus nicht als notwendig an. Einige Unternehmer/-innen erfüllen sich mit dem eigenen Betrieb lediglich den Wunsch nach Selbstständigkeit, in der Hoffnung auf sozialen Aufstieg. So genießt Selbstständigkeit bei vielen Migranten ein

[19]Die folgenden Ausführungen konzentrieren sich im Wesentlichen auf Sequeira und Rasheed (2004), S. 82-91.

hohes Prestige (vgl. beispielsweise die Studie von Leicht et al. 2005). Bedingungsloses Wachstum oder Eintritt in den "Massenmarkt" werden dabei aber nicht zwingend angestrebt. Manche Unternehmer/-innen fühlen sich innerhalb ihrer vertrauten Umgebung mit mithelfenden Familienangehörigen und ethnischen Arbeitskräften wohl. Sie wollen nur innerhalb der ethnischen Gemeinschaft wachsen. Der ethnische Markt kann auf Grund seiner beschränkten Größe und der geringen ethnischen Kaufkraft jedoch nur eine kleine Anzahl an Geschäften versorgen. Der Konkurrenzkampf ist groß. Selbstständige, die unternehmerisch wachsen wollen, deren Gemeinschaft aber zu klein ist, können dies häufig nur mit einer horizontalen Expansion in den nicht-ethnischen Markt. Nach Chaganti und Greene (2000) bestimmt dabei der Grad der Verflechtung des Unternehmers mit der ethnischen Gemeinschaft, ob die Grenzen des Wachstums durch die Ressourcen innerhalb der ethnischen Gemeinschaft gegeben sind oder ob es gelingt, in den nicht-ethnischen Markt vorzudringen. Starke Beziehungen, eingebettet in ein rein ethnisches Netzwerk, sind demnach für die weitere Expansion des Geschäftes hinderlich. Dem Unternehmer muss es gelingen, Kontakte außerhalb der vertrauten Umgebung zu knüpfen und seine eher sozial eingebetteten Beziehungen zu professionalisieren. Diese Kontakte, sei es mit nicht-ethnischen Geschäftskollegen, Kunden oder Organisationen, können dem Unternehmer helfen, neue Märkte zu erschließen und bislang ungenutzte Ressourcen auszuschöpfen. Schwache Verbindungen innerhalb des ausgebauten Netzwerkes sind in der dritten Phase von entscheidender Bedeutung. Für Granovetter (1973) konzentrieren sich starke Verbindungen eher innerhalb einzelner kleiner Gruppen. Schwache Verbindungen auf persönlicher Basis oder zu Organisationen dienen hingegen der Integration in die "Mehrheitsgemeinschaft", wodurch sich die Ressourcenbasis des Unternehmers erweitern lässt. Die Entwicklung schwacher Verbindungen fördert das Wachstum des Unternehmens außerhalb der ethnischen Gemeinschaft, während ein einseitiges Verlassen auf starke Verbindungen innerhalb des ethnischen Netzwerkes dem entgegensteht.

Sequeira und Rasheed (2004) berücksichtigen bei der Unterscheidung zwischen Start- und Wachstumsphase zusätzlich die ausgleichende Wirkung des Humankapitals in der Beziehung zwischen starken und schwachen Verbindungen. Migranten mit ausreichend Humankapital, in Form von Sprachkenntnissen, gehobenem Bildungsniveau und Berufserfahrung, wären nach Sequeira und Rasheed (2004) in der Lage, die erste Phase der zunächst angestellten Beschäftigung zu überspringen. Diese Migranten können nach höheren Positionen in der Arbeitswelt streben oder ihre Ressourcen für die Gründung eines eigenen Unternehmens außerhalb der ethnischen Gemeinschaft einsetzen. Für den Fall der Existenzgründung verringert das Humankapital des Migranten die Abhängigkeit von starken Verbindungen in der Startphase. Im umgekehrten Fall ist es wahrscheinlich, dass Migranten mit nur unzureichenden Sprachkenntnissen und geringer Qualifizierung zunächst eine Beschäftigung innerhalb der eigenen ethnischen Gemeinschaft suchen, um Sozialkapital in Form von einem engen und starken Beziehungsgeflecht aufzubauen. Im Fall der Existenzgründung spielen diese starken Verbindungen dann eine zentrale Rolle für den Migranten. Bezüglich des Humankapitals lässt sich festhalten: "The positive effect of strong ties on start-ups is weakened, and the negative effect of weak ties on start-ups is lessened" (vgl.

Sequeira und Rasheed 2004, S. 88). Höheres Humankapital, hier v.a. die Sprach- und Kommunikationsfähigkeiten, erleichtert darüber hinaus den Aufbau von schwachen Verbindungen außerhalb der ethnischen Gemeinschaft. Daher schwächt Humankapital den negativen Einfluss starker Verbindungen auf das Wachstum des Unternehmens und stärkt den positiven Effekt schwacher Verbindungen in der Expansionsphase.

Abbildung 3.4: Entwicklungsmodell des sozialen Kapitals

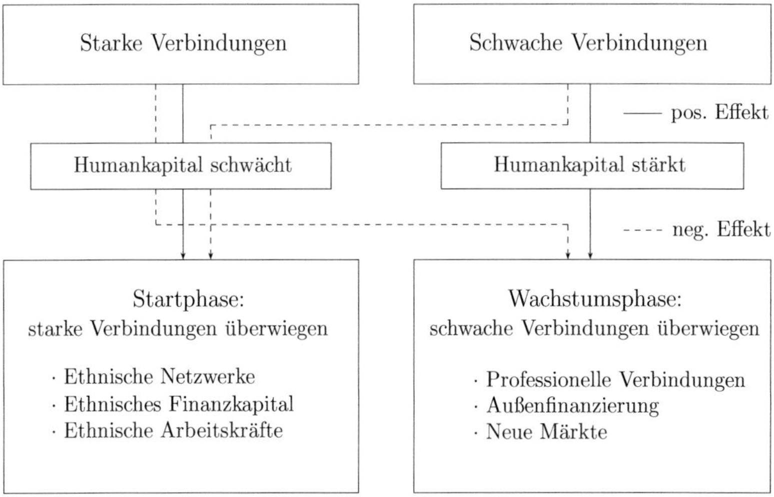

Quelle: Eigene Darstellung

Abbildung 3.4 fasst die Überlegungen zusammen. Trotz der Bedeutung, die viele Untersuchungen den ethnischen Ressourcen für das unternehmerische Überleben beimessen, lohnt eine differenzierte Betrachtung. Nicht in jeder Phase der geschäftlichen Entwicklung ist das Vertrauen auf ethnische Ressourcen von Vorteil. So hält Basu (2006, S. 588) fest, "[...] that in order to become successful, ethnic entrepreneurs need to adopt strategies that look beyond leveraging their own local co-ethnic community".

Als Ausprägungen der ethnischen Ressourcen werden für die empirische Analyse der Erfolgsfaktoren im Gründungsprozess die Art der Verbindungen, das Nutzen von ethnischen Ressourcen und selbstständige Eltern betrachtet. Es wird erwartet, dass die Gründung einer Person, die im Verlauf der Selbstständigkeit ihre Netzwerke über die ethnische Gemeinschaft hinaus erweitert, erfolgreicher verläuft.

3.4 Betriebsbezogene Faktoren

3.4.1 Kapitalausstattung

Wie im Rahmen der ethnischen Ressourcen bereits diskutiert, ist die Mobilisierung von Finanzkapital eines der Hauptprobleme von jungen Betrieben. Daher ist es nicht verwunderlich, dass sich zahlreiche Studien der Erfolgsfaktorenforschung intensiv mit der Finanzierung von Gründungen auseinandergesetzt haben (u.a. Klandt 1984; Duchesneau und Gartner 1990; Sapienza und Grimm 1997). Schwerpunkte der Untersuchungen sind die Höhe des Startkapitals und die Zusammensetzung der finanziellen Mittel.

Bezüglich des Startkapitals gilt die Überlegung, dass eine solide finanzielle Grundausstattung dem Unternehmer mehr Zeit verschafft, Probleme zu bewältigen, da er länger liquide bleibt. Gerade in der Anfangszeit der Gründung, in der noch kein Kundenstamm vorhanden ist, verschafft ein finanzielles Polster zusätzlichen Handlungsspielraum. Die Mehrzahl der empirischen Studien kommt daher zu einem eindeutigen Ergebnis: Ein höheres Startkapital nimmt einen positiven Einfluss auf die Gründungsentwicklung (z.B. Cooper et al. 1994; Sapienza und Grimm 1997; Gadenne 1998). Brüderl et al. (1998, S. 171) beschreiben den Effekt des Startkapitals auf den Gründungserfolg mit einem "je mehr, desto besser". Jedoch sind Betriebe mit einer geringeren Kapitalausstattung nicht schon zu Beginn benachteiligt. So verweist Faltin (1998) darauf, dass auch Unternehmen mit weniger Startkapital erfolgreich sein können, wenn sie stattdessen über unkonventionelle Ideen verfügen.

Jacobsen (2006) betont, dass der Rückschluss von einer höheren Kapitalausstattung auf den Unternehmenserfolg durchaus problematisch sein kann. Demnach stellt sich die Frage, "[...] ob nicht von vornherein aussichtsreichere Unternehmen mit einer guten Geschäftsidee und guten Vorbereitung mehr Kapital akquirieren können, wie es auch mit den Humankapital-Ressourcen der Fall sein kann" (Jacobsen 2006, S. 101). Gerade die Banken, Investoren oder auch staatlichen Behörden sind für die Höhe des Startkapitals mitentscheidend, sofern es sich dabei um ein gewisses Maß an Fremdkapital handelt. Unterschiede bezüglich des Startkapitals ergeben sich je nach betrachteter Branche und der Art der Gründung. Gründungen im Bereich des Handels benötigen ein größeres Inventar und Lager, wodurch der Kapitalbedarf steigt. Gleiches gilt für hochtechnologische Gründungen. Dagegen entfallen höhere Anschaffungskosten im Dienstleistungssektor. Hier stehen die Humankapitalressourcen des Personals im Vordergrund (Kamp und Langen 1978).

Neben der Höhe des Startkapitals interessiert in vielen Studien die Zusammensetzung der finanziellen Mittel zwischen Eigen- und Fremdkapital. Die Ergebnisse sind hierbei nicht eindeutig. Jedoch lassen sich Hinweise dafür finden, dass erfolgreiche Unternehmer/-innen ihr eigenes Geld in den Betrieb investiert hatten (Cassar 2004). Weniger erfolgreiche Selbstständige versuchen dagegen, Risikokapitalgeber miteinzubeziehen. So besteht bei einer kurzfristigen Hinzunahme von Fremdkapital nach

Herr (2007, S. 167) die Gefahr, "[...] dass sich die durch das Fremdkapital bedingten Abhängigkeiten, z.B. in Form der Schuldentilgung, negativ auswirken".

Die vorgestellten Studien deuten auf einen Zusammenhang zwischen der Kapitalausstattung eines Betriebes und dem unternehmerischen Erfolg hin. Kapitel 2.3.2 hat jedoch gezeigt, dass Betriebe, die von Migranten geführt werden, deutlich kleiner strukturiert sind als vergleichbare Unternehmen von deutschen Inhabern. Ähnlich verhält es sich hinsichtlich des finanziellen Mittelbedarfs. So kommt eine Studie von Kohn und Spengler (2007) zu dem Ergebnis, dass Migranten in den kleinen und mittleren Finanzierungsklassen stärker vertreten sind als die Deutschen. Gründungen mit einem hohen Finanzierungsbedarf werden jedoch häufiger von Deutschen unternommen. Obwohl bislang keine Studien vorliegen, die den Zusammenhang zwischen dem Startkapital und dem unternehmerischen Erfolg bei Migranten untersucht haben, lässt sich auf Grund des geringeren Finanzierungsbedarfs vermuten, dass die Höhe der Kapitalausstattung bei den Migrantenunternehmen eine geringere Rolle spielt als bei den deutschen Selbstständigen.

Als Ausprägungen der Kapitalausstattung werden für die empirische Analyse der Erfolgsfaktoren im Gründungsprozess die Höhe des Startkapitals und die Zusammensetzung des Startkapitals betrachtet. Es wird erwartet, dass Gründungen mit einer ausreichend hohen Kapitalausstattung erfolgreicher verlaufen.

3.4.2 Betriebliche Organisation

Neu gegründete Unternehmen neigen häufig dazu, die Gestaltung ihrer Organisation zu vernachlässigen und sich völlig auf das aktuelle Tagesgeschäft zu konzentrieren. Die Bedeutung organisatorischer Handlungen wird dabei unterschätzt. Nach Volkmann und Tokarski (2006, S. 258) können rechtzeitige Reaktionen der Organisation auf interne und externe Änderungen jedoch zu einer effektiven organisatorischen Entwicklung beitragen und helfen, unternehmerische Schieflagen zu vermeiden. Ein erst neu gegründetes Unternehmen verfügt anfangs über keine ausgeprägte Struktur, sondern muss diese erst schaffen. Bezüglich der Organisation wird an dieser Stelle zwischen der externen Struktur, d.h. der Rechtsform, der Art der Gründung und der internen Strukturierung von Arbeitsabläufen unterschieden.

Vordergründig scheint die **Wahl der Rechtsform** keinen maßgeblichen Einfluss auf den Erfolg eines neu gegründeten Unternehmens zu haben. Vielmehr rücken auf den ersten Blick andere Faktoren wie die Qualität der Produkte und Dienstleistungen, Marktstrategien oder individuelle Ressourcen des Unternehmens in den Vordergrund. Für Bischoff (2001, S. 137) hat dies aber keineswegs zur Folge, dass die Wahl der Rechtsform von vernachlässigbarer Bedeutung ist: "Eine unzweckmäßige Rechtsform kann nicht nur dazu führen, dass Gründer mehr Steuern als nötig zahlen müssen, falsche gesellschaftsvertragliche Regelungen können auch zur Folge haben, dass bei Streitigkeiten zwischen Partnern die Gründung als Ganzes gefährdet wird". Bischoff (2001) verweist hier als Beispiel auf die OHG, die auch von einem Partner allein vertreten werden kann. Dadurch haftet der andere Partner auch bei Verträgen, die gegen seinen Willen abgeschlossen wurden, mit seinem gesamten Vermögen. Darüber hinaus beeinflusst die Wahl der Rechtsform bei einem Scheitern des Unternehmens die späteren Haftungsansprüche. Bei Haftung mit dem gesamten Privatvermögen ist es möglich, dass die Person auch Jahre nach gescheiterter Gründung Schulden tilgen muss, sofern ein Insolvenzverfahren abgelehnt wird.

Nach dem deutschen Unternehmensrecht stehen dem Gründer eine Reihe von Rechtsformen zur Verfügung. Grundsätzlich kann zwischen Personenunternehmen (Einzelunternehmen und Personengesellschaft), Kapitalgesellschaften (GmbH, AG und Genossenschaften) und Mischformen aus den beiden ersteren unterschieden werden. Die einfachste und oft auch zweckmäßigste Form der Gründung ist die Einzelunternehmung. Bei einem Zusammenschluss mehrerer Personen wird von einer Personengesellschaft gesprochen. Je nach Zweck und Umfang der Gründung steht hier die GbR, OHG und KG zur Verfügung, letztere können durch Anmeldung zum Handelsregister gewählt werden. Herr (2007) stellt in der Wahl der Rechtsform einen Trendwandel fest. Waren Anfang der 1980er Jahre noch überwiegend Einzelunternehmungen die vorherrschende Rechtsform, so hat sich der Trend hin zu Kapitalgesellschaften gekehrt. Dennoch ist die Einzelunternehmung bei den Betriebsgründungen die am häufigsten gewählte Rechtsform: Bei den Neugründungen des Jahres 2008 entfielen 77% auf die Einzelunternehmung, 8% auf die GmbH gefolgt von der GbR mit 4% (vgl. Statistisches Bundesamt 2009c). Speziell bei türkischen Betrieben dominiert eindeutig die Personengesellschaft. Humpert (1996) stellt bei der Befragung türkischer Selbstständiger in Nordrhein-Westfalen fest, dass bei den Personengesellschaften gegenüber den haftungsbeschränkten Kapitalgesellschaften ein deutlicher Überhang besteht (80% zu 20%). Der Autor begründet dies damit, dass viele Unternehmer/-innen die Personengesellschaft als eine "Übergangsform" in ihrem Anfangsstadium wählen, um dann später mit zunehmender Marktetablierung auf die haftungsbeschränkte Kapitalgesellschaft zu wechseln.

Mit der Wahl der Rechtsform gehen eine Reihe von Aspekten einher, die den späteren Verlauf der Geschäftstätigkeit nicht unerheblich beeinflussen (vgl. u.a. Bischoff 2001; Meyer-Scharenberg 2002; Herr 2007):

- Leitungsbefugnis,
- Finanzierungsmöglichkeiten,
- Haftungsfragen,
- Steuerliche Aspekte,
- Prüfungs- und Offenlegungspflicht,
- Aufwendungen in der Gründungsphase.

Empirische Untersuchungen konzentrieren sich bei der Überprüfung des Zusammenhangs zwischen Rechtsform und unternehmerischem Erfolg v.a. auf den Punkt der Haftung. So kommen Harhoff et al. (1998) zu dem Ergebnis, dass Unternehmen mit beschränkter Haftung ein überdurchschnittlich hohes Beschäftigungswachstum aufweisen, aber auch über ein höheres Konkursrisiko verfügen als Unternehmen mit unbeschränkter Haftung. Die Autoren argumentieren, dass Unternehmer/-innen mit einer beschränkten Haftung eher dazu bereit sind, riskantere Projekte einzugehen, die sich dann in überdurchschnittlich hohen Erträgen niederschlagen können. Diese gesteigerte Risikobereitschaft der Unternehmer/-innen ist darauf zurückzuführen, dass sich die Haftung lediglich auf die individuelle Einlage und nicht auf das gesamte Privatvermögen beschränkt. Die drohenden Verluste halten sich also in "überschaubaren" Grenzen. Almus und Nerlinger (1999) bestätigen die Ergebnisse von Harhoff (1998). Bei ihrer Auswertung des Mannheimer ZEW Gründungspanels erzielen Unternehmen mit beschränkter Haftung ein höheres Beschäftigungswachstum als Unternehmen mit unbeschränkter Haftung.

Ein Parameter, der in empirischen Studien der Gründungsforschung häufig diskutiert wird, ist die **Art der Gründung**. Hier kann zwischen einer Neugründung oder einer Firmenübernahme entschieden werden.[20] Im Fall der Firmenübernahme kann der Unternehmer auf bereits gesammelte Erfahrungen und eingespielte Routinen zurückgreifen. Ebenso besteht ein fester Kundenstamm, der übernommen werden kann. Auf der anderen Seite ist der Gestaltungsspielraum bei der Firmenübernahme eingeschränkt. Bei einer Neugründung kann der Unternehmer die Rahmenbedingungen und strukturellen Gegebenheiten des Betriebes nach seinen Wünschen beeinflussen. Hauptproblem der Neugründung ist aber die Etablierung am Markt. So ist es zwar möglich, in der Anfangszeit neugierige Kunden anzulocken, nachhaltig ist der Kundenstamm jedoch nicht. Etablierte Firmen verfügen bereits über eine gewisse Kundenbindung. Die Produkte und Dienstleistungen sind bekannt. Neu gegründete Unternehmen müssen eine aktive Marktbearbeitung betreiben, um sich diese Stellung zu erarbeiten. Dem Marketing kommt hierbei eine Schlüsselrolle zu. Gerade die ersten Kunden sollten zufriedengestellt werden, damit der Schneeballeffekt eintritt und weitere Nachfrage durch "Mund zu Mund" Propaganda angelockt wird. Damit haben aber nach Brüderl et al. (1998, S. 185) komplett neu gegründete Unternehmen häufig ihre Probleme, "da in der Anfangsphase erfahrungsgemäß relativ viele Fehler unterlaufen und viel Zeit für das Set-up einer effizienten Betriebsorganisation verwendet werden muss". Hauptproblem einer Firmenübernahme ist neben dem bereits erwähnten eingeschränkten Handlungsspielraum die asymmetrische Informationssituation zwischen ursprünglichem Eigentümer und potenziellem Neubesitzer des Unternehmens. Gerade bei Betrieben, die auf dem freien Markt zur Übernahme angeboten werden, stellt sich die Frage, warum diese aufgegeben werden. Von einem rentablen Betrieb wird sich der Besitzer nur in Ausnahmefällen trennen und wenn, dann wird zunächst nach einem Nachfolger aus dem Bekannten- oder Freundeskreis gesucht. Über die genauen Hintergründe der Firmenaufgabe wird der potenzielle Erwerber wohl relativ wenig erfahren, ist doch der Verkäufer daran interessiert, den

[20]Die folgenden Ausführungen orientieren sich an Brüderl et al. (1998), S. 183-187.

Preis hochzuhalten und damit die negativen Aspekte zu verschweigen. Ob mit der neuen Firma unzufriedene Kunden und Lieferanten oder missmutige Arbeitskräfte übernommen werden, darüber kann sich der Käufer schwer einen Eindruck machen. Solche betriebsinternen Informationen sind nur über differenzierte Informationsquellen zu erlangen.

In der allgemeinen Erfolgsfaktorenforschung gibt es eine Reihe von Arbeiten, die sich empirisch mit den Auswirkungen einer Firmenübernahme auf den weiteren Geschäftsverlauf beschäftigen. Zu nennen ist hier v.a. die bereits mehrfach zitierte Münchner Gründerstudie von Brüderl et al. (1998). Die Autoren halten fest, dass sich bei einer Firmenübernahme zwar die Überlebenschance im Vergleich zu neu gegründeten Betrieben erhöht, die weitere Expansion aber stark eingeschränkt ist. So haben Firmenübernahmen eine um 23% niedrigere Sterberate als Neugründungen. Die Wahrscheinlichkeit eines Beschäftigungs- oder Umsatzwachstums liegt jedoch um 10 bzw. 18% niedriger. Zu einem ähnlichen Ergebnis kommen Chaganti und Schneer (1994). Sie analysieren den Zusammenhang zwischen Gründungsform und finanziellem Erfolg von 345 jungen Unternehmen. Bezogen auf die Gewinnseite sind komplette Neugründungen dabei erfolgreicher als Firmenübernahmen. Neugründungen gehen ein verstärktes Risiko ein, was mit größeren Profiten belohnt wird. Firmenübernahmen sind die risikoloseren Alternativen, deren weiteres Entwicklungspotenzial jedoch häufig begrenzt ist.

Auch in der Literatur zum ethnischen Unternehmertum spielt die Firmenübernahme eine wichtige Rolle (vgl. z.B. Aldrich et al. 1989; Waldinger et al. 1990; Light und Karageorgis 1994). Hier werden die positiven Aspekte betont: Durch die Übernahme eines bestehenden Unternehmens kann dessen Marktstellung genutzt werden, um vormals erzielte Gewinne erneut abzuschöpfen (Light und Karageorgis 1994, S. 656). Flap et al. (2000) sprechen sogar von einer feststehenden Tatsache, dass eine Firmenübernahme die Wahrscheinlichkeit eines erfolgreichen Geschäftsverlaufes erhöht. Allerdings gibt es kaum empirische Studien, die diesen Zusammenhang im Speziellen für ethnische Unternehmer/-innen untersuchen. Ausnahme bildet eine Arbeit von Bates (1993), der die Determinanten des unternehmerischen Überlebens und Erfolges asiatischer Migranten in den USA mittels ökonometrischer Methoden analysiert. Der Autor kommt zu dem Ergebnis, dass die Asiaten im Vergleich zur einheimischen Bevölkerung häufiger bereits bestehende Betriebe übernehmen. Ein signifikant positiver Einfluss auf den weiteren Geschäftsverlauf ist dabei jedoch nicht festzustellen. In Deutschland gibt es bislang keine Studien, die den Zusammenhang zwischen der Art der Gründung und dem Geschäftserfolg für Migranten überprüfen. Deskriptive Untersuchungen bestätigen lediglich die Ergebnisse von Bates (1993), dass Migranten häufiger Firmen übernehmen als Einheimische. So sind nach der Untersuchung des Mannheimer Instituts für Mittelstandsforschung (Leicht et al. 2005) zur Bedeutung der ethnischen Ökonomie in Deutschland ein Viertel der Existenzgründungen von Migranten Betriebsübernahmen und diese größtenteils von Landsleuten. Ethnische Netzwerke spielen dabei eine wichtige Rolle. Auch die Auswertung des KfW-Gründungsmonitors von Kohn und Spengler (2007) zeigt, dass Migranten bei ihrer Existenzgründung häufiger als Einheimische auf bereits bestehende Unternehmen zurückgreifen.

Neben der äußeren Organisationsstruktur und der Entscheidung zwischen einer Neugründung oder Betriebsübernahme gilt es zusätzlich die **internen Strukturen** festzulegen. In der Regel verfügen Gründungsunternehmen noch nicht über komplexe interne Strukturen. So funktionieren in der frühen Entwicklungsphase die Organisationen nach Volkmann und Tokarski (2006) noch informell. Mit zunehmendem Wachstum werden jedoch formelle Strukturen erforderlich. Nach einer handlungsorientierten Betrachtungsweise konzentrieren sich die Gründer/-innen zunächst auf das *Doing*, also die Zuwendung zur operativen Arbeit. Die Aktivitäten werden ohne große organisatorische Begrenzungen durchgeführt, und es herrscht eine direkte Kommunikation und Kontrolle durch einen informellen Führungsstil. Im weiteren Verlauf betonen Volkmann und Tokarski (2006) die Substitution des *Doing* durch das *Managing*. Es werden formalere Organisationsstrukturen, Kommunikationswege und Stellen mit spezifischen Kompetenzen geschaffen. Die Aufgaben werden spezialisiert und die Anforderungen an den Gründer ändern sich. Führte der Gründer zu Beginn den Großteil der täglich anfallenden Arbeit noch selbst durch, so sollte er im weiteren Verlauf operative Aufgaben an Mitarbeiter abtreten. Kernbereich des Gründers ist nun die Delegation und Kontrolle. Im Fokus stehen strategische Fragen, die über das weitere Entwicklungspotenzial des Unternehmens entscheiden.

Als Ausprägungen der betrieblichen Organisation werden für die empirische Analyse der Erfolgsfaktoren im Gründungsprozess die Art der Rechtsform, die Art der Gründung und die interne Struktur betrachtet. Es wird erwartet, dass Gründungen mit einer Rechtsform der beschränkten Haftung von Vorteil sind. Bezüglich der Art der Gründung weisen Betriebsübernahmen zwar eine höhere Überlebenswahrscheinlichkeit auf, mehr Entwicklungsmöglichkeiten bietet jedoch eine Neugründung. Die interne Organisation sollte flexibel gestaltet sein. Wichtig ist es dabei, den Wandel vom Doing zum Managing zu vollziehen.

3.4.3 Betriebliche Strategie

Die Überlebens- und Wachstumschancen eines ethnischen Unternehmens hängen nicht nur von der individuellen Ressourcenausstattung ab, sondern ganz entscheidend von marktbezogenen Faktoren. Curran et al. (1991) betonen, dass diese oft in Diskussionen um die Entwicklungspotenziale kleinerer Betriebe, unabhängig ob sie von ethnischen Minderheiten geführt werden, übersehen werden. Natürlich ergeben sich geschäftliche Probleme aus knappem Finanzkapital, fehlenden Managementqualitäten und kaufmännischen Grundkenntnissen. Letztendlich hängt betrieblicher Erfolg oder Misserfolg jedoch entscheidend davon ab, ob eine Nachfrage nach dem angebotenen Produkt besteht oder nicht.

Das ganze Kapital, die Technologie oder kaufmännisches Geschick sind nicht von Nutzen, wenn sich kein Kunde finden lässt, der das Produkt kauft. Die geeignete Marktwahl des ethnischen Unternehmers ist also von erheblicher Bedeutung für die zukünftige Geschäftsentwicklung.

Einer der Hauptmärkte für ethnische Unternehmer/-innen liegt innerhalb der eigenen Gemeinschaft. So decken v.a. Einwanderer erster Generation mit ihren Geschäften die spezifischen Bedürfnisse der gleichen Ethnie ab. In der Literatur wird hier von Nischenmärkten gesprochen (Portes und Wilson 1980; Waldinger et al. 1990). Immigranten bestimmter Länder verfügen über spezifische Konsumgewohnheiten, die eine Nachfrage nach landestypischen Produkten schaffen. Dieses Nachfragepotenzial ruft Unternehmer/-innen gleicher Herkunft auf den Plan, die diese Lücke auf Grund ihrer kulturellen Kompetenz besetzen können. Pütz (2000) verdeutlicht dies am Beispiel türkischer Migranten in Deutschland. Im Zuge der Anwerbung ausländischer Gastarbeiter kamen in den 1960er Jahren Tausende von türkischen Migranten nach Deutschland. Diese hatten eine Nachfrage nach landestypischen Produkten, die nicht von deutschen Händlern gedeckt werden konnte. Es entstanden erste türkische Pionierunternehmen, die sich auf den vorhandenen Bedarf spezialisierten und die Marktlücke besetzten. Im Zeitverlauf zogen die Familien der Gastarbeiter nach und verstärkten die Nachfrage, was zu einem Aufschwung der Geschäfte führte. Heute befinden sich solche Nischenmärkte nicht nur im Einzelhandel, sondern auch im Dienstleistungsbereich wie beispielsweise türkische Reisebüros oder Fahrschulen.

Nischenökonomien sind neben einer sektoralen Konzentration, hier v.a. die Gastronomie und der Einzelhandel, auch räumlich geballt auf Stadtteile mit einem hohen Ausländeranteil. In der angelsächsischen Literatur wird häufig von "Enklaven" gesprochen (siehe Volery 2007). Die starke Konzentration der ethnischen Selbstständigen auf Nischenmärkte birgt Vor- und Nachteile in sich. Von Vorteil ist, dass sich die ethnischen Geschäftsinhaber/-innen in einem "geschützten Markt" befinden. Deutsche Unternehmer/-innen verfügen hier nur über wenig Kenntnisse bezüglich der Konsumbedürfnisse ausländischer Kundschaft. Zusätzlich wird die Kundengruppe als zahlenmäßig unbedeutend angesehen, so dass ein Markteintritt in diese Nische als unrentabel angesehen wird. Unternehmern der gleichen Ethnie wird darüber hinaus Vertrauen entgegengebracht, wohingegen gegenüber deutschen Geschäftsleuten eine gewisse Distanz herrscht. Demgegenüber ist das Wachstumspotenzial in den Nischenmärkten beschränkt. Die Nachfrage reduziert sich auf eine Bevölkerungsgruppe, "[...] die sich – aufgrund der geringeren Durchschnittseinkommen und einer insgesamt höheren Arbeitslosigkeit – in einer ökonomisch benachteiligten Situation befindet" (vgl. Pütz 2000, S. 30).

Zusätzlich herrscht in den Nischenmärkten seit einigen Jahren vermehrter Konkurrenzdruck aus der eigenen Ethnie. Bei der Befragung türkischer Einzelhändler im Rhein-Main-Gebiet durch Pütz (2000) werden mangelnde Kaufkraft und Konkurrenz durch ähnliche Anbieter als Hauptprobleme der Geschäftsentwicklung genannt. Türkische Lebensmittelgeschäfte werden geschäftsgefährdender eingestuft als Supermärkte oder Discounter. Zu einem ähnlichen Ergebnis kommt die Befragung türkischer Selbstständiger in Mannheim von Leicht et al. (2006). Hier wird der hohe Konkurrenzdruck als Hauptproblem im Verlauf der Selbstständigkeit genannt. Leicht et al. (2006) sprechen von einem zunehmenden innerethnischen "Verdrängungs- und Vernichtungswettbewerb". So scheuen sich viele türkische Gründer/-innen nicht davor, ihren Betrieb in unmittelbarer Nähe zu einem direkten Konkurrenten zu eröffnen. Die Anzahl der Wettbewerber aus der eigenen Gruppe wächst beständig. Für das unternehmerische Überleben wären die Betriebe auf ein parallel wachsendes Nachfragepotenzial angewiesen. Es ist nicht verwunderlich, dass bei der Befragung türkischer Unternehmer/-innen in Dortmund, Duisburg und Essen durch das Zentrum für Türkeistudien (1989) die Erweiterung des allgemeinen Kundenkreises als die Hauptbedingung für den künftigen Geschäftserfolg gesehen wird.

Das Wachstumspotenzial eines ethnischen Unternehmens in einem Nischenmarkt ist auf Grund des geringen Nachfragepotenzials und des zunehmenden innerethnischen Konkurrenzkampfes also beschränkt. Weitere Expansionsmöglichkeiten ergeben sich für den Geschäftsinhaber nur durch einen Ausbruch aus seiner Nische und einen Wandel zum offenen Markt, was in der angelsächsischen Literatur auch als "breakout" bezeichnet wird. Barrett et al. (1996) unterscheiden bei ihrer Untersuchung zwischen vier Marktformen abhängig vom Marktgebiet, lokal beschränkt oder überlokal, und der Marktsituation, ein Nischenmarkt mit überwiegend ethnischer Kundschaft oder ein offener Markt. Drei dieser Märkte "[...] can be regarded as break-out spaces" (vgl. Oc und Tiesdell 1999, S. 1729). Von einem ethnischen Markt sprechen Barrett et al. (1996), wenn mehr als die Hälfte der Kunden gleicher ethnischer Abstammung wie der Geschäftsinhaber sind. Ein lokal beschränkter Markt heißt, dass 50% oder mehr der Kunden im Umkreis von einer Meile um das Geschäft leben.

Die erste Marktform, lokal beschränkt mit überwiegend ethnischer Kundschaft, ist der klassische Nischenmarkt, auf den bereits zu Beginn dieses Abschnittes eingegangen wurde. Die hier agierenden Unternehmer/-innen zielen auf die spezifischen Bedürfnisse der eigenen Ethnie und versorgen die Nachbarschaft mit Waren und Dienstleistungen. Das Wachstumspotenzial ist hier jedoch durch die Lokalität und Ethnizität beidseitig begrenzt. Für eine weitere Expansion muss der Unternehmer in eine der drei anderen Marktformen "ausbrechen". Ausnahme bildet hier sicherlich der Bereich der wissensintensiven Dienstleistungen, wie Kredit- und Versicherungsmakler oder Steuer-, Rechts- und Unternehmensberater. Ethnische Selbstständige in dieser Branche sehen sich auf Grund der hohen Zugangshürden zu diesen Berufen – in Form fachlicher Bildung und Kompetenz – keinem starken innerethnischen Konkurrenzkampf ausgesetzt und können damit eine "lukrative" Nische besetzen (Leicht und Leiß 2007). Eine Übersicht über die einzelnen Marktformen gibt Abbildung 3.5.

Der lokal beschränkte, aber offene Markt (Break-out Variante 1), ist wohl die einfachste Möglichkeit für den ethnischen Unternehmer, seine Nische zu verlassen. Empirisch lässt sich das auch in Deutschland beobachten. So stellen Leicht und Leiß (2007) fest, dass bei türkischen Unternehmern im Einzelhandel und Gastgewerbe ei-

Abbildung 3.5: Marktformen ethnischer Unternehmen

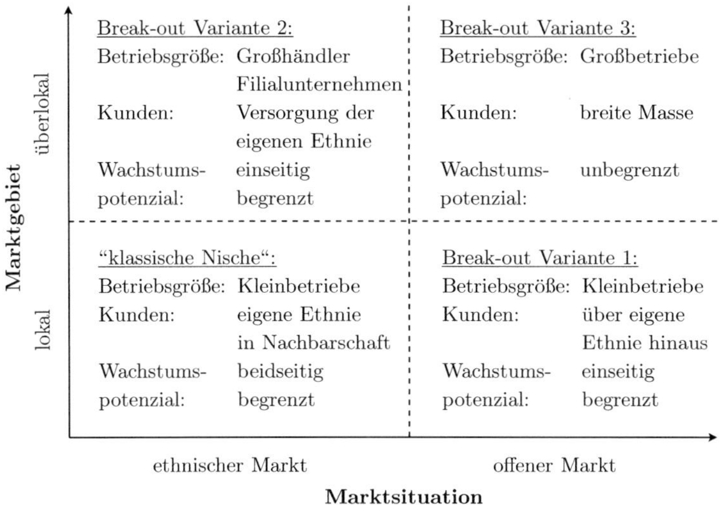

Quelle: Eigene Darstellung

ne Orientierung hin zum offenen Markt stattgefunden hat. Nach einer bundesweiten Erhebung beschränken sich nur 12 bzw. 4% der befragten Geschäftsinhaber/-innen auf mehrheitlich türkische Kundschaft. Auch nach Sen und Sauer (2005) sind ausschließlich auf die ethnische Nische ausgerichtete Unternehmer/-innen die Seltenheit. Nahezu drei Viertel der von ihnen befragten türkischen Selbstständigen in Berlin haben entweder hauptsächlich deutsche oder deutsche und türkischstämmige Kunden gleichermaßen. Sen und Sauer (2005, S. 26) halten fest: "Nur wenn sie [die türkischen Selbstständigen] deutsche Kunden ansprechen können, sind sie am Markt erfolgreich und können expandieren, denn die türkische Gemeinschaft reicht längst nicht mehr aus, das wirtschaftliche Überleben der zahlreichen Betriebe türkischstämmiger Unternehmer zu sichern". Auch Pütz (2000) betont bei der Befragung türkischer Einzelhändler im Rhein-Main-Gebiet, dass die meisten Unternehmer/-innen einen wachsenden Anteil deutscher Kunden aufweisen und dadurch ihre Nische verlassen.

Die veränderte Kundenstruktur kann neben betriebsinternen Maßnahmen wie Produktdiversifikation oder speziellen Marketingstrategien auch externe Ursachen haben. So hat sich bei der heimischen Bevölkerung über die Zeit eine Nachfrage nach ethnischen Produkten entwickelt. Jones et al. (2000, S. 45) sprechen von "changing demand patterns". Beispielsweise können Reisen in das Ausland den Bedarf nach "exotischen" Produkten entwickelt haben. Das hat zu einer vermehrten Nachfrage geführt, ohne dass die ethnischen Geschäftsinhaber/-innen ihr Warensortiment an die heimische Kundschaft angepasst haben. Ein anderer Grund ist, dass ethnische Geschäftsinhaber/-innen in Märkten agieren, die heimische Unternehmer/-innen nicht bedienen. Pütz (2000) führt hier den Strukturwandel im deutschen Einzelhandel an. Der Trend geht v.a. zu großflächigen Discountern, die sich am Stadtrand niederlassen. Kleine Lebensmittelhändler in einzelnen Stadtteilen, die sogenannten "Tante-Emma-Läden", sterben aus. Türkische Selbstständige stoßen vermehrt in diese Lücke und übernehmen die lokale Nahversorgung für die deutsche und türkische Bevölkerung. Floeting et al. (2005) beschreiben diese Entwicklung mit den Schlagwörtern "von Tante Emma zu Onkel Ali". Zusätzlich zeichnet sich diese Marktform durch eine hohe Arbeitsintensität aus, so dass ethnische Unternehmer/-innen mit ihrer Selbstausbeutung – lange Arbeitszeiten, geringe Bezahlung – gegenüber der heimischen Konkurrenz im Vorteil sind. Neben dem Lebensmittelhandel zählen dazu auch Teile des Dienstleistungs- und Handwerkssektors wie Änderungsschneidereien oder Schlüsseldienste. Der Ausbruch in den lokal beschränkten, aber offenen Markt, bietet den ethnischen Unternehmen ein größeres Wachstumspotenzial als die klassische ethnische Nische. Die Nachfrage reduziert sich nicht nur auf die eigene Gemeinschaft, sondern geht über die in der Nachbarschaft ansässigen Landsleute hinaus.

In dem ethnisch beschränkten, aber überlokalen Markt (Break-out Variante 2), agieren Unternehmen, die zwar überwiegend ethnische Abnehmer für ihre Produkte haben, diese aber regional und national beliefern. Pütz (2000) nennt hier türkische Großhändler als Beispiel, die türkische Einzelhändler deutschlandweit mit Waren beliefern. Ebenso zählen hier Betriebe hinzu, wie das türkische SB-Warenhaus Yimpas, die überregional operieren und an verschiedenen Orten Filialen eröffnen. In der Literatur ist über diese Unternehmen bislang wenig bekannt. Es handelt sich in diesem Markt jedoch um größere, expandierende Betriebe, deren Wachstumspotenzial durch die räumliche Dimension gegeben ist. Der offene, überlokale Markt (Break-out Variante 3) ist nach beiden Seiten unbegrenzt und stellt den Massenmarkt dar. Hier agieren ethnische Großbetriebe in allen Bereichen der Wirtschaft als gewöhnliche Konkurrenten zu heimischen Unternehmen. Als potenzielle Kunden kommen dabei grundsätzlich alle Wirtschaftssubjekte in Frage. In diesem Markt ist das Wachstumspotenzial theoretisch unbegrenzt (Barrett et al. 1996).

Dass das Wachstumspotenzial der ethnischen Unternehmen eng an die Marktsituation und das Marktgebiet gekoppelt ist, zeigt die Befragung asiatischer Selbstständiger in Großbritannien und Kanada von Jones et al. (2000). So sind die befragten Unternehmer/-innen, die in den beiden überlokalen Marktformen agieren mit ihrer Ertragssituation zufriedener als die Unternehmer/-innen in lokalen Märkten. Ebenso lässt sich festhalten, dass die Selbstständigen im klassischen ethnischen Nischenmarkt am unzufriedensten mit ihrer geschäftlichen Lage sind. Gemessen an der Betriebsgröße weisen Unternehmer/-innen in den überlokalen Märkten tendenziell die höchste Mitarbeiterzahl auf. Unterschiede zwischen den beiden Ländern gibt es hinsichtlich der zahlenmäßigen Verteilung der asiatischen Selbstständigen auf die vier Marktformen. Während in Großbritannien nur 30% der Unternehmer/-innen in den beiden überlokalen Märkten agieren, sind es in Kanada mehr als 60%. Jones et al. (2000) führen das auf einige restriktive Rahmenbedingungen in Großbritannien zurück, die einen Ausbruch in überlokale Märkte verhindern.

Als Ausprägungen der betrieblichen Strategie werden für die empirische Analyse der Erfolgsfaktoren im Gründungsprozess die Marktsituation, das Marktgebiet und die Art der Strategie betrachtet. Ethnische Gründer/-innen, denen es gelingt, ihren Kundenkreis und das Marktgebiet zu erweitern, sollten größere Wachstumsmöglichkeiten haben als Unternehmer/-innen, die in einer lokal und ethnisch beschränkten Nische verharren.

3.5 Umfeldbezogene Faktoren

3.5.1 Standortlage

Nach Wannenwetsch (2004, S. 259) ist der Unternehmensstandort "[...] der geographische Ort der Leistungserstellung, zu dem Produktionsfaktoren gebracht werden müssen und von dem aus Erzeugnisse zum Abnehmer transportiert werden". Nicht nur in den zahlreichen Informationsbroschüren und Ratgebern zur Existenzgründung, sondern auch in der betriebswirtschaftlichen Literatur kommt der Wahl des Standorts für den weiteren unternehmerischen Erfolg eine entscheidende Bedeutung bei (vgl. beispielsweise Korndörfer 1999; Wöhe 2005; Jung 2006). So kann sich ein falsch gewählter Standort im Zeitverlauf zur Kostenfalle entwickeln. Dabei ist zu berücksichtigen, dass die Entscheidung über den Unternehmensstandort langfristige Konsequenzen nach sich zieht und nur schwer revidierbar ist. Auf Grund der Tragweite der Entscheidung bedarf es daher einer umfangreichen Standortanalyse, die die Vor- und Nachteile verschiedener Alternativen abwägt.

Nach Wöhe (2005, S. 304) ist im Rahmen der betriebswirtschaftlichen Standorttheorie derjenige Ort zu wählen, "[...] der die Differenz zwischen standortbedingten Erträgen und standortabhängigen Aufwendungen maximiert". Mittels eines zweistufigen Planungsverfahrens gilt es, alle standortspezifischen Einflussgrößen auf den unternehmerischen Erfolg zu berücksichtigen und diese dann abschließend zu bewerten. Dafür kann zunächst eine räumliche Einengung in drei Schritten vorgenommen werden:

- In welchem Staat **(internationale Standortwahl)**,
- in welcher Region **(interlokale Standortwahl)** und
- in welcher Stadt, Straße **(lokale Standortwahl)** soll der neue Betrieb angesiedelt werden?

Danach gilt es, die einzelnen Standortfaktoren auf der Mikro-Ebene zu ermitteln. Hierunter fallen absatzorientierte, beschaffungsorientierte und arbeitskraftorientierte Standortfaktoren. Nach der Ermittlung aller standortspezifischen Erfolgsfaktoren erfolgt im zweiten Schritt mittels unterschiedlicher Entscheidungsverfahren die

Standortwahl. Neben quantitativen Modellen, wie der Totalanalyse, bietet sich auch ein qualitatives Vorgehen mit Checklisten an (Wöhe 2005, S. 311).

Nach Müller-Böling und Klandt (1993) hat das betriebliche Umfeld einen direkten Einfluss auf das weitere Entwicklungspotenzial des Unternehmens. Auf der makroökonomischen Ebene ist die allgemeine konjunkturelle Situation zu nennen. Zusätzlich ist die Entscheidung zwischen einer eher ländlichen oder städtischen Region für den Unternehmensstandort von weitreichender Bedeutung. Eine städtische Umwelt kann neu gegründete Unternehmen mit mehr Ressourcen – Arbeit, Kapital und Informationen – versorgen als ein ländliches Umfeld. Auch erhöht sich in städtischen Gebieten die Wahrscheinlichkeit, positive Spillover-Effekte nutzen zu können, die sich aus der Nähe zu anderen Unternehmen und öffentlicher Infrastruktur ergeben. Zusätzlich steigt in städtischen Agglomerationen die Wirtschaftskraft und damit das Nachfragepotenzial. Auf der anderen Seite nimmt mit der Größe der Stadt die Betriebsdichte zu, was zu vermehrtem Konkurrenzdruck führt. Auf Grund der Ressourcenvielfalt in städtischen Regionen können sich jedoch auch lukrative Nischen für den Unternehmer ergeben, in denen die Wettbewerbsintensität geringer ausfällt. Empirische Untersuchungen zeigen aber, dass für den Fortbestand von Gründungen kleinere Ortschaften von Vorteil sind. So kommt eine Untersuchung von Kohn und Spengler (2007) auf Basis des KfW-Gründungsmonitors zu dem Ergebnis, dass dort die Neugründungen eine geringere Sterbewahrscheinlichkeit aufweisen. Die Differenz zwischen Orten mit weniger als 5 000 Einwohnern und Orten mit mehr als 500 000 Einwohnern beträgt 1 bis 4 Prozentpunkte. Der Unterschied ist jedoch nicht für jede Spezifikation des Modells statistisch signifikant. Die Autoren führen dies auf die stärkere Wettbewerbsintensität in den Ballungszentren zurück. Stearns et al. (1995) bestätigen im Rahmen einer multivariaten Dependenzanalyse auf Basis von Unternehmensgründungen in Pennsylvania und Minnesota die Ergebnisse von Kohn und Spengler (2007). Entgegen ihrer eingangs aufgestellten Hypothese steigt die Überlebenswahrscheinlichkeit von Gründungen in ländlichen Gebieten im Vergleich zu städtischen Regionen. Die bereits mehrfach erwähnte Münchner Gründerstudie von Brüderl et al. (1998) kann nur geringe regionale Unterschiede in den Erfolgschancen der Betriebe festhalten. Vielmehr verweisen die Autoren darauf, dass sich regionale Begebenheiten eher im Niveau der Gründungsaktivitäten zeigen als im Niveau der betrieblichen Sterberaten.

Eine sorgfältige Standortanalyse steht im Zusammenhang zum späteren Geschäftserfolg. Untersuchungen zeigen jedoch, dass sich gerade ausländische Selbstständige bei der Standortwahl von persönlichen Kriterien leiten lassen. Hauptmotive sind nach Kristof et al. (2004) die Nähe zum eigenen Wohnort, ein hoher Anteil von Landsleuten im nahen Umfeld, niedrige Mieten und Geschäftsübernahmemöglichkeiten. Dass ausländische Selbstständige im Vorfeld der Gründung im Verhältnis zu deutschen Selbstständigen einen vergleichsweise geringen Planungsaufwand betreiben, hat bereits Kapitel 3.3.3 gezeigt. Auch bei der Standortwahl scheint von den Migrantenunternehmern nur selten eine detaillierte Analyse vorgenommen zu werden. So zeigt die Befragung ausländischer Betriebe in Nordrhein-Westfalen vom

Zentrum für Türkeistudien (Hrsg.) (1991), dass nur etwas mehr als die Hälfte der Unternehmen den Geschäftsstandort gezielt ausgewählt hat. Eine weitere Untersuchung des Zentrums für Türkeistudien (Hrsg.) (1989) zu türkischen Unternehmen in Dortmund, Duisburg und Essen kommt zwar zu dem Ergebnis, dass 70% der befragten Betriebe ihren Standort als vorteilhaft einstufen, die Nähe zur Konkurrenz wird aber bemängelt. Dies lässt wiederum auf eine nur unzureichende Standortanalyse schließen. Bestätigt werden diese Ergebnisse durch eine Befragung türkischer Unternehmer/-innen in Mannheim (Leicht und Leiß 2007). Die überwiegende Mehrheit der Betriebe siedelte sich in unmittelbarer Nähe zu direkten Konkurrenten an. So gab fast ein Drittel der befragten Unternehmen an, dass sich die Anzahl an Nachbarbetrieben auf mehr als sechs beläuft. Bei der Standortanalyse scheint die Maxime der Konkurrenzvermeidung eine nur untergeordnete Rolle zu spielen, was sich letztendlich in einem innerethnischen Verdrängungswettbewerb widerspiegelt.

Als Ausprägungen der Standortlage werden für die empirische Analyse der Erfolgsfaktoren im Gründungsprozess die konjunkturelle Situation, die Größe der Region, die lokale Lage des Standortes und die Konkurrenzdichte betrachtet. Es wird erwartet, dass Gründungen bei guter konjunktureller Lage in kleineren Regionen mit geringer Konkurrenzdichte erfolgreicher verlaufen.

3.5.2 Öffentliche Förderung

Von Seiten der "öffentlichen Hand" gibt es eine Reihe an Beratungs- und Fördermaßnahmen, die gezielt auf ethnische Existenzgründer/-innen und Unternehmer/-innen zugeschnitten sind. Gerade weil die Gruppe der Migranten häufig schnell und unvorbereitet den Schritt in die Selbstständigkeit wagt, scheint es für eine erfolgreiche Existenzgründung ratsam, auf spezielle Unterstützungsangebote zurückzugreifen. Diese Unterstützungsangebote können zunächst beratender Natur sein. Leicht und Leiß (2007) halten fest, dass v.a. die Bedeutung der Beratung im Rahmen des Existenzgründungsprozesses unterschätzt wird. Oftmals sind die Gründer/-innen in dem Glauben, dass die eigene Branchen- oder Berufserfahrung nur auf den neuen Betrieb übertragen werden muss. Die Befragung türkischer Selbstständiger in Mannheim von Leicht et al. (2006) zeigt, dass mehr als ein Viertel der Unternehmer/-innen zugeben muss, Probleme im Zusammenhang mit der Existenzgründung unterschätzt zu haben. Institutionen wie die lokalen Kammern können hier im Vorfeld bereits aufklärerisch tätig werden und unterstützend zur Seite stehen. Auch überlokale Einrichtungen bieten spezielle Angebote an. So richtet beispielsweise die Initiative für Existenzgründung und Unternehmensnachfolge (ifex) der Landesregierung Baden-Württemberg ihre Maßnahmen zielgruppengerecht an Migranten, um die Qualität der Gründungen zu steigern. Die Maßnahmen umfassen dabei Existenzgründungstage und Seminare für verschiedene Nationalitäten, Sprechtage für ausländische Existenzgründer/-innen, Existenzgründungsberatungen durch zweisprachige Berater sowie fremdsprachliche Existenzgründungsbroschüren.

Im Rahmen der umfeldbezogenen Faktoren gilt das Interesse v.a. den finanziellen Förderprogrammen der öffentlichen Hand. Exemplarisch hervorzuheben sind die Unterstützungsangebote der Deutschen Ausgleichsbank (DtA), dem wichtigsten Geldgeber in diesem Bereich. Die DtA ist die Gründer- und Mittelstandsbank des Bundes. Ursprünglich wurde die DtA nach dem 2. Weltkrieg als "Lastenausgleichsbank" gegründet, um die Kriegsopfer und heimatlosen Ausländer wirtschaftlich einzugliedern. Im Zeitverlauf konzentrierte sich die Arbeit der DtA auf die Bereiche Existenz- und Unternehmensgründung, Soziales, Bildung, Umwelt und Technologie. Das finanziell größte Volumen der Förderprogramme konzentriert sich auf Projekte aus dem Bereich Existenz- und Unternehmensgründung. Ein besonderer Schwerpunkt liegt dabei auf der Förderung von Migranten.

Im Juli 2003 wurde die DtA in die KfW Bankengruppe, die Förderbank des Bundes und der Länder, integriert. Im Zeitraum von 1990 bis 2002 hat die DtA insgesamt 19 909 Darlehen mit einem Volumen von mehr als 558 Mio. € an ausländische Existenzgründer/-innen und junge Unternehmen zur Gründungs- oder Wachstumsfinanzierung vergeben (vgl. Täuber 2003). 84,2% der vergebenen Darlehen verteilen sich dabei auf die reine Existenzgründung. Hat sich die Gesamtzahl der ausgereichten Darlehen zwischen 1993 und 1999 deutlich erhöht, so ist sie seit dem Jahr 2000 wieder rückläufig (siehe linke Graphik der Abbildung 3.6).

Die drei Kernförderprogramme im Bereich der Existenz- und Unternehmensgründung sind das ERP-Eigenkapitalhilfeprogramm sowie das ERP- und DtA-Existenzgründungsprogramm. Hierbei handelt es sich um finanzielle Unterstützungsprogramme seitens der DtA. Die Anträge werden von der jeweiligen Hausbank, die eine Vorabprüfung auf Unterstützungsberechtigung – u.a. muss der Antragsteller eine gewisse fachliche Qualifikation aufweisen – durchführt, an die DtA weitergeleitet. Zusätzlich müssen positive Stellungnahmen zum Vorhaben von einer befugten Institution, wie der lokalen Kammer, eingeholt werden.

Im Mai 1999 führte die DtA zusätzlich das Förderprodukt DtA-StartGeld ein. Damit sollen gezielt Gründungen von Kleinbetrieben mit einem Finanzierungsbedarf bis 50 000 € unterstützt werden. Den Hausbanken gewährt die DtA zusammen mit dem Europäischen Investment Fund (EIF) eine 80-prozentige Risikoentlastung. Drei Jahre später wurde mit dem DtA-Mikro-Darlehen noch spezieller auf die Bedürfnisse von Kleinstgründungen reagiert. So können Existenzgründer/-innen und nun auch bestehende Unternehmen bis zu drei Jahre nach Gründung maximal 25 000 € erhalten. Auch hier soll eine 80-prozentige Haftungsfreistellung den Banken die Finanzierung attraktiver machen.

Mit diesen beiden Produkten reagierte die DtA v.a. auf den Finanzierungsbedarf von ausländischen Selbstständigen. So zeigt die Untersuchung von Kohn und Spengler (2007), dass Migranten im Vergleich zu den Deutschen bei der Höhe des finanziellen Mittelbedarfs im Rahmen der Gründung häufiger in den kleinen und mittleren Finanzierungsklassen zwischen 5 000 und 50 000 € besetzt sind. Das spiegelt

Abbildung 3.6: Förderung ausländischer Selbstständiger durch die DtA

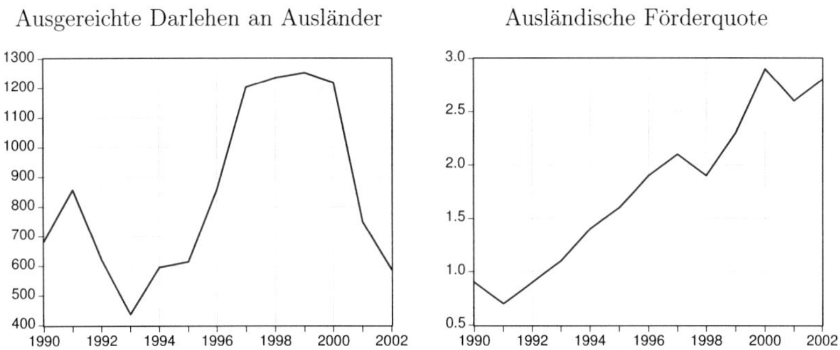

Quelle: Daten der DtA 1990-2002

sich auch in der Inanspruchnahme der beiden neuen Förderprodukte wider: Das DtA-StartGeld und das DtA-Mikro-Darlehen sind nach ihrer Einführung die von Ausländern am häufigsten genutzten Unterstützungsprogramme.

Eine Reihe von Studien hat sich mit den Auswirkungen öffentlicher Gründungsförderung beschäftigt. Die Untersuchungen basieren größtenteils auf den Daten der DtA und analysieren die Entwicklung der hier geförderten Unternehmen (Struck 1995; Heil 1997; Woywode und Struck 2004). Diese Studien weisen allerdings einige methodische Kritikpunkte auf. So werden auf Grund des Datenmaterials nur kurzfristige Förderauswirkungen untersucht. Kurzfristig treten aber häufig Mitnahmeeffekte auf (Almus und Prantl 2002). Ebenso erweist sich die Auswahl der Kontrollgruppe als problematisch oder fehlt gänzlich. So beobachten Woywode und Struck (2004) bei ihrer Studie zu den Ursachen des Erfolges staatlich geförderter Unternehmen zwar einen Anstieg der Überlebenswahrscheinlichkeit mit der Höhe der Fördersumme, es fehlt jedoch an einer Vergleichsgruppe mit nicht geförderten Betrieben.

Eine Untersuchung von Almus und Prantl (2002) auf Basis der DtA-Förderdaten und des ZEW-Gründerpanels löst die Problematik mit der Kontrollgruppe. Mittels eines statistischen Matching-Verfahrens wird jedem geförderten Unternehmen ein nicht gefördertes Gegenstück mit ähnlicher Struktur zugewiesen. Dadurch lassen sich fundierte Aussagen über die Wirkungen der Fördermaßnahmen treffen. Festzuhalten ist, dass die von der DtA geförderten Unternehmen im Durchschnitt eine 14% höhere Überlebenswahrscheinlichkeit aufweisen als die nicht geförderten Unternehmen der Kontrollgruppe. Der positive Effekt der Förderung ist jedoch bei alleiniger Betrachtung von Unternehmen des Verarbeitenden Gewerbes oder des Baugewerbes nicht signifikant. Die Fördermaßnahmen scheinen also vornehmlich bei Handels- und Dienstleistungsunternehmen anzuschlagen. Zusätzlich ist das Beschäftigungswachstum der geförderten Unternehmen im Durchschnitt um 49% höher als bei der

Kontrollgruppe. Auch hier gibt es einzelne Unternehmensgruppen, für die dieser Effekt nicht signifikant ist.

Dennoch scheinen die Fördermaßnahmen zu einem verstärkten Beschäftigungsaufbau beizutragen. So zieht Täuber (2003) Bilanz, dass mit der Förderung zwischen 1990 und 2002 45 000 Arbeitsplätze bei ausländischen Unternehmen neu geschaffen oder gesichert wurden. Zu ähnlichen Ergebnissen wie Almus und Prantl (2002) kommt eine frühere Untersuchung von Brüderl et al. (1998). Die Auswertung von Betrieben aus dem Kammerbezirk der IHK München und Oberbayern hinsichtlich des Effektes von staatlicher Förderung spricht für die Unterstützungsprogramme. So weisen die geförderten Betriebe einen Überlebensvorteil von 25% gegenüber nicht geförderten Betrieben auf. Auch bei der Wahrscheinlichkeit eines Beschäftigungs- oder Umsatzzuwachses liegen die geförderten Betriebe um 12 bzw. 3% höher als die nicht geförderten. Auch wenn als "härtere" Vergleichsgruppe förderberechtigte Betriebe, die nicht gefördert wurden, gewählt werden, schneiden die geförderten Betriebe beim Erfolgskriterium des Überlebens gegenüber dieser Kontrollgruppe mit 20 Prozentpunkten deutlich besser ab. Der positive Effekt auf die Beschäftigung verschwindet jedoch.

Öffentliche Fördermaßnahmen scheinen, auch wenn die vorgestellten Studien keine explizite Unterscheidung zwischen ausländischen und deutschen Unternehmern vornehmen, einen positiven Effekt auf den betrieblichen Erfolg zu haben. Allerdings werden die von der DtA angebotenen Förderprogramme von den ausländischen Unternehmern nur spärlich wahrgenommen. Setzt man die Zahl der ausländischen Existenzgründer, die durch die DtA gefördert wurden, in das Verhältnis zu der Zahl der deutschen Existenzgründer, so ergibt sich für die Jahre 1990 bis 2002 eine durchschnittliche "Ausländerquote" von 1,6% (ohne Wachstumsfinanzierung). Wie die rechte Graphik der Abbildung 3.6 zeigt, erhöhte sich diese Quote zwischen 1990 und 2002 jedoch kontinuierlich. Auch eine Untersuchung des DtA-Gründungsmonitors aus dem Jahr 2002 (Lehnert 2003) zeigt, dass öffentliche Darlehen von Migranten eher seltener in Anspruch genommen werden als von Deutschen. Zurückzuführen ist dies auf ein Informationsdefizit der Migranten bezüglich der öffentlichen Förderprogramme. Zahlreiche Untersuchungen (vgl. u.a. Zentrum für Türkeistudien (Hrsg.) 1991; Burgbacher 2004; Sen und Sauer 2005) unterstützen diese Erkenntnis und kommen zu demselben Ergebnis: Migranten greifen auf Grund mangelnder Kenntnis im Rahmen der Existenzgründung kaum auf öffentliche Förderangebote zurück. Zusätzlich schreckt häufig die Komplexität des Zulassungsverfahrens ab. Die Studie von Humpert (1996) zu türkischen Selbstständigen in Nordrhein-Westfalen hält dabei fest, dass mit zunehmender Verbindlichkeit der Fördermaßnahmen die Relevanz für die türkischen Existenzgründer abnimmt. Über öffentliche Fördermittel vor der Existenzgründung waren 20,5% der Befragten informiert. Diese bloße Kenntnisnahme stellt den geringsten Verbindlichkeitsgrad dar. Konkrete Gründungsberatung in Anspruch genommen haben dann nur noch 3% der Befragten. Hier ist die Verbindlichkeit bereits höher, da man gegenüber der Beratungsinstitution einen gewissen Begründungsdruck hat. Häufig werden aus diesem Grund für Beratungsgespräche nicht formale Instanzen aufgesucht, sondern Freunde und Bekannte aus dem ethnischen Netzwerk. Für die höchste Stufe der Verbindlichkeit, der Inanspruchnahme von öffentlichen Fördermitteln, haben sich nur 0,7% der Befragten entschieden.

Als Ausprägung der öffentlichen Förderung wird für die empirische Analyse der Erfolgsfaktoren im Gründungsprozess die Inanspruchnahme öffentlicher Fördermaßnahmen betrachtet. Die Studien signalisieren einen positiven Effekt von öffentlichen Fördermaßnahmen auf die betriebliche Entwicklung. So wird die Überlebenswahrscheinlichkeit erhöht und der Beschäftigungsaufbau verstärkt.

3.5.3 Branchenwahl

Für Brüderl et al. (1998) stellt die Gründungsbranche die Stellvertretervariable des Umfeldes dar. So fallen unter die Branche Aspekte wie der Stabilitätsgrad, die Wettbewerbsstruktur, der Evolutionsgrad, Eintrittsbarrieren sowie die Art der Produkte und Dienstleistungen.

Innerhalb der Industrieökonomik werden v.a. die Wettbewerbsintensität in einer Branche und das Ausmaß der Unternehmenskonzentration diskutiert. Viele andere Branchencharakteristika lassen sich als Bestimmungsfaktoren oder als Folgen des Ausmaßes des Wettbewerbs sehen. Beispielsweise ist bei geringen Markteintrittsbarrieren damit zu rechnen, dass durch einen starken Zustrom an neuen Betrieben die Konkurrenz stimuliert wird (Brüderl et al. 1998, S. 216). Markteintrittsbarrieren können als administrative Regelungen oder finanzielle Einstandskosten auftreten. Ebenso führt eine günstige Nachfrageentwicklung in einer Branche zu einer höheren Gründungsaktivität und damit zu einer Intensivierung des Wettbewerbs.

Das Ausmaß der Unternehmenskonzentration als zweite Schlüsselvariable ist das Ergebnis des Marktprozesses. Im Allgemeinen besteht ein negativer Zusammenhang zwischen der Wettbewerbsintensität und der Unternehmenskonzentration. Doch nach Brüderl et al. (1998) kann auch dann, "[...] wenn nur wenige Anbieter den Markt dominieren, durchaus noch eine starke Konkurrenz unter den wenigen Anbietern bestehen". Darüber hinaus ergeben sich trotz weniger marktbeherrschender Unternehmen noch Spielräume für kleine Anbieter. Zahlreiche Studien bestätigen einen positiven Einfluss von einer geringen Branchendichte auf den Unternehmenserfolg (u.a. Neiswander und Drollinger 1986; Eisenhardt und Schoonhoven 1990; Stuart und Abetti 1990; Kroiß 2003). Bei der Auswertung des SOEP aus Kapitel 2.5.5.4 ergab sich für die Branche des Handels, in der der Wettbewerbsdruck traditionell sehr hoch ist, ein negativer Effekt auf die Erfolgswahrscheinlichkeit. Demnach ist es für den Gründer umso schwieriger, die notwendigen Ressourcen zu akquirieren, je höher die Wettbewerbsintensität ist.

Weitere Studien beschäftigen sich mit dem Branchenlebenszyklus (z.B. Hungenberg 2004). Dieses Konzept unterstellt, dass alle Branchen ein idealtypisches Entwicklungsmuster durchlaufen. Der Zyklus umfasst die Entstehungs-, Wachstums-, Reife- und Schrumpfungsphase:

- **Entstehungsphase**
  Die Entstehungsphase ist charakterisiert durch die Entwicklung der Primärnachfrage. Zahlreiche potenzielle Nutzer sind noch nicht mit dem Produkt vertraut.

- **Wachstumsphase**
  Die Wachstumsphase zeichnet sich durch starkes Branchenwachstum aus. Die Wettbewerbsstrukturen unterliegen dabei einem ständigen Wandel.

- **Reifephase**
  Das Produkt ist einem weiten Kreis an potenziellen Kunden bekannt. Das abnehmende Branchenwachstum verschärft den Konkurrenzkampf.

- **Schrumpfungsphase**
  Die Schrumpfungsphase beinhaltet den Übergang von der Sättigung in ein negatives Branchenwachstum. Dies führt zu einem Verdrängungswettbewerb.

Empirische Untersuchungen kommen bezüglich des Branchenlebenszyklus zu einem weitestgehend einheitlichen Ergebnis. So führt die Gründung in der Wachstumsphase einer Branche zu einem größeren Erfolg als der Eintritt in einer Reife- oder Schrumpfungsphase (u.a. Hobson und Morrison 1983; Sandberg 1986; Hofer und Sandberg 1987).

Als Ausprägung der Branchenwahl wird für die empirische Analyse der Erfolgsfaktoren im Gründungsprozess die Branche, in der die Gründung erfolgte, betrachtet. Es wird erwartet, dass Gründungen in wettbewerbsintensiven Branchen weniger erfolgreich verlaufen. Hierunter fallen v.a. die Gastronomie und der Einzelhandel.

3.6 Zusammenfassung

Gegenstand des dritten Kapitels war eine Einführung in die theoretischen Konzepte der Erfolgsfaktorenforschung, um wesentliche Einflussgruppen für die empirische Analyse zu identifizieren.

Durch das Zusammenführen der Ansätze aus der allgemeinen und ethnischen Gründungsforschung konnte ein Modellrahmen zur Identifizierung relevanter Einflussgruppen auf den Gründungserfolg erstellt werden. Unter die personenbezogenen Erfolgsfaktoren fallen dabei sozio-demographische Merkmale, das Humankapital, die Planung und Vorbereitung sowie ethnische Ressourcen. Die betriebsbezogenen Faktoren konzentrieren sich auf die Kapitalausstattung, die betriebliche Organisation und die betriebliche Strategie. Umfeldbezogene Faktoren umfassen die Standortlage, die öffentliche Förderung und die Wahl der Branche.

Bei den personenbezogenen Erfolgsfaktoren wurde zunächst die Rolle der sozio-demographischen Merkmale des Gründers untersucht. Darunter fallen das Geschlecht, das Alter und der Familienstand. Bezüglich des Geschlechts ließ sich festhalten, dass Frauen eher risikoaverser als Männer agieren und durch das Umfeld häufig diskriminiert werden. Zahlreiche empirische Studien bestätigen daher geringere Wachstumsaussichten bei weiblichen Selbstständigen. Hinsichtlich des Alters lässt sich vermuten, dass ältere Unternehmer/-innen über mehr Erfahrung verfügen und sich dies positiv auf die geschäftliche Entwicklung auswirkt. Studien kommen jedoch zu keinem einheitlichen Ergebnis. Als letztes sozio-demographisches Merkmal wurde der Familienstand betrachtet. Vermutet wird ein positiver Einfluss, falls der Selbstständige verheiratet ist. So kann der Ehepartner im Betrieb für arbeitstechnische Entlastung sorgen und eine finanzielle Unterstützung darstellen.

Dem Humankapital wird in der empirischen Erfolgsfaktorenforschung besondere Aufmerksamkeit geschenkt. Unterschieden werden kann dabei zwischen allgemeinem Humankapital, branchenspezifischem Humankapital und unternehmerischem Humankapital. Das Humankapital beeinflusst über zwei Kanäle die Erfolgs- und Überlebenschancen eines Betriebes. Zunächst beeinflusst das Humankapital die Produktivität des Unternehmers. So erhöht Bildung dessen Wissensstand und seine Fähigkeiten, Geschäftschancen und -risiken abzuwägen, den Betrieb effizient zu managen sowie mit Kunden, Banken, Lieferanten und anderen Stakeholdern zu kommunizieren. Selektionseffekte des Humankapitals treten schon im Vorfeld der Gründung auf. Gründer mit einem hohen Qualifikationsniveau hatten zumeist bessere Verdienstmöglichkeiten in einer früheren beruflichen Position, was die finanzielle Grundausstattung zu Beginn der Gründung beeinflusst. Empirische Studien betonen den positiven Effekt der Branchenerfahrung, Selbstständigenerfahrung und der Managementfähigkeiten auf den Unternehmenserfolg.

Darüber hinaus wurde die Rolle der Planung und Vorbereitung im Rahmen der personenbezogenen Faktoren untersucht. Durch eine sorgfältige Vorbereitung der Gründung sollen Unsicherheiten vermieden und Lösungen von Zukunftsproblemen erarbeitet werden. 90% aller eingetretenen Fehlentwicklungen können auf eine unzureichende Planung zurückgeführt werden. Auch empirische Studien sehen in einem Planungsdefizit die Hauptursache für ein späteres Scheitern der Gründung. Eine angemessene Vorbereitung umfasst die Erstellung eines Geschäftsplanes, die Inanspruchnahme einer Gründungsberatung sowie einen Planungshorizont von mehreren Monaten.

Als letzter personenbezogener Erfolgsfaktor wurde auf die ethnischen Ressourcen eingegangen. Ethnische Ressourcen sind soziokulturelle Merkmale einer bestimmten ethnischen Gruppe, die von Mitgliedern im Geschäftsleben aktiv benutzt werden können oder von denen sie passiv ökonomisch profitieren. Als wichtigste Formen der ethnischen Ressourcen gelten das ethnische Sozial- und Finanzkapital, ethnische Arbeit und kulturelle Merkmale. Besondere Aufmerksamkeit wird dem ethnischen Sozialkapital geschenkt. Als ethnisches Sozialkapital wird dabei das Vorhandensein von Netzwerken zwischen dem ethnischen Unternehmer und Angehörigen der ethnischen Gruppe verstanden. Studien betonen die Bedeutung dieser Netzwerke für den Geschäftserfolg. So dienen die ethnischen Netzwerke als Kommunikationsmedium und helfen bei der Mobilisierung von Finanzkapital. Darüber hinaus werden die ethnischen Netzwerke zur Akquise der Mitarbeiter genutzt. Wichtig für den ethnischen Unternehmer ist es jedoch, seine Netzwerke im Zeitverlauf über die eigene Ethnie zu erweitern. Dadurch können neue Märkte erschlossen und zusätzliche Ressourcen ausgeschöpft werden.

Bei den betriebsbezogenen Erfolgsfaktoren interessierte zunächst die Rolle der Kapitalausstattung der Betriebe. Bezüglich der Höhe des Startkapitals konnte festgehalten werden, dass eine solide finanzielle Basis dem Gründer mehr Zeit verschafft, Probleme zu bewältigen. Empirische Studien belegen diesen Zusammenhang. So nimmt ein höheres Startkapital einen positiven Einfluss auf die Gründungsentwicklung. Jedoch sind solche Rückschlüsse auch problematisch, denn aussichtsreiche Gründungen mit einer guten Geschäftsidee und einer guten Vorbereitung können von Beginn an mehr Kapital akquirieren. Hinsichtlich der Zusammensetzung des Startkapitals lassen sich Hinweise dafür finden, dass erfolgreiche Unternehmer/-innen vermehrt ihr eigenes Kapital in den Betrieb investieren.

Die betriebliche Organisation wurde in der empirischen Erfolgsfaktorenforschung weitestgehend vernachlässigt, jedoch kann eine effektive Gründungsorganisation dazu beitragen, unternehmerische Schieflagen zu vermeiden. Unterschieden wurde in der Analyse zwischen der externen Struktur, der Art der Gründung und der internen Organisation der Arbeitsabläufe. Unter die externe Struktur fällt die Wahl der Rechtsform. Studien konzentrieren sich hierbei auf den Punkt der Haftung. So sind Unternehmer/-innen mit einer beschränkten Haftung eher dazu bereit, riskantere Projekte einzugehen, die sich dann in überdurchschnittlich hohen Erträgen niederschlagen können. Bei der Art der Gründung kann der Unternehmer zwischen einer Neugründung und einer Betriebsübernahme wählen. Vorteil einer Betriebsübernahme ist, dass ein bereits bestehender Kundenstamm übernommen werden kann, jedoch ist der Gestaltungsspielraum eingeschränkt. Neugründungen müssen sich erst am Markt etablieren, weisen dann aber ein größeres Entwicklungspotenzial auf. Hinsichtlich der internen Struktur sollte sich der Unternehmer zunächst auf das *Doing* konzentrieren. Im weiteren Verlauf gilt es dann, das *Managing* zu übernehmen, um sich auf strategische Fragen zu konzentrieren.

Die betriebliche Strategie bestimmt, auf welchem Markt der ethnische Unternehmer agiert. Unterschieden werden kann zwischen den Dimensionen Marktsituation und Marktgebiet. Konzentriert sich der Selbstständige auf Kunden aus seiner eigenen Ethnie, die aus der lokalen Nachbarschaft kommen, so ist sein Wachstumspotenzial beidseitig begrenzt. Eine Ausbruchmöglichkeit bietet sich in dem lokal beschränkten, aber offenen Markt. Durch das Ansprechen einer Kundengruppe über die eigene Ethnie hinaus ergeben sich weitere Entwicklungsmöglichkeiten. Begrenzt werden diese durch das lokale Marktgebiet. Eine weitere Ausbruchmöglichkeit ist der ethnisch beschränkte, aber überlokale Markt. Hier agieren Unternehmen, die zwar überwiegend ethnische Abnehmer für ihre Produkte haben, diese aber regional und national beliefern. Das Wachstumspotenzial in diesem Markt ist durch die räumliche Dimension gegeben. Theoretisch unbegrenztes Wachstumspotenzial herrscht schließlich im offenen, überlokalen Markt.

Im Rahmen der umfeldbezogenen Erfolgsfaktoren wurde zunächst die Standortlage betrachtet. Der Wahl des Standortes kommt für den weiteren unternehmerischen Erfolg eine entscheidende Bedeutung bei. So zieht die Entscheidung über den Unternehmensstandort langfristige Konsequenzen nach sich und ist nur schwer revidierbar. Empirische Studien konzentrieren sich v.a. auf die regionale Ansiedlung des Unternehmens. Ein städtisches Umfeld kann den Betrieb mit mehr Ressourcen versorgen als ein ländliches Umfeld. Zusätzlich steigt in urbaneren Regionen die Wirtschaftskraft und damit das Nachfragepotenzial. Auf der anderen Seite steigt mit der Größe der Städte die Betriebsgröße, was einem stärkeren Konkurrenzdruck entspricht. Einige Untersuchungen kommen daher zu dem Ergebnis, dass sich in kleineren Ortschaften die Überlebenswahrscheinlichkeit einer Gründung erhöht.

Weiter wurde der Einfluss finanzieller Förderprogamme der öffentlichen Hand diskutiert. Studien belegen einen positiven Effekt solcher Maßnahmen auf die Überlebenswahrscheinlichkeit einer Gründung. Trotz dieses positiven Einflusses nehmen Migrantenunternehmer/-innen nur selten öffentliche Fördermittel in Anspruch. Zurückzuführen ist das auf ein Informationsdefizit der Migranten gegenüber Angeboten der öffentlichen Hand. Weiter schreckt die Komplexität des Zulassungsverfahrens ab.

Als letzte Einflussgruppe des Umfeldes wurde auf die Gründungsbranche eingegangen. Untersuchungen beschäftigen sich dabei v.a. mit der Wettbewerbsintensität und dem Ausmaß der Unternehmenskonzentration. So nimmt eine geringe Branchendichte einen positiven Einfluss auf den Unternehmenserfolg. Darüber hinaus gilt das Interesse dem Branchenlebenszyklus. Nach diesem Konzept durchläuft jede Branche eine Entstehungsphase, eine Wachstumsphase, eine Reifephase und eine Schrumpfungsphase. Untersuchungen zeigen, dass Gründungen in Branchen, die sich in einer Wachstumsphase befinden, am erfolgreichsten sind.

Durch das Zusammenführen der Überlegungen aus der allgemeinen und ethnischen Erfolgsfaktorenforschung wurden in diesem Kapitel wesentliche Einflussgruppen auf den Gründungserfolg eines ethnischen Unternehmers identifiziert werden. Unter die personenbezogenen Erfolgsfaktoren fallen die soziodemographischen Merkmale des Gründers, das Humankapital, die Planung und Vorbereitung sowie die ethnischen Ressourcen. Bei den betriebsbezogenen Erfolgsfaktoren sind die Kapitalausstattung, die betriebliche Organisation und die betriebliche Strategie zu nennen. Als umfeldbezogene Erfolgsfaktoren gelten die Standortlage, die öffentliche Förderung und die Branchenwahl. Dieser Modellrahmen wird in den weiteren Analysen empirisch überprüft.

Kapitel 4

Türkische Selbstständige in Ulm/Neu-Ulm und Stuttgart

Ein Hauptproblem bei dem Umgang mit den ausländischen Selbstständigen stellt die unzureichende Datenbasis dar. Die meisten statistischen Angaben beruhen auf Auswertungen des Mikrozensus, der amtlichen Repräsentativstatistik über die Bevölkerung und den Arbeitsmarkt in Deutschland. Zwar enthalten statistische Erhebungen wie der Mikrozensus ausgewählte Informationen über Migranten, jedoch liegt der Fokus nicht auf Fragen der Selbstständigkeit. Auch das in Kapitel 2.5 ausgewertete SOEP ist eine Haushaltsbefragung und enthält primär personenbezogene Informationen. Darüber hinaus unterscheiden viele regionale Wirtschaftsinstitutionen wie die Industrie- und Handelskammern in ihren Datenbanken nicht nach der Staatsangehörigkeit. Auf Grund dieser unzureichenden Datengrundlage erscheint es für betriebliche Fragestellungen wie der Erforschung der Erfolgsfaktoren im Gründungsprozess unabdingbar, eigene Primärerhebungen durchzuführen. Im Rahmen dieser Arbeit konnte auf einen Datensatz zurückgegriffen werden, der durch die Kooperation zweier Unternehmervereine entstanden ist. So wurden in den Regionen Ulm/Neu-Ulm und Stuttgart 186 türkische Selbstständige befragt.

Gegenstand des folgenden Kapitels ist die Vorstellung des für die empirische Analyse der Erfolgsfaktoren im Gründungsprozess verwendeten Datensatzes. Dadurch wird das Profil eines türkischen Selbstständigen aus Kapitel 2 um betriebliche Informationen erweitert. Kapitel 4.1 geht zunächst auf das methodische Vorgehen bei der Datenerhebung ein. Das beinhaltet die Vorstellung des bei der Betriebsbefragung eingesetzten Fragebogens sowie eine Beschreibung der Untersuchungsregion. Kapitel 4.2 stellt die personenbezogenen Charakteristika der befragten türkischen Selbstständigen vor. Hierunter fallen die sozio-demographischen Merkmale, das Humankapital, die Planung und Vorbereitung sowie die ethnischen Ressourcen. In Kapitel 4.3 interessieren die betriebsbezogenen Charakteristika. So wird auf die Kapitalausstattung, die betriebliche Organisation und die betriebliche Strategie eingegangen. Kapitel 4.4 beschreibt die umfeldbezogenen Charakteristika. Das sind die Standortlage und die öffentliche Förderung. Abschließend wird ein Vergleich zwischen den Regionen Ulm/Neu-Ulm und Stuttgart durchgeführt. Kapitel 4.5 fasst die gesammelten Ergebnisse zusammen.

4.1 Daten und methodisches Vorgehen

4.1.1 Datenerhebung

Die folgenden empirischen Analysen basieren auf einem Datensatz, der durch die Arbeit zweier Projekte gewonnen wurde. So befragte der Unternehmerverband Alb-Donau e.V. (ADUV) im Rahmen des Projektes "Bedarfsermittlung, Coaching und Qualifizierung der ExistenzgründerInnen und GründerInnen mit Migrationshintergrund in der Region Ulm" 141 türkische Selbstständige in Ulm und Neu-Ulm. ADUV ist ein Zusammenschluss von türkischen Selbstständigen aus der Region Ulm. Weitere 45 türkische Selbstständige wurden durch den Verein zur Unterstützung von Selbstständigen e.V. (SELF) in Stuttgart befragt. SELF ist eine im Jahr 2003 gegründete gemeinnützige Vereinigung von deutsch-türkischen Unternehmern aus Stuttgart und betreut das Projekt "Zielgruppenspezifische Förderung der ExistenzgründerInnen und Gründungswilligen mit Migrationshintergrund in der Region Stuttgart".

Insgesamt umfasst der Datensatz 186 türkische Selbstständige aus Ulm/Neu-Ulm und Stuttgart.[21] Diese Unternehmer/-innen wurden zwischen Herbst 2008 und Frühjahr 2009 von Mitarbeitern der beiden Unternehmerverbände aufgesucht und persönlich befragt. Durch dieses Verfahren sollte insbesondere das Problem geringer Rücklaufquoten vermieden werden. Der bei der Betriebsbefragung eingesetzte Fragebogen wurde basierend auf den Erkenntnissen aus der Erfolgsfaktorenforschung und bereits bestehenden empirischen Untersuchungen sowohl theoriegestützt als auch anwendungsorientiert konzipiert. Die Konzeption erfolgte in Zusammenarbeit mit ADUV und SELF. Neben einer allgemeinen Erfassung der Strukturen türkischer Betriebe in den Regionen Ulm/Neu-Ulm und Stuttgart steht vor allem die wissenschaftliche Analyse im Vordergrund, welche Faktoren maßgeblichen Einfluss auf die unternehmerische Entwicklung haben. Der Fragebogen ist hierfür in 16 themenspezifische Bereiche untergliedert, die sich auf insgesamt 30 Seiten erstrecken.[22]

1. Der erste Teil "Personenbezogene Fragen" erfasst sozio-demographische Informationen der Unternehmer/-innen.

   Zunächst werden das Alter, das Geschlecht sowie der Familienstand des Selbstständigen erfragt. Es folgt die Erhebung des Migrationshintergrundes. Dies beinhaltet das Geburtsland, das Jahr des Zuzugs nach Deutschland, die eigene Staatsbürgerschaft und die Staatsbürgerschaft der Eltern. Anschließend wird nach dem Bildungshintergrund gefragt. Das umfasst den individuellen Schul-

[21] Der Begriff "türkische Selbstständige" bezieht sich dabei auf alle Personen mit einem türkischen Migrationshintergrund.

[22] Im Anhang zu Kapitel 4 befindet sich der bei der Betriebsbefragung eingesetzte Fragebogen.

und Berufsabschluss sowie die Richtung des beruflichen Abschlusses. Ferner werden die Unternehmer/-innen gebeten anzugeben, wo sie diesen Abschluss erreicht haben.

2. Im zweiten Teil "Hintergrundfragen zur Existenzgründung" interessiert die persönliche Situation des Unternehmers im Vorfeld der Gründung.

   Nach der Erfassung des Gründungsjahres und -ortes des Betriebes werden die Selbstständigen zu ihren Gründungsmotiven befragt. Es folgt die Erhebung des beruflichen Status vor der Selbstständigkeit sowie die Frage, ob der Unternehmer bereits früher schon einmal selbstständig war. Ebenso wird nach der Selbstständigenerfahrung in der Familie gefragt. Zusätzlich interessiert, ob der Unternehmer Vorgesetztenerfahrung aufweist. Der Themenbereich schließt mit einer Einschätzung des Befragten zu den kaufmännischen Kenntnissen bei Beginn der Gründung.

3. Der dritte Teil "Organisation und Struktur" beschäftigt sich schwerpunktmäßig mit der externen und internen Organisationsstruktur des Betriebes.

   Zunächst werden die Kammerzugehörigkeit, die Mitgliedschaft in einem Unternehmerverband sowie die Branche, in der das Unternehmen tätig ist, erfasst. Darüber hinaus wird die Branchenerfahrung des Selbstständigen erhoben. Anschließend werden die Unternehmer/-innen gefragt, ob es sich bei der Gründung um eine Vollerwerbs- oder Nebenerwerbsgründung handelte. Es folgen Fragen nach der externen Organisationsstruktur: Rechtsform, Gründung mit einem Partner und Art der Gründung (Neugründung, Betriebsübernahme oder Sonstiges). Danach werden die Unternehmer/-innen um eine Beschreibung ihrer internen Organisation gebeten. Dies beinhaltet die Aufgabenverteilung zu Beginn der Gründung, die Hauptaufgabe des Unternehmers heute im Betrieb und die Art der Zuständigkeitsbereiche bei den Mitarbeitern. Es schließen sich Fragen zur Art der Steuerung des Unternehmens, ob mit Unternehmensberatern zusammen gearbeitet wird, Einschätzungen zur Bedeutung von Kostensenkungen und zur Erstellung von Kontrollberichten an. Danach werden die Befragten gebeten, ihre durchschnittliche Wochenarbeitszeit anzugeben. Abschließend wird erfasst, inwieweit auf die Hilfe der Familie zu Beginn der Gründung zurückgegriffen wurde.

4. Im vierten Teil "Planung und Vorbereitung" wird die Intensität der im Vorfeld der Gründung durchgeführten Planung erhoben.

   Zunächst werden die Unternehmer/-innen befragt, welche Zeitspanne zwischen dem Aufkommen ihres Gründungswunsches und der eigentlichen Gründung lag. Ebenso interessiert, ob ein Geschäftsplan ausgearbeitet wurde und im Rahmen der Existenzgründung auf Beratung zurückgegriffen wurde. Falls keine Beratung in Anspruch genommen wurde, wird der Hauptgrund hierfür erfasst. Es schließt sich ein Fragenkomplex zum Standort des Unternehmens an. Hier wird erhoben, ob der Unternehmer den Standort gezielt gewählt hat, ob sich der Standort in unmittelbarer Nähe zur eigenen Wohnung befindet, ob der Standort eher in Agglomerations- oder in Einzellage liegt und ob der Unternehmer mit dem Standort zufrieden ist und falls nein, warum nicht. Danach werden die Anzahl der Standorte sowie die Konkurrenzdichte in der näheren Umgebung erfasst.

5. Der fünfte Teil "Finanzierung" erfasst die Finanzierungsquellen des Betriebes sowohl zum Zeitpunkt der Gründung als auch im weiteren Geschäftsverlauf.

   Zunächst werden die Unternehmer/-innen zur Höhe ihrer Investitionen zum Zeitpunkt der Gründung sowie zur Zusammensetzung und Herkunft dieser Finanzmittel befragt. In diesem Zusammenhang wird explizit erhoben, ob es Probleme gab, einen Bankkredit zu erhalten. Darüber hinaus werden die Befragten gebeten anzugeben, ob sie öffentliche Fördermittel beantragt und erhalten haben. Falls keine öffentlichen Fördermittel beantragt wurden, interessiert der Grund hierfür. Weiter wird nach Investitionen im Verlauf der Selbstständigkeit sowie deren Quelle und Höhe gefragt. Der Themenkomplex schließt mit der Erfassung zukünftiger Investitionsabsichten.

6. Im sechsten Teil "Mitarbeiterstruktur" steht die Zusammensetzung und Akquise der Mitarbeiter des Betriebes im Vordergrund.

   Dabei wird die Mitarbeiterstruktur zum Zeitpunkt der Gründung, aktuell und im Zeitverlauf erfasst. Zum Zeitpunkt der Gründung wird erhoben, wie viele Mitarbeiter das Unternehmen besaß, aus welchen Kreisen diese Mitarbeiter waren und welche Nationalität sie aufwiesen. Darüber hinaus wird der Unternehmer befragt, ob er gezielt auf türkische Arbeitskräfte zurückgegriffen hat und falls ja, warum. Ebenso interessiert, wie das Unternehmen an seine Mitarbeiter gekommen ist sowie das Qualifikationsniveau der Angestellten.

   Zusätzlich wird erfasst, ob der Unternehmer ausbildet. Bei keiner Ausbildung wird der Selbstständige nach den Gründen befragt. Anschließend wird die aktuelle Zahl der Mitarbeiter und deren Qualifikationsniveau erhoben.

   Darüber hinaus wird der Unternehmer zur Entwicklung der Mitarbeiterstruktur im Zeitverlauf befragt. Das beinhaltet die Zusammensetzung der Mitarbeiter, deren Nationalität sowie die Beschaffungsart. Es folgt eine Frage zur allgemeinen Entwicklung der Mitarbeiterzahl seit Gründung des Betriebes. Weiter interessieren mögliche Neueinstellungen des Unternehmers. Der sechste Teil endet mit der Aufnahme der Erfahrungen des Befragten im Rahmen der Mitarbeiterakquise mit der Agentur für Arbeit.

7. Im siebten Teil stehen die "Kundenstruktur und das Marketing" im Vordergrund.

   Zunächst wird erfasst, welche Art von Produkt bzw. Dienstleistung der Unternehmer anbietet. Es folgt eine Frage zur Zusammensetzung der Kunden und ob sich diese im Zeitverlauf geändert hat. Darüber hinaus wird erhoben, woher die Kunden des Unternehmers zu Beginn kamen. Hier interessiert ebenfalls die Veränderung im Zeitverlauf. Nach der Bestandsaufnahme zur Kundenstruktur wird auf den Bereich des Marketings eingegangen. An die Frage nach der Bedeutung des Marketings für den Unternehmer schließt sich die Erfassung der vom Befragten eingesetzten Instrumente des Marketings an. Zusätzlich wird der Unternehmer gebeten, den Stellenwert einzelner Marketinginstrumente zu bewerten. Danach folgt eine Einstufung des Angebots, der Preislage sowie des Serviceniveaus der Produkte und Dienstleistungen des Befragten gegenüber der Konkurrenz. Ebenso ist von Interesse, ob der Unternehmer im Zeitverlauf Kundenbefragungen durchgeführt hat. Weiter wird die Absatzmarktstrategie des Unternehmers erfasst. Der Themenkomplex schließt mit der Erhebung der Kunden- und Lieferantenstruktur des Befragten sowie der finanziellen Bedeutung von Innovationen im Betrieb.

8. Im achten Teil "Wirtschaftliche Entwicklung" wird sowohl die aktuelle finanzielle Situation als auch die unternehmerische Entwicklung des Befragten erhoben.

   Nach einer Einschätzung der augenblicklichen Geschäftslage wird der Unternehmer gebeten, seine wirtschaftliche Entwicklung bis zum heutigen Zeitpunkt zu beschreiben. Darüber hinaus interessiert die Größenordnung des aktuellen jährlichen Umsatzes. Es folgt eine Einschätzung der zukünftigen Umsatzentwicklung sowie die Frage, ob der Unternehmer noch einmal denselben Betrieb gründen würde.

9. Der neunte Teil besteht aus weiteren Fragen zur finanziellen Entwicklung. Er richtet sich jedoch nur an Betriebe, die nach 1995 gegründet wurden. Diese "jungen" Unternehmen werden bei der deskriptiven Analyse gesondert betrachtet.

   So werden die Selbstständigen gebeten, die ersten fünf Jahre seit ihrer Betriebsgründung zu beurteilen. Das beinhaltet die Erweiterung des Geschäftsraumes, die Aufstockung des Betriebskapitals, die Einkommenssituation, das Umsatzwachstum sowie die Beschäftigung von Mitarbeitern. Des Weiteren wird erfasst, wie lange es vom Zeitpunkt der Gewerbeanmeldung an gedauert hat, bis mit dem Betrieb Gewinne erzielt wurden.

10. Der zehnte Teil befasst sich mit den "Marktcharakteristika und Problemfeldern" der Selbstständigen.

    Zunächst sollen die Befragten eine Einschätzung der allgemeinen Rahmenbedingungen des Marktes abgeben, auf dem das Unternehmen agiert. Danach werden die Probleme erhoben, die sich für die Unternehmer/-innen während der Gründung und im Verlauf der Selbstständigkeit ergaben.

11. Beim elften Teil steht der Themenkomplex "Beratung und Weiterbildung" im Vordergrund.

    Der Abschnitt beginnt mit einer Einschätzung der Befragten über ihren Kenntnisstand in unterschiedlichen betriebswirtschaftlichen Bereichen. Danach wird erfasst, ob die Unternehmer/-innen im Verlauf ihrer Selbstständigkeit auf Beratung von außen zurückgegriffen haben. Falls dies der Fall sein sollte, werden die nachgefragten Themen sowie die Zufriedenheit mit dieser Beratungsmaßnahme erhoben. Bei keiner Inanspruchnahme von Beratung interessieren die Gründe dafür. Analog zur Beratung wird mit den Weiterbildungs- und Qualifizierungsmaßnahmen verfahren. Zusätzlich werden die Unternehmer/-innen zu ihrer Einstellung gegenüber Beratungs- und Weiterbildungsangeboten mit türkischer Ausprägung befragt. Darüber hinaus wird die generelle Haltung der Selbstständigen gegenüber solchen Angeboten erfasst. Nach der Erhebung des grundsätzlichen Beratungs- und Unterstützungsbedarfs der Unternehmer/-innen folgt ein Fragenkomplex zur möglichen organisatorischen Ausgestaltung dieser Maßnahmen.

12. Dieser Teil beinhaltet die "Förderinstrumente der lokalen Wirtschaftsinstitutionen".

    Zunächst wird erhoben, ob die Befragten die Hilfe einer lokalen Wirtschaftsinstitution in Anspruch genommen haben. Falls dies der Fall gewesen sein sollte, wird die Unterstützungsmaßnahme von den Selbstständigen konkretisiert und bewertet.

13. Dieser Teil befasst sich mit der "Interaktion der Selbstständigen mit den wirtschaftspolitischen Akteuren".

    Zunächst wird erfasst, ob der Unternehmer Kontakt mit den Institutionen Wirtschaftsministerium des Landes, mit der Wirtschaftsförderung der Stadt, Kammer, mit der Agentur für Arbeit oder mit dem Unternehmerverband hatte. Falls dies der Fall gewesen sein sollte, interessiert die Art dieses Kontaktes sowie die Erfahrung mit der Institution. Zusätzlich besteht für den Unternehmer die Möglichkeit, Wünsche gegenüber den unterschiedlichen Akteuren zu äußern.

14. Im vierzehnten Teil "Unternehmensgrundsätze und Ziele" wird der Befragte gebeten, eine Reihe von Aussagen zur Unternehmenskultur zu bewerten sowie Auskunft über die verfolgten Unternehmensziele zu geben.

15. Im fünfzehnten Teil "Wettbewerb und Kooperation" werden die Selbstständigen zunächst zur allgemeinen Wettbewerbssituation auf dem zutreffenden Markt befragt. Danach folgt eine Bewertung der eigenen Wettbewerbsposition gegenüber der Konkurrenz. Schließlich werden Art und Umfang möglicher Kooperationen erfasst.

16. Der letzte Teil des Fragebogens "Abschlussfrage" beinhaltet eine Auswahl von allgemeinen Aussagen, die gewisse Unternehmensgrundsätze betreffen. Hier wird der Unternehmer um eine Bewertung dieser Aussagen gebeten.

In den folgenden Ausführungen werden nicht alle 16 Teile des Fragebogens ausgewertet.[23] Gegenstand dieses Kapitels ist die Vorstellung des Datensatzes, der für die Analyse der Erfolgsfaktoren im Gründungsprozess verwendet wird. Daher liegt der Fokus auf den Variablen, die in Kapitel 3 als potenzielle Erfolgsfaktoren identifiziert wurden:

[23] Für eine vollständige Auswertung des Fragebogens für die Region Ulm/Neu-Ulm siehe Smolny und Alpert (2009).

- **Personenbezogene Charakteristika**
  Sozio-demographische Merkmale, Humankapital, Planung und Vorbereitung, ethnische Ressourcen.

- **Betriebsbezogene Charakteristika**
  Kapitalausstattung, betriebliche Organisation, betriebliche Strategie.

- **Umfeldbezogene Charakteristika**
  Standortlage, öffentliche Förderung, Branchenwahl.

Anhand dieser ausgewählten Merkmale wird das Bild eines türkischen Selbstständigen aus Kapitel 2 erweitert und ein Vergleich zu bestehenden Untersuchungen gezogen.

4.1.2 Die Untersuchungsregion

Die Befragung türkischer Selbstständiger wurde in den Regionen Ulm/Neu-Ulm[24] und Stuttgart durchgeführt. Von den 186 befragten Selbstständigen entfallen 141 auf die Region Ulm/Neu-Ulm und 45 auf die Landeshauptstadt Stuttgart. 81 der 141 türkischen Selbstständigen aus der Region Ulm/Neu-Ulm wurden in der Stadt Ulm befragt und weitere 20 in der Stadt Neu-Ulm. Die restlichen 40 Selbstständigen sind den jeweiligen Stadt- und Landkreisen zuzuordnen. Im Folgenden wird die Zielregion kurz vorgestellt; der Schwerpunkt liegt auf den Städten Ulm und Neu-Ulm sowie der Landeshauptstadt Stuttgart.

Die Städte Ulm und Neu-Ulm liegen an der Grenze zwischen Baden-Württemberg und Bayern. Im Jahr 2007 wies der Wirtschaftsstandort Ulm/Neu-Ulm eine Gesamtbevölkerung von 168 402 Einwohnern auf. Davon leben 116 528 Personen in Ulm und 51 874 Personen in Neu-Ulm (Stadtentwicklungsverband Ulm/Neu-Ulm (Hrsg.) 2008). Der Anteil an Ausländern, also Personen mit einer ausländischen Staatsbürgerschaft, belief sich 2007 in Ulm auf 16,6%; in Neu-Ulm betrug der Ausländeranteil 13,1%. Werden zusätzlich Personen mit einem Migrationshintergrund betrachtet, so ist von einer deutlich höheren Zahl an Migranten auszugehen. Die am stärksten vertretenen Personen unter den Ausländern in Ulm sind die Türken mit einem Anteil von 28% (Stadt Ulm (Hrsg.) 2008). Es folgen Personen aus Ex-Jugoslawien (25%), Italiener (10%) und Griechen (3%). Die Zahl der Einwohner in der Landeshauptstadt Stuttgart belief sich zum 31.12.2006 auf 593 923. Der Anteil an Ausländern betrug zu diesem Zeitpunkt 21,7% (Landeshauptstadt Stuttgart (Hrsg.) 2007). Die drei größten Gruppen unter den Ausländern sind die Türken (17%), gefolgt von den Griechen (11%) und Italienern (11%).

Die Agentur für Arbeit Ulm zählte im August 2009 für ihren Agenturbezirk 8 276 arbeitslose Personen. Bezogen auf den Anteil an der Wohnbevölkerung sind die Ausländer überproportional stark von der Arbeitslosigkeit betroffen. So stellten sie

[24]Die Region Ulm bezieht sich auf den Stadtkreis Ulm und den Alb-Donau-Kreis.

26,7% des Arbeitslosenbestandes. Insgesamt belief sich die Arbeitslosenquote im Berichtsmonat August auf 5,0% (Agentur für Arbeit Ulm 2009). Die Geschäftsstelle Neu-Ulm meldete für diesen Zeitraum 3 227 arbeitslose Personen. Der Ausländeranteil an den Arbeitslosen belief sich auf 24,0%. Die Arbeitslosenquote im Berichtsmonat August betrug 4,9% (Agentur für Arbeit Memmingen 2009). Die Agentur für Arbeit Stuttgart meldete im August 2009 eine Anzahl von 51 959 Arbeitslosen (Agentur für Arbeit Stuttgart 2009). Das entsprach einer Arbeitslosenquote von 6,1%. Unter den Arbeitslosen befanden sich 35,5% Ausländer.

Tabelle 4.1: Sektorale Verteilung der Betriebe in Ulm/Neu-Ulm und Stuttgart

	Ulm/Neu-Ulm	Stuttgart	Befragung
Handel	22%	18%	27%
Wissensintensive DL	20%	40%	26%
Verarbeitendes Gewerbe	12%	6%	2%
Baugewerbe	10%	6%	4%
Gastgewerbe	6%	6%	14%
Nicht-wissensintensive DL	6%	12%	19%
Sonstige	24%	12%	8%

Quelle: Zahlen der Agentur für Arbeit und des Unternehmensregisters

Die Agentur für Arbeit Ulm wies zum 31.12.2008 insgesamt 7 876 Betriebe für ihren Agenturbezirk aus. Bei der Geschäftsstelle Neu-Ulm belief sich die Zahl der Betriebsstätten auf 2 775. Die Zahlen für die Landeshauptstadt Stuttgart beziehen sich auf das Unternehmensregister des Statistischen Bundesamtes. Hier wurden für das Berichtsjahr 2005 insgesamt 31 241 Betriebe für die Stadt Stuttgart erfasst. Eine Übersicht über die sektorale Verteilung der Betriebe aus den Regionen Ulm/Neu-Ulm und Stuttgart sowie der 186 türkischen Selbstständigen des verwendeten Datensatzes gibt Tabelle 4.1.

Der sektorale Schwerpunkt der Betriebe in Ulm/Neu-Ulm liegt auf den sonstigen Branchen, dem Handel, den wissensintensiven Dienstleistungen und dem Verarbeitenden Gewerbe. Bei den Betrieben in Stuttgart dominieren dagegen die wissensintensiven Dienstleistungen vor dem Handel, den nicht-wissensintensiven Dienstleistungen und den sonstigen Branchen. Unter die wissensintensiven Dienstleistungen fallen dabei die Bereiche Information und Kommunikation, Finanz- und Versicherungsgewerbe, Grundstücks- und Wohnungswesen, wissenschaftliche und technische Dienstleistungen und sonstige wirtschaftliche Dienstleistungen. Der Bereich der nicht-wissensintensiven Dienstleistungen umfasst in dieser Abgrenzung Interessensvertretungen, die Reparatur von Datenverarbeitungsgeräten und Gebrauchsgütern und sonstige überwiegend persönliche Dienstleistungen. Interessant ist der Vergleich mit der sektoralen Verteilung der 186 türkischen Selbstständigen des Datensatzes. Im Gegensatz zur Gesamtzahl der Betriebe in Ulm/Neu-Ulm und Stuttgart sind die türkischen Selbstständigen deutlich stärker im Handel, dem Gastgewerbe und den nicht-wissensintensiven Dienstleistungen vertreten. Unterrepräsentiert sind die türkischen Selbstständigen dagegen im Verarbeitenden Gewerbe, dem Baugewerbe und den sonstigen Branchen.

Über die Anzahl und die Struktur ausländischer Unternehmen in den Regionen Ulm und Neu-Ulm sowie Stuttgart liegen keine Informationen vor. Einen ersten Anhaltspunkt liefert eine Analyse des Instituts für Wirtschaftspolitik der Universität Ulm bezüglich des Ausbildungspotenzials selbstständiger Migranten in Ulm (Smolny und Alpert 2006). So wurde im Rahmen der damaligen Schätzung davon ausgegangen, dass 10% aller Betriebe von Ausländern geführt werden. Überträgt man dies auf die Grundgesamtheit der im Jahr 2005 in Ulm gezählten Betriebe[25], so kommen Smolny und Alpert (2006) zu dem Ergebnis, dass die Anzahl der Migrantenunternehmen allein für den Stadtkreis Ulm auf mehr als 700 beziffert werden kann. Informationen über den Anteil der einzelnen Nationalitäten an dieser Unternehmergruppe existieren nicht. Es ist jedoch davon auszugehen, dass die Türken als zahlenmäßig stärkste Ethnie in der Zielregion auch den größten Anteil an den Migrantenunternehmern stellen.

In den weiteren Ausführungen wird der Datensatz für die ausgewählten personenbezogenen, betriebsbezogenen und umfeldbezogenen Charakteristika deskriptiv ausgewertet. Die Abbildungen zeigen dabei die absoluten Verteilungen der Antworten.

4.2 Personenbezogene Charakteristika

4.2.1 Sozio-demographische Merkmale

Unter die betrachteten sozio-demographischen Merkmale fallen das Alter, der Familienstand, das Geburtsland sowie die Staatsbürgerschaft des Selbstständigen. Zusätzlich wird auf die Dauer der Selbstständigkeit eingegangen.

Abbildung 4.1 verdeutlicht die Altersstruktur der 186 Unternehmer/-innen. Auffallend ist das junge Alter der Selbstständigen. So sind fast zwei Drittel der Befragten 40 Jahre oder jünger. Das Durchschnittsalter beträgt etwa 38 Jahre. Der jüngste Unternehmer war zum Zeitpunkt der Befragung 22 Jahre alt; der Älteste 78 Jahre. Die Ergebnisse bestätigen die aggregierten Zahlen. So fällt das Durchschnittsalter der türkischen Selbstständigen bei einer bundesweiten Untersuchung mit 37 Jahren nur unwesentlich geringer aus (Leicht et al. 2006).

Unter den 186 Selbstständigen befinden sich 24 Frauen. Das entspricht einem Frauenanteil von etwa 13%. Der aggregierte Wert der Frauenquote fällt mit 18% etwas

[25] Hierunter fielen Betriebe der Industrie- und Handelskammer sowie der Handwerkskammer für den Stadtkreis Ulm.

Abbildung 4.1: Altersstruktur der Selbstständigen

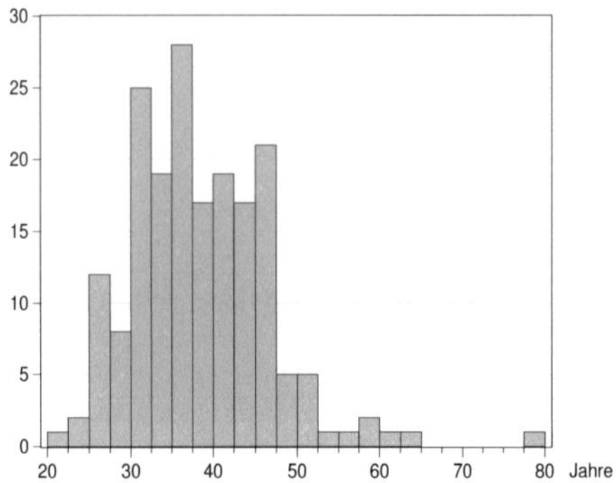

Quelle: Eigene Primärerhebung, 186 Befragte

höher aus (Leicht et al. 2006). Bei der Betrachtung des Familienstandes ist festzuhalten, dass mit 81% der Großteil der befragten Unternehmer/-innen verheiratet ist.

132 Selbstständige wurden in der Türkei geboren. 48 Unternehmer/-innen nannten Deutschland als ihr Geburtsland, und 6 Befragte kamen in einem anderen Land auf die Welt. Werden die in Deutschland geborenen Personen als zweite Generation bezeichnet, so beläuft sich deren Anteil auf 26%. Ein ähnliches Ergebnis ergibt sich bei der Betrachtung der aggregierten Zahlen. Hier liegt der Anteil der in Deutschland geborenen türkischen Selbstständigen bei 22% (Leicht et al. 2006). In diesem Zusammenhang halten Leicht et al. (2006) fest, dass die Zusammensetzung der ausländischen Selbstständigen ihren "fremdländischen" Charakter verliert. So belief sich der Anteil der zweiten Generation unter den Migrantenunternehmern Anfang der 1990er Jahre auf lediglich 5%.

84 Unternehmer/-innen besitzen die deutsche Staatsbürgerschaft. 95 Selbstständige verfügen über den türkischen Pass und die restlichen 7 Befragten nannten Sonstiges. Hierunter fällt u.a. die doppelte Staatsbürgerschaft. 95% der Selbstständigen, die einen deutschen Pass besitzen, haben diesen nach der Geburt erworben. Lediglich 5% der Befragten verfügen seit Geburt über die deutsche Staatsbürgerschaft.

Abbildung 4.2 wirft einen abschließenden Blick auf die Betriebsdauer. Auffallend ist die junge Altersstruktur der Unternehmen. So bestehen mehr als die Hälfte der Unternehmen erst seit höchstens fünf Jahren. Weitere 19% der Betriebe sind 6-10 Jahre am Markt. Die restlichen Unternehmen weisen eine Betriebsdauer von mehr als zehn Jahren auf. Der älteste Betrieb besteht bereits seit 33 Jahren. Die durchschnittliche Betriebsdauer liegt bei sieben Jahren. Auch aggregierte Untersuchungen betonen die geringe Betriebsdauer der von Türken geführten Unternehmen. Nach Leicht et al. (2006) beläuft sich die durchschnittliche Selbstständigkeitsdauer der Türken auf

Abbildung 4.2: Betriebsdauer der Unternehmen

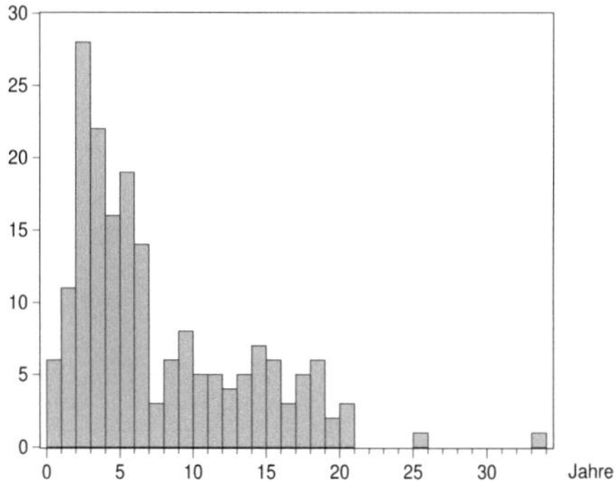

Quelle: Eigene Primärerhebung, 186 Befragte

lediglich 5,5 Jahre. Das ist der geringste Wert innerhalb der Gruppe der Migranten. Dies kann auf die erst in der jüngeren Zeit gestiegenen Gründungsaktivitäten der Türken zurückgeführt werden, was sich in überproportional vielen jungen Betrieben bemerkbar macht.

Hinsichtlich der sozio-demographischen Merkmale bestätigt die Befragung türkischer Selbstständiger in Ulm/Neu-Ulm und Stuttgart im Wesentlichen die Ergebnisse bestehender Studien: Türkische Selbstständige sind überwiegend männlich, jung und verheiratet. Einen wachsenden Anteil stellen die bereits in Deutschland geborenen Selbstständigen. Für die Analyse der Erfolgsfaktoren im Gründungsprozess wird das Geschlecht, das Alter, der Familienstand und der Migrationsstatus mittels Dummy-Variablen operationalisiert. Bezüglich des Alters werden die Selbstständigen in Altersklassen unterteilt: Personen bis 30 Jahre, Personen zwischen 30 und 40 Jahre und Personen über 40 Jahre.

4.2.2 Humankapital

Hinsichtlich des Humankapitals wurde in Kapitel 3.3.2 zwischen allgemeinem, branchenspezifischem und unternehmerischem Humankapital unterschieden. Für die weiteren Analysen fallen unter das allgemeine Humankapital die schulische und berufliche Ausbildung. Das spezifische Humankapital umfasst die Selbstständigenerfahrung, die Branchenerfahrung, die Vorgesetztenerfahrung und die kaufmännischen Kenntnisse.

Als erste Form des allgemeinen Humankapitals wird die schulische Bildung der befragten Unternehmer/-innen betrachtet. 59% der Selbstständigen haben die Schule in Deutschland besucht; die restlichen 41% machten den Abschluss im Ausland. Die linke obere Graphik der Abbildung 4.3 zeigt die Verteilung der erreichten Schulab-

Abbildung 4.3: Schulische und berufliche Bildung der Selbstständigen

Schulabschluss in Deutschland

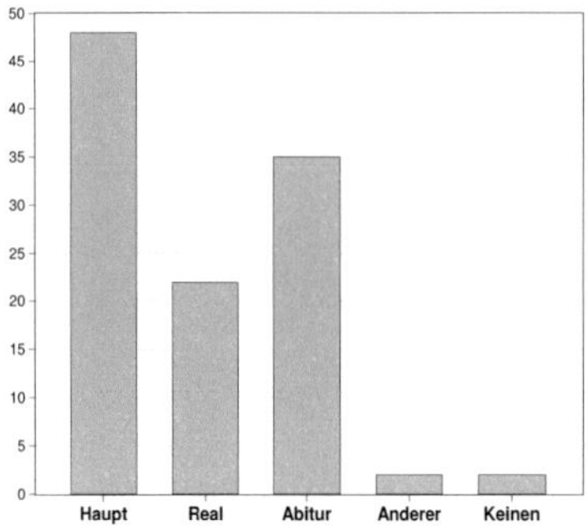

Schulabschluss im Ausland

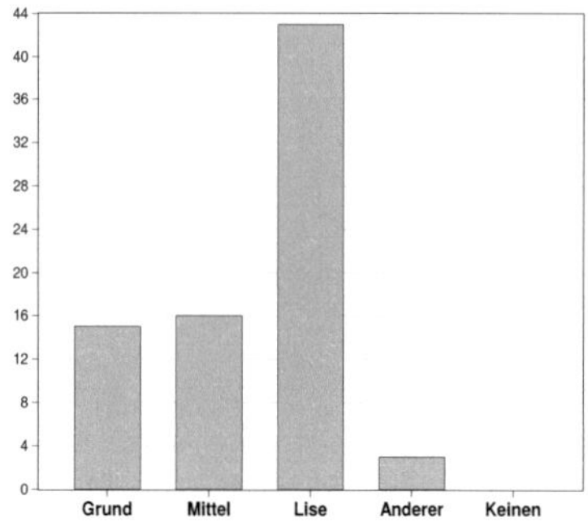

Quelle: Eigene Primärerhebung, 109 bzw. 77 Befragte

Berufsabschluss in Deutschland

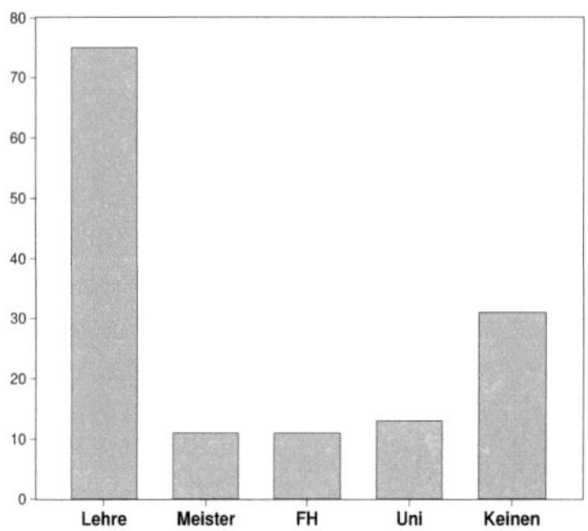

Berufsabschluss im Ausland

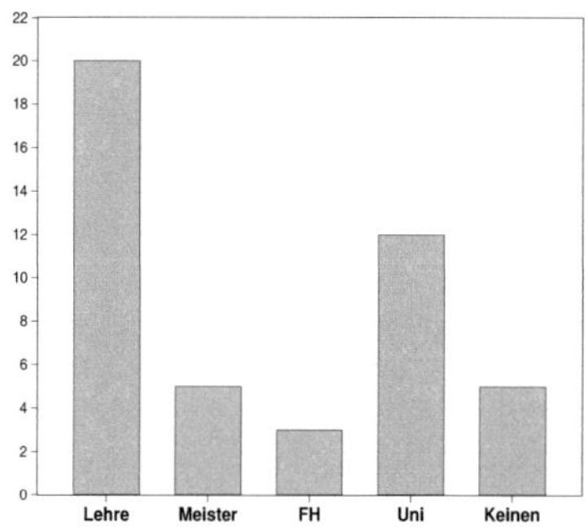

Quelle: Eigene Primärerhebung, 141 bzw. 45 Befragte

schlüsse in Deutschland. 44% der Unternehmer/-innen besuchten die Hauptschule. Es folgen das Abitur (32%) und der Realschulabschluss (20%). Zwei Selbstständige durchliefen das deutsche Schulsystem, ohne einen Abschluss erworben zu haben, und weitere zwei Befragte gaben einen anderen Abschluss an. Die Verteilung der erreichten Schulabschlüsse im Mutterland stellt die rechte obere Graphik der Abbildung 4.3 dar. Bis zur Bildungsreform 1998 herrschte in der Türkei eine fünfjährige Schulpflicht in Form einer Grundausbildung (Grund). Danach stand den Schülern eine obligatorische Sekundärbildung offen. Hier konnte zunächst eine dreijährige Mittelschule besucht werden (Mittel) und anschließend ein dreijähriges Gymnasium (Lise). Nach der Bildungsreform entfiel die Mittelschule. Es gibt nun eine achtjährige Grundausbildung und danach die Möglichkeit, ein Gymnasium zu besuchen. Der dominierende Abschluss bei denjenigen Unternehmern, die die schulische Ausbildung in ihrem

Mutterland machten, ist das Lise (56% aller Befragten). Rund 21% der Befragten besuchten die Mittelschule und 19% absolvierten lediglich die Grundausbildung. Einen anderen Abschluss machten drei Unternehmer; ohne Schulabschluss durchlief keiner der Selbstständigen das Schulsystem.

Auch hinsichtlich des erreichten beruflichen Abschlusses als zweite Form des allgemeinen Humankapitals wurde zwischen Deutschland und dem Ausland unterschieden. Etwa 76% der befragten Unternehmer/-innen schlossen ihre berufliche Ausbildung in Deutschland ab und die restlichen 24% im Ausland. Die linke untere Graphik der Abbildung 4.3 zeigt die Verteilung der beruflichen Abschlüsse in Deutschland. Die große Mehrheit der befragten Unternehmer/-innen absolvierte eine berufliche Ausbildung. So erreichten 53% diesen Abschluss. Es folgt die Hochschule (Fachhochschule und Universität) mit einem Anteil von 17% an den befragten Unternehmern. 8% der Selbstständigen machten einen Meisterabschluss. Immerhin 22% der Befragten verfügen über keinen beruflichen Abschluss. Eine ähnliche Verteilung der Berufsabschlüsse ergibt sich für diejenigen Unternehmer/-innen, die einen Abschluss im Ausland machten, wie die rechte untere Graphik der Abbildung 4.3 verdeutlicht. Auch hier dominiert die berufliche Ausbildung mit einem Anteil von 45%. 33% der Selbstständigen erreichten einen Hochschulabschluss und 11% erlangten den Meistertitel. Über keinen beruflichen Abschluss verfügen 11% der Unternehmer/-innen.

Als erste Form des spezifischen Humankapitals wird die Selbstständigenerfahrung betrachtet. 39% der befragten Unternehmer/-innen waren in einer früheren beruflichen Tätigkeit bereits selbstständig. Von den Unternehmern, die sich zuvor bereits ein- oder mehrmals selbstständig machten, wurden 27 der Gründungen in der Türkei durchgeführt und 56 in Deutschland. 61% der Befragten verfügten über keine eigene Selbstständigenerfahrung.

Eine weitere Form des spezifischen Humankapitals stellt die Branchenerfahrung dar. 108 Unternehmer/-innen haben vor der Gründung schon einmal in der Branche gearbeitet, in der sie jetzt tätig sind. Das entspricht einem Anteil von 58%. 76% machten diese Branchenerfahrung als Angestellte, und 30% arbeiteten bereits zuvor als Selbstständige in der gleichen Branche. Durch die Möglichkeit der Mehrfachnennung summiert sich der prozentuale Anteil zu mehr als 100%. 42% der Unternehmer/-innen verfügten zum Zeitpunkt der Gründung über keine Branchenerfahrung. Ein ähnlich hoher Anteil von 40% ergibt sich bei einem Blick auf die aggregierten Zahlen (Tolciu und Schaland 2008).

Bezüglich der Vorgesetztenerfahrung als dritte Form des spezifischen Humankapitals lässt sich festhalten, dass 55% aller Befragten in einer früheren beruflichen Position schon einmal Vorgesetzte waren. Schließlich interessierten die kaufmännischen Kenntnisse zu Beginn der Gründung als letzte Form des spezifischen Humankapitals. 38% der Unternehmer/-innen stuften ihre betriebswirtschaftlichen Fähigkeiten mit "gut" ein. 41% der Selbstständigen bewerteten die kaufmännischen Kenntnisse mit "befriedigend" und immerhin 21% mit "schlecht". Auch aggregierte Untersuchungen betonen, dass es insbesondere ausländischen Selbstständigen an betriebswirtschaftlichem Grundwissen mangelt (u.a. Tolciu und Schaland 2008).

Hinsichtlich des Humankapitals lassen sich die Ergebnisse aggregierter Untersuchungen bestätigen: Bei den türkischen Selbstständigen dominiert der Lehrabschluss und vielfach fehlt es an spezifischen Kenntnissen wie der Branchenerfahrung oder dem kaufmännischen Wissen. Für die Analyse der Erfolgsfaktoren im Gründungsprozess erfolgt die Operationalisierung des allgemeinen und spezifischen Humankapitals mittels Dummy-Variablen. Auf eine Betrachtung der schulischen Bildung wird dabei verzichtet.

4.2.3 Planung und Vorbereitung

Als Formen der Planung und Vorbereitung werden in den weiteren Analysen die Planungsdauer, die Erstellung eines Geschäftsplanes, die Inanspruchnahme einer Gründungsberatung und eine gezielte Standortwahl betrachtet. Darüber hinaus interessieren die Gründe, die den Selbstständigen zur Existenzgründung motivierten.

Abbildung 4.4: Vorbereitungszeit der Gründung

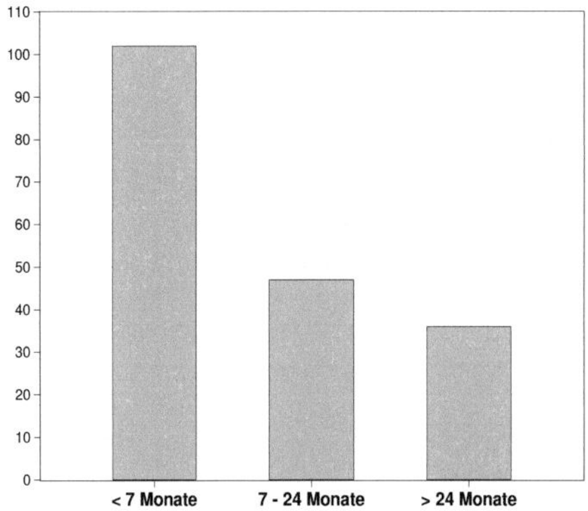

Quelle: Eigene Primärerhebung, 186 Befragte

Abbildung 4.4 zeigt die Vorbereitungszeit der Gründung der befragten Selbstständigen. Bei mehr als der Hälfte der Unternehmer/-innen belief sich diese auf weniger als 7 Monate. 25% der Befragten investierten zwischen 7 und 24 Monaten für die Gründung und die restlichen 19% über 24 Monate. Bei einer branchenspezifischen Betrachtung fällt auf, dass v.a. im Bereich der Gastronomie ein überdurchschnittlicher Anteil an Unternehmern vorliegt, die weniger als 7 Monate zur Vorbereitung der Gründung aufgewendet haben (65%). Interessant ist, dass dieser Anteil in den nicht-wissensintensiven Dienstleistungen mit 46% unterdurchschnittlich ausfällt. Bei

53% der Selbstständigen wurde der Standort des Unternehmens zur Gründung gezielt gewählt; 47% suchten nicht gezielt nach ihrem Gründungsstandort. Auch Leicht und Leiß (2007) betonen den hohen Anteil an "spontanen" Gründungen unter den türkischen Selbstständigen. Bei immerhin einem Viertel der türkischen Gründer belief sich der Zeitraum zwischen der Entstehung des Gründungswunsches und dessen Umsetzung auf maximal ein halbes Jahr.

Tabelle 4.2: Vorbereitungsaktivitäten der Selbstständigen

	Geschäftsplan		**Beratung**	
	Ja	Nein	Ja	Nein
Einzelhandel	45%	55%	78%	22%
Gastronomie	38%	62%	62%	38%
Wissensintensive DL	47%	53%	70%	30%
Nicht-wissensintensive DL	49%	51%	77%	23%
Sonstige	46%	54%	69%	31%
Gesamt	**45%**	**55%**	**72%**	**28%**

Quelle: Eigene Primärerhebung, 186 Befragte

45% der Unternehmer/-innen erstellten im Rahmen ihrer Existenzgründung einen Geschäftsplan und 55% verzichteten darauf. Tabelle 4.2 gibt einen Überblick über die branchenspezifischen Antworten. Der Anteil derer, die einen Geschäftsplan ausgearbeitet haben, liegt für den Einzelhandel, die sonstigen Branchen sowie die wissensintensiven und nicht-wissensintensiven Dienstleistungen in einer ähnlichen Größenordnung. Die Gastronomie schneidet mit 38% unterdurchschnittlich ab. Auch bei der Untersuchung von Leicht und Leiß (2007) fällt der Anteil an türkischen Gründern, die einen Geschäftsplan erstellten, mit 35% äußerst gering aus.

Ein erstaunlich hoher Anteil von 72% aller Befragten hat im Rahmen der Existenzgründung Beratung in Anspruch genommen. Tabelle 4.2 zeigt wieder die branchenspezifische Verteilung der Antworten. Auffallend ist, wie zuvor bei der Ausarbeitung eines Geschäftsplanes, der unterdurchschnittliche Anteil in der Gastronomie. Hier griffen nur 62% der Selbstständigen auf eine Gründungsberatung zurück. Dennoch überrascht der hohe Anteil an Personen, die eine Gründungsberatung in Anspruch genommen haben. So betonen zahlreiche Untersuchungen eine Beratungsresistenz bei den türkischen Gründern (u.a. Sen und Sauer 2005; Leicht und Leiß 2007). Eine mögliche Erklärung für die abweichenden Ergebnisse liegt in der Zusammensetzung des in dieser Arbeit verwendeten Datensatzes. Durch die Konzeption der Befragung ist ein hoher Anteil der Selbstständigen in einem Unternehmerverein organisiert. Diese Unternehmervereine bieten u.a. Beratungsleistungen für ihre Mitglieder an. Unter die Beratungsleistungen fällt auch die Vermittlung an dritte Instanzen, wie die lokalen Kammern.

Abbildung 4.5: Quelle der Gründungsberatung

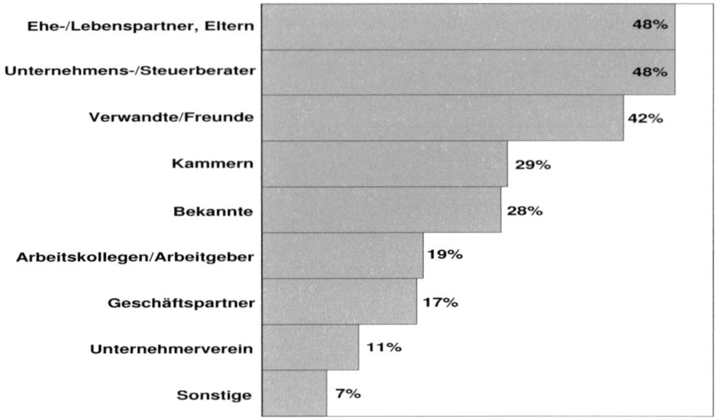

Quelle: Eigene Primärerhebung, 134 Befragte

Abbildung 4.5 zeigt die Reihenfolge der Anlaufstellen der Unternehmer/-innen, die im Rahmen der Existenzgründung Beratung in Anspruch genommen haben. Auffallend ist die große Bedeutung des familiären Umfeldes. So wandten sich 48% der Befragten an den Ehe-/Lebenspartner oder die Eltern. Es folgt der Unternehmens- oder Steuerberater mit einem Anteil von ebenfalls 48%. 42% der Selbstständigen nahmen Beratung im Freundeskreis oder bei der Verwandtschaft in Anspruch; die Kammern erreichen einen Anteil von 29%. Auf dem fünften Platz sind Bekannte mit 28%. Dahinter liegen frühere Arbeitskollegen oder Arbeitgeber (19%), Geschäftspartner (17%), Unternehmerverein (11%) und Sonstige (7%). Durch die Möglichkeit der Mehrfachnennung summiert sich der prozentuale Anteil zu mehr als 100%.

Von den Unternehmern, die keine Gründungsberatung in Anspruch genommen haben, gaben zwei Drittel an, dass eine Vorberatung nicht notwendig gewesen sei. 14% hatten keine Kenntnis über die verschiedenen Möglichkeiten einer Beratung. 12% der Befragten nannten zu hohe Kosten und 8% sonstige Gründe. Auch andere Studien nennen fehlende Einsicht als Hauptgrund dafür, auf eine Gründungsberatung zu verzichten. So wird häufig die Ansicht vertreten, man könne sich die Kenntnisse zur Führung eines Betriebes selbst aneignen (Leicht und Leiß 2007, S. 475).

Abschließend interessieren die Gründungsmotive der Selbstständigen. Hierzu wurden die Befragten gebeten, eine Reihe von Aussagen mit "trifft zu" und "trifft nicht zu" zu bewerten. Allgemein lässt sich dabei, wie in Kapitel 2.4 diskutiert, zwischen Push- und Pull-Faktoren unterscheiden. Push-Faktoren bezeichnen Benachteiligungen oder Notlagen in der abhängigen Beschäftigung als Gründe für eine Existenzgründung. Die Person sieht in der Selbstständigkeit also einen Ausweg aus der eigenen miss-

Tabelle 4.3: Gründungsmotive der Selbstständigen

	Trifft zu	Trifft nicht zu
Unabhängigkeit und Eigenständigkeit	90%	10%
Verwirklichung eigener Ideen	83%	17%
Größerer Verdienst	76%	24%
Möglichkeit der Arbeitslosigkeit	14%	86%
Vorherige Arbeitslosigkeit	18%	82%
Diskriminierung	9%	91%
Unzufriedenheit mit altem Beruf	18%	82%

Quelle: Eigene Primärerhebung, 186 Befragte

lichen Situation und wird zu diesem Schritt "gedrängt". Pull-Faktoren umfassen persönliche Einstellungen und Wunschvorstellungen, die ein Individuum zum Gang in die Selbstständigkeit bewegen. Die Person entscheidet sich aus "freien Stücken" für diesen Weg. Tabelle 4.3 gibt einen Überblick über die Gründungsmotive der befragten Unternehmer/-innen. Während die Aussagen "Unabhängigkeit", "Verwirklichung" und "Größerer Verdienst" eher den Pull-Faktoren zuzuordnen sind, fallen "Möglichkeit der Arbeitslosigkeit", "Vorherige Arbeitslosigkeit", "Diskriminierung" und "Unzufriedenheit mit altem Beruf" in den Bereich der Push-Faktoren.

Bei den befragten Unternehmern dominieren die Pull-Faktoren. 90% der Selbstständigen würden der Aussage zustimmen, dass sie sich selbstständig gemacht haben, um unabhängig und eigenständig zu sein. 83% wollten ihre eigenen Ideen verwirklichen und entschieden sich deshalb für eine Existenzgründung. 76% gründeten ihren Betrieb, um mehr verdienen zu können. Eine eher geringere Rolle scheinen die Push-Faktoren bei den Unternehmern gespielt zu haben. 14% der Unternehmer/-innen entschieden sich für die Selbstständigkeit, weil sie sonst arbeitslos geworden wären. Immerhin 18% der Selbstständigen gründeten ihre eigene Existenz, weil sie vorher arbeitslos waren. Diskriminierung hat die geringste Bedeutung als mögliches Gründungsmotiv. Lediglich 9% der Befragten stimmten der Aussage zu, den Schritt in die Selbstständigkeit gewählt zu haben, weil sie sich diskriminiert gefühlt hätten. Bei 18% der Befragten war die Unzufriedenheit mit dem alten Beruf das Motiv für die Selbstständigkeit.

Bezüglich des Planungsverhaltens der türkischen Selbstständigen lässt sich festhalten: Ein Großteil der Gründungen erfolgte spontan und auf die Erstellung eines Geschäftsplanes wurde vielfach verzichtet. Der hohe Anteil an Selbstständigen, die eine Gründungsberatung in Anspruch genommen haben, ist auf die Zusammensetzung des Datensatzes zurückzuführen. Für die Analyse der Erfolgsfaktoren im Gründungsprozess werden die Variablen der Planung und Vorbereitung mittels Dummy-Variablen operationalisiert. Dabei erfolgt eine Gründung unfreiwillig, wenn mindestens eine der vier Push-Aussagen zutreffend ist.

4.2.4 Ethnische Ressourcen

In den weiteren Analysen fallen unter die ethnischen Ressourcen der berufliche Status der Eltern als kulturelles Merkmal, die Art der Verbindungen in den Netzwerken sowie die Inanspruchnahme von Beratung, Kapital und Mitarbeitern aus der eigenen Ethnie.

Um den beruflichen Status der Eltern zu erfassen, interessierte, ob mindestens ein Familienmitglied des befragten Selbstständigen ebenfalls selbstständig ist. 41% der Unternehmer/-innen gaben an, dass ihr Vater bereits über Selbstständigenerfahrung verfügt. Die Mutter nannten lediglich 9%, die Geschwister 51% und die sonstige Verwandtschaft 44% der Befragten. Durch die Möglichkeit der Mehrfachnennung summieren sich die prozentualen Anteile zu mehr als 100%.

Tabelle 4.4: Zu Beginn der Selbstständigkeit intensive Hilfe der Familie?

	Ja	Nein
Einzelhandel	73%	27%
Gastronomie	69%	31%
Wissensintensive DL	35%	65%
Nicht-wissensintensive DL	63%	37%
Sonstige	50%	50%
Gesamt	**58%**	**42%**

Quelle: Eigene Primärerhebung, 186 Befragte

Traditionell spielt die Unterstützung der Familie und Verwandtschaft insbesondere bei Gründungen mit Migrationshintergrund eine große Rolle. Es ist daher nicht verwunderlich, dass 58% der Selbstständigen angaben, zu Beginn der Selbstständigkeit intensiv auf die Hilfe der Familie, Freunde oder engeren Verwandtschaft zurückgegriffen zu haben. Sie nutzten demnach starke Verbindungen ihres Netzwerkes. Für die restlichen 42% war das familiäre Umfeld von geringerer Bedeutung.

Interessant ist ein Blick auf die branchenspezifische Verteilung der Antworten (siehe Tabelle 4.4). Auffallend ist, dass in den klassischen Branchen, in denen der persönliche Arbeitseinsatz sehr hoch ist, häufiger auf die familiäre Hilfe zurückgegriffen wurde. Das betrifft besonders den Einzelhandel, die Gastronomie oder die nicht-wissensintensiven Dienstleistungen. In den wissensintensiven Dienstleistungen, wie beispielsweise in der Steuer- und Unternehmensberatung, ist Hilfe aus dem familiären Umfeld v.a. in Form "billiger" Arbeitskraft weniger von Bedeutung.

Von den Selbstständigen, die zu Beginn der Gründung die Hilfe der Familie, Freunde und Verwandtschaft in Anspruch nahmen, haben sich im Zeitverlauf bei 56% der Befragten die Netzwerke erweitert, d.h. diese Unternehmer/-innen greifen nun auf

Tabelle 4.5: In Anspruch genommene ethnische Ressourcen

	Beginn		**Zeitverlauf**	
	Ja	Nein	Ja	Nein
Ethnische Beratung	90%	10%	70%	30%
Ethnisches Kapital	41%	59%	19%	81%
Ethnische Mitarbeiter	52%	48%	53%	47%
Ethnische Informationen	38%	62%	37%	63%

Quelle: Eigene Primärerhebung, 186 Befragte

Kontakte außerhalb ihrer Familie und Verwandtschaft zurück und nutzen schwache Verbindungen. Die restlichen 44% gaben an, dass sich an ihren Netzwerken nichts geändert habe.

Tabelle 4.5 zeigt die in Anspruch genommenen ethnischen Ressourcen der Selbstständigen. Bei 90% der Befragten, die zu Beginn der Gründung auf eine Beratung zurückgegriffen haben, kam diese Beratung aus der ethnischen Gemeinschaft. Dabei bezieht sich die ethnische Gemeinschaft auf den Familien- und Freundeskreis. Auch bezüglich des Kapitals zeigt sich eine große Bedeutung der ethnischen Gemeinschaft. So stammte bei 41% der Befragten das Startkapital aus dem Familien- und Freundeskreis. Etwas mehr als die Hälfte der Befragten beschäftigte zu Beginn der Gründung überwiegend Mitarbeiter gleicher ethnischer Herkunft. Zur Akquise dieser Mitarbeiter griffen 38% der Befragten auf Informationen aus der ethnischen Gemeinschaft zurück.

Interessant ist die Betrachtung der zeitlichen Komponente für die ethnischen Ressourcen. So lässt sich bei zwei Ausprägungen der ethnischen Ressourcen im Zeitverlauf eine abnehmende Bedeutung für den Selbstständigen beobachten. Nahmen die Befragten eine Folgeberatung in Anspruch, dann kam diese nur noch zu 70% aus der ethnischen Gemeinschaft. Darüber hinaus wurden Folgeinvestitionen zu lediglich 19% aus dem Familien- und Freundeskreis finanziert. Bezüglich der ethnischen Beschäftigung und deren Akquise bestehen dagegen nur geringfügige Unterschiede zum Gründungsbeginn (53% bzw. 37%).

Insgesamt lässt sich eine große Bedeutung der eigenen Ethnie für den Selbstständigen feststellen. Das gilt sowohl für die Beratung als auch das Finanzkapital und die Mitarbeiter. Die Ergebnisse befinden sich damit im Einklang mit zahlreichen aggregierten und regionalen Studien (u.a. Pütz 2003; Leicht et al. 2005; Sen und Sauer 2005). Dabei ist jedoch die zeitliche Komponente zu berücksichtigen. So werden die ethnischen Ressourcen insbesondere zu Beginn der Gründung intensiver von den Selbstständigen genutzt. Für die Analyse der Erfolgsfaktoren im Gründungsprozess wird die zeitliche Komponente berücksichtigt und zwischen dem Gründungsbeginn und dem Verlauf der Selbstständigkeit unterschieden.

4.3 Betriebsbezogene Charakteristika

4.3.1 Kapitalausstattung

Im Rahmen der Kapitalausstattung der Betriebe gilt das Interesse insbesondere der Höhe des Startkapitals sowie der Herkunft und Zusammensetzung dieser Mittel.

Die linke Graphik der Abbildung 4.6 zeigt die Höhe des eingesetzten Startkapitals. Ein Drittel der Befragten investierte zu Beginn der Gründung höchstens 10 000 €. Bei 45% der Befragten lag das Startkapital zwischen 10 001 und 50 000 €. Die restlichen 22% brachten mehr als 50 000 € zu Gründungsbeginn auf. Auch aggregierte Untersuchungen kommen zu dem Ergebnis, dass sich der Mittelbedarf der ausländischen Gründer/-innen in den kleinen und mittleren Finanzierungsklassen bewegt. So investierten nach Kohn und Spengler (2007) 40% der ausländischen Selbstständigen 10 000 bis 50 000 € in den neuen Betrieb.

Abbildung 4.6: Startkapital und Kapitalzusammensetzung

Kapital zur Gründung in € — Zusammensetzung des Startkapitals

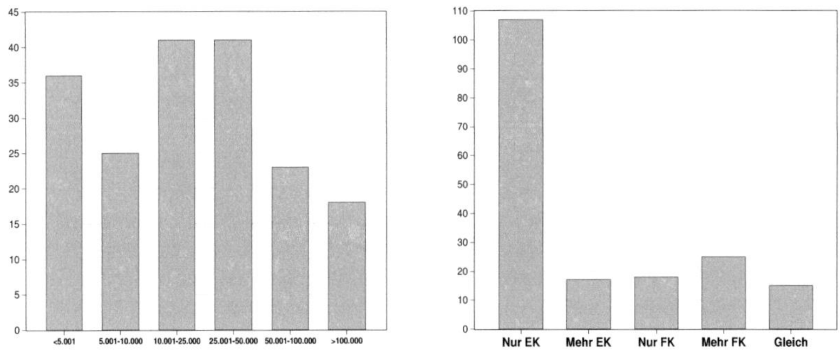

Quelle: Eigene Primärerhebung, 184 bzw. 182 Befragte

Bei einer branchenspezifischen Betrachtung fällt auf, dass im Bereich der wissensintensiven Dienstleistungen mehr als die Hälfte der Unternehmer/-innen lediglich bis zu 10 000 € zur Gründung investierten. Gerade in dieser Branche fallen keine hohen Anschaffungskosten an, was sich in einem geringen Kapitalbedarf äußert. Bei den nicht-wissensintensiven Dienstleistungen liegt der Anteil bei 38%. In den Bereichen Gastronomie und Einzelhandel müssen zu Beginn größere Investitionen (beispielsweise Ausstattung der Räumlichkeiten oder Materialkosten) getätigt werden, weshalb der Anteil derer, die bis zu 10 000 € investierten, hier geringer ausfällt (20% bzw. 24%).

Die rechte Graphik der Abbildung 4.6 zeigt die Zusammensetzung des Startkapitals der befragten Unternehmer/-innen. Bei 59% der Selbstständigen setzte sich das Startkapital nur aus Eigenkapital zusammen (nur EK), und bei weiteren 9% überwiegte das Eigenkapital (mehr EK). Fremdkapital spielt bei den Befragten eine eher untergeordnete Rolle. So griffen lediglich 24% der Selbstständigen zur Finanzierung ihrer Gründung auf Fremdkapital zurück (mehr FK oder nur FK). Ein gleiches Verhältnis zwischen Eigen- und Fremdkapital ergab sich bei 8% der Unternehmer/-innen.

Tabelle 4.6: Zusammensetzung des Startkapitals nach Höhe der Investitionen

	Nur EK	Mehr EK	Nur FK	Mehr FK	Gleich
Bis 10 000 €	80%	7%	3%	7%	3%
10 001 bis 50 000 €	54%	8%	15%	12%	11%
Mehr als 50 000 €	34%	18%	10%	28%	10%

Quelle: Eigene Primärerhebung, Angaben variieren

Betrachtet man jedoch die Zusammensetzung des Startkapitals in Abhängigkeit der Höhe der Anfangsinvestitionen, so fällt auf, dass die Fremdfinanzierung mit zunehmendem Investitionsvolumen an Bedeutung gewinnt (siehe Tabelle 4.6). Bei einem Startkapital bis 10 000 € liegt der Anteil der Selbstständigen, die auf Fremdkapital zurückgegriffen haben (mehr FK oder nur FK), bei 10%. Setzten die Unternehmer/-innen zu Beginn der Gründung 10 001 bis 50 000 € ein, so erhöht sich dieser Anteil auf 27%. Bei einem Startkapital von mehr als 50 000 € waren sogar 38% auf Fremdkapital angewiesen.

Tabelle 4.7: Herkunft des Eigenkapitals

	Relativer Anteil
Eigene Ersparnisse	89%
Kapital von Verwandten/Freunden	23%
Kapital von Ehe-/Lebenspartner, Eltern	18%
Kapital von Bekannten/Kollegen	10%

Quelle: Eigene Primärerhebung, 159 Befragte

Das Eigenkapital ist bei den befragten Unternehmern die wichtigste Finanzierungsform. Das betonen auch zahlreiche regionale Studien (z.B. Humpert 1996; Pütz 2003). Tabelle 4.7 gibt daher einen Überblick über die Herkunft des Eigenkapitals. Durch die Möglichkeit der Mehrfachnennung summieren sich die prozentualen Anteile zu mehr als 100%. 89% der Befragten setzten eigene Ersparnisse ein. Auch die ethnische Gemeinschaft ist für die Unternehmer/-innen von großer Bedeutung.

Abbildung 4.7: Höhe der Folgeinvestitionen in €

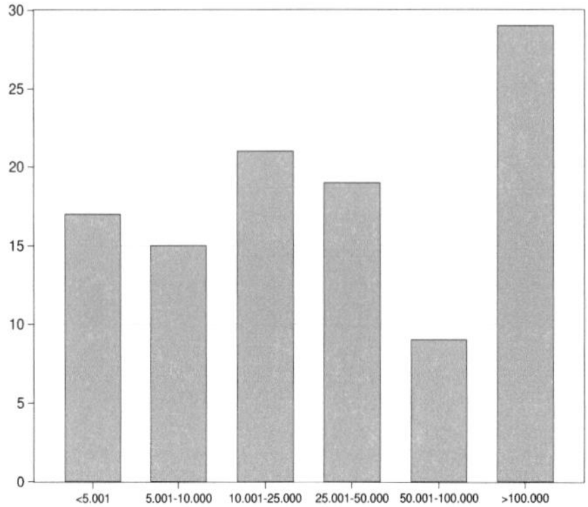

Quelle: Eigene Primärerhebung, 110 Befragte

So stammte das Eigenkapital bei 41% der Befragten vom Ehe-/Lebenspartner, den Eltern oder Verwandten und Freunden. 10% der Unternehmer/-innen bezogen ihr Eigenkapital von Bekannten oder Kollegen.

Wenn die Selbstständigen auf Fremdkapital zurückgegriffen haben, ist der klassische Bankkredit die bevorzugte Finanzierungsform (76% der Befragten). Auch bei der Fremdfinanzierung spielt die ethnische Gemeinschaft eine Rolle. So erhielten immerhin 28% einen Kredit vom Ehe-/Lebenspartner, den Eltern oder Verwandten und Freunden. 15% der Selbstständigen nahmen einen Kredit bei Bekannten oder Kollegen auf, und bei 9% der Befragten waren auch öffentliche Fördermittel Teil der Finanzierung. Drei Selbstständige nannten sonstige Fremdfinanzierungsquellen.

66% der Selbstständigen haben im Zeitverlauf weitere größere Investitionen getätigt. Bei 82% dieser Unternehmer/-innen wurde das Kapital für die Investitionen mit dem Betrieb erwirtschaftet. Einen Bankkredit nahmen 27% der Befragten auf. Wie bereits ausgeführt, verliert die ethnische Gemeinschaft für die Folgeinvestitionen an Bedeutung. So nannten nur noch 19% der Unternehmer/-innen das Kapital vom Ehe-/Lebenspartner, den Eltern, Verwandten/Freunden als Finanzierungsquelle. 4% führten das Kapital von Bekannten/Kollegen und 6% von öffentlichen Fördermitteln an. Auch bei dieser Frage waren Mehrfachnennungen möglich.

Abbildung 4.7 zeigt die Höhe der Folgeinvestitionen. 26% der Befragten investierten dabei mehr als 100 000 €. Bei 29% der Befragten beliefen sich die Folgeinvestitionen auf höchstens 10 000 €. Weitere 37% investierten im Zeitverlauf zwischen 10 001 und 50 000 €. Die restlichen 8% der Selbstständigen gaben an, dass sich die Summe der Folgeinvestitionen zwischen 50 001 und 100 000 € bewegt habe.

Insgesamt ist festzuhalten, dass sich der Kapitalbedarf der türkischen Selbstständigen in den kleinen und mittleren Finanzierungsklassen bewegt. Die Fremdfinanzierung spielt zu Beginn der Gründung eine untergeordnete Rolle. Für die Analyse der Erfolgsfaktoren im Gründungsprozess wird der Kapitalbedarf in drei Größenklassen eingeteilt: bis 10 000 €, 10 001 € bis 50 000 € und mehr als 50 000 €.

4.3.2 Betriebliche Organisation

Unter die betriebliche Organisation fallen die Rechtsform, die Art der Gründung und die interne Struktur. Zusätzlich interessiert die wöchentliche Arbeitszeit der Selbstständigen.

Abbildung 4.8: Rechtsform der Unternehmen

Rechtsform zur Gründung — Rechtsform aktuell nach Wechsel

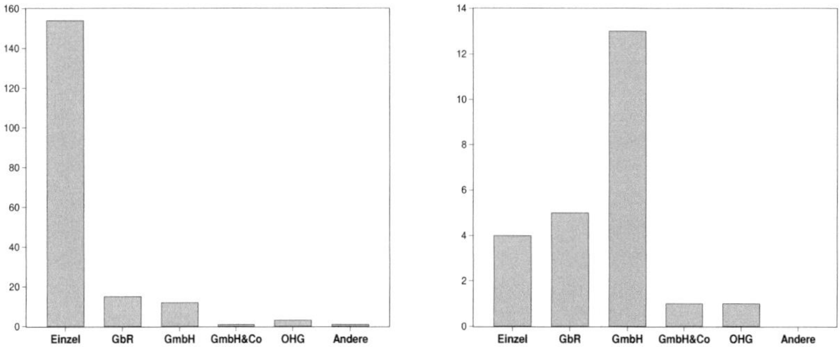

Quelle: Eigene Primärerhebung, 186 bzw. 24 Befragte

Bezüglich der Rechtsform lassen sich die Ergebnisse bestehender Studien bestätigen. So wählte die große Mehrheit der Selbstständigen zu Beginn der Gründung die Rechtsform des Einzelunternehmens, wie die linke Graphik der Abbildung 4.8 verdeutlicht. Der Anteil beläuft sich auf 83% der Befragten. 8% entschieden sich für die GbR, 6% für die GmbH, 1% für die GmbH & Co. KG und 2% für die OHG. Eine sonstige Rechtsform nannte ein Selbstständiger. Einen Rechtsformwechsel im Zeitverlauf der Selbstständigkeit vollzogen 24 Unternehmer/-innen. Das sind 13% aller Befragten. Die rechte Graphik der Abbildung 4.8 zeigt die Verteilung der Rechtsformen, zu denen diese Unternehmer/-innen wechselten. 13 der 24 Selbstständigen, die die Rechtsform wechselten, sind nun eine GmbH; ein Selbstständiger weist die Rechtsform einer GmbH & Co. KG auf. Dies könnte als ein Indiz guter wirtschaftlicher Entwicklung des Betriebes gesehen werden, denn häufig wählen Unternehmer/-innen die Personengesellschaft als eine "Übergangsform" in ihrem Anfangsstadium, um dann später mit zunehmender Marktetablierung auf die haftungsbeschränkte Kapitalgesellschaft zu wechseln. Auf der anderen Seite wechselten vier Selbstständi-

Abbildung 4.9: Wöchentliche Arbeitszeit der Selbstständigen

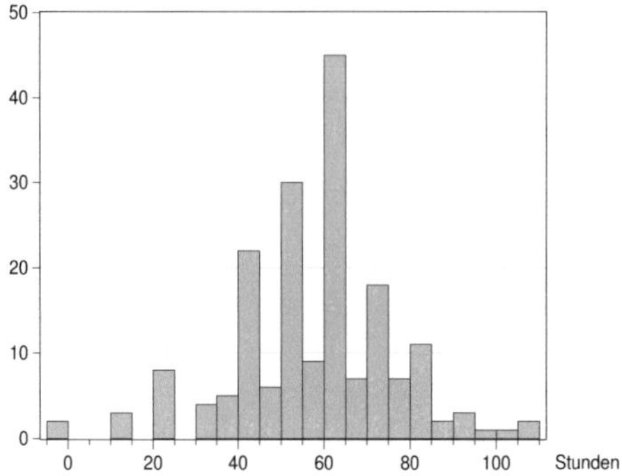

Quelle: Eigene Primärerhebung, 186 Befragte

ge zu der Rechtsform eines Einzelunternehmens. Fünf Unternehmen weisen nun die Rechtsform einer GbR auf und ein Unternehmen die Rechtsform einer OHG.

Leicht et al. (2005) heben hervor, dass ein Viertel der Existenzgründungen von Migranten Betriebsübernahmen sind. Auch bei den befragten türkischen Selbstständigen in Ulm/Neu-Ulm und Stuttgart übernahmen immerhin 22% einen bereits bestehenden Betrieb. Bei 77% der Befragten handelte es sich um eine Neugründung. Ein Selbstständiger beteiligte sich an einem bestehenden Unternehmen und ein weiterer Unternehmer nannte Sonstiges. Die Gründungen lassen sich in Vollerwerbs- und Nebenerwerbsgründungen unterscheiden: Bei 83% der befragten Selbstständigen handelte es sich um eine Vollerwerbsgründung und bei den restlichen 17% um eine Nebenerwerbsgründung. Von diesen Nebenerwerbsgründern gehen oder gingen 72% parallel einer anderen Erwerbstätigkeit nach. 28% gingen keiner anderen Erwerbstätigkeit nach.

Bezüglich der internen Struktur lässt sich festhalten, dass fast die Hälfte der Selbstständigen zu Beginn der Gründung keine Mitarbeiter hatte. Daher ist es nicht verwunderlich, dass 92% der Befragten den Großteil der anfallenden Arbeit zunächst selbst übernommen haben. Lediglich 8% der Selbstständigen haben Aufgaben an Mitarbeiter weitergegeben. In Kapitel 3.4.2 wurde dieser Vorgang als *Doing* bezeichnet, also der Zuwendung zur operativen Arbeit. Im Zeitverlauf ist es jedoch wichtig, den Schritt zum *Managing* zu vollziehen. Immerhin 46% der Befragten gaben auch an, dass sie aktuell hauptsächlich für das Führen und Leiten des Betriebes verantwortlich seien. Ein Zeichen dafür, dass sich eine interne Organisation und Mitarbeiterstrukturen entwickelt haben. 54% der Selbstständigen übernehmen zum Zeitpunkt der Befragung immer noch einen Großteil der täglich anfallenden Arbeit selbst.

Abbildung 4.9 zeigt die Verteilung der durchschnittlichen Wochenarbeitszeit der Befragten. Nur 22% der Befragten, die eine Angabe machten, arbeiten 40 Stunden oder weniger pro Woche. Dies lässt sich v.a. durch die Nebenerwerbsgründungen erklären, bei denen der Arbeitseinsatz geringer ausfällt. Bei gut der Hälfte der Unternehmer/-innen liegt die wöchentliche Arbeitszeit zwischen 41 und 60 Stunden. Die restlichen 24% der Selbstständigen arbeiten mehr als 60 Stunden pro Woche. Der durchschnittliche wöchentliche Arbeitseinsatz aller Befragten beläuft sich auf 56 Stunden.

Insgesamt lässt sich festhalten, dass türkische Selbstständige überwiegend als Einzelunternehmer gründen und dabei eine Neugründung bevorzugen. Ein Großteil der Selbstständigen beschäftigte zu Beginn der Gründung keine Mitarbeiter. Für die Analyse der Erfolgsfaktoren im Gründungsprozess werden die Ausprägungen der betrieblichen Organisation mittels Dummy-Variablen operationalisiert.

4.3.3 Betriebliche Strategie

Hinsichtlich der betrieblichen Strategie wurde in Kapitel 3.4.3 zwischen der Marktsituation und dem Marktgebiet unterschieden. Die Marktsituation bezieht sich auf die Nationalität der angesprochenen Kunden und das Marktgebiet auf die Reichweite des Marktes.

Studien betonen, dass Kunden gleicher ethnischer Herkunft eine weitaus geringere Bedeutung für den Selbstständigen haben als vielfach vermutet (u.a. Leicht et al. 2005). Die Befragung türkischer Selbstständiger in Ulm/Neu-Ulm und Stuttgart kommt zu einem ähnlichen Ergebnis: Bei lediglich 28% der Befragten setzte sich die Kundschaft zu Beginn hauptsächlich aus Personen türkischer Herkunft zusammen, wie die linke Graphik der Abbildung 4.10 verdeutlicht. Weitere 28% der Selbstständigen hatten schon zu Beginn der Gründung überwiegend deutsche Kunden. 44% stuften ihre Kundschaft zu Gründungsbeginn als gemischt ein.

Interessant ist ein Blick auf die branchenspezifischen Antworten. Betrachtet man die vier Hauptsektoren der befragten Selbstständigen, so fällt auf, dass v.a. in den wissensintensiven Dienstleistungen die Kunden türkischer Herkunft zu Beginn von großer Bedeutung sind. So gaben 38% der Selbstständigen in diesem Wirtschaftszweig an, dass sich ihre Kundschaft zu Beginn der Gründung hauptsächlich aus Türken zusammensetzte. Erklären lässt sich dieser überproportional hohe Anteil dadurch, dass v.a. in den wissensintensiven Dienstleistungen wie der Unternehmens- oder Steuerberatung Vertrauen in die "Landsleute" ein entscheidender Faktor ist. Zudem weist ein Selbstständiger in diesem Bereich häufig einen akademischen Abschluss auf, wodurch er in der eigenen Ethnie hohen Respekt und Anerkennung genießt. In den nicht-wissensintensiven Dienstleistungen und der Gastronomie liegt der Anteil an Selbstständigen mit überwiegend türkischen Kunden jeweils bei ungefähr 23%; im Einzelhandel weisen 31% überwiegend türkische Kunden auf.

Abbildung 4.10: Nationalität der Kunden

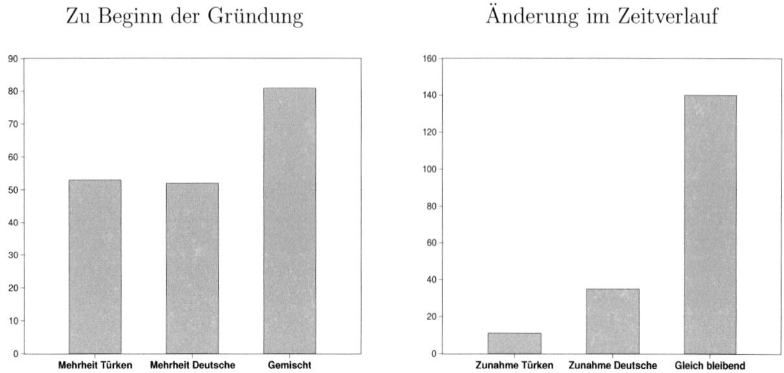

Quelle: Eigene Primärerhebung, 186 Befragte

Die rechte Graphik der Abbildung 4.10 zeigt, ob sich an der Zusammensetzung der Kundschaft im Zeitverlauf etwas geändert hat. Gut drei Viertel der Selbstständigen gab an, dass sich daran nichts geändert habe. Immerhin 19% verzeichneten im Zeitverlauf mehr Kunden deutscher Herkunft. Bei 6% der Befragten kam mehr türkische Kundschaft hinzu. Betrachtet man lediglich die Selbstständigen, die zu Beginn der Gründung überwiegend die eigenen Landsleute als Kunden hatten, so konnten 43% dieser Selbstständigen im Zeitverlauf mehr deutsche Kunden begrüßen. Das Erweitern des Kundenkreises wird auch als "Marktausbruch" bezeichnet und ist für die weitere unternehmerische Entwicklung von großer Bedeutung, denn bei einer Beschränkung auf die eigene Ethnie ist das Wachstumspotenzial des Betriebes begrenzt.

Die zweite Komponente der betrieblichen Strategie betrifft die Reichweite des Marktes, auf dem der Selbstständige seine Produkte und Dienstleistungen anbietet. Die linke Graphik der Abbildung 4.11 zeigt, dass bei der Mehrheit der Befragten die Kunden überwiegend über die lokale Nachbarschaft hinaus kamen, aber regional beschränkt blieben (51% aller Befragten). Bei 24% kam die Kundschaft zu Beginn der Gründung überwiegend aus der lokalen Nachbarschaft. 25% bezogen ihre Kunden mehrheitlich überregional. Auch hier lohnt ein Blick auf die branchenspezifischen Antworten. Nicht verwunderlich ist, dass die Bereiche Einzelhandel und Gastronomie verstärkt auf Kunden aus der lokalen Nachbarschaft angewiesen sind (35% bzw. 38%). Sowohl die Gastronomie als auch der Einzelhandel leben von der lokalen Laufkundschaft. Weniger bedeutend ist die lokale Nachbarschaft für die nichtwissensintensiven und wissensintensiven Dienstleistungen. So gaben nur 14% bzw. 8% der Selbstständigen, die in diesen Bereichen tätig sind, an, dass ihre Kundschaft zu Beginn überwiegend aus der lokalen Nachbarschaft gekommen sei.

Abbildung 4.11: Herkunft der Kunden

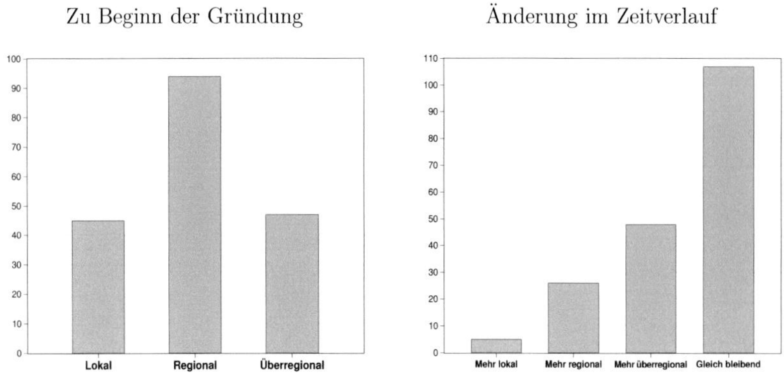

Quelle: Eigene Primärerhebung, 186 Befragte

Bei 57% der Befragten änderte sich das Einzugsgebiet der Kunden im Zeitverlauf nicht, wie die rechte Graphik der Abbildung 4.11 verdeutlicht. 26% bezogen mehr Kunden über die Region hinaus und 14% über die lokale Nachbarschaft hinaus. Bei den restlichen 3% kamen die Kunden im Zeitverlauf vermehrt aus der lokalen Nachbarschaft.

Abbildung 4.12: Absatzmarktstrategie der Selbstständigen

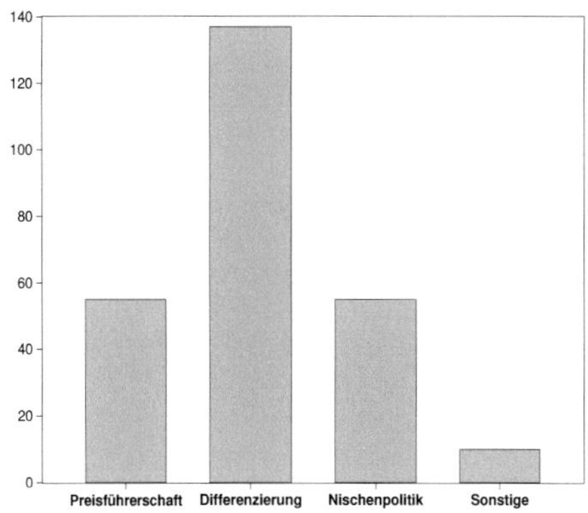

Quelle: Eigene Primärerhebung, 183 Befragte

Zusätzlich interessierte, welche Absatzmarktstrategie die Selbstständigen verfolgen. Wie Abbildung 4.12 zeigt, wählt die Mehrheit der Befragten die Strategie der Differenzierung. So versuchen sich 75% durch Service oder Kommunikationspolitik von der Konkurrenz abzuheben. Auf die Preisführerschaft setzen 30% der Befragten. Weitere 20% konzentrieren sich auf Marktnischen, z.B. auf spezielle Kundengruppen. Eine sonstige Strategie nannten 5% der Unternehmer/-innen. Durch die Möglichkeit der Mehrfachnennung summieren sich die prozentualen Anteile zu mehr als 100%.

Insgesamt lässt sich bezüglich der betrieblichen Strategie festhalten, dass sich ein Großteil der Selbstständigen auf eine gemischte Kundschaft konzentriert, die über die lokale Nachbarschaft hinaus kommt. Für die Analyse der Erfolgsfaktoren im Gründungsprozess wird die zeitliche Komponente berücksichtigt. So interessiert, ob es dem Selbstständigen im Zeitverlauf gelungen ist, seinen Kundenkreis und das Marktgebiet zu erweitern.

4.4 Umfeldbezogene Charakteristika

4.4.1 Standortlage und öffentliche Förderung

Auf die sektorale Verteilung der türkischen Selbstständigen des Datensatzes wurde bereits in Kapitel 4.1.2 eingegangen. Weitere umfeldbezogene Charakteristika betreffen die Standortlage, die Konkurrenzdichte und die öffentliche Förderung.

Bei der Standortlage lässt sich zwischen der regionalen und der lokalen Ebene unterscheiden. 24% der Befragten gehen ihrer selbstständigen Tätigkeit im urbanen Stuttgart nach. 52% der Selbstständigen sind im kleineren Wirtschaftsraum Ulm/Neu-Ulm tätig. Die restlichen 24% sind den Landkreisen um den Wirtschaftsraum Ulm/Neu-Ulm zuzuordnen. Bezüglich der lokalen Ebene lässt sich festhalten, dass sich bei 42% der Befragten der Betrieb in einer Agglomerationslage befindet. Unter eine Agglomerationslage fallen beispielsweise ein Einkaufszentrum oder eine Fußgängerzone. 58% der Selbstständigen betreiben ihr Geschäft in einer Einzellage.

Eng verbunden mit der Standortlage ist die Konkurrenzdichte. Studien betonen, dass unter den türkischen Selbstständigen eine verschärfte Wettbewerbssituation vorliegt (u.a. Leicht und Leiß 2007). So neigen viele Gründer/-innen dazu, das Marktpotenzial zu überschätzen und die Konkurrenz zu unterschätzen. Das führt zu einem innerethnischen Verdrängungswettbewerb. Auch bei der Befragung türkischer Selbstständiger in Ulm/Neu-Ulm und Stuttgart gaben 40% der Befragten an, mehr als fünf Wettbewerber zu Beginn der Gründung in unmittelbarer Nähe gehabt zu haben. 32% der Selbstständigen standen in direkter Konkurrenz mit bis zu zwei Wettbewerbern und 28% mit drei bis fünf Mitstreitern.

Öffentliche Fördermaßnahmen sind gerade zu Beginn der Gründung eine wichtige Finanzierungsalternative, werden aber vielfach von Migranten nicht in Anspruch genommen (z.B. Burgbacher 2004). Im vorliegenden Datensatz griff jedoch ein erstaunlich hoher Anteil von 28% der Befragten auf öffentliche Fördermittel zurück. Die wichtigste Institution ist dabei die Agentur für Arbeit. 90% der Selbstständigen wurden von der Agentur für Arbeit im Rahmen der Gründung finanziell unterstützt. Die Kreditanstalt für Wiederaufbau gaben 8% der Befragten an. Von der Landesbank erhielten 4% der Selbstständigen Unterstützung und eine sonstige Institution gaben 6% an. Durch die Möglichkeit der Mehrfachnennung summieren sich die prozentualen Anteile zu mehr als 100%.

Tabelle 4.8: Gründe für Nichtinanspruchnahme der Förderung

	Relativer Anteil
Keine Kenntnis über Fördermöglichkeiten	53%
Sonstiges	26%
Zu kompliziertes Antragsverfahren	22%
Ungenügende Kreditsicherheiten	6%
Keine Befürwortung durch die Kammer	5%
Hausbank wollte nicht fördern	4%
Ungenügendes Eigenkapital	3%
Antrag zu spät gestellt	2%

Quelle: Eigene Primärerhebung, 128 Befragte

Zahlreiche Untersuchungen kommen zu dem Ergebnis, dass bei den Migranten häufig ein Informationsdefizit bezüglich der öffentlichen Fördermaßnahmen vorliegt (u.a. Sen und Sauer 2005).

Auch bei der Befragung türkischer Selbstständiger in Ulm/Neu-Ulm und Stuttgart gab mehr als die Hälfte der Selbstständigen an, keine Kenntnis über die Fördermöglichkeiten gehabt zu haben (siehe Tabelle 4.8). Sonstige Gründe nannten 26% der Unternehmer/-innen. Bei dieser freien Antwortmöglichkeit wurde von den Selbstständigen überwiegend angefügt, dass kein Bedarf bezüglich öffentlicher Fördermittel vorlag. 22% der Befragten sahen in dem aus ihrer Sicht zu komplizierten Antragsverfahren den Grund, keine öffentlichen Fördermittel beantragt zu haben. Als weitere Gründe folgen ungenügende Kreditsicherheiten (6%), keine Befürwortung durch die Kammer (5%), Hausbank wollte nicht fördern (4%), ungenügendes Eigenkapital (3%) und Antrag zu spät gestellt (2%).

Bezüglich des Standortes lässt sich festhalten, dass die türkischen Selbstständigen einem hohen Konkurrenzdruck durch die eigenen "Landsleute" ausgesetzt sind. Öffentliche Fördermaßnahmen werden häufig auf Grund fehlender Kenntnisse nicht in Anspruch genommen. Für die Analyse der Erfolgsfaktoren im Gründungsprozess werden die Ausprägungen des Standortes mittels Dummy-Variablen operationalisiert.

4.4.2 Ein regionaler Vergleich

Der vorliegende Datensatz enthält Selbstständige aus Ulm/Neu-Ulm und Stuttgart. Auf Grund der Unterschiede in der Wirtschaftskraft der beiden Regionen wird in der folgenden Analyse ein regionaler Vergleich durchgeführt. Tabelle 4.9 fasst dazu einige ausgewählte personenbezogene, betriebsbezogene und umfeldbezogene Charakteristika zusammen.

Tabelle 4.9: Persönliche Merkmale nach Region

Personenbezogen	Ulm/Neu-Ulm	Stuttgart
Durchschnittsalter	38 Jahre	37 Jahre
Frauenanteil	13%	11%
Zweite Generation	26%	24%
Mit Berufsabschluss	82%	76%
Beratung	77%	59%
Betriebsbezogen	Ulm/Neu-Ulm	Stuttgart
Geringes Startkapital	32%	36%
Betriebsübernahme	23%	18%
Mitarbeiter	49%	62%
Umfeldbezogen	Ulm/Neu-Ulm	Stuttgart
Viele Wettbewerber	39%	42%
Dienstleister	40%	58%
Öffentliche Förderung	31%	18%

Quelle: Eigene Primärerhebung, 186 Befragte

Bezüglich der Person des Selbstständigen bestehen nur geringfügige regionale Unterschiede. Das Durchschnittsalter der Befragten aus Ulm/Neu-Ulm liegt bei 38 Jahren. Für die Region Stuttgart fällt das Durchschnittsalter mit 37 Jahren etwas geringer aus. Auch der Frauenanteil liegt in Ulm/Neu-Ulm und Stuttgart auf einem ähnlichen Niveau (13% zu 11%). Gleiches gilt für den Anteil der zweiten Generation unter den Selbstständigen: 26% der Befragten aus Ulm/Neu-Ulm wurden in Deutschland geboren; in Stuttgart sind es 24%. Etwas höher fällt der Anteil an Personen mit einem Berufsabschluss in Ulm/Neu-Ulm aus (82% zu 76%). Auch bezüglich des Beratungsverhaltens lassen sich Unterschiede zwischen den Regionen beobachten. So gaben deutlich mehr Selbstständige aus Ulm/Neu-Ulm an, eine Gründungsberatung in Anspruch genommen zu haben (77% zu 59%).

Hinsichtlich des eingesetzten Startkapitals als ausgewähltes betriebsbezogenes Charakteristikum liegen die Regionen auf einem ähnlichen Niveau. So setzten 32% der Selbstständigen aus Ulm/Neu-Ulm höchstens 10 000 € ein. Bei den Befragten aus Stuttgart liegt dieser Anteil bei 36%. Einen bereits bestehenden Betrieb übernahmen

23% der Selbstständigen aus Ulm/Neu-Ulm; in Stuttgart waren es 18%. Deutliche regionale Unterschiede ergeben sich bezüglich der Mitarbeiter: Während in Stuttgart 62% der Befragten bereits zu Beginn der Gründung Mitarbeiter beschäftigten, beläuft sich dieser Anteil in Ulm/Neu-Ulm auf lediglich 49%. Eine mögliche Erklärung liegt in der Wirtschaftskraft der beiden Regionen. So könnte sich das höhere Nachfragepotenzial in der Landeshauptstadt Stuttgart positiv auf die Betriebsgröße auswirken.

Mit der Größe der Region steigt die Betriebsdichte, was zu vermehrtem Konkurrenzdruck führt. Daher ist es nicht verwunderlich, dass der Anteil an Selbstständigen mit vielen Wettbewerbern in der näheren Umgebung für Stuttgart etwas höher ausfällt (42% zu 39%). Bezüglich der sektoralen Verteilung fällt auf, dass sich unter den Selbstständigen aus Ulm/Neu-Ulm deutlich weniger Dienstleister befinden. So sind in Ulm/Neu-Ulm 40% der Befragten im Dienstleistungssektor tätig; in Stuttgart sind es 58%. Auch hinsichtlich der öffentlichen Förderung lassen sich regionale Unterschiede beobachten. 31% der Befragten aus Ulm/Neu-Ulm nahmen öffentliche Fördermittel in Anspruch. Für die Selbstständigen aus Stuttgart fällt dieser Anteil mit 18% deutlich geringer aus.

Festzuhalten ist, dass die durchgeführte regionale Analyse ein hohes Maß an Gemeinsamkeiten zwischen den Selbstständigen aus Ulm/Neu-Ulm und Stuttgart ergab. Das betrifft insbesondere die persönlichen Charakteristika. Unterschiede lassen sich bezüglich der Betriebsgröße und der Branchenwahl erkennen. So ist der Anteil an Arbeitgeberbetrieben und Dienstleistern in Stuttgart deutlich höher als in Ulm/Neu-Ulm.

4.5 Zusammenfassung

Ziel des Kapitels war es, das Bild eines türkischen Selbstständigen zu erweitern und den für die Analyse der Erfolgsfaktoren verwendeten Datensatz vorzustellen. Grundlage dieser strukturellen Analyse bildeten 186 türkische Selbstständige aus Ulm/Neu-Ulm und Stuttgart.

Der Untersuchungsraum, in dem die 186 Selbstständigen befragt wurden, umfasst die Regionen Ulm und Neu-Ulm sowie die Landeshauptstadt Stuttgart. In der Wirtschaftsregion Ulm/Neu-Ulm sind mehr als 10 000 Betriebe ansässig. Laut dem Unternehmensregister des Statistischen Bundesamtes beläuft sich die Zahl der Betriebe in der Landeshauptstadt Stuttgart auf über 30 000. Die sektoralen Schwerpunkte im Wirtschaftsraum Ulm/Neu-Ulm sind die wissensintensiven Dienstleistungen, der Handel, das verarbeitende Gewerbe, das Gesundheits- und Sozialwesen sowie das Baugewerbe. Auch in der Landeshauptstadt Stuttgart dominieren die wissensintensiven Dienstleistungen, gefolgt von dem Handel und den nicht-wissensintensiven Dienstleistungen.

Die befragten türkischen Selbstständigen sind dagegen verstärkt im Handel, dem Gastgewerbe und den nicht-wissensintensiven Dienstleistungen vertreten.

Bezüglich der personenbezogenen Charakteristika der türkischen Selbstständigen ließ sich zunächst festhalten, dass die weiblichen Selbstständigen deutlich unterrepräsentiert sind. Etwas weniger als ein Drittel der Unternehmer/-innen ist der zweiten Generation der Migranten zuzuordnen. Der Großteil der Befragten, die in Deutschland die Schule besuchten, weist einen Hauptschulabschluss auf. Bei denjenigen Selbstständigen, die das türkische Schulsystem durchliefen, dominiert das Lise. Sowohl bei den in Deutschland als auch in der Türkei erzielten Berufsabschlüssen überwiegt der Lehrabschluss. Vielfach fehlt es an spezifischen Kenntnissen wie der Branchenerfahrung oder den kaufmännischen Kenntnissen.

Der Planungsaufwand der Befragten ist relativ gering. So investierte über die Hälfte der Selbstständigen zur Gründungsvorbereitung weniger als sechs Monate und verzichtete auf die Erstellung eines Geschäftsplanes. Fast drei Viertel der Unternehmer/-innen nahmen jedoch eine Gründungsberatung in Anspruch. Hierbei wird sich vorwiegend an das familiäre Umfeld gewandt. Bei den Motiven zur Unternehmensgründung dominieren die Pull-Faktoren, d.h. der Drang nach Selbstverwirklichung oder das Streben nach Unabhängigkeit führen zum Schritt in die Selbstständigkeit. Push-Faktoren wie Arbeitslosigkeit oder Diskriminierung, die eine Person in die Selbstständigkeit drängen, sind von eher untergeordneter Bedeutung.

Die ethnische Gemeinschaft ist von großer Bedeutung für die türkischen Selbstständigen. So griffen mehr als die Hälfte der Befragten zu Beginn der Gründung auf die Hilfe der Familie, Freunde oder engeren Verwandtschaft zurück. Besonders stark werden diese Verbindungen in den Branchen genutzt, in denen der persönliche Arbeitseinsatz sehr hoch ist. Das betrifft v.a. den Einzelhandel und die Gastronomie. Ein Großteil der Befragten erweiterte im Zeitverlauf jedoch seine Netzwerke über die ethnische Gemeinschaft hinaus. Bei einer Unterscheidung nach den einzelnen Ausprägungen der ethnischen Ressourcen fiel auf, dass die eigene Ethnie sowohl zur Beratung als auch zur Akquise von Mitarbeitern und Finanzkapital kontaktiert wird. Das gilt insbesondere für den Beginn der Gründung.

Hinsichtlich der betriebsbezogenen Charakteristika ließ sich festhalten, dass sich der Finanzierungsbedarf der türkischen Selbstständigen in den kleinen und mittleren Finanzierungsklassen bewegt. Die Fremdfinanzierung spielt dabei zu Beginn der Gründung keine Rolle. Vielmehr besteht das Startkapital überwiegend aus Eigenkapital. Ein Großteil der Befragten führte im Verlauf der Selbstständigkeit weitere größere Investitionen durch. Das Kapital hierfür wurde hauptsächlich aus dem eigenen Betrieb erwirtschaftet.

Die mit Abstand am häufigsten gewählte Rechtsform stellt das Einzelunternehmen dar. Mehr als drei Viertel der türkischen Selbstständigen entschied sich für eine Neugründung. Dabei beschäftigte ein Großteil der Befragten zu Beginn der Gründung keine Mitarbeiter. Die operative Arbeit wurde daher anfangs von dem Selbstständigen selbst übernommen. Im Zeitverlauf entwickelte sich jedoch bei der Mehrheit der Befragten eine interne Struktur. So ist nun fast die Hälfte der Selbstständigen für das Leiten des Betriebes verantwortlich. Die wöchentliche Arbeitszeit der Befragten liegt bei 56 Stunden.

Bei etwas weniger als einem Drittel der Unternehmer/-innen setzte sich die anfängliche Kundschaft vornehmlich aus Personen türkischer Herkunft zusammen. Ein Großteil dieser Selbstständigen konnte jedoch im Zeitverlauf mehr Kunden deutscher Herkunft gewinnen. Die Hälfte der Befragten gab an, dass ihre Kunden zu Beginn der Gründung über die lokale Nachbarschaft hinaus gekommen seien, jedoch regional beschränkt. Dies änderte sich bei einer Mehrheit der Befragten im Zeitverlauf nicht. Bei der Absatzmarktstrategie wählen die meisten Unternehmer/-innen die Differenzierung gegenüber der Konkurrenz.

Bezüglich der umfeldbezogenen Charakteristika ist festzuhalten, dass sich ein Großteil der Befragten zu Beginn der Gründung einem starken Konkurrenzdruck aussetzte. Öffentliche Fördermaßnahmen wurden von der Mehrheit der Selbstständigen nicht in Anspruch genommen. Der Hauptgrund hierfür liegt in einem Informationsdefizit hinsichtlich Angeboten der öffentlichen Hand.

In einem letzten Schritt wurde eine regionale Analyse zwischen den Selbstständigen aus Ulm/Neu-Ulm und den Unternehmern aus Stuttgart durchgeführt. Insgesamt waren nur geringfügige Abweichungen zwischen den beiden Gruppen zu beobachten. Diese ergaben sich bezüglich der Branchenverteilung und der Betriebsgröße. So sind die Selbstständigen aus Stuttgart verstärkt im Dienstleistungssektor tätig und beschäftigen mehr Mitarbeiter.

Insgesamt konnte mit der deskriptiven Auswertung des Datensatzes das Bild eines türkischen Selbstständigen aus Kapitel 2 um betriebliche Informationen erweitert werden. Auffallend ist, dass die Betriebe relativ jung sind. Sektorale Schwerpunkte bilden der Handel und der Dienstleistungsbereich. Der Planungsaufwand im Vorfeld der Gründung ist gering. Von großer Bedeutung ist die eigene Ethnie. Das betrifft die Akquise der Mitarbeiter und die Mobilisierung des Kapitals. Im Verlauf der Selbstständigkeit werden die Netzwerke jedoch über die ethnische Gemeinschaft hinaus erweitert. Als Kunden spielen die eigenen "Landsleute" eine geringere Rolle. Im folgenden Kapitel dient der strukturell ausgewertete Datensatz als Grundlage für die Analyse der Erfolgsfaktoren im Gründungsprozess.

Kapitel 5

Empirische Analyse der Erfolgsfaktoren im Gründungsprozess

Im Folgenden wird der in Kapitel 3 erarbeitete Modellrahmen zu den Erfolgsfaktoren im Gründungsprozess empirisch überprüft. Trotz der gewachsenen ökonomischen Bedeutung der ausländischen Selbstständigen liegen in Deutschland bislang keine vergleichbaren Studien vor, die sich in das Feld der ethnischen Erfolgsfaktorenforschung einordnen lassen. So gehen bestehende Untersuchungen nur unzureichend auf die Nationalität der Selbstständigen ein und führen keine separaten Analysen durch. Auch im internationalen Kontext lassen sich nur wenige Studien aufführen, die sich mit dieser Thematik auseinandersetzen (u.a. Bates 1993; Basu und Goswami 1999).

Ziel des Kapitels ist es, die Faktoren einer erfolgreichen türkischen Gründung zu identifizieren. Von besonderem Interesse ist dabei der Vergleich zu einer deutschen Gründung. Kapitel 5.1 stellt die Datengrundlage vor und diskutiert die bei der Analyse verwendeten Erfolgsindikatoren. In Kapitel 5.2 werden die potenziellen Erfolgsfaktoren vorgestellt. Das anschließende Kapitel 5.3 enthält eine deskriptive Auswertung des Datensatzes. Unterschieden wird zwischen den personenbezogenen, betriebsbezogenen und umfeldbezogenen Erfolgsfaktoren. In Kapitel 5.4 erfolgt die multivariate Analyse. Zunächst wird das für die Schätzungen verwendete Modell spezifiziert. Mittels eines Basismodells werden erste grundlegende Informationen bezüglich einer erfolgreichen türkischen Gründung gewonnen. Dieses Basismodell enthält 18 ausgewählte Erfolgsfaktoren und wird schrittweise um zusätzliche Variablen ergänzt. Bei diesen Erweiterungen wird zwischen personenbezogenen, betriebsbezogenen und umfeldbezogenen Erfolgsfaktoren unterschieden. In Kapitel 5.5 erfolgt eine Diskussion der gewonnenen Ergebnisse im Kontext bestehender Studien aus der Erfolgsfaktorenforschung. Kapitel 5.6 fasst die Ausführungen zusammen.

5.1 Datengrundlage und Wahl der Erfolgsgröße

Grundlage der Analysen bildet der in Kapitel 4 vorgestellte Datensatz bestehend aus insgesamt 186 türkischen Selbstständigen aus den Regionen Stuttgart und Ulm/Neu-Ulm.

Kapitel 3.1.1 ging bereits auf die verschiedenen Erfolgsmaße ein. Der bei der Betriebsbefragung eingesetzte Fragebogen enthält eine Reihe "harter" ökonomischer Indikatoren sowie ergänzende "weiche" Kennziffern. In die erste Kategorie fallen das Umsatzwachstum, das Mitarbeiterwachstum, die Gewinnerzielung und die Durchführung von Folgeinvestitionen.

- **Umsatzwachstum**
  Die Ausführungen in Kapitel 3.1.3 haben gezeigt, dass ein Gründungszyklus mindestens drei bis fünf Jahre umfasst. Daher wurden die Selbstständigen gefragt, um wie viel Prozent ihr Umsatz im Durchschnitt pro Jahr in den ersten fünf Jahren nach Betriebsgründung gewachsen ist. Um nur die jüngeren Betriebe zu erfassen, richtete sich die Frage an die Selbstständigen, die nach 1995 gegründet haben. Insgesamt äußerten sich 141 Befragte zu ihrem Umsatzwachstum.[26] 5% der Selbstständigen verzeichneten einen Umsatzrückgang und 12% sprachen von einem gleich bleibenden Umsatz. Bei 18% ist der Umsatz pro Jahr um durchschnittlich 1-5% gewachsen. Jeweils 21% wiesen Wachstumsraten von 6-10% und 11-20% auf. Ein Umsatzwachstum von mehr als 20% lag bei 23% der Befragten vor.

- **Mitarbeiterwachstum**
  Auch bezüglich des Mitarbeiterwachstums wurden lediglich die Betriebe betrachtet, die nach 1995 gegründet wurden. Diese Selbstständigen wurden gefragt, wie viele Mitarbeiter sie in den ersten fünf Jahren nach Betriebsgründung zusätzlich eingestellt haben. Nach dieser Abgrenzung besteht der Datensatz aus 148 Beobachtungen. Durchschnittlich wurden 6,16 Mitarbeiter in den ersten fünf Jahren nach Betriebsgründung eingestellt. 51% der Befragten stellten dabei zusätzliche Mitarbeiter ein. Die restlichen 49% verzichteten darauf.

- **Gewinnerzielung**
  Zusätzlich wurden die Selbstständigen, die nach 1995 gegründet haben, gefragt, wie lange es vom Zeitpunkt der Gewerbeanmeldung an gedauert hat, bis sich der neu gegründete Betrieb rentiert hat und Gewinne erzielt wurden. Nach dieser Abgrenzung besteht der Datensatz aus 152 Beobachtungen. Bei 15% der Befragten hat der Betrieb von Anfang an Gewinne erzielt und bei 22% dauerte es höchstens sechs Monate. 14% der Selbstständigen gaben an, dass sich der Betrieb nach 7-12 Monaten rentiert hat. Bei 21% erstreckte sich der Zeitraum auf 1-2 Jahre. Von mehr als zwei Jahren sprachen 16% der Befragten. Bei 12% hat sich der Betrieb bis jetzt nicht rentiert.

[26] Besteht ein Betrieb seit weniger als fünf Jahren, so wird das Umsatzwachstum bis zum aktuellen Jahr erhoben.

- **Folgeinvestitionen**
  Ein weiterer "harter" ökonomischer Indikator bezieht sich auf die Investitionen. So wurden die Selbstständigen gefragt, ob sie nach Gründung weitere größere Investitionen getätigt haben. Um eine ähnliche Abgrenzung wie beim Umsatz- und Mitarbeiterwachstum zu erzielen, wurden lediglich die Selbstständigen betrachtet, die nach 1995 gegründet haben. Dadurch umfasst der Datensatz 157 Beobachtungen. 63% der Befragten führten nach Gründung weitere größere Investitionen durch. 37% tätigten keine Folgeinvestitionen.

In die Kategorie der ergänzenden "weichen" Indikatoren fallen die Zufriedenheit mit der geschäftlichen Entwicklung, die Erweiterung des Geschäftsraumes, das Übertreffen des früheren Einkommens und die Wiederholungsabsicht der Gründung.

- **Zufriedenheit**
  Die Zufriedenheit mit der wirtschaftlichen Entwicklung stellt ein subjektives Erfolgskriterium dar. Die Selbstständigen wurden gefragt, wie sie die wirtschaftliche Entwicklung ihres Betriebes bis zum heutigen Zeitpunkt beurteilen würden. Betrachtet wurden nur die Befragten, die nach 1995 gegründet haben. Durch dieses Vorgehen ergibt sich ein Datensatz von 159 Beobachtungen. 38% der Selbstständigen sind mit der geschäftlichen Entwicklung zufrieden. Bei 45% hätte sich das Geschäft besser entwickeln können und 17% sind unzufrieden.

- **Erweiterung**
  Die Selbstständigen, die nach 1995 gegründet haben, wurden gefragt, ob sie in den ersten fünf Jahren nach ihrer Betriebsgründung den Geschäftsraum ein- oder mehrmals erweitert haben. Der Datensatz besteht aus 150 Beobachtungen. 43% führten eine Erweiterung des Geschäftsraumes durch und die restlichen 57% verzichteten darauf.

- **Einkommen**
  Einen weiteren "weichen" Indikator stellt die Einkommenssituation dar. So wurden die Selbstständigen, die nach 1995 gegründet haben, gefragt, ob sie in den ersten fünf Jahren nach Betriebsgründung ihr früheres Einkommen übertroffen haben. Der Datensatz umfasst dabei 150 Beobachtungen. 71% der Befragten übertreffen ihr früheres Einkommen. Bei den restlichen 29% liegt das Einkommen aus der Selbstständigkeit unter dem aus der früheren beruflichen Tätigkeit.

- **Wiederholungsabsicht**
  Der letzte "weiche" Indikator betrifft die Wiederholungsabsicht der Selbstständigen. So wurden die Unternehmer/-innen gefragt, ob sie rückblickend betrachtet noch einmal "denselben Betrieb" gründen würden. Für die Selbstständigen, die nach 1995 gegründet haben, ergibt sich ein Datensatz von 157 Beobachtungen. 78% der Befragten würden noch einmal in der jetzigen Form gründen und die restlichen 21% darauf verzichten.

Für die weiteren Analysen werden zwei "harte" ökonomische Indikatoren verwendet, die durch ein "weiches" Erfolgsmaß ergänzt werden. Dieses Vorgehen ermöglicht eine

Überprüfung der Robustheit der Ergebnisse. Die jeweiligen Erfolgsindikatoren werden als qualitative endogene Variablen mit den Ausprägungen 0 und 1 konstruiert. Das in bestehenden Studien am häufigsten verwendete Erfolgsmaß stellt das Umsatzwachstum dar. Albach et al. (1985) haben gezeigt, dass zahlreiche weitere betriebliche Erfolgskennzahlen mit dieser Größe korrelieren. Auch für die Fragestellung dieser Analyse ist das Umsatzwachstum der geeigneteste Erfolgsindikator. So werden die ersten fünf Jahre eines Gründungszyklus abgebildet. Als erfolgreich wird ein Selbstständiger bezeichnet, der in den ersten fünf Jahren nach Betriebsgründung ein jährliches Umsatzwachstum von mehr als 10% erzielt hat. Diese Abgrenzung wurde auch in der Gründerstudie von Brüderl et al. (1998) getroffen. Da alle Selbstständigen betrachtet werden, die nach 1995 gegründet haben, liegen für die Erfolgsgröße 141 Beobachtungen vor.

Das Mitarbeiterwachstum wird ebenfalls in vielen empirischen Untersuchungen verwendet. Für die Fragestellung dieser Arbeit ist dieses Erfolgsmaß jedoch weniger geeignet. Anders als bei den deutschen Betrieben spielen bei den ethnischen Unternehmern die Mitarbeiter in der Gründungsphase eine eher untergeordnete Rolle. Vielmehr wird auf die unentgeltliche Hilfe der Familienangehörigen zurückgegriffen, was sich aber nicht auf die Beschäftigtenzahl auswirkt. Auch der Gewinn ist kein adäquater Erfolgsindikator, da die Berechnung je nach Rechtsform unterschiedlich ausfällt. Aus diesen Überlegungen heraus wird das Durchführen von Folgeinvestitionen als zweites ökonomisches Erfolgsmaß verwendet. Werden nach Beginn der Gründung weitere Investitionen durchgeführt, so lässt sich das als ein Indiz guter wirtschaftlicher Entwicklung deuten. Da sich die Folgeinvestitionen nicht explizit auf die ersten fünf Jahre nach Betriebsgründung beziehen, berücksichtigt dieses Erfolgsmaß auch längerfristige Auswirkungen der Gründungsaktivitäten. Erfasst werden alle Selbstständigen, die nach 1995 gegründet haben. Dadurch liegen 157 Beobachtungen für den Erfolgsindikator vor.

Als ergänzende Erfolgsgröße bietet sich die Erweiterung der Geschäftsräume an. Allerdings kann ein Betrieb auch wirtschaftlich erfolgreich sein, ohne dass eine Erweiterung durchgeführt wurde. Dieser Indikator würde den Anteil an erfolgreichen Selbstständigen daher tendenziell unterschätzen. Auch die Einkommensverbesserung als Erfolgsgröße ist für die Fragestellung dieser Arbeit ungeeignet. So hängt das Übertreffen des Einkommens stark vom beruflichen Status vor der Selbstständigkeit ab. Beispielsweise verzerren Gründungen aus der Arbeitslosigkeit heraus das Ergebnis, da vielfach Transferleistungen gezahlt werden. Als relevante Erfolgsindikatoren kommen daher die Wiederholungsabsicht der Gründung und die Zufriedenheit mit der wirtschaftlichen Entwicklung in Betracht. Da die Zufriedenheit mit der wirtschaftlichen Entwicklung eine stärkere Differenzierung zulässt, wird auf dieses ergänzende Erfolgsmaß zurückgegriffen. Als erfolgreich gilt dabei ein Selbstständiger, der mit seiner wirtschaftlichen Entwicklung bis zum heutigen Zeitpunkt zufrieden ist. Betrachtet werden alle Selbstständigen, die nach 1995 gegründet haben. Für die Erfolgsgröße liegen 159 Beobachtungen vor. Wie bei den Folgeinvestitionen bildet die Zufriedenheit mit der wirtschaftlichen Entwicklung auch die langfristigen Auswirkungen der Gründungsaktivitäten ab und beschränkt sich nicht nur auf die ersten fünf Jahre der Gründung.

Als Erfolgsindikatoren werden demnach das Umsatzwachstum, die Folgeinvestitionen und die Zufriedenheit mit der wirtschaftlichen Entwicklung verwendet. In den folgenden Ausführungen liegt der Schwerpunkt auf der Vorstellung der potenziellen Einflussgrößen auf den Gründungserfolg.[27]

5.2 Auswahl der Erfolgsfaktoren

Die Auswahl der Erfolgsfaktoren erfolgt nach den in Kapitel 3 vorgestellten Ergebnissen aus der Gründungsforschung. Unterschieden wird zwischen personenbezogenen, betriebsbezogenen und umfeldbezogenen Variablen. Unter die personenbezogenen Erfolgsfaktoren fallen die sozio-demographischen Merkmale, das Humankapital, die Planung und Vorbereitung sowie die ethnischen Ressourcen:

- **Sozio-demographische Merkmale**
  Studien kommen bezüglich des Einflusses des Geschlechts (*Frau*) auf den Unternehmenserfolg zu keinen eindeutigen Ergebnissen. Zu vermuten ist ein negativer Abschlag für die Frauen auf Grund einer geringeren Risikofreudigkeit. Auch beim Alter (*Alter 30 bis 40*, *Alter über 40*) lassen die Studien keinen signifikanten Zusammenhang vermuten. Hinsichtlich des Familienstandes (*Verheiratet*) wird davon ausgegangen, dass ein verheirateter Selbstständiger durch den Ehepartner arbeitstechnisch entlastet wird und er dadurch freie Ressourcen für strategische Fragen zur Verfügung hat. Dies könnte sich positiv auf den Unternehmenserfolg auswirken. Selbstständige der zweiten Generation der Migranten (*Geburt Deutschl*), die in Deutschland geboren wurden, sind mit den spezifischen Umweltbedingungen vor Ort aufgewachsen. Auf Grund dieser Kenntnisse wird ein positiver Einfluss auf den Unternehmenserfolg erwartet. Auf die Staatsbürgerschaft (*Deutscher Pass*) lassen sich diese Überlegungen nicht übertragen. So kann auch ein in Deutschland geborener Selbstständiger über die türkische Staatsbürgerschaft verfügen.

- **Humankapital**
  Studien signalisieren einen positiven Zusammenhang zwischen einer besseren formalen Ausbildung (*Lehre*, *Meister*, *Hochschule*) und dem unternehmerischen Erfolg. Zusätzlich untersucht die Variable *Berufsort*, ob es qualitative Unterschiede zwischen dem formalen Bildungsabschluss in Deutschland und dem Ausland gibt. So werden beispielsweise bestimmte Bildungsabschlüsse, die in der Türkei gemacht wurden, in Deutschland nicht anerkannt. Bei der Selbstständigenerfahrung (*Selbsterf*) ist ein positiver Einfluss auf den Unternehmenserfolg zu erwarten. So konnte die Person bereits Erfahrungen mit

[27] Wenn in den weiteren Ausführungen aus Gründen der Vereinfachung allgemein von "unternehmerischem Erfolg" und "Erfolgsfaktoren" gesprochen wird, so beziehen sich diese Begriffe auf den Gründungsprozess.

den spezifischen Anforderungen der Selbstständigkeit sammeln. Darüber hinaus kommen zahlreiche Studien zu dem Ergebnis, dass ein Zusammenhang zwischen der Branchenerfahrung (*Branchenerf*) und dem Unternehmenserfolg besteht. Es wird daher ein positives Vorzeichen für diese Variable erwartet. Eine frühere berufliche Stellung als Vorgesetzter lässt auf gewisse Managementfähigkeiten schließen. Studien gehen daher von einem positiven Einfluss der Vorgesetztenerfahrung (*Vorgesetztenerf*) auf den Unternehmenserfolg aus. Zusätzlich wird ein positiver Zusammenhang zwischen den betriebswirtschaftlichen Kenntnissen zu Beginn der Gründung (*Kfm mittel*, *Kfm gut*) und dem Unternehmenserfolg erwartet.

- **Planung und Vorbereitung**
  Studien signalisieren, dass eine umfangreiche und gründliche Vorbereitung der Gründung einen positiven Einfluss auf den Unternehmenserfolg nimmt. Erwartet wird daher ein positives Vorzeichen der Variablen *Vorbereit hoch* (Vorbereitungszeit von mehr als sechs Monaten). Bezüglich des Zusammenhanges zwischen der Erstellung eines Geschäftsplanes und dem unternehmerischen Erfolg sind die Ergebnisse bestehender Studien nicht eindeutig. Es ist jedoch von einem positiven Einfluss der Variablen *Geschäftsplan* auszugehen. Eine qualitativ hochwertige Gründungsberatung kann Probleme bereits im Vorfeld der Gründung beseitigen. Zu vermuten ist daher ein positiver Effekt der Variablen *Beratung*. Unterschieden wird bei den Analysen zwischen der Beratung durch die Familie (*Berat Familie*), durch Kollegen und Geschäftspartner (*Berat Kollegen*) sowie durch den Unternehmensberater, die Kammern oder einen Unternehmerverein (*Berat Institution*). Eine weitere Planungsvariable ist die Standortwahl. Geht der Selbstständige hier gezielt vor (*Gezielt*), kann dies zu einer effizienten Ressourcennutzung beitragen. Daher lässt sich ein positiver Zusammenhang mit dem Unternehmenserfolg erwarten. Wird eine Person unfreiwillig in die Selbstständigkeit gedrängt, so beobachten Studien einen negativen Einfluss auf die Überlebenswahrscheinlichkeit des Unternehmens. Aus diesem Grund wird ein negatives Vorzeichen der Variablen *Push* erwartet.

- **Ethnische Ressourcen**
  Bezüglich der Rolle des Netzwerkes besagt die Literatur, dass zu Beginn der Gründung starke Verbindungen (*Stark Beginn*) von Vorteil sind. Diese starken Verbindungen beziehen sich auf Unterstützungsleistungen aus dem Familien- und Bekanntenkreis. Im Verlauf der Selbstständigkeit sollte das Netzwerk jedoch erweitert werden und auf schwache Verbindungen zurückgegriffen werden. Es wird daher ein negatives Vorzeichen für die Variable *Stark Verlauf* erwartet. Zu Beginn der Gründung kann sich das Einsetzen von ethnischen Ressourcen (*Ethnisch Beginn*) positiv auf den Unternehmenserfolg auswirken. Diese Ressourcen beziehen sich auf Beratungsleistungen aus dem näheren Umfeld, das Bereitstellen von ethnischem Finanzkapital oder Tipps zur Mitarbeiterakquise aus dem ethnischen Netzwerk. Analog zur Bedeutung von starken Verbindungen im weiteren Verlauf der Selbstständigkeit sollten in der Folgezeit die Ressourcen aus Quellen außerhalb der ethnischen Gemeinschaft bezogen werden. Aus diesem Grund wird ein negatives Vorzeichen für die Variable *Eth-*

nisch Verlauf erwartet. Im Zuge der Theorie des kulturellen Kapitals betonen einige Studien einen positiven Zusammenhang zwischen einem selbstständigen Elternteil (*Selbst-Eltern*) und dem Unternehmenserfolg. So werden dem Selbstständigen bereits im Kindesalter unternehmerische Werte vermittelt.

Bei den betriebsbezogenen Erfolgsfaktoren wird zwischen der Kapitalausstattung, der betrieblichen Organisation und der betrieblichen Strategie unterschieden:

- **Kapitalausstattung**
  Untersuchungen kommen zu dem Ergebnis, dass sich mit steigendem Startkapital die Wahrscheinlichkeit unternehmerischen Erfolges erhöht. Zu erwarten ist daher ein positiver Einfluss der Variablen *Kapital mittel* (Startkapital zwischen 10 001 und 50 000 €) und *Kapital hoch* (Startkapital über 50 000 €). Bezüglich der Kapitalzusammensetzung lassen sich in der Literatur keine eindeutigen Befunde festhalten. Daher wird kein signifikanter Zusammenhang zwischen den Variablen *Mehr EK*, *Mehr FK* und dem Unternehmenserfolg vermutet.

- **Betriebliche Organisation**
  Nur wenige Studien haben sich bislang mit dem Einfluss der Rechtsform auf den Unternehmenserfolg beschäftigt. Mit einer beschränkten Haftung scheint ein höheres Beschäftigungswachstum einherzugehen. Wählt ein Selbstständiger zu Beginn der Gründung die Rechtsform des Einzelunternehmens (*Einzel*), könnte sich dies negativ auf den unternehmerischen Erfolg auswirken. Es ist möglich, dass erst im Zeitverlauf der Selbstständigkeit ein Wechsel hin zu einer beschränkten Haftungsform unternommen wird. Daher wird ein positives Vorzeichen für die Variable *Wechsel* erwartet. In der Literatur werden eine Reihe von Vor- und Nachteilen diskutiert, die mit einer Neugründung bzw. einer Firmenübernahme verbunden sind. Neugründungen scheinen eine höhere Wachstumsdynamik aufzuweisen, weshalb das Vorzeichen der Variablen *Neugründung* positiv ausfallen könnte. Nebenerwerbsgründungen wird häufig eine mangelnde "Ernsthaftigkeit" unterstellt. Vermutet wird daher ein positives Vorzeichen der Variablen *Vollerwerb*. Um ein Gefühl für die betrieblichen Abläufe zu bekommen, sollte der Selbstständige zu Beginn den Großteil der Arbeit selbst übernehmen und nur Routineaufgaben an Mitarbeiter abtreten. Es wird ein positives Vorzeichen der Variablen *Beginn Doing* erwartet. Im weiteren Verlauf der Selbstständigkeit sollte sich jedoch eine interne Organisation entwickelt haben, so dass der Unternehmer das Leiten und Führen des Betriebes übernimmt. Vermutet wird ein positiver Einfluss der Variablen *Verlauf Managing* auf den Unternehmenserfolg. Darüber hinaus bestätigen Studien einen positiven Zusammenhang zwischen dem Vorhandensein von Mitarbeitern zu Beginn der Gründung (*Mitarbeiter*) und dem Unternehmenserfolg. Allgemein ist ein positiver Zusammenhang zwischen einem hohen Arbeitseinsatz und dem unternehmerischen Erfolg zu erwarten. Das Vorzeichen der Variablen *Arbeitszeit hoch* (Wöchentliche Arbeitszeit von mehr als 40 Stunden) sollte daher positiv ausfallen.

- **Betriebliche Strategie**
Für die unternehmerische Entwicklung ist es von Bedeutung, dass der Selbstständige den Kreis seiner Kundschaft über die eigene Ethnie hinaus erweitert (*Ausbr Situation*). Daher wird ein positives Vorzeichen für diese Variable erwartet. Auch die Erweiterung des Marktgebietes (*Ausbr Gebiet*) ist für die unternehmerische Entwicklung von Bedeutung. Das Vorzeichen für diese Variable sollte positiv ausfallen. Studien belegen einen positiven Zusammenhang zwischen der Strategie der Differenzierung (*Differenzierung*) und dem Unternehmenserfolg. Die Konzentration auf Marktnischen (*Marktnischen*) und die Preisführerschaft (*Preisführer*) scheinen keinen signifikanten Einfluss zu haben.

Unter die umfeldbezogenen Erfolgsfaktoren fallen die Branche, die öffentliche Förderung und die Standortlage:

- **Branche und öffentliche Förderung**
Studien vermuten einen Zusammenhang zwischen der Struktur der Branche und dem Unternehmenserfolg. Branchen mit einem hohen Wettbewerb und gesättigten Märkten bieten nur unzureichendes Wachstumspotenzial. Betrachtet werden die Branchen Einzelhandel (*Einzelhandel*), Gastronomie (*Gastronomie*), wissensintensive Dienstleistungen (*W-DL*) und nicht-wissensintensive Dienstleistungen (*NW-DL*). Viele Studien belegen einen positiven Zusammenhang zwischen der Inanspruchnahme öffentlicher Fördermittel und dem unternehmerischen Erfolg. Es wird daher ein positives Vorzeichen für die Variable *Förderung* erwartet.

- **Standortlage**
Die konjunkturelle Lage nimmt einen maßgeblichen Einfluss auf die unternehmerische Entwicklung. Bei den Analysen wird das durchschnittliche Wirtschaftswachstum in Deutschland für die ersten fünf Jahre nach Gründung des Betriebes betrachtet. Vermutet wird ein positives Vorzeichen für die Variablen *BIP mittel* (Durchschnittswachstum zwischen 0,6 und 1,5%) und *BIP hoch* (Durchschnittswachstum von mehr als 1,5%). Bezüglich der regionalen Lage des Betriebes kommen die Studien zu keinem eindeutigen Ergebnis. Die Überlebenswahrscheinlichkeit von Gründungen scheint in kleineren Ortschaften auf Grund einer geringeren Konkurrenzdichte höher zu sein. Die Untersuchung unterscheidet zwischen den Regionen Stuttgart (*Region groß*) und Ulm/Neu-Ulm (*Region mittel*). Erwartet wird, dass sich eine Agglomerationslage (*Agglomeration*) positiv auf die unternehmerische Entwicklung auswirkt. Der Grund liegt in einer guten Infrastruktur und der Kundennähe. Gerade in der Anfangszeit der Selbstständigkeit kann sich eine zu große Konkurrenzdichte (*Konk mittel* und *Konk groß*) in unmittelbarer Nähe des eigenen Betriebes negativ auf die unternehmerische Entwicklung auswirken. So muss zum Aufbau eines Kundenstammes häufig ein ruinöser "Preiskampf" eingegangen werden.

Nach der Vorstellung der Erfolgsfaktoren wird eine erste deskriptive Auswertung des Datensatzes vorgenommen. Dabei wird zwischen den personenbezogenen, betriebsbezogenen und umfeldbezogenen Erfolgsfaktoren differenziert. Die deskriptive Analyse konzentriert sich auf die Darstellung der Ergebnisse, ohne diese zu diskutieren. Die Diskussion der Ergebnisse erfolgt in der multivariaten Analyse.

5.3 Deskriptive Befunde

5.3.1 Personenbezogene Faktoren

Im Rahmen der deskriptiven Analyse wird zunächst der Einfluss der personenbezogenen Faktoren auf den Unternehmenserfolg untersucht. Unter die personenbezogenen Faktoren fallen dabei sozio-demographische Merkmale, das Humankapital, Planung und Vorbereitung sowie ethnische Ressourcen. Die folgenden Tabellen enthalten dabei die drei ausgewählten Erfolgsindikatoren: das Umsatzwachstum (*Umsatz*), die Folgeinvestitionen (*Investition*) und die Zufriedenheit mit der geschäftlichen Entwicklung (*Zufrieden*). Ein Selbstständiger gilt demnach als erfolgreich, wenn der Umsatz in den ersten fünf Jahren nach Gründung um mehr als 10% p.a. gewachsen ist, Folgeinvestitionen durchgeführt wurden oder der Selbstständige mit der wirtschaftlichen Entwicklung des Geschäftes zufrieden ist. Für diese Indikatoren enthalten die Tabellen den entsprechenden Erfolgsanteil. Der Erfolgsanteil zeigt, wie groß der prozentuale Anteil an erfolgreichen Selbstständigen bezüglich des jeweiligen Merkmales einer Variablen ist.

Tabelle 5.1 zeigt den Einfluss ausgewählter sozio-demographischer Merkmale auf den Unternehmenserfolg. Eindeutig sind die Ergebnisse lediglich beim Erfolgsindikator des Umsatzes. So befinden sich unter den Männern 48% erfolgreiche Selbstständige, während dieser Anteil bei den Frauen lediglich 18% beträgt. Bei den Folgeinvestitionen und der Zufriedenheit mit der geschäftlichen Entwicklung fallen die geschlechterspezifischen Unterschiede dagegen deutlich geringer aus.

Zusammenhänge zwischen dem Alter und dem unternehmerischen Erfolg lassen sich bei den Folgeinvestitionen und der Zufriedenheit mit der geschäftlichen Entwicklung feststellen. Für den Erfolgsindikator der Folgeinvestitionen gilt: Mit zunehmenden Alter steigt der Anteil an erfolgreichen Selbstständigen. Bei der Zufriedenheit mit der geschäftlichen Entwicklung ist ein gegenteiliger Effekt zu beobachten. Hier fällt der Erfolgsanteil unter den jüngeren Selbstständigen höher aus. Beim Erfolgsindikator des Umsatzes sind die Ergebnisse dagegen weniger eindeutig.

Hinsichtlich des Familienstandes lassen sich sowohl beim Erfolgsmaß des Umsatzes als auch bei dem Indikator der Folgeinvestitionen mehr erfolgreiche Selbstständige unter den verheirateten Personen finden. Anders verhält es sich bei der Zufriedenheit mit der geschäftlichen Entwicklung. Hier ist der Anteil an erfolgreichen Selbstständigen bei den ledigen Personen etwas höher als bei den Verheirateten.

Tabelle 5.1: Sozio-demographische Merkmale und Unternehmenserfolg

Geschlecht	Umsatz	Investition	Zufrieden
Männlich	48%	66%	37%
Weiblich	18%	58%	43%
Alter	Umsatz	Investition	Zufrieden
$\leq$ 30 Jahre	50%	41%	57%
31 – 40 Jahre	39%	64%	36%
$>$ 40 Jahre	50%	72%	31%
Familienstand	Umsatz	Investition	Zufrieden
Verheiratet	46%	67%	36%
Ledig	35%	48%	44%
Geburtsland	Umsatz	Investition	Zufrieden
Deutschland	51%	65%	46%
Ausland	41%	62%	35%
Staatsangehörigkeit	Umsatz	Investition	Zufrieden
Deutsch	47%	65%	38%
Türkisch	42%	62%	37%

Quelle: Eigene Primärerhebung

Für das Geburtsland weisen alle drei Erfolgsindikatoren darauf hin, dass die in Deutschland geborene zweite Generation an Migranten erfolgreicher ist als die erste Generation der im Ausland geborenen Migranten. Am deutlichsten fällt dieser Zusammenhang beim Umsatz und der Zufriedenheit mit der geschäftlichen Entwicklung aus.

Auch hinsichtlich der Staatsangehörigkeit ergeben alle drei Erfolgsindikatoren ein einheitliches Bild: Der Erfolgsanteil ist unter den Selbstständigen am größten, die einen deutschen Pass besitzen. Allerdings sind diese Unterschiede bei den einzelnen Erfolgsindikatoren äußerst gering.

Einen Überblick über den Einfluss der Variablen des Humankapitals auf den Unternehmenserfolg gibt Tabelle 5.2. Bei allen drei Erfolgsindikatoren lässt sich auf Basis der deskriptiven Analyse ein positiver Einfluss der beruflichen Bildung auf den Unternehmenserfolg vermuten. So ist sowohl beim Umsatz als auch bei den Folgeinvestitionen und der Zufriedenheit mit der geschäftlichen Entwicklung der Erfolgsanteil unter den Selbstständigen am geringsten, die über keinen beruflichen Abschluss verfügen. Am größten fällt der Erfolgsanteil dagegen bei den Selbstständigen mit einem Hochschulabschluss und einem Meisterabschluss aus. Dieser Zusammenhang gilt für den Umsatz und die Folgeinvestitionen.

Tabelle 5.2: Humankapital und Unternehmenserfolg

Berufsabschluss	Umsatz	Investition	Zufrieden
Lehre	39%	61%	40%
Meister	62%	80%	47%
FH/Uni	53%	69%	36%
Keinen Abschluss	36%	52%	30%
Ort Berufsabschluss	Umsatz	Investition	Zufrieden
Deutschland	45%	62%	40%
Ausland	42%	68%	33%
Selbstständigenerf.	Umsatz	Investition	Zufrieden
Ja	52%	68%	34%
Nein	38%	59%	40%
Branchenerf.	Umsatz	Investition	Zufrieden
Ja	46%	67%	41%
Nein	42%	57%	32%
Vorgesetztenerf.	Umsatz	Investition	Zufrieden
Ja	55%	74%	42%
Nein	31%	51%	32%
Kaufm. Kenntnisse	Umsatz	Investition	Zufrieden
Gut	50%	63%	48%
Befriedigend	42%	68%	30%
Schlecht	36%	52%	33%

Quelle: Eigene Primärerhebung

Der Ort, an dem die berufliche Ausbildung absolviert wurde, scheint auf Basis der deskriptiven Analyse keinen Einfluss auf den Unternehmenserfolg zu nehmen. Weder beim Umsatz noch bei den Folgeinvestitionen und der Zufriedenheit mit der geschäftlichen Entwicklung ergeben sich hinsichtlich des Erfolgsanteils deutliche Unterschiede.

Als erste Form des spezifischen Humankapitals wird die Selbstständigenerfahrung betrachtet. Sowohl beim Umsatz als auch bei den Folgeinvestitionen befinden sich unter den Personen, die bereits einmal selbstständig waren, mehr erfolgreiche Selbstständige als unter den Personen, die über keine Selbstständigenerfahrung verfügten. Beim Indikator der Zufriedenheit ist der Erfolgsanteil dagegen unter den Personen höher, die keine Selbstständigenerfahrung aufwiesen.

Eine weitere Form des spezifischen Humankapitals ist die Branchenerfahrung. Bei allen drei Erfolgsindikatoren scheint die Branchenerfahrung einen positiven Einfluss auf den unternehmerischen Erfolg zu nehmen. Am deutlichsten fällt dieser Zusammenhang bei den Folgeinvestitionen und der Zufriedenheit mit der geschäftlichen Entwicklung aus.

Die dritte Form des spezifischen Humankapitals stellt die Vorgesetztenerfahrung dar. Auch hier weisen alle drei Erfolgsindikatoren auf einen positiven Einfluss der Vorgesetztenerfahrung auf den Unternehmenserfolg hin. Verglichen mit der Selbstständigenerfahrung und der Branchenerfahrung fällt der Zusammenhang zwischen der Vorgesetztenerfahrung und dem unternehmerischen Erfolg am deutlichsten aus.

Die letzte Form des spezifischen Humankapitals betrifft die kaufmännischen Kenntnisse zu Beginn der Gründung. Für die drei Erfolgsindikatoren ergibt sich kein einheitliches Bild. Es lässt sich vermuten, dass für eine erfolgreiche Gründung ein gewisses Maß an betriebswirtschaftlichen Kenntnissen erforderlich ist. So fällt der Erfolgsanteil unter den Selbstständigen mit unzureichenden kaufmännischen Fertigkeiten sowohl beim Erfolgsindikator des Umsatzes als auch bei den Folgeinvestitionen am geringsten aus.

Tabelle 5.3 zeigt den Zusammenhang zwischen ausgewählten Planungsaktivitäten und dem unternehmerischen Erfolg. Eine längere Planungsdauer scheint einen positiven Einfluss auf den Unternehmenserfolg zu nehmen. So fällt sowohl beim Umsatz als auch bei den Folgeinvestitionen der Erfolgsanteil unter den Selbstständigen, die höchstens sechs Monate in die Vorbereitung der Gründung investierten, am geringsten aus. Anders verhält es sich bei der Zufriedenheit mit der geschäftlichen Entwicklung. Hier ist der Erfolgsanteil bei den Selbstständigen mit einem Planungshorizont von mehr als zwei Jahren am geringsten.

Bezüglich der Erstellung eines Geschäftsplanes lässt sich bei allen drei Erfolgsindikatoren ein positiver Einfluss dieser Planungsaktivität auf den Unternehmenserfolg beobachten. Am deutlichsten ist dieser Zusammenhang beim Erfolgsindikator des Umsatzes.

Hinsichtlich der Gründungsberatung ergibt sich ein überraschendes Ergebnis. Für den Erfolgsindikator des Umsatzes liegt der Erfolgsanteil unter den Selbstständigen, die keine Beratung in Anspruch nahmen, über dem Erfolgsanteil bei den Selbstständigen, die auf eine solche zurückgegriffen haben. Dieses Ergebnis wird durch die Erfolgsmaße der Folgeinvestitionen und der Zufriedenheit mit der geschäftlichen Entwicklung bestätigt. Auch hier befinden sich mehr erfolgreiche Selbstständige unter den Personen, die sich zu Beginn der Gründung nicht beraten ließen.

Alle drei Erfolgsindikatoren signalisieren einen positiven Einfluss einer gezielten Standortwahl auf den unternehmerischen Erfolg. Dabei fällt dieser Effekt bei der Zufriedenheit mit der geschäftlichen Entwicklung am deutlichsten aus.

Tabelle 5.3: Planungsaktivitäten und Unternehmenserfolg

Gründungsvorbereitung	Umsatz	Investition	Zufrieden
$\leq$ 6 Monate	36%	58%	34%
7 – 24 Monate	55%	63%	51%
> 24 Monate	52%	75%	28%
Geschäftsplan	Umsatz	Investition	Zufrieden
Ja	51%	65%	40%
Nein	38%	61%	36%
Gründungsberatung	Umsatz	Investition	Zufrieden
Ja	39%	58%	34%
Nein	58%	76%	47%
Gezielte Standortwahl	Umsatz	Investition	Zufrieden
Ja	46%	67%	51%
Nein	41%	58%	23%
Push-Faktoren	Umsatz	Investition	Zufrieden
Ja	29%	56%	23%
Nein	54%	68%	47%

Quelle: Eigene Primärerhebung

Bezüglich der Rolle der Push-Faktoren ergibt sich bei allen drei Erfolgsgrößen ein eindeutiges Bild. So scheint eine "unfreiwillige" Gründung den Unternehmenserfolg negativ zu beeinflussen. Sowohl beim Umsatz als auch bei den Folgeinvestitionen und der Zufriedenheit mit der geschäftlichen Entwicklung ist der Erfolgsanteil bei "freiwilligen" Gründungen höher als bei "unfreiwilligen" Gründungen.

Tabelle 5.4 zeigt den Zusammenhang zwischen den eingesetzten ethnischen Ressourcen und dem unternehmerischen Erfolg. Zunächst interessiert, welchen Einfluss eine intensive Inanspruchnahme des familiären Umfeldes, d.h. der Familie, Freunde und engeren Verwandtschaft, zu Beginn der Gründung auf den Unternehmenserfolg nimmt. Bei allen drei Erfolgsindikatoren ist der Erfolgsanteil unter den Selbstständigen am geringsten, die zu Beginn der Gründung auf starke Verbindungen zurückgegriffen haben.

Ein weiterer Blick gilt der Inanspruchnahme von familiärer Hilfe, also starken Verbindungen des Netzwerkes, im Zeitverlauf der Selbstständigkeit. Die in Kapitel 3.3.4 vorgestellten Untersuchungen gehen davon aus, dass es für die weitere unternehmerische Entwicklung von Vorteil ist, auf schwächere Verbindungen, d.h. Kontakte außerhalb des familiären Umfeldes, zurückzugreifen.

Die Ergebnisse der deskriptiven Analyse unterstützen derartige Theorien. Sowohl beim Umsatz als auch bei den Folgeinvestitionen und der Zufriedenheit mit der

Tabelle 5.4: Ethnische Ressourcen und Unternehmenserfolg

Starke Verb. Beginn	Umsatz	Investition	Zufrieden
Ja	35%	57%	34%
Nein	55%	71%	42%
Starke Verb. Verlauf	Umsatz	Investition	Zufrieden
Ja	16%	47%	26%
Nein	57%	70%	43%
Ethn. Ressourcen Beginn	Umsatz	Investition	Zufrieden
Ja	38%	63%	35%
Nein	55%	63%	43%
Ethn. Ressourcen Verlauf	Umsatz	Investition	Zufrieden
Ja	17%	4%	32%
Nein	49%	75%	39%
Selbstständige Eltern	Umsatz	Investition	Zufrieden
Ja	41%	65%	42%
Nein	45%	63%	36%

Quelle: Eigene Primärerhebung

geschäftlichen Entwicklung ist der Erfolgsanteil unter den Selbstständigen am größten, die schwache Verbindungen einsetzten und ihr Netzwerk erweiterten.

Aldrich und Waldinger (2000) kritisieren, dass die Bedeutung ethnischer Ressourcen vielfach überbewertet wird. Unter die ethnischen Ressourcen fallen bei der durchgeführten Analyse das ethnische Finanzkapital oder die Inanspruchnahme ethnischer Informationen im Rahmen der Mitarbeiterakquise bzw. des Beratungsprozesses. Ein Blick auf die Ergebnisse unterstützt diese Vermutungen. Schon zu Beginn der Gründung lässt sich ein negativer Zusammenhang zwischen der Inanspruchnahme von ethnischen Ressourcen und dem unternehmerischen Erfolg beobachten. Das gilt sowohl für den Erfolgsindikator des Umsatzes als auch für die Zufriedenheit mit der geschäftlichen Entwicklung.

Noch eindeutiger fallen die Ergebnisse bei der Betrachtung des Verlaufes der Selbstständigkeit aus. Hier ist der Erfolgsanteil bei allen drei Indikatoren unter den Selbstständigen am größten, die keine ethnischen Ressourcen im Zeitverlauf eingesetzt haben.

Ein letzter Blick gilt dem beruflichen Status der Eltern. In der Literatur wird davon ausgegangen, dass die Selbstständigkeit eines Elternteils positiven Einfluss auf den Unternehmenserfolg nimmt. Den Selbstständigen werden dadurch schon im Kindesalter gewisse Werte und Einstellungen vermittelt, die für das Betreiben eines eigenen Geschäftes von Vorteil sind. Auf Basis der deskriptiven Analyse lässt sich für keinen der drei Erfolgsindikatoren ein deutlicher Zusammenhang zwischen dem beruflichen Status der Eltern und dem unternehmerischen Erfolg beobachten.

Nach der Untersuchung des Einflusses der personenbezogenen Faktoren auf den unternehmerischen Erfolg stehen im Folgenden die betriebsbezogenen Faktoren im Vordergrund.

5.3.2 Betriebsbezogene Faktoren

Die Untersuchung des Zusammenhanges zwischen betriebsbezogenen Faktoren und dem Unternehmenserfolg umfasst die Kapitalausstattung der Betriebe, die betriebliche Organisation sowie die Wahl der Strategie.

Tabelle 5.5: Kapitalausstattung und Unternehmenserfolg

Startkapital	Umsatz	Investition	Zufrieden
≤ 10 000 €	41%	49%	32%
10 001 – 50 000 €	46%	69%	41%
> 50 000 €	43%	71%	37%
Kapitalzusammensetzung	Umsatz	Investition	Zufrieden
Mehr Eigenkapital	42%	61%	35%
Mehr Fremdkapital	50%	70%	42%
Gleiches Verhältnis	36%	54%	38%

Quelle: Eigene Primärerhebung

Tabelle 5.5 zeigt den Einfluss der Kapitalausstattung auf den unternehmerischen Erfolg. Zunächst interessiert die Höhe des eingesetzten Startkapitals. Für den Erfolgsindikator des Umsatzes und der Zufriedenheit mit der geschäftlichen Entwicklung lässt sich kein eindeutiger Zusammenhang zwischen der Höhe des Startkapitals und dem Unternehmenserfolg feststellen. Anders verhält es sich bei den Folgeinvestitionen. Hier ist der Erfolgsanteil in der Finanzierungsklasse bis 10 000 € deutlich geringer als in der "mittleren" und "hohen" Finanzierungsklasse.

Bezüglich der Zusammensetzung des Startkapitals lässt sich für alle drei Erfolgsindikatoren festhalten, dass der Erfolgsanteil unter den Selbstständigen am größten ist, die mehr Fremdkapital eingesetzt haben. Allerdings fallen die Unterschiede gering aus, so dass die Zusammensetzung des Startkapitals vermutlich keinen signifikanten Einfluss auf den Unternehmenserfolg nimmt.

Tabelle 5.6 geht auf die Bedeutung der betrieblichen Organisation ein. Bei allen drei Erfolgsindikatoren lässt sich kein eindeutiger Zusammenhang zwischen der Rechtsform zu Beginn der Gründung und dem unternehmerischen Erfolg feststellen. Anders

Tabelle 5.6: Betriebliche Organisation und Unternehmenserfolg

Rechtsform Gründung	Umsatz	Investition	Zufrieden
Einzelunternehmen	43%	63%	38%
Andere	52%	63%	36%
Rechtsformwechsel	Umsatz	Investition	Zufrieden
Ja	71%	87%	44%
Nein	41%	61%	37%
Art der Gründung	Umsatz	Investition	Zufrieden
Neugründung	47%	63%	36%
Betriebsübernahme	33%	62%	45%
Vollerwerbsgründung	Umsatz	Investition	Zufrieden
Ja	47%	66%	39%
Nein	28%	50%	32%
Arbeitsweise Beginn	Umsatz	Investition	Zufrieden
Doing	43%	63%	36%
Managing	50%	67%	53%
Arbeitsweise Verlauf	Umsatz	Investition	Zufrieden
Doing	26%	58%	29%
Managing	65%	70%	49%
Mitarbeiter zu Beginn	Umsatz	Investition	Zufrieden
Ja	50%	70%	46%
Nein	38%	56%	29%
Wöchentliche Arbeitszeit	Umsatz	Investition	Zufrieden
$\leq$ 40 Stunden	29%	44%	34%
41 – 50 Stunden	41%	59%	28%
> 50 Stunden	52%	74%	43%

Quelle: Eigene Primärerhebung

verhält es sich bei einem Rechtsformwechsel im Verlauf der Selbstständigkeit. Änderte der Unternehmer seine Rechtsform, so lässt sich sowohl beim Umsatz als auch bei den Folgeinvestitionen und der Zufriedenheit mit der geschäftlichen Entwicklung ein höherer Erfolgsanteil beobachten.

Hinsichtlich der Art der Gründung wird zwischen einer Neugründung und der Übernahme eines bestehenden Betriebes unterschieden. Der Erfolgsindikator des Umsatzes signalisiert einen positiven Einfluss einer Neugründung auf den Unternehmenserfolg. Bei der Zufriedenheit mit der geschäftlichen Entwicklung erscheint dagegen die Betriebsübernahme erfolgreicher. Kein Unterschied zwischen den beiden Gründungsformen ergibt sich bei den Folgeinvestitionen.

Eindeutiger sind die Ergebnisse bezüglich des Umfangs der Gründung. So liegt der Erfolgsanteil unter den Vollerwerbsgründungen bei allen drei Erfolgsindikatoren über dem der Nebenerwerbsgründungen. Eine Vollerwerbsgründung scheint einen positiven Einfluss auf den Unternehmenserfolg zu nehmen.

Bezüglich der Arbeitsweise zu Beginn der Gründung wird zwischen dem "Doing" und "Managing" unterschieden. Beim "Doing" übernahm der Selbstständige den Großteil der täglich anfallenden Arbeit; beim "Managing" gab der Selbstständige Arbeit an Mitarbeiter weiter. Für den Beginn der Gründung ist lediglich bei der Zufriedenheit mit der geschäftlichen Entwicklung ein eindeutiger Zusammenhang zu erkennen. So befinden sich mehr erfolgreiche Selbstständige unter den Personen, die bereits zu Gründungsbeginn Aufgaben an Mitarbeiter verteilt haben.

Wichtig für die weitere unternehmerische Entwicklung ist die Etablierung von innerbetrieblichen Strukturen. Dies zeigt der Blick auf die Arbeitsweise im Zeitverlauf. So ist bei allen drei Indikatoren der Erfolgsanteil bei den Selbstständigen am größten, die aktuell für das Leiten und Führen des Betriebes verantwortlich sind.

Auch das Vorhandensein von Mitarbeitern zu Beginn der Gründung lässt auf eine gewisse innerbetriebliche Organisation und Struktur schließen. Der Selbstständige wird entlastet und kann sich dadurch mehr auf strategische Fragen konzentrieren, was für die unternehmerische Entwicklung von Vorteil ist. Die Ergebnisse der deskriptiven Analyse überraschen daher nicht. So ist für alle drei Indikatoren festzuhalten, dass sich unter den Personen, die zu Gründungsbeginn Mitarbeiter aufwiesen, mehr erfolgreiche Selbstständige befinden als unter den Personen ohne Mitarbeiter.

Bezüglich der wöchentlichen Arbeitszeit sind die Ergebnisse eindeutig: Mit zunehmender Arbeitszeit steigt der Anteil an erfolgreichen Selbstständigen. Dieser Zusammenhang lässt sich für den Umsatz und die Folgeinvestitionen beobachten. Demnach scheint die Arbeitszeit einen signifikanten Einfluss auf den Unternehmenserfolg zu nehmen.

Tabelle 5.7 gibt einen Überblick über die Bedeutung der betrieblichen Strategie. Bezüglich der Erweiterung des Kundenkreises weisen alle drei Erfolgsindikatoren darauf hin, dass die Selbstständigen erfolgreicher sind, die von Anfang an nicht nur türkische Kunden hatten bzw. im Zeitverlauf mehr deutsche Kunden hinzugewinnen konnten.

Hinsichtlich des Marktgebietes fallen die Ergebnisse eindeutig aus. Sowohl beim Umsatz als auch bei den Folgeinvestitionen und der Zufriedenheit mit der geschäftlichen Entwicklung ist der Erfolgsanteil bei den Selbstständigen am größten, die im Zeitverlauf das Einzugsgebiet der Kunden erweiterten bzw. schon zu Beginn überregional tätig waren.

Tabelle 5.7: Betriebliche Strategie und Unternehmenserfolg

Erweiterung Kundenkreis	Umsatz	Investition	Zufrieden
Ja	49%	67%	41%
Nein	21%	44%	19%
Erweiterung Marktgebiet	Umsatz	Investition	Zufrieden
Ja	54%	75%	44%
Nein	30%	49%	30%
Wahl der Strategie	Umsatz	Investition	Zufrieden
Preisführerschaft	50%	53%	13%
Differenzierung	45%	63%	47%
Marktnischen	44%	70%	40%
Kombination	42%	64%	33%

Quelle: Eigene Primärerhebung

Bezüglich der von den Selbstständigen angegebenen Strategie ergeben sich für die drei Erfolgsindikatoren keine eindeutigen Zusammenhänge. Beim Umsatz und den Folgeinvestitionen bestehen nur geringfügige Unterschiede zwischen der Preisführerschaft, der Differenzierung, der Konzentration auf Marktnischen und dem Strategiemix. Bei der Zufriedenheit mit der geschäftlichen Entwicklung scheint die Preisführerschaft einen negativen Einfluss auf den unternehmerischen Erfolg zu nehmen.

Nach Abschluss der deskriptiven Analyse der betriebsbezogenen Faktoren stehen im Folgenden die umfeldbezogenen Faktoren im Vordergrund.

5.3.3 Umfeldbezogene Faktoren

Im Rahmen des Einflusses der umfeldbezogenen Faktoren auf den Unternehmenserfolg wird die Lage des Standortes und die Branchenwahl betrachtet.

Tabelle 5.8 zeigt den Zusammenhang zwischen dem Standort und dem unternehmerischen Erfolg. Zunächst interessiert das makroökonomische Umfeld des Betriebes. Hierzu wird das durchschnittliche Wirtschaftswachstum Deutschlands in den ersten fünf Jahren nach Gründung betrachtet. Vermutet werden kann, dass sich eine gute konjunkturelle Lage positiv auf den Unternehmenserfolg auswirkt. Die Ergebnisse der deskriptiven Analyse liefern Hinweise für diese Hypothese. So ist der Erfolgsanteil beim Umsatz und der Zufriedenheit mit der geschäftlichen Entwicklung am höchsten, wenn die Wirtschaft deutliche Wachstumsraten von mehr als 1,5% aufweist.

Darüber hinaus interessiert die Region, in der der Betrieb angesiedelt ist. Unterschieden wird zwischen dem großstädtischen Stuttgart, der kleineren Region Ulm/Neu-

Tabelle 5.8: Standort und Unternehmenserfolg

Makro-Umfeld	Umsatz	Investition	Zufrieden
Δ BIP ≤ 0,5%	37%	45%	30%
Δ BIP 0,6 – 1,5%	37%	78%	40%
Δ BIP > 1,5%	66%	73%	48%
Region	Umsatz	Investition	Zufrieden
Stadt Stuttgart	51%	53%	32%
Stadt Ulm/Neu-Ulm	40%	66%	38%
Umkreis	45%	68%	43%
Standortlage	Umsatz	Investition	Zufrieden
Agglomeration	42%	64%	45%
Einzellage	46%	62%	32%
Konkurrenz zu Beginn	Umsatz	Investition	Zufrieden
Wenig	38%	55%	33%
Mittel	40%	71%	48%
Viel	53%	64%	34%
Öffentliche Förderung	Umsatz	Investition	Zufrieden
Ja	44%	60%	32%
Nein	44%	65%	40%

Quelle: Eigene Primärerhebung

Ulm und den Landkreisen um Ulm/Neu-Ulm herum. Beim Erfolgsindikator des Umsatzes ist der Anteil an erfolgreichen Selbstständigen unter den Personen am größten, deren Betrieb in Stuttgart angesiedelt ist. Jedoch kann dadurch nicht festgehalten werden, dass ein urbaneres Umfeld den Unternehmenserfolg positiv beeinflusst. Denn bezüglich des Erfolgsanteils liegt der Umkreis um Ulm/Neu-Ulm herum vor den Städten Ulm/Neu-Ulm. Für die Folgeinvestitionen und die Zufriedenheit mit der geschäftlichen Entwicklung ist der Erfolgsanteil unter den Selbstständigen aus dem Umkreis sogar am größten.

Hinsichtlich der Standortlage wird zwischen einer Agglomerationslage, d.h. beispielsweise die Fußgängerzone oder ein Einkaufszentrum, und einer Einzellage unterschieden. Lediglich bei der Zufriedenheit mit der geschäftlichen Entwicklung ist ein Zusammenhang zwischen der Standortlage und dem Unternehmenserfolg festzustellen. So scheint eine Agglomerationslage für die unternehmerische Entwicklung von Vorteil zu sein.

Für die Überlegung, dass sich eine große Konkurrenzdichte positiv auf die unternehmerische Entwicklung auswirkt, weil dadurch betriebliche Strukturen fortwährend angepasst werden müssen, lassen sich auf Basis der Ergebnisse Hinweise finden. So ist bei allen drei Erfolgsindikatoren der Anteil an erfolgreichen Selbstständigen unter

Tabelle 5.9: Branchenwahl und Unternehmenserfolg

Branche	Umsatz	Investition	Zufrieden
Einzelhandel	40%	70%	26%
Gastronomie	27%	52%	35%
Wissensintensive DL	50%	61%	41%
Nicht-wissensintensive DL	39%	47%	33%
Sonstige	65%	86%	64%

Quelle: Eigene Primärerhebung

den Personen am geringsten, die wenig Wettbewerber zu Beginn der Gründung in der näheren Umgebung hatten.

Zwischen der Inanspruchnahme öffentlicher Fördermittel und dem Unternehmenserfolg ergibt sich bei keinem der drei Indikatoren ein eindeutiger Zusammenhang. Es ist daher zu vermuten, dass öffentliche Fördermaßnahmen keinen signifikanten Einfluss auf die unternehmerische Entwicklung nehmen.

Hinsichtlich der Branchenwahl ist zu beobachten, dass in den "klassischen" Wirtschaftszweigen, die auf gewisse Nischenmärkte schließen lassen, der Anteil an erfolgreichen Selbstständigen am geringsten ausfällt (siehe Tabelle 5.9). Das betrifft sowohl beim Umsatz als auch bei der Zufriedenheit mit der geschäftlichen Entwicklung die Branchen des Einzelhandels, der Gastronomie und der nicht-wissensintensiven Dienstleistungen. Deutlich mehr erfolgreiche Selbstständige sind dagegen in den sonstigen Branchen (Verarbeitendes Gewerbe, Baugewerbe, Großhandel und Verkehr/Spedition) und den wissensintensiven Dienstleistungen tätig. Bei den Folgeinvestitionen fällt der im Vergleich zu den beiden anderen Erfolgsindikatoren überdurchschnittlich hohe Erfolgsanteil im Einzelhandel auf.

Nach Abschluss der deskriptiven Auswertung des Datensatzes werden die gesammelten Ergebnisse mittels multivariater Analysemethoden vertieft. Dazu wird zunächst das zu Grunde liegende ökonometrische Modell spezifiziert.

5.4 Multivariate Analyse

5.4.1 Modellspezifizierung

Als endogene Variable wird die Wahrscheinlichkeit unternehmerischen Erfolges betrachtet. Für die multivariate Analyse werden drei Erfolgsindikatoren verwendet:

- **Umsatzwachstum**
  Ein Selbstständiger gilt als erfolgreich, wenn der Umsatz in den ersten fünf Jahren nach Gründung um mehr als 10% p.a. gewachsen ist.

- **Folgeinvestitionen**
  Ein Selbstständiger gilt als erfolgreich, wenn er nach Gründung weitere Investitionen getätigt hat.

- **Zufriedenheit**
  Ein Selbstständiger gilt als erfolgreich, wenn er mit der geschäftlichen Entwicklung seit Gründung zufrieden ist.

Die exogenen Einflussgrößen auf den Unternehmenserfolg bilden die personenbezogenen, betriebsbezogenen und umfeldbezogenen Erfolgsfaktoren:

- **Personenbezogene Erfolgsfaktoren**
  Sozio-demographische Variablen, Variablen des Humankapitals, Variablen der Planung und Vorbereitung und Variablen der ethnischen Ressourcen.

- **Betriebsbezogene Erfolgsfaktoren**
  Variablen des Finanzkapitals, Variablen der betrieblichen Organisation und Variablen der betrieblichen Strategie.

- **Umfeldbezogene Erfolgsfaktoren**
  Variablen der Standortlage und Branchenvariablen.

Als Schätzverfahren für die qualitative endogene Variable wird das in Kapitel 2.5.4 vorgestellte Probit-Modell verwendet. Für den Erfolgsindikator des Umsatzes stehen 141 Beobachtungen zur Verfügung, für die Folgeinvestitionen 157 Beobachtungen und für die Zufriedenheit mit der wirtschaftlichen Entwicklung 159 Beobachtungen. Die Untersuchung vollzieht sich in vier Schritten. Zunächst wird ein Basismodell unternehmerischen Erfolges geschätzt. Dieses Basismodell besteht aus 18 ausgewählten personenbezogenen, umfeldbezogenen und betriebsbezogenen Variablen:

$$Erfolg_i = \beta_0 + \beta_1 \cdot Person_i + \beta_2 \cdot Betrieb_i + \beta_3 \cdot Umfeld_i + \varepsilon_i \tag{5.1}$$

mit β_i als den Koeffizienten, $Erfolg$ als der Erfolgswahrscheinlichkeit, $Person$ für die personenbezogenen Erfolgsfaktoren, $Betrieb$ für die betriebsbezogenen Erfolgsfaktoren sowie $Umfeld$ für die umfeldbezogenen Erfolgsfaktoren.

Das Basismodell wird in den weiteren Schritten um zusätzliche personenbezogene, betriebsbezogene und umfeldbezogene Erfolgsfaktoren erweitert. Dabei dienen die 18 exogenen Variablen des Basismodells als Kontrollvariablen.

Wie bereits in Kapitel 2.5.5.1 diskutiert, können Tests wie der White-Test oder F-Test nicht durchgeführt werden, da das Probit-Modell auf dem Maximum-Likelihood-Prinzip basiert. Auch eine Angabe der Standardfehler der Schätzung ist nicht möglich. Als Gütekriterien der Schätzung dienen die Standardfehler der Koeffizienten und die z-Statistik. Ist die z-Statistik betragsmäßig größer als 1,96, so kann die Nullhypothese $\beta_i = 0$ zu einer Irrtumswahrscheinlichkeit von $\alpha = 0,05$ abgelehnt werden. Damit ist der Koeffizient von Null verschieden und leistet einen signifikanten Erklärungsbeitrag bezüglich der endogenen Variablen. Koeffizienten, die zum 5%-Niveau signifikant sind, werden im Folgenden mit ** gekennzeichnet und eine Signifikanz zum 10%-Niveau mit *. Die Schätzungen werden mittels robuster Schätzverfahren durchgeführt. In diesem Fall werden heteroskedastiekonsistente Schätzer nach Huber und White verwendet. Die Untersuchung der Normalverteilung der Residuen erfolgt nach dem Jarque-Bera-Test. Bei einer Verwerfung der Nullhypothese zur Irrtumswahrscheinlichkeit von $\alpha = 0,05$ kann der kritische z-Wert zur Überprüfung der Signifikanz der Variablen nicht herangezogen werden. Ab einer Mindestzahl von 30 Beobachtungen kann jedoch annähernd von einer Normalverteilung der z-Statistik ausgegangen werden.

Im Folgenden werden zunächst die Schätzergebnisse des Basismodells unternehmerischen Erfolges interpretiert und diskutiert. Im Anschluss erfolgt eine separate Einordnung der Ergebnisse in die bestehende Literatur. Kapitel 5.5 geht hierzu auf die Studien der allgemeinen Erfolgsfaktorenforschung ein, um das Profil einer erfolgreichen türkischen Gründung mit dem einer deutschen Gründung zu vergleichen.

5.4.2 Basismodell

Im Rahmen der multivariaten Untersuchung der unternehmerischen Erfolgsfaktoren werden zunächst anhand eines Basismodells erste grundlegende Informationen gewonnen. Bei den personenbezogenen Faktoren beschränkt sich das Basismodell auf das Geschlecht und das Alter der Selbstständigen. Beim Humankapital wird das spezifische Humankapital berücksichtigt: Selbstständigenerfahrung, Branchenerfahrung und Vorgesetztenerfahrung. Bei den Planungsaktivitäten erfasst das Basismodell die Vorbereitungszeit sowie den Hintergrund der Existenzgründung. Unter die ethnischen Ressourcen fällt die Selbstständigkeit der Eltern als kulturelle Komponente. Die betriebsbezogenen Faktoren konzentrieren sich auf die Höhe des Startkapitals, die Art der Gründung, das Vorhandensein von Mitarbeitern sowie die wöchentliche Arbeitszeit. Die Charakterisierung des Umfeldes erfolgt im Basismodell durch die Branchenvariablen. Das Basismodell wird in den weiteren Kapiteln schrittweise erweitert, um zusätzliche erfolgsrelevante Faktoren zu erfassen.

Tabelle 5.10 enthält die Ergebnisse der Probit-Schätzungen für das Basismodell und zeigt den Einfluss der ausgewählten exogenen Größen auf die Wahrscheinlichkeit erfolgreich zu sein. Dargestellt werden die marginalen Effekte und die Standardabweichungen für die drei Erfolgsindikatoren Umsatzwachstum (*Umsatz*), Folgeinvestitionen (*Investition*) und Zufriedenheit mit der geschäftlichen Entwicklung (*Zufrieden*).[28] Beim Erfolgsindikator des Umsatzes liegen 141 Beobachtungen vor. Für die Folgeinvestitionen sind es 157 Beobachtungen und für die Zufriedenheit mit der

[28]Der Anhang zu Kapitel 5 enthält die Tabellen mit den Koeffizienten der jeweiligen Schätzungen.

geschäftlichen Entwicklung 159 Beobachtungen. Der Jarque-Bera-Test überprüft die Normalverteilung der Residuen. Die Nullhypothese geht von einer bestehenden Normalverteilung aus. Bei einer Irrtumswahrscheinlichkeit von $\alpha = 0,05$ kann die Nullhypothese für den Umsatz und die Folgeinvestitionen nicht verworfen werden. Auch für den Erfolgsindikator der Zufriedenheit mit der geschäftlichen Entwicklung kann auf Grund der hinreichend großen Zahl an Beobachtungen annähernd von einer Normalverteilung der Residuen ausgegangen werden.

Die Referenz für das Basismodell ist ein erfolgreicher männlicher Unternehmer im Alter bis 30 Jahren, ohne Selbstständigenerfahrung, ohne Branchenerfahrung, ohne Vorgesetztenerfahrung, mit einer geringen Vorbereitungszeit, einer freiwilligen Gründung, ohne selbstständige Eltern, mit geringem Startkapital, einer Betriebsübernahme, ohne Mitarbeiter zu Beginn der Gründung, mit einer geringen Arbeitszeit und tätig in einer sonstigen Branche (Verarbeitendes Gewerbe, Baugewerbe, Großhandel und Verkehr/Spedition). Mit dem in Kapitel 2.5.4 vorgestellten Verfahren lässt sich die Basiswahrscheinlichkeit für diesen Selbstständigen bestimmen. Für den Umsatz ergibt sich mit einer Konstanten von 0,018:

$$Prob_i = \Phi(0,018) \approx \Phi(0,02) = 0,508 = 50,8\% \quad .$$

Die Basiswahrscheinlichkeit, dass ein Selbstständiger der Referenzgruppe erfolgreich ist, beträgt demnach 50,8%. Analog ergibt sich für die Folgeinvestitionen eine Basiswahrscheinlichkeit von 24,8% und für die Zufriedenheit mit der geschäftlichen Entwicklung eine Basiswahrscheinlichkeit von 78,8%. Die Berechnung der marginalen Effekte erfolgt, wie in Kapitel 2.5.4 vorgestellt, unter Verwendung der Steigung zum arithmetischen Mittel. Die Tabellen enthalten hierzu die geschätzten Mittelwerte.

Handelt es sich bei der Person um eine Frau, so ergibt sich für den Erfolgsindikator des Umsatzes:

$$Prob_i = 0,390 \cdot (-0,591) \approx -0,231 = -23,1\%$$

mit dem Wert 0,390 für die Steigung $\Phi(0,416)$ an der Stelle -0,212 sowie dem Koeffizienten $\hat{\beta_1} = -0,591$. Bei einer Frau reduziert sich die Wahrscheinlichkeit erfolgreich zu sein um 23,1%. Allerdings ist dieser Effekt nicht signifikant. Für die Folgeinvestitionen und die Zufriedenheit mit der geschäftlichen Entwicklung sind die marginalen Effekte ebenfalls nicht signifikant. Die Analyse kommt demnach zu dem Ergebnis, dass das Geschlecht keine Auswirkung auf den Unternehmenserfolg hat.

Hinsichtlich des Alters lassen sich für den Hauptindikator des Erfolges, dem Umsatz, keine signifikanten Einflüsse beobachten. Die Referenzgruppe bildet die Altersklasse bis 30 Jahren. Ist der Selbstständige zwischen 30 und 40 Jahre alt, so reduziert sich seine Erfolgswahrscheinlichkeit um 14,5%. Bei der Altersklasse über 40 Jahren erhöht sich dagegen die Erfolgswahrscheinlichkeit um 3,4%. Ein signifikanter Einfluss des Lebensalters auf den Unternehmenserfolg kann jedoch nicht festgehalten

Tabelle 5.10: Basismodell zur Wahrscheinlichkeit unternehmerischen Erfolges

Zu erklärende Variable: Wahrscheinlichkeit erfolgreich zu sein (0/1)						
	(1) Umsatz		(2) Investition		(3) Zufrieden	
Frau	-0,231	(0,154)	-0,084	(0,130)	0,153	(0,122)
Alter 30 bis 40	-0,145	(0,140)	0,294**	(0,128)	-0,226**	(0,113)
Alter über 40	0,034	(0,157)	0,392**	(0,149)	-0,272**	(0,129)
Selbsterf	0,147	(0,102)	0,029	(0,093)	0,021	(0,093)
Branchenerf	-0,165	(0,106)	-0,028	(0,096)	0,018	(0,094)
Vorgesetztenerf	0,224**	(0,104)	0,191**	(0,091)	0,184**	(0,093)
Vorbereit hoch	0,162*	(0,095)	0,154*	(0,082)	0,105	(0,083)
Push	-0,328**	(0,104)	-0,168*	(0,095)	-0,241**	(0,093)
Selbst-Eltern	-0,032	(0,121)	0,117	(0,107)	0,036	(0,104)
Kapital mittel	0,056	(0,119)	0,207**	(0,102)	0,107	(0,107)
Kapital hoch	-0,113	(0,147)	0,126	(0,122)	-0,005	(0,132)
Neugründung	-0,149	(0,132)	-0,123	(0,124)	-0,257**	(0,110)
Mitarbeiter	0,077	(0,102)	0,074	(0,090)	0,185**	(0,092)
Arbeitszeit hoch	0,339**	(0,119)	0,255**	(0,099)	0,021	(0,105)
Einzelhandel	-0,267*	(0,159)	-0,239	(0,162)	-0,437**	(0,139)
Gastronomie	-0,407**	(0,200)	-0,442**	(0,188)	-0,363**	(0,175)
W-DL	-0,095	(0,159)	-0,204	(0,156)	-0,205	(0,133)
NW-DL	-0,236	(0,182)	-0,424**	(0,168)	-0,353**	(0,145)
Beobachtungen	141		157		159	
Est. Mittelwert	0,416		0,666		0,354	
Konstante	0,018		-0,677		0,796	
Log likelihood	-75,371		-79,749		-86,485	
Jarque-Bera	0,077		0,112		0,005	

Daten der eigenen Primärerhebung; robuste Schätzer nach Huber und White
Marginale Effekte mit Standardabweichungen in Klammern
* $p < 0,10$, ** $p < 0,05$

werden. Anders verhält es sich bei den Folgeinvestitionen und der Zufriedenheit mit der geschäftlichen Entwicklung. Ist der Selbstständige zwischen 30 und 40 Jahre alt, so erhöht sich seine Wahrscheinlichkeit weitere Investitionen getätigt zu haben und damit erfolgreich zu sein um 29,4%. Noch höher fällt dieser Einfluss mit 39,2% bei den Selbstständigen über 40 Jahren aus. Eine mögliche Erklärung wäre, dass die Ersparnisse mit dem Alter steigen, die dann für Investitionen eingesetzt werden können. Bei der Zufriedenheit mit der geschäftlichen Entwicklung ist dagegen ein negativer Einfluss des Alters auf den Unternehmenserfolg zu beobachten. So reduziert sich bei den Selbstständigen zwischen 30 und 40 Jahren die Wahrscheinlichkeit mit der geschäftlichen Entwicklung zufrieden zu sein um 22,6%. Für die über 40-Jährigen liegt der Abschlag bei 27,2%. Der Erfolgsindikator der Zufriedenheit mit der geschäftlichen Entwicklung basiert auf subjektiven Einschätzungen. Daher ist es vorstellbar, dass die jüngeren Selbstständigen weniger Ansprüche an die geschäftliche Entwicklung stellen. Insgesamt lassen sich v.a. mit Blick auf den Erfolgsindikator des Umsatzes keine eindeutigen Ergebnisse bezüglich des Alters festhalten.

Als erste Form des spezifischen Humankapitals wird die Selbstständigenerfahrung betrachtet. Für den Erfolgsindikator des Umsatzes gilt: War ein Unternehmer vor der Gründung bereits ein- oder mehrmals selbstständig, so erhöht sich seine Wahrscheinlichkeit erfolgreich zu sein um 14,7%. Die Richtung des Effektes bestätigt die Beobachtungen der deskriptiven Analyse, dass eine frühere Selbstständigkeitserfahrung einen positiven Einfluss auf die unternehmerische Entwicklung nimmt. Allerdings ist dieser Effekt nicht signifikant. Gleiches lässt sich für die ergänzenden Indikatoren der Folgeinvestitionen und Zufriedenheit mit der geschäftlichen Entwicklung beobachten. Eine mögliche Erklärung könnte in den "Vielgründern" des Datensatzes liegen.[29] Diese Gruppe kennzeichnet sich durch eine häufige An- und Abmeldung von Betrieben aus. Die Personen wollen im Selbstständigenstatus verbleiben und gründen nach einem erfolglosen Selbstständigenversuch sofort einen neuen Betrieb. Der Lerneffekt aus solchen Gründungen ist daher nur gering.

Als zweite Form des spezifischen Humankapitals berücksichtigt das Basismodell die Branchenerfahrung. Hat der Unternehmer früher einmal in der Branche gearbeitet, in der er jetzt selbstständig ist, so reduziert sich die Erfolgswahrscheinlichkeit beim Indikator des Umsatzes um 16,5%. Jedoch ist dieser Effekt nicht signifikant. Auch für die Folgeinvestitionen und die Zufriedenheit mit der geschäftlichen Entwicklung lassen sich keine signifikanten Einflüsse beobachten. Die türkischen Selbstständigen sind sehr jung, weshalb die gesammelte Branchenerfahrung geringer ausfällt. Dadurch scheint die Bedeutung der Branchenerfahrung für den Unternehmenserfolg bei den türkischen Selbstständigen in den Hintergrund zu rücken.

Als einzige Form des spezifischen Humankapitals nimmt die Vorgesetztenerfahrung bei allen drei Erfolgsindikatoren einen signifikanten Einfluss auf den Unternehmenserfolg. Hatte ein Selbstständiger in einer früheren beruflichen Position Mitarbeiter unter sich, so erhöht sich beim Erfolgsindikator des Umsatzes die Wahrscheinlichkeit erfolgreich zu sein um 22,4%. Für die Folgeinvestitionen beläuft sich dieser Effekt auf 19,1% und für die Zufriedenheit mit der geschäftlichen Entwicklung auf 18,4%.

Im Rahmen der durchgeführten Analyse ist demnach die Vorgesetztenerfahrung die wichtigste Form des spezifischen Humankapitals für den Selbstständigen. So lässt eine Tätigkeit als Vorgesetzter bestimmte Managementfähigkeiten vermuten, die für die spätere Selbstständigkeit von Vorteil sind. Der Selbstständige lernt bereits in

[29] Immerhin 30% der Befragten, die über Selbstständigenerfahrung verfügen, haben bereits mehr als eine Gründung durchgeführt.

der früheren beruflichen Tätigkeit Verantwortung zu übernehmen und strategische Entscheidungen zu treffen. Auf diese Erfahrungen kann der Unternehmer bei der Führung seines eigenen Betriebes zurückgreifen.

Hinsichtlich der Gründungsvorbereitung bestätigen sich die Ergebnisse der deskriptiven Analyse: Eine längere Planungsdauer hat einen positiven Einfluss auf den Unternehmenserfolg. So lässt sich ein signifikanter Effekt beim Umsatz und den Folgeinvestitionen beobachten. Investierte ein Selbstständiger mehr als sechs Monate in die Gründungsvorbereitung, so erhöht sich für den Indikator des Umsatzes die Erfolgswahrscheinlichkeit um 16,2%. Der Effekt ist zum 10%-Niveau signifikant. Bei den Folgeinvestitionen beläuft sich der marginale Effekt auf 15,4% und ist ebenfalls zum 10%-Niveau signifikant. Auch bei der Zufriedenheit mit der geschäftlichen Entwicklung fällt das Vorzeichen des marginalen Effektes positiv aus. Insgesamt lässt sich ein positiver Zusammenhang zwischen der Planungsintensität und dem unternehmerischen Erfolg beobachten. Durch eine umfangreiche Planung im Vorfeld der Gründung können Unsicherheiten vermieden werden, was sich vorteilhaft auf die unternehmerische Entwicklung auswirkt.

Interessant ist der Blick auf den Einfluss des Gründungsmotives. So signalisieren alle drei Erfolgsindikatoren, dass eine unfreiwillige Gründung den Unternehmenserfolg signifikant negativ beeinflusst. Beim Erfolgsindikator des Umsatzes reduziert sich die Wahrscheinlichkeit erfolgreich zu sein um 32,8%, falls der Befragte einen Push-Faktor als Motiv für die Existenzgründung angab. Für die ergänzenden Indikatoren der Folgeinvestitionen und Zufriedenheit mit der geschäftlichen Entwicklung ergibt sich ebenfalls ein negativer Effekt von -16,8% bzw. -24,1%. Bei den Folgeinvestitionen ist dieser Einfluss zum 10%-Niveau signifikant. Eine Erklärung könnte die geringere Motivation bei unfreiwilligen Gründern sein. So sieht der Unternehmer seine Selbstständigkeit als "notwendiges Übel". Es fehlt häufig an unternehmerischen Visionen und kreativen Ideen, die für den weiteren Wachstumspfad des Betriebes von Bedeutung sind.

Als letzter personenbezogener Faktor wird die Rolle des kulturellen Kapitals betrachtet. Hierunter fällt der berufliche Status der Eltern. Weist ein Unternehmer ein selbstständiges Elternteil auf, so reduziert sich beim Erfolgsindikator des Umsatzes die Erfolgswahrscheinlichkeit um 3,2%. Allerdings ist dieser Effekt nicht signifikant. Auch bei den ergänzenden Indikatoren lässt sich kein signifikanter Zusammenhang zwischen dem beruflichen Status der Eltern und dem unternehmerischen Erfolg feststellen.

Hinsichtlich des Startkapitals lassen sich die Ergebnisse der deskriptiven Analyse bestätigen: Es besteht kein signifikanter Zusammenhang zwischen der Höhe der finanziellen Mittelausstattung zu Beginn der Gründung und dem unternehmerischen Erfolg. Dies gilt für den Umsatz und die Zufriedenheit mit der geschäftlichen Entwicklung. Bewegt sich das Startkapital zwischen 10 001 und 50 000 € (*Kapital mittel*), erhöht sich beim Umsatz die Erfolgswahrscheinlichkeit um 5,6%. Bei einer finanziellen Mittelausstattung über 50 000 € (*Kapital hoch*) liegt der marginale Effekt bei -11,3%. Beide Effekte sind jedoch nicht signifikant. Auch bei der Zufriedenheit mit der geschäftlichen Entwicklung nehmen die beiden Finanzierungsvariablen keinen signifikanten Einfluss auf den Unternehmenserfolg. Für den Indikator der Folgeinvestitionen ist der marginale Effekt der mittleren Finanzierungsklasse jedoch signifikant und beläuft sich auf 20,7%. Ein höheres Startkapital zu Beginn der Gründung erhöht die Wahrscheinlichkeit im Verlauf der Selbstständigkeit weitere Investitionen tätigen zu können.

Ein weiterer betriebsbezogener Faktor im Basismodell ist die Art der Gründung. Beim Erfolgsindikator des Umsatzes reduziert eine Neugründung die Wahrscheinlichkeit erfolgreich zu sein um 14,9%. Auch bei den Folgeinvestitionen ergibt sich ein negativer Einfluss von -12,3%. Beide Effekte sind jedoch nicht signifikant. Die Referenzgruppe bilden die Firmenübernahmen. Beim Indikator der Zufriedenheit mit der geschäftlichen Entwicklung ist der marginale Effekt dagegen signifikant. So reduziert sich bei einer Neugründung die Erfolgswahrscheinlichkeit um 25,7%. Insgesamt deuten die negativen Vorzeichen bei allen drei Indikatoren darauf hin, dass es für den unternehmerischen Erfolg von Vorteil ist, einen bereits bestehenden Betrieb zu übernehmen. So kann auf einen festen Kundenstamm zurückgegriffen werden, was gerade zu Beginn der Gründung überlebenswichtig ist.

Alle drei Erfolgsindikatoren signalisieren, dass Mitarbeiter zu Beginn der Gründung den unternehmerischen Erfolg positiv beeinflussen. Jedoch fällt der marginale Effekt lediglich bei der Zufriedenheit mit der geschäftlichen Entwicklung positiv aus. So erhöht sich die Wahrscheinlichkeit erfolgreich zu sein um 18,5%, falls der Selbstständige zur Gründung einen oder mehrere Mitarbeiter beschäftigte.

Eindeutige Ergebnisse lassen sich bezüglich der wöchentlichen Arbeitszeit festhalten. Arbeitet ein Selbstständiger mehr als 40 Stunden pro Woche, so erhöht sich beim Erfolgsindikator des Umsatzes die Wahrscheinlichkeit erfolgreich zu sein um 33,9%. Bei den Folgeinvestitionen beläuft sich dieser Einfluss auf 25,5%. Einzig bei der Zufriedenheit mit der geschäftlichen Entwicklung ist der marginale Effekt nicht signifikant. Überdurchschnittliches Engagement und ein hohes Maß an Motivation scheinen den Unternehmenserfolg zu beeinflussen. Allerdings sei an dieser Stelle auf ein Kausalitätsproblem hingewiesen. Geht es einem Unternehmer gut, d.h. sind die Auftragsbücher voll, so äußert sich dies in einem gesteigerten Arbeitsaufkommen. Umgekehrt nimmt die Arbeitsintensität ab, wenn die Geschäfte schlecht laufen. Auf Grund dieses problematischen Ursache-Wirkungs-Zusammenhangs sollten die Ergebnisse daher nicht überinterpretiert werden.

Die deskriptive Analyse konnte bereits einen negativen Zusammenhang zwischen den Branchen des Einzelhandels, der Gastronomie sowie der nicht-wissensintensiven Dienstleistungen und dem Unternehmenserfolg feststellen. Die Ergebnisse der multivariaten Untersuchung bestätigen diese Beobachtung. Bei einem Unternehmer des Einzelhandels reduziert sich für den Erfolgsindikator des Umsatzes die Wahrscheinlichkeit erfolgreich zu sein um 26,7%. Der Effekt ist zum 10%-Niveau signifikant. Für den Bereich der Gastronomie fällt dieser negative Effekt mit 40,7% deutlich stärker aus. Auch bei der Zufriedenheit mit der geschäftlichen Entwicklung lässt sich ein signifikant negativer Einfluss der Branchen des Einzelhandels und der Gastronomie auf die Erfolgswahrscheinlichkeit feststellen. Ist eine Person in den nicht-wissensintensiven Dienstleistungen tätig, so sinkt für den Indikator des Umsatzes die Erfolgswahrscheinlichkeit um 23,6%. Allerdings ist dieser Effekt nicht signifikant. Anders verhält es sich beim Indikator der Folgeinvestitionen und der Zufriedenheit mit der geschäftlichen Entwicklung. Hier sind die Einflüsse negativ und signifikant. Gerade in den Branchen des Einzelhandels und der Gastronomie herrscht ein großer Konkurrenzkampf, bei dem sich das vorhandene Nachfragepotenzial auf viele Wettbewerber verteilt. Dies gilt nicht für den Bereich der wissensintensiven Dienstleistungen. Zwar ergibt sich hier ebenfalls ein negativer Effekt auf den Unternehmenserfolg, jedoch fällt dieser bei allen drei Indikatoren geringer aus und ist zudem nicht signifikant.

Nach Abschluss der ersten Analyse im Rahmen des Basismodells lassen sich folgende Ergebnisse bezüglich einer erfolgreichen Gründung festhalten: Der Gründer verfügt über Vorgesetztenerfahrung und investierte für die Gründungsvorbereitung mehr als sechs Monate. Dabei erfolgte die Gründung freiwillig und nicht aus einer wirtschaftlichen Notlage heraus. Von Vorteil ist ebenso eine Betriebsübernahme und das Vorhandensein von Mitarbeitern zu Beginn der Gründung. Zusätzlich steigert eine Arbeitszeit von mehr als 40 Stunden die Erfolgswahrscheinlichkeit. Ebenso wichtig ist die Branchenwahl. So erscheinen Bereiche wie der Einzelhandel oder die Gastronomie weniger erfolgsversprechend.

Tabelle 5.11: Unfreiwillige Gründungen nach Branche

Branche	Relativer Anteil
Einzelhandel	50%
Gastronomie	59%
Wissensintensive DL	28%
Nicht-wissensintensive DL	39%
Sonstige	20%

Quelle: Eigene Primärerhebung, 141 Befragte

Auf Grund des hohen Einflusses der Push-Faktoren auf den Unternehmenserfolg interessiert es, in welchen Branchen überproportional häufig unfreiwillige Gründungen durchgeführt wurden. Betrachtet werden alle Selbstständigen, die nach 1995 gegründet haben und Angaben zum Umsatz machten. Die Ergebnisse in Tabelle 5.11 überraschen nicht. So waren im Einzelhandel 50% aller Gründungen von Push-Faktoren geleitet. In der Gastronomie fällt dieser Anteil mit 59% sogar noch höher aus. In den nicht-wissensintensiven Dienstleistungen waren 39% der Gründungen unfreiwillig. Deutlich weniger unfreiwillige Gründungen wurden in den wissensintensiven Dienstleistungen (28%) und den sonstigen Branchen (20%) durchgeführt. Es lässt sich demnach festhalten, dass Gründungen aus einer wirtschaftlichen Not heraus deutlich häufiger in den Branchen stattfinden, in denen die Zutrittsbarrieren gering sind. Doch gerade diese Bereiche kennzeichnen sich im Allgemeinen durch einen harten Konkurrenzkampf und ein hohes Gründungs-/Schließungsgeschehen. Dies bestätigt die vorliegende Untersuchung. Auch wenn eine Gründung unfreiwillig erfolgt, scheint daher eine sorgfältige Branchenwahl ratsam.

In den folgenden Kapiteln wird das vorgestellte Basismodell um zusätzliche personenbezogene, betriebsbezogene und umfeldbezogene Faktoren erweitert. Dadurch werden weitere Größen identifiziert, die einen Einfluss auf den Unternehmenserfolg haben. Das Basismodell liefert bei den Analysen den Satz an unverzichtbaren Kontrollvariablen. Jede Erweiterung besteht aus den Variablen des Basismodells und den neu aufgenommenen Erfolgsgrößen. Darüber hinaus ist anzumerken, dass die einzelnen Erweiterungen unabhängig voneinander durchgeführt wurden.

5.4.3 Erweiterung um personenbezogene Faktoren

In den folgenden Analysen wird das Basismodell um zusätzliche personenbezogene Faktoren erweitert. Da der Fokus der Untersuchungen auf dem Einfluss der ergänzenden Variablen liegt, enthalten die Tabellen nur die neu aufgenommenen Variablen und verzichten auf eine separate Aufnahme der Kontrollvariablen.[30]

Tabelle 5.12 erweitert das Basismodell um sozio-demographische Merkmale. Bei der Analyse standen für die einzelnen Erfolgsindikatoren 141, 157 und 159 Beobachtungen zur Verfügung. Der Jarque-Bera-Test zeigt, dass die Nullhypothese zur Normalverteilung bei einer Irrtumswahrscheinlichkeit von $\alpha = 0,05$ für den Umsatz und die Folgeinvestitionen nicht verworfen werden kann. Auch bei der Zufriedenheit mit der geschäftlichen Entwicklung kann auf Grund der hinreichend großen Zahl an Beobachtungen von einer Normalverteilung der Residuen gesprochen werden. Die Referenz für die Analyse bildet der Selbstständige aus dem Basismodell, unverheiratet, im Ausland geboren und mit einer nicht-deutschen Staatsbürgerschaft. Die Basiswahrscheinlichkeit dieses Selbstständigen beläuft sich für den Erfolgsindikator des Umsatzes auf 23,9%. Für die Folgeinvestitionen liegt die Basiswahrscheinlichkeit bei 5,1% und für die Zufriedenheit mit der geschäftlichen Entwicklung bei 69,5%.

Bezüglich des Familienstandes ist kein Zusammenhang mit dem unternehmerischen Erfolg festzustellen.

Zwar erhöht sich bei einer verheirateten Person für alle drei Indikatoren die Erfolgswahrscheinlichkeit, jedoch sind diese Effekte nicht signifikant. Es lassen sich demnach keine Anhaltspunkte für die Überlegung finden, dass ein Ehepartner den

[30] Die Tabellen im Anhang zu Kapitel 5 enthalten sämtliche Kontrollvariablen und die ergänzenden Variablen.

Tabelle 5.12: Erweiterung des Basismodells um sozio-demographische Merkmale

Zu erklärende Variable: Wahrscheinlichkeit erfolgreich zu sein (0/1)						
	(1)		(2)		(3)	
	Umsatz		Investition		Zufrieden	
Verheiratet	0,201	(0,141)	0,168	(0,127)	0,058	(0,109)
Geburt Deutschl	0,271**	(0,134)	0,348**	(0,121)	0,142	(0,120)
Deutscher Pass	0,020	(0,106)	0,027	(0,094)	-0,023	(0,100)
Beobachtungen	141		157		159	
Est. Mittelwert	0,407		0,681		0,352	
Konstante	-0,709		-1,637		0,514	
Log likelihood	-72,216		-75,210		-85,626	
Jarque-Bera	0,174		0,201		0,006	

Daten der eigenen Primärerhebung; robuste Schätzer nach Huber und White
Marginale Effekte mit Standardabweichungen in Klammern
* $p < 0,10$, ** $p < 0,05$

Selbstständigen finanziell oder arbeitstechnisch entlasten kann und dieser damit mehr Ressourcen für strategische Entscheidungen zur Verfügung hat.

Von Bedeutung ist dagegen der Geburtsort des Selbstständigen. Ist der Unternehmer in Deutschland geboren, d.h. gehört er der zweiten Generation der Migranten an, so erhöht sich für den Indikator des Umsatzes die Wahrscheinlichkeit erfolgreich zu sein um 27,1%. Auch bei den Folgeinvestitionen ist der Einfluss signifikant und beläuft sich auf 34,8%. Die Ergebnisse überraschen nicht, da sich die Migranten der ersten und zweiten Generation deutlich voneinander unterscheiden. Das betrifft insbesondere das Qualifikationsniveau und die sektorale Verteilung. Darüber hinaus sind die Migranten der zweiten Generation von Geburt an mit den Lebensverhältnissen in Deutschland vertraut. Einfache Dinge wie Behördengänge oder sonstige bürokratische Angelegenheiten sind für die Migranten der zweiten Generation selbstverständlich. Bei den Migranten der ersten Generation bestehen noch häufig Berührungsängste mit den Institutionen. Hinzu kommen sprachliche Barrieren. Insgesamt scheint diese Vertrautheit mit den Lebensverhältnissen bei den Migranten der zweiten Generation einen positiven Einfluss auf den Unternehmenserfolg zu nehmen.

Keinen Einfluss auf den Unternehmenserfolg hat dagegen die Staatsangehörigkeit. Zwar erhöht sich beim Umsatz und den Folgeinvestitionen die Wahrscheinlichkeit erfolgreich zu sein, falls der Selbstständige einen deutschen Pass besitzt. Jedoch ist dieser Effekt nicht signifikant.

In einem weiteren Schritt wird das Basismodell um Variablen des Humankapitals erweitert. Wurden im Basismodell noch Indikatoren des spezifischen Humankapitals betrachtet, so interessiert nun zusätzlich der Einfluss des allgemeinen Humankapi-

Tabelle 5.13: Erweiterung um Variablen des allgemeinen Humankapitals

Zu erklärende Variable: Wahrscheinlichkeit erfolgreich zu sein (0/1)

	(1) Umsatz		(2) Investition		(3) Zufrieden	
Lehre	0,069	(0,141)	0,175	(0,125)	0,132	(0,129)
Meister	0,401*	(0,208)	0,429**	(0,177)	0,057	(0,182)
Hochschule	0,231	(0,174)	0,118	(0,162)	-0,025	(0,163)
Berufsort	0,111	(0,149)	-0,029	(0,129)	0,030	(0,124)
Beobachtungen	141		157		159	
Est. Mittelwert	0,420		0,672		0,350	
Konstante	-0,574		-1,110		0,559	
Log likelihood	-73,222		-77,136		-85,274	
Jarque-Bera	0,093		0,093		0,007	

Daten der eigenen Primärerhebung; robuste Schätzer nach Huber und White
Marginale Effekte mit Standardabweichungen in Klammern
* $p < 0,10$, ** $p < 0,05$

tals auf den Unternehmenserfolg. Hierfür werden die Berufsabschlüsse in das Basismodell integriert. Tabelle 5.13 fasst die Ergebnisse der Schätzungen zusammen. Es stehen 141, 157 und 159 Beobachtungen zur Verfügung. Die Nullhypothese der Normalverteilung der Residuen kann im Rahmen des Jarque-Bera-Tests bei einer Irrtumswahrscheinlichkeit von $\alpha = 0,05$ nicht verworfen werden. Beim Indikator der Zufriedenheit mit der geschäftlichen Entwicklung wird auf Grund der hinreichend großen Zahl an Beobachtungen von einer Normalverteilung der Residuen ausgegangen. Die Referenz für die Analyse ist der Selbstständige aus dem Basismodell ohne einen beruflichen Abschluss. Für den Indikator des Umsatzes beträgt die Basiswahrscheinlichkeit für diesen Selbstständigen 28,4%. Für die Folgeinvestitionen liegt die Wahrscheinlichkeit bei 13,4% und für die Zufriedenheit mit der geschäftlichen Entwicklung bei 71,2%.

Die Vorzeichen der Variablen des allgemeinen Humankapitals entsprechen den Erkenntnissen der deskriptiven Analyse: Ein besseres formales Bildungsniveau scheint den unternehmerischen Erfolg positiv zu beeinflussen. Verfügt eine Person über eine Ausbildung, so erhöht sich beim Erfolgsindikator des Umsatzes die Erfolgswahrscheinlichkeit um 6,9%; bei einem Hochschulabschluss steigt die Erfolgswahrscheinlichkeit um 23,1%. Auch bei den Folgeinvestitionen lassen sich für die beiden marginalen Effekte positive Vorzeichen beobachten. Allerdings sind die Einflüsse nicht signifikant. Signifikant ist dagegen der Einfluss des Meistertitels. Besitzt eine Person einen solchen Abschluss, dann nimmt seine Wahrscheinlichkeit erfolgreich zu sein für den Erfolgsindikator des Umsatzes um 40,1% zu. Bei den Folgeinvestitionen beläuft sich der Effekt auf 42,9%. Insgesamt ist der Zusammenhang zwischen dem formalen Bildungsniveau und dem unternehmerischen Erfolg damit jedoch weit we-

Tabelle 5.14: Erweiterung um Variablen des spezifischen Humankapitals

Zu erklärende Variable: Wahrscheinlichkeit erfolgreich zu sein (0/1)

	(1) Umsatz		(2) Investition		(3) Zufrieden	
Kfm gut	0,121	(0,140)	0,042	(0,123)	0,102	(0,122)
Kfm mittel	-0,032	(0,135)	0,090	(0,115)	-0,042	(0,130)
Beobachtungen	141		157		159	
Est. Mittelwert	0,417		0,667		0,354	
Konstante	-0,074		-0,832		0,767	
Log likelihood	-74,400		-79,467		-85,399	
Jarque-Bera	0,093		0,129		0,005	

Daten der eigenen Primärerhebung; robuste Schätzer nach Huber und White
Marginale Effekte mit Standardabweichungen in Klammern
* $p < 0,10$, ** $p < 0,05$

niger eindeutig als erwartet. Zusätzlich wurde der Ort, an dem der Selbstständige den Berufsabschluss erreicht hat, in das Modell integriert. Hier interessiert es, ob es mögliche qualitative Unterschiede zwischen den Abschlüssen in anderen Ländern gibt. Für keinen der drei Erfolgsindikatoren lässt sich jedoch ein signifikanter Einfluss dieser Variablen erkennen.

In einem abschließenden Schritt wird das Basismodell um weitere Variablen des spezifischen Humankapitals erweitert. Hierbei handelt es sich um die kaufmännischen Kenntnisse zu Beginn der Gründung. Tabelle 5.14 zeigt die Ergebnisse der Schätzungen. Die Anzahl der Beobachtungen beläuft sich für die Erfolgsindikatoren auf 141, 157 und 159. Die Nullhypothese der Normalverteilung der Residuen kann im Rahmen des Jarque-Bera-Tests bei einer Irrtumswahrscheinlichkeit von $\alpha = 0,05$ nicht verworfen werden. Auch bei der Zufriedenheit mit der geschäftlichen Entwicklung wird auf Grund der hinreichend großen Zahl an Beobachtungen von einer Normalverteilung der Residuen ausgegangen. Der Selbstständige aus dem Basismodell mit schlechten kaufmännischen Kenntnissen stellt die Referenz dar. Für den Erfolgsindikator des Umsatzes ergibt sich eine Basiswahrscheinlichkeit von 47,2%. Bei den Folgeinvestitionen beläuft sich diese Wahrscheinlichkeit auf 20,3% und bei der Zufriedenheit mit der geschäftlichen Entwicklung auf 77,9%.

Die Schätzung ergibt für alle drei Erfolgsindikatoren keinen signifikanten Zusammenhang zwischen den betriebswirtschaftlichen Kenntnissen zu Beginn der Gründung und dem unternehmerischen Erfolg. Verfügt ein Selbstständiger über gute kaufmännische Kenntnisse, so erhöht sich für den Indikator des Umsatzes die Erfolgswahrscheinlichkeit um 12,1%; bei befriedigenden kaufmännischen Fähigkeiten reduziert sich die Erfolgswahrscheinlichkeit um 3,2%. Die gleichen Vorzeichen lassen sich für die Zufriedenheit mit der geschäftlichen Entwicklung beobachten. Keiner der Effekte

Tabelle 5.15: Erweiterung um Variablen der Planung

Zu erklärende Variable: Wahrscheinlichkeit erfolgreich zu sein (0/1)

	(1) Umsatz		(2) Investition		(3) Zufrieden	
Geschäftsplan	0,023	(0,112)	-0,040	(0,099)	-0,029	(0,101)
Beratung	-0,227**	(0,114)	-0,260**	(0,107)	-0,089	(0,096)
Gezielt	0,001	(0,101)	0,131	(0,092)	0,338**	(0,091)
Beobachtungen	141		157		159	
Est. Mittelwert	0,415		0,677		0,337	
Konstante	0,327		-0,591		0,476	
Log likelihood	-73,193		-75,289		-79,416	
Jarque-Bera	0,156		0,159		0,025	

Daten der eigenen Primärerhebung; robuste Schätzer nach Huber und White
Marginale Effekte mit Standardabweichungen in Klammern
* $p < 0,10$, ** $p < 0,05$

ist jedoch signifikant. Entscheidend für den unternehmerischen Erfolg scheinen die praktischen Erfahrungen im Management zu sein, wie der signifikante Einfluss der Vorgesetztenerfahrung zeigt.

Im nächsten Schritt wird das Basismodell um Variablen der Planung erweitert. Dabei handelt es sich um die Erstellung eines Geschäftsplanes, die Inanspruchnahme einer Gründungsberatung sowie eine gezielte Standortsuche. Im Rahmen des Basismodells konnte bereits festgehalten werden, dass eine längere Gründungsvorbereitung den Unternehmenserfolg positiv beeinflusst. Die Integration von weiteren Planungsvariablen in das Basismodell führt zu interessanten Ergebnissen, wie Tabelle 5.15 zeigt. Für die Analyse stehen wieder 141, 157 und 159 Beobachtungen zur Verfügung. Die Nullhypothese der Normalverteilung der Residuen kann im Rahmen des Jarque-Bera-Tests bei einer Irrtumswahrscheinlichkeit von $\alpha = 0,05$ für den Umsatz und die Folgeinvestitionen nicht verworfen werden. Auch bei der Zufriedenheit mit der geschäftlichen Entwicklung wird auf Grund der hinreichend großen Beobachtungszahl von einer Normalverteilung der Residuen ausgegangen. Der Selbstständige aus dem Basismodell, ohne Geschäftsplan, ohne Gründungsberatung und mit einem nicht gezielt gewählten Standort bildet die Referenz für die Analysen. Für diesen Selbstständigen ergibt sich beim Erfolgsindikator des Umsatzes eine Basiswahrscheinlichkeit erfolgreich zu sein von 62,9%. Bei den Folgeinvestitionen beträgt diese Wahrscheinlichkeit 27,8% und bei der Zufriedenheit mit der geschäftlichen Entwicklung 68,4%.

Erarbeitete ein Selbstständiger zu Beginn der Gründung einen Geschäftsplan, so erhöht sich für den Indikator des Umsatzes die Wahrscheinlichkeit erfolgreich zu sein um 2,3%. Bei den ergänzenden Indikatoren ergibt sich für den marginalen Effekt ein negatives Vorzeichen. Alle drei Einflüsse sind jedoch nicht signifikant. Demnach kann im Rahmen der Analyse kein signifikanter Zusammenhang zwischen der Erstellung eines Geschäftsplanes und dem unternehmerischen Erfolg festgestellt werden. In der Erstellung eines Geschäftsplanes kann auch durchaus die Gefahr liegen, dass der Selbstständige von den relevanten Aspekten der Unternehmensgründung abgelenkt wird. Zusätzlich lässt sich das Argument der Opportunitätskosten anführen: Die Erarbeitung eines Geschäftsplanes nimmt monetäre und zeitliche Ressourcen in Anspruch, die für weitere Gründungsaktivitäten nicht mehr zur Verfügung stehen.

Als weitere Planungsvariable wird der Einfluss der Standortsuche auf den Unternehmenserfolg untersucht. Wählte ein Gründer seinen Standort gezielt aus, dann erhöht sich beim Indikator des Umsatzes die Erfolgswahrscheinlichkeit um äußerst geringe 0,1%. Auch bei den Folgeinvestitionen ergibt sich ein positiver marginaler Effekt. Allerdings sind beide Einflüsse nicht signifikant. Anders ist es bei der Zufriedenheit mit der geschäftlichen Entwicklung. Hier ist der marginale Effekt signifikant: Bei einer gezielten Standortwahl erhöht sich die Wahrscheinlichkeit erfolgreich zu sein um 33,8%. Eine mögliche Erklärung liegt in der Konstruktion des Erfolgsindikators. Anders als beim Umsatz werden bei der Zufriedenheit mit der geschäftlichen Entwicklung nicht nur die ersten fünf Jahre nach der Betriebsgründung betrachtet, sondern der gesamte Zeitraum bis zum Tag der Befragung. Wie in Kapitel 5.1 beschrieben, können dadurch auch längerfristige Auswirkungen der Erfolgsfaktoren erfasst werden. Gerade die Vorteile eines gezielt gewählten Standortes – beispielsweise die Kundennähe oder Infrastruktur – sind nachhaltig zu spüren, wie beim Erfolgsindikator der Zufriedenheit mit der geschäftlichen Entwicklung zu sehen ist.

Bezüglich der Gründungsberatung bestätigen sich die überraschenden Ergebnisse der deskriptiven Analyse. Nahm ein Selbstständiger eine solche Beratung in Anspruch, dann reduziert sich beim Indikator des Umsatzes die Wahrscheinlichkeit erfolgreich zu sein um 22,7%. Auch bei den Folgeinvestitionen ist der marginale Effekt signifikant und beläuft sich auf -26%. Ein Grund für den negativen Einfluss der Gründungsberatung auf den Unternehmenserfolg könnte in der Qualität der Beratung liegen. Daher interessieren in einem weiteren Schritt die einzelnen Instanzen der Beratung (siehe Tabelle 5.16). Unterschieden wird zwischen einer Beratung aus dem familiären Umfeld (*Berat Familie*), einer Beratung durch Arbeitskollegen oder Geschäftspartner (*Berat Kollegen*) und einer Beratung durch einen Unternehmensberater, die Kammern oder einen Unternehmerverein (*Berat Institution*). Die Referenz ist ein Selbstständiger, der auf eine Gründungsberatung verzichtet hat.

Für alle drei Erfolgsindikatoren ergibt sich ein negativer Einfluss auf den Erfolg, falls Beratung aus dem familiären Umfeld in Anspruch genommen wurde. Gerade bei diesen Quellen sind fundierte Kenntnisse über die Existenzgründung anzuzweifeln. Allerdings ist keiner der drei marginalen Effekte signifikant. Ein signifikant positiver Effekt lässt sich für die Folgeinvestitionen bei einer Beratung durch Arbeitskollegen oder Geschäftspartner beobachten. Im Gegensatz zum familiären Umfeld kann bei den Arbeitskollegen oder Geschäftspartnern von einer höheren Beratungsqualität

Tabelle 5.16: Erweiterung um Instanzen der Beratung

Zu erklärende Variable: Wahrscheinlichkeit erfolgreich zu sein (0/1)

	(1) Umsatz		(2) Investition		(3) Zufrieden	
Berat Familie	-0,126	(0,098)	-0,026	(0,099)	-0,053	(0,091)
Berat Kollegen	0,035	(0,117)	0,218*	(0,115)	-0,055	(0,104)
Berat Institution	-0,173	(0,107)	-0,225**	(0,090)	0,025	(0,092)
Beobachtungen	141		157		159	
Est. Mittelwert	0,408		0,670		0,353	
Konstante	0,155		-0,932		0,885	
Log likelihood	-73,106		-76,083		-86,085	
Jarque-Bera	0,145		0,102		0,006	

Daten der eigenen Primärerhebung; robuste Schätzer nach Huber und White
Marginale Effekte mit Standardabweichungen in Klammern
* $p < 0,10$, ** $p < 0,05$

ausgegangen werden. So verfügen diese Instanzen über praktische Erfahrung mit unternehmerischen Angelegenheiten. Ein signifikant negativer Einfluss auf den Unternehmenserfolg ergibt sich bei den Folgeinvestitionen für die institutionalisierten Instanzen wie den Kammern oder einem Unternehmerverein. Es ist möglich, dass zwischen den einzelnen Institutionen qualitative Unterschiede bestehen. Auf Grund der geringen Fallzahlen muss jedoch auf eine differenziertere Betrachtung verzichtet werden. Auch wenn die Ergebnisse nicht eindeutig ausfallen, so lassen sich Hinweise dafür finden, dass eine Gründungsberatung nicht per se einen negativen Einfluss auf den Unternehmenserfolg nimmt. Vielmehr sollte eine sorgsame Prüfung der Instanzen vorgenommen werden, an die sich gewandt wird.

In einer abschließenden Analyse stehen die ethnischen Ressourcen im Vordergrund. Zunächst interessieren die Unterstützungsleistungen aus dem sozialen Netzwerk. Es wird erfasst, ob der Selbstständige zu Beginn der Gründung ganz allgemein Hilfe aus der Familie oder dem Bekanntenkreis in Anspruch nahm, also auf starke Verbindungen zurückgegriffen hat, und ob dieses Verhalten im Zeitverlauf geändert wurde.

Tabelle 5.17 zeigt die Ergebnisse der Schätzungen. Für die Analysen standen 141, 157 und 159 Beobachtungen zur Verfügung. Die Nullhypothese der Normalverteilung der Residuen kann im Rahmen des Jarque-Bera-Tests bei einer Irrtumswahrscheinlichkeit von $\alpha = 0,05$ nicht verworfen werden. Auch bei der Zufriedenheit mit der geschäftlichen Entwicklung kann auf Grund der hinreichend großen Zahl an Beobachtungen von einer Normalverteilung der Residuen gesprochen werden. Als Referenz dient der Selbstständige aus dem Basismodell, der sowohl zu Beginn der Gründung als auch im Verlauf schwache Verbindungen in Anspruch genommen hat. Für den Erfolgsindikator des Umsatzes liegt die Basiswahrscheinlichkeit bei 58,7%. Für die

Tabelle 5.17: Erweiterung um ethnische Ressourcen I

Zu erklärende Variable: Wahrscheinlichkeit erfolgreich zu sein (0/1)

	(1) Umsatz		(2) Investition		(3) Zufrieden	
Stark Beginn	-0,046	(0,110)	-0,043	(0,096)	0,019	(0,091)
Stark Verlauf	-0,566**	(0,117)	-0,270**	(0,097)	-0,117	(0,106)
Beobachtungen	141		157		159	
Est. Mittelwert	0,369		0,671		0,354	
Konstante	0,216		-0,786		0,777	
Log likelihood	-64,511		-75,534		-85,837	
Jarque-Bera	0,606		0,175		0,004	

Daten der eigenen Primärerhebung; robuste Schätzer nach Huber und White
Marginale Effekte mit Standardabweichungen in Klammern
* $p < 0,10$, ** $p < 0,05$

Folgeinvestitionen sind es 21,5% und für die Zufriedenheit mit der geschäftlichen Entwicklung 78,2%.

Nahm ein Selbstständiger zu Beginn der Gründung Hilfe aus dem familiären Umfeld in Anspruch, d.h. nutzte er starke Bindungen in seinem Netzwerk, dann reduziert sich beim Erfolgsindikator des Umsatzes die Wahrscheinlichkeit erfolgreich zu sein um 4,6%. Auch für den ergänzenden Indikator der Folgeinvestitionen fällt der marginale Effekt negativ aus. Generell widerspricht die Richtung des Einflusses der Theorie, dass zu Beginn der Gründung starke Bindungen von Bedeutung sind, jedoch sind die beiden marginalen Effekte nicht signifikant. Eindeutige Ergebnisse lassen sich für die Stärke der Beziehungen im Verlauf der Selbstständigkeit festhalten. Griff ein Selbstständiger auch nach der Gründung noch intensiv auf die Hilfe des familiären Umfeldes zurück und konnte damit sein Netzwerk nicht um schwache Verbindungen erweitern, so reduziert sich beim Indikator des Umsatzes die Erfolgswahrscheinlichkeit um 56,6%. Auch bei den Folgeinvestitionen ist der marginale Effekt signifikant und beläuft sich auf -27%. Demnach sollte es dem Selbstständigen gelingen, Kontakte auch außerhalb des vertrauten Umfeldes zu knüpfen, um seine Beziehungen zu professionalisieren. Diese Kontakte, sei es mit nicht-ethnischen Geschäftskollegen, Kunden oder Organisationen, helfen dem Selbstständigen dabei, neue Märkte zu erschließen und bislang ungenutzte Ressourcen auszuschöpfen.

Nachdem in der ersten Erweiterung die Stärke der Bindungen im Vordergrund stand, wird nun auf die konkreten Unterstützungsleistungen aus dem Netzwerk eingegangen. Im Gegensatz zur ersten Erweiterung, bei der die Unterstützungsleistung direkt abgefragt wurde, wird die Variable der ethnischen Ressourcen aus einer Reihe von Merkmalen konstruiert. So nahm ein Selbstständiger dann ethnische Ressourcen in Anspruch, wenn er sich aus dem Kreis der Familie oder Bekannten beraten ließ,

Kapital aus dem näheren Umfeld bezog oder Tipps bezüglich der Mitarbeiterakquise aus dem Familien-/Bekanntenkreis erhielt. Tabelle 5.18 fasst die Ergebnisse der Schätzungen zusammen. Die Untersuchungen basieren auf 141, 157 und 159 Beobachtungen. Die Nullhypothese der Normalverteilung der Residuen kann im Rahmen des Jarque-Bera-Tests bei einer Irrtumswahrscheinlichkeit von $\alpha = 0,05$ für den Indikator des Umsatzes nicht verworfen werden. Bei den Folgeinvestitionen und der Zufriedenheit mit der geschäftlichen Entwicklung wird auf Grund der hinreichend großen Zahl an Beobachtungen von einer Normalverteilung der Residuen ausgegangen. Die Referenz bildet der Selbstständige aus dem Basismodell ohne eingesetzte ethnische Ressourcen zu Beginn der Gründung und im weiteren Verlauf der unternehmerischen Tätigkeit. Für den Indikator des Umsatzes ergibt sich eine Basiswahrscheinlichkeit von 64,8%. Bei den Folgeinvestitionen beläuft sich diese auf 45,6% und bei der Zufriedenheit mit der geschäftlichen Entwicklung auf 78,5%.

Alle drei Erfolgsindikatoren deuten darauf hin, dass die Bedeutung ethnischer Ressourcen zu Beginn der Gründung überbewertet wird. So lässt sich für die Folgeinvestitionen und die Zufriedenheit mit der geschäftlichen Entwicklung kein signifikanter Zusammenhang zwischen den ethnischen Ressourcen und dem unternehmerischen Erfolg beobachten. Beim Indikator des Umsatzes ist der marginale Effekt dagegen signifikant: Hat ein Selbstständiger zu Beginn der Gründung auf ethnische Ressourcen zurückgegriffen, dann reduziert sich seine Erfolgswahrscheinlichkeit um 22,4%. Ethnische Ressourcen sind demnach schon zu Beginn der Gründung von Nachteil für die weitere unternehmerische Entwicklung. Der Grund kann in der Qualität dieser Ressourcen liegen. So steht die Inanspruchnahme von ethnischen Ressourcen für eine starke Vernetzung mit der ethnischen Gemeinschaft. Die Verflechtung führt möglicherweise dazu, dass sich der Selbstständige zu einseitig auf Ratschläge aus dem näheren Umfeld verlässt. Gerade zu Beginn der Gründung sollten bezüglich der Beratungsleistung, Mitarbeiterakquise oder der Kapitalbeschaffung jedoch Informationen von "Experten" eingeholt werden, die mit diesen Dingen vertraut sind.

Im zweiten Schritt interessiert die Rolle der ethnischen Ressourcen im Verlauf der Selbstständigkeit. Nahm der Selbstständige auch nach der Gründung Beratung aus dem vertrauten Umfeld in Anspruch, bezog Kapital von starken Verbindungen oder stellte Mitarbeiter über Kontakte aus der ethnischen Gemeinschaft ein, so reduziert sich beim Indikator des Umsatzes die Wahrscheinlichkeit erfolgreich zu sein um 28,3%. Auch für die Folgeinvestitionen ist der marginale Effekt signifikant und liegt bei -89,4%. Für die weitere unternehmerische Expansion ist es daher wichtig, Ressourcen über die ethnische Gemeinschaft hinaus zu akquirieren. Dadurch kann das eher sozial eingebettete Beziehungsnetzwerk professionalisiert werden und neue Märkte erschlossen werden.

Insgesamt lässt sich festhalten, dass der Grad der Verflechtung mit der ethnischen Gemeinschaft maßgeblich das Wachstumspotenzial des Unternehmens bestimmt. Dieser Zusammenhang gilt jedoch nicht bei der persönlichen Zufriedenheit. Eine mögliche Erklärung wäre, dass sich manche Selbstständige innerhalb ihrer vertrauten

Tabelle 5.18: Erweiterung um ethnische Ressourcen II

Zu erklärende Variable: Wahrscheinlichkeit erfolgreich zu sein (0/1)

	(1) Umsatz		(2) Investition		(3) Zufrieden	
Ethnisch Beginn	-0,224**	(0,109)	-0,044	(0,114)	-0,035	(0,097)
Ethnisch Verlauf	-0,283*	(0,158)	-0,894**	(0,185)	0,026	(0,112)
Beobachtungen	141		157		159	
Est. Mittelwert	0,407		0,649		0,354	
Konstante	0,380		-0,107		0,790	
Log likelihood	-71,817		-60,351		-86,394	
Jarque-Bera	0,172		0,000		0,005	

Daten der eigenen Primärerhebung; robuste Schätzer nach Huber und White
Marginale Effekte mit Standardabweichungen in Klammern
* $p < 0,10$, ** $p < 0,05$

Umgebung mit mithelfenden Familienangehörigen und ethnischen Arbeitskräften wohlfühlen. Sie wollen nicht über die ethnische Gemeinschaft hinaus wachsen.

Durch die Erweiterung des Basismodells um personenbezogene Faktoren konnte das Profil einer erfolgsversprechenden Betriebsgründung vertieft werden. Ein erfolgreicher Gründer gehört der zweiten Generation der Migranten an und weist tendenziell ein gutes formales Bildungsniveau auf. Insbesondere der Meisterabschluss erwies sich als signifikant. Eine Gründungsberatung sollte mit Bedacht gewählt werden. Gleiches gilt für die Wahl des Standortes. Die Hilfe aus dem Familien- oder Bekanntenkreis ist für den Gründungserfolg nicht von Bedeutung. Vielmehr ist es von Vorteil, die Netzwerke um schwache Verbindungen zu erweitern. Darüber hinaus wirkt sich eine starke Verflechtung mit der ethnischen Gemeinschaft zu Beginn der Gründung und danach negativ auf die unternehmerische Entwicklung aus. Im nächsten Schritt der Untersuchung wird das Basismodell um betriebsbezogene Faktoren erweitert.

5.4.4 Erweiterung um betriebsbezogene Faktoren

Die Erweiterung des Basismodells um betriebsbezogene Faktoren beinhaltet Variablen des Finanzkapitals, der Organisation sowie der betrieblichen Strategie.

Tabelle 5.19 zeigt zunächst den Einfluss der Zusammensetzung des Startkapitals auf den Unternehmenserfolg. Für die Schätzungen stehen 141, 157 und 159 Beobachtungen zur Verfügung. Die Nullhypothese der Normalverteilung der Residuen kann im Rahmen des Jarque-Bera-Tests bei einer Irrtumswahrscheinlichkeit von $\alpha = 0,05$ für den Umsatz und die Folgeinvestitionen nicht verworfen werden. Bei der Zufriedenheit mit der geschäftlichen Entwicklung kann auf Grund der hinreichend großen Zahl

Tabelle 5.19: Erweiterung um Variablen des Finanzkapitals

Zu erklärende Variable: Wahrscheinlichkeit erfolgreich zu sein (0/1)

	(1) Umsatz		(2) Investition		(3) Zufrieden	
Mehr EK	-0,072	(0,173)	-0,003	(0,147)	-0,048	(0,149)
Mehr FK	0,021	(0,210)	-0,086	(0,175)	0,030	(0,168)
Beobachtungen	141		157		159	
Est. Mittelwert	0,414		0,669		0,353	
Konstante	0,246		-0,678		0,961	
Log likelihood	-75,064		-79,481		-86,239	
Jarque-Bera	0,088		0,157		0,005	

Daten der eigenen Primärerhebung; robuste Schätzer nach Huber und White
Marginale Effekte mit Standardabweichungen in Klammern
* $p < 0,10$, ** $p < 0,05$

an Beobachtungen von einer Normalverteilung der Residuen gesprochen werden. Die Referenz ist der Selbstständige aus dem Basismodell, dessen Startkapital zu einem gleichen Verhältnis aus Eigen- und Fremdmitteln bestand. Für den Erfolgsindikator des Umsatzes beträgt die Basiswahrscheinlichkeit 59,9%, für die Folgeinvestitionen 24,8% und für die Zufriedenheit mit der geschäftlichen Entwicklung 83,2%.

Setzte sich das Startkapital eines Gründers mehrheitlich aus Eigenkapital zusammen, so sinkt beim Indikator des Umsatzes die Wahrscheinlichkeit erfolgreich zu sein um 7,2%. Überwiegt dagegen das Fremdkapital, dann nimmt die Erfolgswahrscheinlichkeit um 2,1% zu. Die gleichen Vorzeichen lassen sich bei der Zufriedenheit mit der geschäftlichen Entwicklung beobachten. Für die Folgeinvestitionen mindert das Einsetzen von Fremdkapital dagegen die Erfolgswahrscheinlichkeit. Allerdings sind die beschriebenen Einflüsse nicht signifikant. Das Verhältnis zwischen Eigen- und Fremdkapital hat demnach keinen Einfluss auf den unternehmerischen Erfolg.

In einem nächsten Schritt wird das Basismodell um Variablen der Organisation erweitert. Tabelle 5.20 fasst die Ergebnisse der Schätzungen zusammen. Die Schätzungen basieren auf 141, 157 und 159 Beobachtungen. Die Nullhypothese der Normalverteilung der Residuen kann im Rahmen des Jarque-Bera-Tests bei einer Irrtumswahrscheinlichkeit von $\alpha = 0,05$ für den Umsatz und die Folgeinvestitionen nicht verworfen werden. Auch bei der Zufriedenheit mit der geschäftlichen Entwicklung ist auf Grund der hinreichend großen Zahl an Beobachtungen von einer Normalverteilung der Residuen auszugehen.

Die Referenz ist der Selbstständige aus dem Basismodell, kein Einzelunternehmer, ohne Rechtsformwechsel, mit Nebenerwerbsgründung, Arbeit zu Beginn weitergegeben und auch im Verlauf noch zuständig für den Großteil der operativen Arbeit. Die

Tabelle 5.20: Erweiterung um Variablen der Organisation

Zu erklärende Variable: Wahrscheinlichkeit erfolgreich zu sein (0/1)

	(1) Umsatz		(2) Investition		(3) Zufrieden	
Einzel	-0,124	(0,145)	0,001	(0,111)	0,132	(0,120)
Wechsel	0,172	(0,191)	0,253	(0,198)	0,058	(0,170)
Vollerwerb	0,087	(0,139)	0,100	(0,115)	-0,033	(0,139)
Beginn Doing	0,437**	(0,222)	0,239	(0,155)	0,087	(0,160)
Verlauf Managing	0,403**	(0,114)	0,018	(0,090)	0,135	(0,096)
Beobachtungen	141		157		159	
Est. Mittelwert	0,407		0,675		0,353	
Konstante	-1,031		-1,441		0,366	
Log likelihood	-66,368		-77,286		-85,155	
Jarque-Bera	0,840		0,183		0,006	

Daten der eigenen Primärerhebung; robuste Schätzer nach Huber und White
Marginale Effekte mit Standardabweichungen in Klammern
* $p < 0,10$, ** $p < 0,05$

Basiswahrscheinlichkeit beträgt beim Erfolgsindikator des Umsatzes 15,2%, bei den Folgeinvestitionen 7,5% und bei der Zufriedenheit mit der geschäftlichen Entwicklung 64,4%.

Zunächst wird der Zusammenhang zwischen der Rechtsform und dem Unternehmenserfolg untersucht. Wählte ein Selbstständiger zu Beginn der Gründung die Rechtsform eines Einzelunternehmens, so reduziert sich für den Indikator des Umsatzes die Erfolgswahrscheinlichkeit um 12,4%. Bei den Folgeinvestitionen und der Zufriedenheit mit der geschäftlichen Entwicklung ergibt sich ein positives Vorzeichen für den marginalen Effekt. Allerdings sind die Einflüsse nicht signifikant. Wurde im Verlauf der Selbstständigkeit die Rechtsform gewechselt, dann erhöht sich bei allen drei Indikatoren die Wahrscheinlichkeit erfolgreich zu sein. Jedoch sind auch in diesem Fall die Einflüsse nicht signifikant, so dass insgesamt kein Zusammenhang zwischen der Rechtsform und dem unternehmerischen Erfolg festgestellt werden kann.

Bezüglich des Umfangs der Gründung ist bei allen drei Indikatoren kein Zusammenhang mit dem Unternehmenserfolg festzustellen. Für den Umsatz erhöht sich die Wahrscheinlichkeit um 8,7%, falls eine Vollerwerbsgründung durchgeführt wurde. Auch bei den Folgeinvestitionen fällt der Einfluss positiv aus; ein negatives Vorzeichen ergibt sich dagegen bei der Zufriedenheit mit der geschäftlichen Entwicklung. Keiner der beobachteten Effekte ist jedoch signifikant.

Eine mögliche Erklärung wäre, dass immerhin ein Drittel der Nebenerwerbsgründungen im Datensatz zur vollständigen Abdeckung des Lebensunterhaltes dient. Es wird parallel keiner anderen Erwerbstätigkeit nachgegangen. Daher ist das Argument der fehlenden Ernsthaftigkeit bei einer Nebenerwerbsgründung nur bedingt anwendbar.

Bezüglich der internen Struktur lassen sich signifikante Ergebnisse beobachten. Übernimmt ein Selbstständiger zu Beginn der Gründung den Großteil der Arbeit selbst (*Beginn Doing*), dann erhöht sich die Erfolgswahrscheinlichkeit beim Indikator des Umsatzes um 43,7%. Auch für die ergänzenden Indikatoren lassen sich positive, jedoch nicht signifikante Einflüsse beobachten. Insbesondere in der Anfangszeit der Gründung sollte der Selbstständige demnach das operative Tagesgeschäft selbst übernehmen, um dann eine interne Struktur zu entwickeln. Dies bestätigt ein Blick auf die zweite Organisationsvariable. Konzentriert sich der Selbstständige im Zeitverlauf auf das Leiten und Führen des Betriebes (*Verlauf Managing*), so erhöht sich die Erfolgswahrscheinlichkeit beim Indikator des Umsatzes um 40,3%. Auch bei den ergänzenden Indikatoren ergibt sich ein positives Vorzeichen für den marginalen Effekt. Für beide Indikatoren ist der Einfluss allerdings nicht signifikant. Insgesamt lässt sich festhalten, dass es für die unternehmerische Entwicklung von Vorteil ist, wenn der Selbstständige zu Beginn der Gründung das operative Tagesgeschäft zunächst persönlich erledigt. Dies ermöglicht dem Selbstständigen, ein Gefühl dafür zu entwickeln, welche Arbeiten an Mitarbeiter abgetreten werden können. Durch das Leiten und Führen im Zeitverlauf kann er sich dann auf strategische Fragen konzentrieren.

Abschließend wird der Einfluss der betrieblichen Strategie auf den Unternehmenserfolg untersucht. Wie in Kapitel 3.4.3 gezeigt wurde, spielen dabei die Marktsituation und das Marktgebiet eine entscheidende Rolle für den Selbstständigen. Ein Ausbruch aus der Marktsituation bezieht sich auf diejenigen Selbstständigen, die schon zu Beginn der Gründung eine gemischte Kundenstruktur aufwiesen oder eine solche im Zeitverlauf erlangten. Unter den Ausbruch aus dem Marktgebiet fallen alle Selbstständigen, die im Zeitverlauf ihr Marktgebiet ausweiteten, sofern sie nicht schon zu Beginn der Gründung überregional agierten. Tabelle 5.21 fasst die Ergebnisse der Schätzungen zusammen. Für die Analysen stehen 141, 157 und 159 Beobachtungen zur Verfügung. Die Nullhypothese der Normalverteilung der Residuen kann im Rahmen des Jarque-Bera-Tests bei einer Irrtumswahrscheinlichkeit von $\alpha = 0,05$ für den Umsatz und die Folgeinvestitionen nicht verworfen werden. Bei der Zufriedenheit mit der geschäftlichen Entwicklung kann auf Grund der hinreichend großen Zahl an Beobachtungen ebenfalls von einer Normalverteilung der Residuen ausgegangen werden. Die Referenz ist der Selbstständige aus dem Basismodell, bei dem der Großteil der Kunden gleicher ethnischer Herkunft ist und das Marktgebiet nicht erweitert wurde. Für diesen Selbstständigen beläuft sich die Basiswahrscheinlichkeit beim Erfolgsindikator des Umsatzes auf 10,2%. Bei den Folgeinvestitionen sind es 5,1% und bei der Zufriedenheit mit der geschäftlichen Entwicklung 59,5%.

Bezüglich der Marktsituation lassen sich eindeutige Ergebnisse festhalten. Spricht ein Selbstständiger schon zu Beginn der Gründung eine gemischte Kundenstruktur an oder erreicht diese im Zeitverlauf, so erhöht sich beim Indikator des Umsatzes die

Tabelle 5.21: Erweiterung um Variablen der Strategie I

Zu erklärende Variable: Wahrscheinlichkeit erfolgreich zu sein (0/1)

	(1) Umsatz		(2) Investition		(3) Zufrieden	
Ausbr Situation	0,318**	(0,119)	0,213*	(0,126)	0,119	(0,133)
Ausbr Gebiet	0,292**	(0,108)	0,269**	(0,093)	0,256**	(0,094)
Beobachtungen	141		157		159	
Est. Mittelwert	0,398		0,679		0,348	
Konstante	-1,270		-1,643		0,238	
Log likelihood	-69,723		-74,307		-82,333	
Jarque-Bera	0,377		0,359		0,010	

Daten der eigenen Primärerhebung; robuste Schätzer nach Huber und White
Marginale Effekte mit Standardabweichungen in Klammern
* $p < 0,10$, ** $p < 0,05$

Wahrscheinlichkeit erfolgreich zu sein um 31,8%. Auch beim ergänzenden Indikator der Folgeinvestitionen ist der marginale Effekt signifikant und beläuft sich auf 21,3%. Demnach ist das geschäftliche Entwicklungspotenzial bei den Selbstständigen, die sich auf Kunden aus der eigenen Ethnie konzentrieren, begrenzt. Erst durch das Ansprechen einer breiten Kundengruppe kann der Selbstständige das gesamte Nachfragepotenzial ausschöpfen. Hinsichtlich des Marktgebietes ist bei allen drei Erfolgsindikatoren ein signifikanter Einfluss auf den Unternehmenserfolg zu beobachten. Erweitert ein Selbstständiger sein Marktgebiet, dann erhöht sich die Erfolgswahrscheinlichkeit beim Indikator des Umsatzes um 29,2%. Bei den Folgeinvestitionen beträgt der marginale Effekt 26,9% und bei der Zufriedenheit mit der geschäftlichen Entwicklung 25,6%. Agiert der Selbstständige eher lokal, so stellt dies ebenfalls eine Begrenzung des unternehmerischen Entwicklungspotenzials dar. Zusammenfassend lässt sich festhalten, dass es für den Selbstständigen von entscheidender Bedeutung ist, sein Nachfragepotenzial durch Ansprechen einer breiten Kundengruppe und Ausweiten des Marktgebietes zu vergrößern.

In einem letzten Schritt wird untersucht, ob die von den Selbstständigen angegebene Strategie einen Einfluss auf den Unternehmenserfolg nimmt. Unterschieden wird zwischen der Strategie der Preisführerschaft, der Differenzierung, einer Konzentration auf Marktnischen sowie einem Strategiemix. Tabelle 5.22 zeigt die Ergebnisse der Schätzungen. Insgesamt stehen 141, 157 und 159 Beobachtungen zur Verfügung. Die Nullhypothese der Normalverteilung der Residuen kann im Rahmen des Jarque-Bera-Tests bei einer Irrtumswahrscheinlichkeit von $\alpha = 0,05$ für den Umsatz und die Folgeinvestitionen nicht verworfen werden. Auf Grund der hinreichend großen Zahl an Beobachtungen kann auch bei der Zufriedenheit mit der geschäftlichen Entwicklung von einer Normalverteilung der Residuen ausgegangen werden. Die Referenz stellt der Selbstständige aus dem Basismodell dar, der eine Mischstrategie verfolgt.

Tabelle 5.22: Erweiterung um Variablen der Strategie II

Zu erklärende Variable: Wahrscheinlichkeit erfolgreich zu sein (0/1)

	(1) Umsatz		(2) Investition		(3) Zufrieden	
Differenzierung	-0,013	(0,117)	-0,018	(0,102)	0,152	(0,102)
Marktnischen	-0,092	(0,163)	0,142	(0,158)	0,008	(0,140)
Preisführer	0,053	(0,165)	-0,084	(0,137)	-0,364**	(0,164)
Beobachtungen	141		157		159	
Est. Mittelwert	0,415		0,668		0,340	
Konstante	0,008		-0,695		0,865	
Log likelihood	-75,135		-78,938		-82,233	
Jarque-Bera	0,073		0,114		0,008	

Daten der eigenen Primärerhebung; robuste Schätzer nach Huber und White
Marginale Effekte mit Standardabweichungen in Klammern
* $p < 0,10$, ** $p < 0,05$

Die Basiswahrscheinlichkeit beträgt beim Erfolgsindikator des Umsatzes 50,4%, bei den Folgeinvestitionen 24,2% und bei der Zufriedenheit mit der geschäftlichen Entwicklung 80,8%.

Bezüglich der von den Unternehmern angegebenen Strategie lassen sich bis auf eine Ausnahme keine signifikanten Ergebnisse festhalten. Versucht ein Selbstständiger sich durch eine Differenzierung von den Wettbewerbern abzuheben, so sinkt beim Indikator des Umsatzes die Wahrscheinlichkeit erfolgreich zu sein um 1,3%. Bei einer Konzentration auf Marktnischen nimmt die Erfolgswahrscheinlichkeit um 9,2% ab. Ein anderes Vorzeichen ergibt sich für die Preisführerschaft. Hier erhöht sich die Erfolgswahrscheinlichkeit um 5,3%. Alle drei Strategien beeinflussen den Unternehmenserfolg jedoch nicht signifikant. Gleiches gilt für den ergänzenden Indikator der Folgeinvestitionen. Bei der Zufriedenheit mit der geschäftlichen Entwicklung nimmt dagegen die Strategie der Preisführerschaft einen signifikanten Einfluss auf den unternehmerischen Erfolg. Verfolgt ein Selbstständiger diese Strategie, dann reduziert sich seine Erfolgswahrscheinlichkeit um 36,4%. Insgesamt lässt sich jedoch kein eindeutiger Zusammenhang zwischen der angegebenen Strategie und dem Unternehmenserfolg beobachten. Damit können die Ergebnisse aus der deskriptiven Analyse bestätigt werden. Möglicherweise sind sich die Selbstständigen zu Beginn der Gründung ihrer betrieblichen Strategie noch nicht bewusst und konzentrieren sich erst im weiteren Verlauf der Selbstständigkeit auf strategische Fragen. So gaben beispielsweise nicht alle Selbstständigen, die zu Beginn der Gründung hauptsächlich Kunden aus der eigenen Ethnie aufwiesen, an, dass sie eine Nischenstrategie verfolgen.

Durch die Erweiterung des Basismodells um betriebsbezogene Faktoren konnten zusätzliche Determinanten des Gründungserfolges identifiziert werden. So beeinflusst die Entwicklung einer internen Struktur den unternehmerischen Erfolg. Zu Beginn der Gründung sollte der Selbstständige das operative Tagesgeschäft zunächst persönlich übernehmen, damit er ein Gefühl dafür entwickelt, welche Arbeiten an Mitarbeiter abgetreten werden können. Im Zeitverlauf gilt es sich jedoch auf das Leiten und Führen des Betriebes zu konzentrieren, um strategische Fragen zu beantworten. Bezüglich der Strategie ergaben sich ebenfalls Einflüsse auf den Unternehmenserfolg. So erwies es sich als unabdingbar, dass der Selbstständige seinen Kundenkreis über die eigene Ethnie hinaus erweitert, damit zusätzliche Nachfrage generiert werden kann. Wie schon die Ergebnisse bezüglich der ethnischen Ressourcen gezeigt haben, wirkt sich eine zu starke Verflechtung mit der ethnischen Gemeinschaft negativ auf das Entwicklungspotenzial des Unternehmens aus. Darüber hinaus sollte der Selbstständige das Einzugsgebiet seines Marktes erweitern. In einem letzten Schritt wird das Basismodell um umfeldbezogene Faktoren erweitert.

5.4.5 Erweiterung um umfeldbezogene Faktoren

Die Erweiterung des Basismodells um umfeldbezogene Faktoren unterscheidet zwischen dem makroökonomischen Umfeld und der regionalen Ansiedlung des Betriebes. Unter die regionale Ansiedlung fallen die Größe der Region, die Standortlage, die Konkurrenzdichte sowie die öffentliche Förderung.

Das makroökonomische Umfeld bezieht sich auf die allgemeine konjunkturelle Situation. So wurde das deutsche Wirtschaftswachstum in den ersten fünf Jahren nach der Gründung des Betriebes erfasst und das arithmetische Mittel berechnet. Besteht der Betrieb noch keine fünf Jahre, wurde der Durchschnittswert an die jeweilige Betriebsdauer angepasst. Unterschieden wird zwischen einem Durchschnittswachstum von höchstens 0,5% (*BIP gering*), einem Wachstum von 0,6 bis 1,5% (*BIP mittel*) und einem Wachstum von mehr als 1,5% (*BIP hoch*). Tabelle 5.23 fasst die Ergebnisse der Schätzungen zusammen. Die Untersuchungen basieren auf 141, 157 und 159 Beobachtungen. Die Nullhypothese der Normalverteilung der Residuen kann im Rahmen des Jarque-Bera-Tests bei einer Irrtumswahrscheinlichkeit von $\alpha = 0,05$ für den Umsatz und die Folgeinvestitionen nicht verworfen werden. Auch bei der Zufriedenheit mit der geschäftlichen Entwicklung kann auf Grund der hinreichend großen Zahl an Beobachtungen von einer Normalverteilung der Residuen gesprochen werden. Die Referenz ist der Selbstständige aus dem Basismodell mit einem Durchschnittswachstum des BIP von höchstens 0,5%. Die Basiswahrscheinlichkeit beläuft sich beim Erfolgsindikator des Umsatzes auf 44,4%, bei den Folgeinvestitionen auf 17,4% und bei der Zufriedenheit mit der geschäftlichen Entwicklung auf 71,6%.

Die Ergebnisse lassen einen Zusammenhang zwischen der allgemeinen konjunkturellen Entwicklung und dem Unternehmenserfolg erkennen. Zwar reduziert sich für den Indikator des Umsatzes die Erfolgswahrscheinlichkeit bei einem mittleren Wachstum des BIP um 23,7%, bei einem hohen Wachstum steigt die Wahrscheinlichkeit erfolg-

Tabelle 5.23: Erweiterung um das makroökonomische Umfeld

Zu erklärende Variable: Wahrscheinlichkeit erfolgreich zu sein (0/1)

	(1) Umsatz		(2) Investition		(3) Zufrieden	
BIP mittel	-0,237**	(0,116)	0,280**	(0,108)	0,147	(0,113)
BIP hoch	0,292**	(0,141)	0,212*	(0,111)	0,290**	(0,115)
Beobachtungen	141		157		159	
Est. Mittelwert	0,401		0,679		0,354	
Konstante	-0,136		-0,937		0,568	
Log likelihood	-67,876		-76,029		-83,482	
Jarque-Bera	0,575		0,245		0,007	

Daten der eigenen Primärerhebung; robuste Schätzer nach Huber und White
Marginale Effekte mit Standardabweichungen in Klammern
* $p < 0,10$, ** $p < 0,05$

reich zu sein jedoch um 29,2%. Bei dem ergänzenden Indikator der Folgeinvestitionen steigt sowohl bei einem mittleren als auch einem hohen Wachstum des BIP die Erfolgswahrscheinlichkeit des Selbstständigen (28% bzw. 21,2%). Bei der Zufriedenheit mit der geschäftlichen Entwicklung erhöht sich die Wahrscheinlichkeit erfolgreich zu sein um 29%, falls das Durchschnittswachstum des BIP in den ersten fünf Jahren nach der Gründung mehr als 1,5% betragen hat. Insgesamt deuten die Ergebnisse darauf hin, dass die unternehmerische Entwicklung an die allgemeine konjunkturelle Situation gekoppelt ist, die zur Gründungsphase vorlag.

Anschließend interessieren die Einflüsse des regionalen Umfeldes auf den unternehmerischen Erfolg. Tabelle 5.24 fasst die Ergebnisse der Schätzungen zusammen. Insgesamt wird auf 141, 157 und 159 Beobachtungen zurückgegriffen. Die Nullhypothese der Normalverteilung der Residuen kann im Rahmen des Jarque-Bera-Tests bei einer Irrtumswahrscheinlichkeit von $\alpha = 0,05$ für den Umsatz und die Folgeinvestitionen nicht verworfen werden. Auf Grund der hinreichend großen Zahl an Beobachtungen kann auch bei der Zufriedenheit mit der geschäftlichen Entwicklung von einer Normalverteilung der Residuen ausgegangen werden. Die Referenz ist der Selbstständige aus dem Basismodell, dessen Betrieb in einer Einzellage des Umlandes liegt, mit einer geringen Konkurrenzdichte und keiner öffentlichen Förderung. Die Basiswahrscheinlichkeit beim Indikator des Umsatzes beträgt 50,2%, bei den Folgeinvestitionen 25,1% und bei der Zufriedenheit mit der geschäftlichen Entwicklung 81,3%.

Zunächst wird der Einfluss der regionalen Ansiedlung des Betriebes untersucht. Unterschieden wird dabei zwischen dem großstädtischen Stuttgart (*Region groß*), dem kleineren Wirtschaftsraum Ulm/Neu-Ulm (*Region mittel*) sowie dem ländlicheren Umland (*Region klein*) als Referenz. Beim Erfolgsindikator des Umsatzes lässt sich

Tabelle 5.24: Erweiterung um Faktoren des regionalen Umfeldes

Zu erklärende Variable: Wahrscheinlichkeit erfolgreich zu sein (0/1)

	(1) Umsatz		(2) Investition		(3) Zufrieden	
Region mittel	-0,037	(0,124)	-0,105	(0,114)	0,140	(0,105)
Region groß	0,022	(0,149)	-0,293**	(0,127)	-0,056	(0,119)
Agglomeration	0,056	(0,112)	0,090	(0,093)	0,217**	(0,096)
Konk mittel	-0,118	(0,120)	0,097	(0,122)	0,002	(0,106)
Konk groß	-0,009	(0,122)	-0,021	(0,108)	-0,160	(0,113)
Förderung	0,003	(0,116)	-0,034	(0,095)	-0,123	(0,108)
Beobachtungen	141		157		159	
Est. Mittelwert	0,414		0,675		0,342	
Konstante	0,004		-0,668		0,888	
Log likelihood	-74,751		-76,451		-80,191	
Jarque-Bera	0,097		0,200		0,031	

Daten der eigenen Primärerhebung; robuste Schätzer nach Huber und White
Marginale Effekte mit Standardabweichungen in Klammern
* $p < 0,10$, ** $p < 0,05$

kein Zusammenhang zwischen der regionalen Ansiedlung und dem Unternehmenserfolg erkennen. Kommt ein Selbstständiger aus dem mittelgroßen Wirtschaftsraum Ulm/Neu-Ulm, so reduziert sich seine Wahrscheinlichkeit erfolgreich zu sein um 3,7%. Ist der Betrieb dagegen in dem urbaneren Stuttgart angesiedelt, dann erhöht sich die Erfolgswahrscheinlichkeit um 2,2%. Beide Effekte sind jedoch nicht signifikant. Auch bei der Zufriedenheit mit der geschäftlichen Entwicklung ist kein signifikanter Einfluss zu beobachten. Bei den Folgeinvestitionen reduziert sich die Erfolgswahrscheinlichkeit dagegen signifikant, wenn der Betrieb in Stuttgart angesiedelt ist. Als mögliche Erklärung lässt sich die stärkere Wettbewerbsintensität in Ballungszentren heranziehen. Insgesamt sind bei Betrachtung aller Erfolgsindikatoren jedoch nur geringe Einflüsse der regionalen Ansiedlung des Betriebes festzuhalten.

In einem weiteren Schritt interessiert der Zusammenhang zwischen der genauen Standortlage und dem unternehmerischen Erfolg. Befindet sich der Standort in einer Agglomerationslage, beispielsweise in der Nähe eines Einkaufszentrums oder in einer Fußgängerzone, so erhöht sich beim Indikator des Umsatzes die Erfolgswahrscheinlichkeit um 5,6%. Auch bei den Folgeinvestitionen lässt sich ein positives Vorzeichen für den marginalen Effekt beobachten. Beide Einflüsse sind allerdings nicht signifikant. Ein signifikanter Effekt ergibt sich dagegen bei der Zufriedenheit mit der geschäftlichen Entwicklung. Hier erhöht sich die Erfolgswahrscheinlichkeit bei einer Agglomerationslage um 21,7%.

Insgesamt kann die Überlegung unterstützt werden, dass die mit einer Agglomerationslage verbundene gute Infrastruktur und Kundennähe förderlich für die unternehmerische Entwicklung sind.

Bezüglich der Konkurrenzsituation lassen sich keine signifikanten Ergebnisse festhalten. Wies ein Selbstständiger zu Beginn der Gründung eine mittlere Konkurrenzdichte auf, so reduziert sich beim Indikator des Umsatzes die Wahrscheinlichkeit erfolgreich zu sein um 11,8%. Bei einer großen Konkurrenzdichte nimmt die Erfolgswahrscheinlichkeit um 0,9% ab. Auch bei den ergänzenden Indikatoren ergibt sich für eine hohe Wettbewerbsdichte ein negativer marginaler Effekt. Obwohl die Einflüsse nicht signifikant sind, so deuten die Vorzeichen auf einen negativen Zusammenhang zwischen großer Konkurrenzdichte und dem Unternehmenserfolg hin. Wettbewerb kann sich förderlich auf die unternehmerische Entwicklung auswirken, da die betrieblichen Strukturen fortwährend überdacht und angepasst werden. In der Startphase der Gründung kann zu starker Konkurrenzkampf jedoch zu einer unangemessenen Preispolitik führen. Dadurch kann der Selbstständige bereits zu Beginn der Gründung schnell in eine finanzielle Schieflage geraten, was sich negativ auf die weitere geschäftliche Entwicklung auswirkt.

Abschließend wird der Zusammenhang zwischen öffentlichen Fördermaßnahmen und dem Unternehmenserfolg untersucht. Beim Indikator des Umsatzes ist der marginale Effekt für die Variable der Gründungsförderung zwar positiv, jedoch nicht signifikant. Auch bei den ergänzenden Indikatoren ist kein signifikanter Einfluss der Gründungsförderung auf den Unternehmenserfolg zu beobachten. Auf Basis der durchgeführten Analysen lässt sich daher kein signifikanter Zusammenhang zwischen der Inanspruchnahme öffentlicher Förderprogramme und dem unternehmerischen Erfolg feststellen.

Die Erweiterung des Basismodells um zusätzliche umfeldbezogene Variablen konnte das Profil einer erfolgreichen Gründung ergänzen. So hängt die geschäftliche Entwicklung maßgeblich von der allgemeinen konjunkturellen Situation ab. Ebenso konnte bei einem der Indikatoren ein negativer Einfluss eines urbaneren Umfeldes auf den Unternehmenserfolg beobachtet werden. Von Vorteil für die Gründung ist es darüber hinaus, wenn sich der Standort in einer Agglomerationslage befindet. Im folgenden Kapitel werden die gewonnenen Ergebnisse in den Kontext bestehender Studien eingeordnet und diskutiert.

5.5 Einordnung der Ergebnisse

Wie bereits mehrfach erwähnt, liegen in Deutschland bislang keine Studien vor, die sich explizit mit den unternehmerischen Erfolgsfaktoren ausländischer bzw. türkischer Selbstständiger beschäftigen. Auch im internationalen Kontext existieren diesbezüglich nur wenige Untersuchungen. Zur Einordnung der Ergebnisse wird daher ein Vergleich zu Studien aus der allgemeinen Erfolgsfaktorenforschung gezogen. Dabei handelt es sich um einen kurzen Abriss der gesamten Forschungslandschaft, jedoch liegt der Fokus auf den Untersuchungen aus Deutschland. Ziel ist es, die Faktoren einer erfolgreichen deutschen und türkischen Gründung zu vergleichen.[31] Die durchgeführte Analyse unterschied zwischen personenbezogenen, betriebsbezogenen und umfeldbezogenen Erfolgsfaktoren. Unter die personenbezogenen Erfolgsfaktoren fielen die sozio-demographischen Merkmale des Gründers, das Humankapital, die Planung und Vorbereitung sowie die ethnischen Ressourcen:

- **Sozio-demographische Merkmale**
  Viele empirische Untersuchungen betonen, dass das Geschlecht keine Auswirkung auf den Unternehmenserfolg hat (u.a. Klandt 1984; Fischer et al. 1993). Diese Ergebnisse lassen sich für die türkischen Selbstständigen bestätigen. Hinsichtlich des Alters hält Jacobsen (2006) fest, dass dieses als Erfolgsfaktor vernachlässigt werden kann. Die durchgeführte Analyse ergab diesbezüglich keine eindeutigen Ergebnisse. Jüngere Selbstständige sind zufriedener mit der geschäftlichen Entwicklung, die Wahrscheinlichkeit von Folgeinvestitionen erhöht sich jedoch mit zunehmenden Alter. Die Auswertung des SOEP aus Kapitel 2.5.5.4 hat gezeigt, dass es im Vergleich zu einem deutschen Selbstständigen für einen erfolgreichen türkischen Gründer von größerer Bedeutung ist, jüngeren Alters zu sein. Eine Ursache hierfür liegt in dem wachsenden Anteil an jungen Migranten der zweiten oder dritten Generation, die sich bezüglich des Bildungsniveaus und der Branchenwahl stark von der ersten Generation unterscheiden. Der Familienstand nimmt sowohl in den bestehenden Studien als auch in den eigenen Untersuchungen keinen Einfluss auf den Unternehmenserfolg. Da bislang keine Studien zu den Erfolgsfaktoren ethnischer Selbstständiger in Deutschland vorliegen, lassen sich die Aussagen zum Migrationshintergrund nicht einordnen. Hier ergab die Analyse, dass Selbstständige der zweiten Generation erfolgreicher sind als die der ersten Generation der Migranten.

- **Humankapital**
  Der Zusammenhang zwischen dem formalen Bildungsniveau und dem unternehmerischen Erfolg ist weit weniger eindeutig als in der Literatur verbreitet (z.B. Sapienza und Grimm 1997). So schränken Brüderl et al. (1998) ein, dass eine höhere Bildung zwar die Überlebensaussichten der Betriebe erhöht, nicht jedoch deren Wahrscheinlichkeit eines Beschäftigten- und Umsatzwachstums. Für die türkischen Selbstständigen spielt der berufliche Abschluss ebenfalls eine untergeordnete Rolle. Im Vergleich mit den deutschen Selbstständigen ist der Einfluss des beruflichen Bildungsniveaus auf den Unternehmenserfolg sogar noch geringer, wie die Analyse des SOEP aus Kapitel 2.5.5.4 gezeigt hat. Auch die Selbstständigenerfahrung nimmt bei den Türken, anders als es Studien zu deutschen Selbstständigen signalisieren, keinen signifikanten Einfluss auf die unternehmerische Entwicklung. Erklärt werden kann das durch

[31] Im Folgenden werden die Ergebnisse internationaler Studien übertragen und dabei vereinfachend von einer erfolgreichen "deutschen" Gründung gesprochen. Jacobsen (2006) hält dies bei einem Großteil der Untersuchungen für zulässig, sofern nicht landesspezifische Fragestellungen verfolgt werden.

den hohen Anteil an "Vielgründern" unter den Türken, wodurch die Lerneffekte einer Gründung häufig nicht genutzt werden. Viele Untersuchungen betonen die Bedeutung der Branchenerfahrung für eine erfolgreiche Gründung (u.a. Klandt 1984; Brüderl et al. 1998; Delmar und Davidsson 2000). Bei den türkischen Selbstständigen rückt die Branchenerfahrung auf Grund des geringeren Alters jedoch in den Hintergrund. Bestätigt werden kann jedoch der signifikante Zusammenhang zwischen der Vorgesetztenerfahrung und dem Unternehmenserfolg (Caroll 1987; Bates 1990). Auch die geringere Bedeutung von "klassischen" betriebswirtschaftlichen Kenntnissen ließ sich im Rahmen der durchgeführten Analysen unterstreichen (u.a. Chandler und Jansen 1997; Lussier und Pfeifer 2000).

- **Planung und Vorbereitung**
  Der beobachtete Zusammenhang zwischen der Planungsintensität und dem unternehmerischen Erfolg in der Gründungsphase steht im Einklang mit zahlreichen empirischen Untersuchungen (z.B. Brüderl et al. 1998; Thompson 2001). Gleiches gilt für eine gezielte Wahl des Standortes. Bezüglich des nicht signifikanten Einflusses des Geschäftsplanes auf den unternehmerischen Erfolg lassen sich bestehende Studien bestätigen (Carter et al. 1996). Der negative Effekt einer Gründungsberatung bei zwei der drei Erfolgsindikatoren stellt dagegen ein überraschendes Ergebnis dar. Allgemein wird eine Gründungsberatung als eine wichtige Unterstützungsleistung gesehen. Im Fall der türkischen Selbstständigen wird häufig das familiäre Umfeld und der Bekanntenkreis kontaktiert. Die Qualität eines solchen Kontaktes kann jedoch nicht mit der einer "professionellen" Gründungsberatung verglichen werden. Hinsichtlich des Gründungsmotives wird davon ausgegangen, dass Pull-Faktoren den Unternehmenserfolg positiv beeinflussen (Van Praag und Cramer 2001). Gleiches ergab die durchgeführte Analyse für die türkischen Selbstständigen.

- **Ethnische Ressourcen**
  Bezüglich des Zusammenhangs zwischen ethnischen Ressourcen und dem unternehmerischen Erfolg liegen in Deutschland bislang keine fundierten empirische Ergebnisse vor. Im internationalen Kontext sind die Untersuchungen von Bates (1993) sowie Basu und Goswami (1999) zu erwähnen. Die beiden Studien konzentrieren sich auf asiatische Selbstständige in den Vereinigten Staaten bzw. Großbritannien. Ergebnis dieser Untersuchungen ist, dass sich ethnische Ressourcen negativ auf die unternehmerische Entwicklung auswirken. Auch die durchgeführte Analyse ergab, dass eine starke Verflechtung mit der ethnischen Gemeinschaft das Expansionspotenzial des Betriebes begrenzt. Das gilt für das Umsatzwachstum und die Folgeinvestitionen. Im Gegensatz zu bestehenden Studien konnte dagegen kein Zusammenhang zwischen dem beruflichen Status der Eltern und dem unternehmerischen Erfolg festgestellt werden (u.a. Lussier und Pfeifer 2000; Henley 2005).

Bei den betriebsbezogenen Erfolgsfaktoren wurde der Einfluss der Kapitalausstattung, der betrieblichen Organisation und der betrieblichen Strategie auf den Unternehmenserfolg untersucht:

- **Kapitalausstattung**
Wesentlich für den Gründungserfolg ist die finanzielle Mittelausstattung. Das bestätigen zahlreiche Studien (u.a. Brüderl et al. 1998). Bei der durchgeführten Analyse konnte jedoch nur für den Indikator der Folgeinvestitionen ein signifikanter Einfluss des Startkapitals beobachtet werden. Im Vergleich zu deutschen Unternehmen sind türkische Betriebe kleiner strukturiert. Dadurch ist der Bedarf an Kapital geringer, weshalb die finanzielle Mittelausstattung zu Beginn der Gründung an Bedeutung verliert. Bezüglich der Zusammensetzung des Startkapitals sind die Befunde in der Literatur nicht eindeutig. Einige Studien stellen keinen Zusammenhang zwischen der Kapitalzusammensetzung und der unternehmerischen Entwicklung fest (u.a. Dunkelberg et al. 1987); andere Untersuchungen finden wiederum Hinweise dafür, dass erfolgreiche Selbstständige vermehrt eigenes Kapital in das Unternehmen investierten (z.B. Cassar 2004). Die durchgeführte Analyse ergab keinen signifikanten Einfluss des Verhältnisses von Eigen- und Fremdkapital auf den Unternehmenserfolg.

- **Betriebliche Organisation**
Als positive Einflussfaktoren auf den Erfolg eines türkischen Selbstständigen erwiesen sich für den Indikator der Zufriedenheit mit der geschäftlichen Entwicklung das Vorhandensein von Mitarbeitern zu Beginn der Gründung und die Betriebsübernahme. Auch bei den deutschen Gründern ist es von Vorteil, wenn gleich zu Beginn Mitarbeiter im Betrieb beschäftigt werden (u.a. Brüderl et al. 1998). Bezüglich der Art der Gründung muss zwischen der kurzen und langen Betrachtung unterschieden werden. So erhöhen Firmenübernahmen zwar in der Gründungsphase die Überlebenswahrscheinlichkeit, für die weitere unternehmerische Entwicklung ist dagegen eine Neugründung von Vorteil (Brüderl et al. 1998). Hinsichtlich der Rechtsform kommen bestehende Studien zu dem Ergebnis, dass Unternehmen mit beschränkter Haftung ein höheres Entwicklungspotenzial aufweisen als Unternehmen mit unbeschränkter Haftung (Harhoff et al. 1998; Almus und Nerlinger 1999). Die durchgeführte Analyse konnte bei den türkischen Selbstständigen keinen signifikanten Zusammenhang zwischen der Rechtsform und dem Unternehmenserfolg feststellen. Ebenso nahm der Umfang der Gründung keinen signifikanten Einfluss auf den unternehmerischen Erfolg. Wenig Informationen liegen bislang über die Bedeutung einer internen Struktur vor. Wichtig für den türkischen Selbstständigen ist der Schritt vom "Doing" zum "Managing". Auch Cuba et al. (1983) betonen die Bedeutung der späteren Delegation von Routineaufgaben, um sich auf strategische Fragen zu konzentrieren.

- **Betriebliche Strategie**
Bei der betrieblichen Strategie wurde zwischen der Marktsituation und dem Marktgebiet unterschieden. Von großer Bedeutung ist es, den Kundenkreis über die eigene Ethnie hinaus zu erweitern. Gleiches gilt für die Reichweite des Marktes. Auch die wenigen empirischen Studien der ethnischen Gründungsforschung betonen den positiven Zusammenhang zwischen dem Ansprechen einer breiten Kundengruppe und dem unternehmerischen Erfolg (Bates 1993; Basu und Goswami 1999). Bezüglich der verfolgten Strategien halten Studien

fest, dass eine speziell gewählte Strategie zu einem höheren Wachstum führt als eine Mischform (z.B. Baum et al. 2001). Die Strategie der Differenzierung wirkt sich dabei positiv auf den Unternehmenserfolg aus (Robinson 1990). Die Konzentration auf Marktnischen erhöht zwar die Überlebenswahrscheinlichkeit, beeinflusst aber nicht die Umsatzentwicklung (Brüderl et al. 1998). Eine Preisführerschaft erscheint erst im weiteren Entwicklungsstadium angebracht. Die durchgeführte Analyse konnte allerdings keinen signifikanten Zusammenhang zwischen der verfolgten Strategie und dem unternehmerischen Erfolg feststellen. Einzig bei der Zufriedenheit mit der geschäftlichen Entwicklung erwies sich die Strategie der Preisführerschaft als negativer Einflussfaktor auf den Unternehmenserfolg.

Bei der Analyse der umfeldbezogenen Faktoren wurden der Einfluss der Branche, der öffentlichen Förderung und der Standortlage auf den Unternehmenserfolg betrachtet:

- **Branche und öffentliche Förderung**
  Die Untersuchung hat ergeben, dass Gründungen in Branchen, in denen der Wettbewerbsdruck traditionell groß ist, weniger erfolgsversprechend sind. Das betraf die Bereiche des Einzelhandels, der Gastronomie und der nicht-wissensintensiven Dienstleistungen. Auch bestehende Studien betonen den negativen Einfluss einer hohen Branchendichte auf den Unternehmenserfolg (z.B. Stuart und Abetti 1990; Kroiß 2003). Im Vergleich zu den Deutschen ist es für die Türken dabei von noch größerer Bedeutung in den wissensintensiven Dienstleistungen zu gründen, wie die Auswertung des SOEP aus Kapitel 2.5.5.4 zeigte. Kein signifikanter Zusammenhang konnte zwischen der Inanspruchnahme öffentlicher Fördermittel und dem unternehmerischen Erfolg festgestellt werden. Eine Vielzahl an empirischen Untersuchungen signalisiert dagegen positive Effekte finanzieller Unterstützungsprogramme (u.a. Brüderl et al. 1998; Almus und Prantl 2002). Möglich wäre, dass diese Gelder bei den türkischen Selbstständigen eine substituierende Wirkung haben. So wird lediglich privates Gründungskapital ersetzt, das dann nicht mehr für mögliche Investitionen verwendet wird, sondern als Rücklage dient.

- **Standortlage**
  Die durchgeführte Analyse stellte einen signifikanten Einfluss des makroökonomischen Umfeldes auf den unternehmerischen Erfolg fest. So ist die konjunkturelle Situation von entscheidender Bedeutung für den weiteren Verlauf der Gründung. Das signalisierten alle drei Erfolgsindikatoren. Auch bestehende Untersuchungen kommen zu diesem Ergebnis (z.B. Lussier und Pfeifer 2000). Bezüglich der regionalen Ansiedlung konnten Hinweise dafür gefunden werden, dass Gründungen in einem urbaneren Umfeld weniger erfolgreich verlaufen. Studien verweisen in diesem Zusammenhang auf eine höhere Überlebenswahrscheinlichkeit von Gründungen in kleineren Ortschaften (Stearns et al. 1995; Kohn und Spengler 2007). Eine gute Infrastruktur und Kundennähe werden als förderlich für die unternehmerische Entwicklung gesehen (Casson 1982; Reynolds und White 1997). Gleiches ergab die Analyse bei den türkischen

Selbstständigen. So nahm die Agglomerationslage bei einem der Indikatoren einen positiven Einfluss auf den Unternehmenserfolg. Im Gegensatz zu bestehenden Studien konnte kein signifikanter Zusammenhang zwischen der Konkurrenzdichte und dem Erfolg festgestellt werden.

Die Einordnung der Ergebnisse in die allgemeine Erfolgsfaktorenforschung zeigt große Gemeinsamkeiten zwischen dem Profil einer erfolgreichen türkischen und erfolgreichen deutschen Gründung. Diese Gemeinsamkeiten beziehen sich v.a. auf die personenbezogenen und umfeldbezogenen Faktoren. Für beide Gruppen ist die Vorgesetztenerfahrung, eine gründliche Planung und die Wahl der Gründungsbranche von Bedeutung. Gleiches gilt für die konjunkturelle Lage und die Wahl des Standortes. Insbesondere an dem Punkt der sozialen Netzwerke zeigen sich Unterschiede zwischen türkischen und deutschen Gründungen. Je stärker ein türkischer Selbstständiger mit seiner ethnischen Gemeinschaft verflochten ist, desto begrenzter ist das unternehmerische Entwicklungspotenzial. Gelingt es dem Unternehmer, sich von diesem Umfeld zu lösen, d.h. er agiert mit ähnlichen Ressourcen wie ein deutscher Selbstständiger, desto erfolgreicher wird seine Gründung verlaufen. So sollte der ethnische Selbstständige nicht nur von seinem vertrauten Umfeld Beratungsleistungen in Anspruch nehmen, seinen Kundenkreis über die ethnische Gemeinschaft hinaus erweitern und seine Netzwerke professionalisieren.

5.6 Zusammenfassung

Gegenstand der empirischen Untersuchungen war die Ermittlung von Erfolgsfaktoren im Gründungsprozess eines türkischen Selbstständigen. Als Erfolgsindikatoren wurden das Umsatzwachstum, die Folgeinvestitionen und die Zufriedenheit mit der geschäftlichen Entwicklung ausgewählt.

Die durchgeführte deskriptive Analyse des Datensatzes konnte erste Informationen über die Determinanten unternehmerischen Erfolges gewinnen. Bei den personenbezogenen Faktoren fällt der Erfolgsanteil unter den Selbstständigen der ersten Generation höher aus als unter den Selbstständigen der zweiten Generation. Darüber hinaus weisen die Selbstständigen mit einem besseren formalen Bildungsniveau einen höheren Erfolgsanteil auf. Dies gilt insbesondere für den Meisterabschluss. Ähnliches kann bezüglich der Branchenerfahrung und Vorgesetztenerfahrung beobachtet werden. Darüber hinaus lässt sich ein positiver Zusammenhang zwischen der Planungsdauer und dem Unternehmenserfolg festhalten. Eine Gründungsberatung scheint dagegen einen negativen Einfluss zu nehmen. Auch eine starke Vernetzung mit der ethnischen Gemeinschaft ist als negativer Einflussfaktor zu nennen. Bei den betriebsbezogenen Erfolgsfaktoren ist der Erfolgsanteil unter den Selbstständigen höher, die einen Rechtsformwechsel vollzogen haben und als Vollerwerb gründeten. Als weitere Einflussfaktoren lassen sich die interne Organisation, Mitarbeiter zu Beginn der Gründung und die Arbeitsintensität identifizieren. Darüber hinaus kann festgehalten werden, dass der Erfolgsanteil unter den Selbstständigen höher ist, die ihren Kundenkreis über die ethnische Gemeinschaft hinaus erweiterten und die Reichweite ihres Marktgebietes vergrößerten. Bei den umfeldbezogenen Erfolgsfaktoren wurde ein Zusammenhang zwischen der konjunkturellen Lage und dem unternehmerischen Erfolg beobachtet. Ebenso scheint die Branchenwahl den Unternehmenserfolg zu beeinflussen. So fällt ein unterdurchschnittlicher Erfolgsanteil bei den Selbstständigen der Gastronomie, der nicht-wissensintensiven Dienstleistungen und des Einzelhandels auf.

Mittels multivariater Analysemethoden konnten die Ergebnisse der deskriptiven Statistik vertieft werden. In einem Basismodell wurden zunächst wesentliche Faktoren identifiziert, die den Unternehmenserfolg beeinflussen. Bei den ausgewählten personenbezogenen Faktoren nimmt die Vorgesetztenerfahrung für alle drei Erfolgsindikatoren einen signifikanten Einfluss auf den unternehmerischen Erfolg. Diese in einer früheren beruflichen Tätigkeit gesammelten Managementerfahrungen scheinen für die spätere Selbstständigkeit von Vorteil zu sein. Darüber hinaus hat eine längere Gründungsvorbereitung einen positiven Effekt auf den Unternehmenserfolg. Unterschiede ergeben sich bezüglich des Alters: Während bei älteren Selbstständigen die Wahrscheinlichkeit einer Folgeinvestition steigt, sind jüngere Selbstständige dagegen zufriedener mit der geschäftlichen Entwicklung. Bei allen drei Erfolgsmaßen besteht ein negativer Zusammenhang zwischen einer unfreiwilligen Gründung und der unternehmerischen Entwicklung. Eine Ursache hierfür könnte in einer geringeren persönlichen Motivation bei unfreiwilligen Gründungen liegen. Diese geringere Motivation überträgt sich auf die alltägliche Arbeitseinstellung des Selbstständigen. Als betriebsbezogener Erfolgsfaktor des Basismodells nimmt die Arbeitsintensität einen signifikanten Einfluss. So steigt die Erfolgswahrscheinlichkeit bei einer Arbeitszeit von mehr als 40 Stunden pro Woche. Beim Indikator der Zufriedenheit mit der geschäftlichen Entwicklung sind zudem das Vorhandensein von Mitarbeitern zu Beginn der Gründung und die Übernahme eines bestehenden Betriebes als Erfolgsfaktoren zu nennen. Stellvertretend für das Umfeld wurde die Gründungsbranche in das Basismodell integriert. Ein deutlicher Erfolgsabschlag lässt sich für Gründungen in der Gastronomie und dem Einzelhandel beobachten. Erfolgsversprechender sind dagegen Gründungen in den wissensintensiven Dienstleistungen und sonstigen Branchen wie dem Verarbeitenden Gewerbe oder dem Baugewerbe.

Um das Profil einer erfolgreichen Gründung zu vertiefen, wurden zusätzliche personenbezogene Variablen in das Basismodell aufgenommen. Die Integration von soziodemographischen Merkmalen in das Basismodell ergab, dass sich die Erfolgswahrscheinlichkeit für einen in Deutschland geborenen Selbstständigen erhöht. Vermutlich ist die zweite Generation der Migranten vertrauter mit den spezifischen Lebensbedingungen in Deutschland und hat damit geringere Anpassungsschwierigkeiten, was für den Gang in die Selbstständigkeit von Vorteil ist. Darüber hinaus weist die zweite Generation der Migranten ein besseres formales Bildungsniveau auf und gründet in vielversprechenderen Branchen wie den wissensintensiven Dienstleistungen. Die Erweiterung des Basismodells um Variablen des allgemeinen Humankapitals bestätigte den positiven Zusammenhang zwischen dem formalen Bildungsniveau und dem Unternehmenserfolg. So erhöht ein Meisterabschluss die Erfolgswahrscheinlichkeit signifikant. Die Integration weiterer Variablen der Planung und Vorbereitung konnte die überraschenden Ergebnisse der deskriptiven Analyse bestätigen. Nimmt ein Selbstständiger eine Gründungsberatung in Anspruch, dann reduziert dies signifikant die Wahrscheinlichkeit erfolgreich zu sein. Die Ursache hierfür liegt in der Qualität der Beratungsleistungen. Für den Indikator der Zufriedenheit mit der geschäftlichen Entwicklung ist die gezielte Standortwahl ein zusätzlicher Erfolgsfaktor. Die Erweiterung des Basismodells um Variablen der ethnischen Ressourcen zeigte, dass es für die unternehmerische Entwicklung von zentraler Bedeutung ist, die sozialen Netzwerke über die ethnische Gemeinschaft hinaus um schwache Verbindungen zu vergrößern. Auch sollten sich die eingesetzten Ressourcen, wie Beratungsleistungen, die Akquise von Mitarbeitern oder die Beschaffung von Kapital, nicht auf die ethnische Gemeinschaft reduzieren. Insgesamt lässt sich festhalten, dass ein hoher Verflechtungsgrad mit den eigenen Landsleuten die unternehmerische Entwicklung begrenzt. Dieser Zusammenhang gilt jedoch nicht bei der persönlichen Zufriedenheit.

Durch die Erweiterung des Basismodells um ergänzende betriebsbezogene Erfolgsfaktoren konnten zusätzliche signifikante Zusammenhänge beobachtet werden. Bei den Variablen der betrieblichen Organisation wurde ein signifikanter Einfluss der internen Struktur festgestellt. Für den Unternehmenserfolg ist es förderlich, wenn der Selbstständige zu Beginn der Gründung die operative Arbeit zunächst selbst übernimmt und nur wenige Aufgaben an Mitarbeiter weitergibt. Im Zeitverlauf sollte der Unternehmer dann eine interne Struktur entwickelt haben und sich auf das Leiten und Führen des Betriebes konzentrieren. Auch bezüglich der betrieblichen Strategie sind die Ergebnisse eindeutig. Der Selbstständige muss sich von der ethnischen Nachfrage lösen und einen breiten Kundenkreis ansprechen. Konzentriert sich der Unternehmer dagegen auf Kunden, die aus seiner ethnischen Gemeinschaft stammen, so wirkt sich dies negativ auf die Erfolgswahrscheinlichkeit aus. Gleiches gilt für das Marktgebiet. Hier zeigt die Analyse, dass eine Ausweitung des Einzugsgebietes der Kunden einen positiven Einfluss auf den unternehmerischen Erfolg nimmt.

Die Integration weiterer umfeldbezogener Variablen in das Basismodell ergab einen signifikanten Einfluss der konjunkturellen Lage auf den Unternehmenserfolg. So erhöht sich die Erfolgswahrscheinlichkeit bei den Selbstständigen, die in den ersten fünf Jahren nach der Gründung ein robustes Wirtschaftswachstum hatten. Für den Indikator der Folgeinvestitionen erwies sich die regionale Ansiedlung als signifikant. Gründungen in urbaneren Regionen sind demnach weniger erfolgsversprechend. Bei der Zufriedenheit mit der geschäftlichen Entwicklung konnte darüber hinaus festgestellt werden, dass eine Agglomerationslage die Erfolgswahrscheinlichkeit erhöht.

In einem abschließenden Schritt wurden die Ergebnisse der Analysen in den Kontext der allgemeinen Erfolgsfaktorenforschung eingeordnet. Festgehalten werden kann, dass sich das Profil einer erfolgreichen türkischen und deutschen Gründung in nur wenigen Punkten unterscheidet. Übereinstimmungen ergeben sich bei der Vorgesetztenerfahrung, einer gründlichen Planung und der Wahl der Gründungsbranche. Gleiches gilt für die konjunkturelle Lage und die Wahl des Standortes. Ein wesentlicher Unterschied zu deutschen Selbstständigen liegt in der Verflechtung mit der ethnischen Gemeinschaft. Löst sich ein türkischer Unternehmer von diesen Verbindungen, d.h. spricht er eine breite Kundschaft an und bezieht seine Ressourcen aus Quellen, die über die ethnische Gemeinschaft hinausgehen, dann liegen vergleichbare Voraussetzungen mit einem deutschen Gründer vor.

Insgesamt konnten mit der empirischen Analyse erste grundlegende Informationen über die Erfolgsfaktoren im Gründungsprozess eines türkischen Selbstständigen gewonnen werden. Demnach zeichnet sich eine erfolgsversprechende Gründung dadurch aus, dass sie freiwillig ist und gründlich vorbereitet wird. Wettbewerbsintensive Branchen sollten gemieden werden. Von Vorteil ist es, wenn der Gründer über Managementfähigkeiten verfügt. Zudem sollte der Selbstständige seine Netzwerke über die eigene Ethnie hinaus erweitern. Gleiches gilt für den Kundenkreis. Wichtig erscheint es zudem, eine interne Struktur zu entwickeln. Wesentlicher umfeldbezogener Einflussfaktor ist eine gute konjunkturelle Lage.

Kapitel 6

Wesentliche Untersuchungsergebnisse und Perspektiven

Gegenstand dieser Arbeit war es, das Informationsdefizit bezüglich der Strukturen ausländischer Selbstständiger zu beseitigen. Das besondere Interesse galt der ökonomisch stärksten Gruppe unter den Migranten, den Türken. Dabei lag der Fokus der Untersuchungen auf den Erfolgsfaktoren im Gründungsprozess.

Kapitel 2 analysierte die Strukturen ausländischer Selbstständiger und verglich die Zielgruppe der Arbeit, die Türken, mit den übrigen Ausländern und den Deutschen. Als grundlegend für das Verständnis ausländischer Selbstständigkeit erwies sich der Blick auf die deutsche Migrationsgeschichte. So änderten sich im Zuge gesetzlicher Regelungen die Verbleibeabsichten der angeworbenen Gastarbeiter, wodurch die Selbstständigkeit zu einer Option für viele Migranten wurde. Zwischen 1991 und 2007 verdoppelte sich die Zahl der ausländischen Selbstständigen auf 378 000. Dabei sind die Ausländer aus den ehemaligen Gastarbeiterländern am häufigsten unter diesen Selbstständigen vertreten. Die stärkste Gruppe bilden die Türken, gefolgt von den Italienern, Polen und Griechen.

Um erste Informationen über die Strukturen der ausländischen Selbstständigen zu gewinnen, wurden aggregierte und regionale Studien ausgewertet. Frauen sind unter den ausländischen Selbstständigen deutlich unterrepräsentiert. Dabei fällt die Frauenquote unter den Türken am geringsten aus. Darüber hinaus weisen die Migranten im Vergleich zu den Deutschen ein schlechteres Qualifikationsniveau auf. So ist der Anteil an Selbstständigen ohne einen beruflichen Abschluss bei den Migranten viermal so hoch wie bei den Deutschen. Die sektoralen Schwerpunkte der ausländischen Selbstständigen liegen auf der Gastronomie und dem Handel. Die Türken weisen unter den Migranten eine etwas heterogenere Branchenverteilung auf. Ausländische Selbstständige beschäftigen deutlich weniger Mitarbeiter als die Deutschen. Etwa die Hälfte aller türkischen Unternehmer/-innen weisen keine Mitarbeiter auf. Von großer Bedeutung ist die ethnische Beschäftigung und Solidarität. So sind vier von fünf Mitarbeitern eines türkischen Selbstständigen auch türkischer Herkunft.

Mögliche Determinanten für die Aufnahme einer selbstständigen Tätigkeit durch Migranten ließen sich in der allgemeinen und ethnischen Gründungsforschung finden. Die allgemeine Gründungsforschung unterscheidet zwischen persönlichen und umweltspezifischen Determinanten. Unter den persönlichen Faktoren werden soziodemographische Merkmale und psychologische Charakteristika des Gründers verstanden. Zusätzlich wirken Pull-Faktoren, Motive der Unabhängigkeit und Selbstverwirklichung, und Push-Faktoren, d.h. Gründungen aus einer Notlage heraus. Umweltspezifische Determinanten betreffen das rechtliche und politische Umfeld sowie das Gründungsklima. Die ethnische Gründungsforschung in Deutschland konzentriert sich auf drei Modelle, die das unternehmerische Handeln von Migranten erklären sollen. Das Nischenmodell sieht Geschäftsmöglichkeiten in der Befriedigung von speziellen ethnischen Bedürfnissen. Das Kulturmodell begründet unternehmerisches Handeln durch die kulturellen Hintergründe einer Person. Das Reaktionsmodell basiert auf dem Konzept der Push-Faktoren und sieht die Existenzgründung als Reaktion auf nicht beeinflussbare externe Faktoren. Empirische Untersuchungen zur Selbstständigkeit von Migranten heben die Rolle der Push-Faktoren hervor. Darüber hinaus wird die Bedeutung des Humankapitals betont.

Der erste Schwerpunkt der empirischen Analysen lag auf dem Vergleich zwischen türkischen, ausländischen und deutschen Selbstständigen. Unabhängig von der Nationalität ließ sich festhalten, dass Frauen unter den Selbstständigen deutlich unterrepräsentiert sind. Auch bezüglich des Alters konnte für alle drei Gruppen festgehalten werden: Je älter eine Person ist, desto höher fällt seine Wahrscheinlichkeit aus, selbstständig zu sein. Dabei sind die türkischen Selbstständigen deutlich jünger als die anderen Migranten und die Deutschen. Dieses Ergebnis bestätigt die Erkenntnisse bestehender Studien. Als wesentliches Charakteristikum eines Selbstständigen erwies sich ein gutes formales Bildungsniveau. Innerhalb der Gruppe der Selbstständigen sind die Türken jedoch deutlich schlechter qualifiziert als die anderen Migranten und die Deutschen. Selbstständige Eltern erhöhten bei den Türken und den Deutschen die Wahrscheinlichkeit einer selbstständigen Beschäftigung. Anders als bei den Türken charakterisiert einen deutschen Selbstständigen ein gewisses Maß an politischem Interesse. Ein weiterer Unterschied zwischen deutschen und türkischen Selbstständigen betrifft die Einkommensverhältnisse. So verdienen die türkischen Selbstständigen signifikant mehr als die Unselbstständigen. Gleiches gilt für die restlichen Migranten. Die Theorie der Selbstausbeutung bei den Migranten, die von vielen Studien betont wird, konnte die empirische Analyse nicht bestätigen. So arbeitet ein ausländischer Selbstständiger zwar mehr als ein Unselbstständiger, der Effekt ist jedoch geringer als bei den Deutschen. Bezüglich der sektoralen Verteilung ließen sich die Ergebnisse bestehender Untersuchungen bestätigen. So dominieren bei den ausländischen Selbstständigen die Branchen des Handels und des Gastgewerbes. In einem zweiten Schritt der empirischen Analyse galt das Interesse den Determinanten der Selbstständigkeit. Als wesentliche Einflussfaktoren auf die Wahrscheinlichkeit selbstständig zu werden, erwies sich sowohl bei den türkischen Selbstständigen als auch bei den anderen Migranten und den Deutschen das Humankapital. Auch die Push-Faktoren beeinflussen unabhängig von der Nationalität einer Person die Entscheidung selbstständig zu werden. Damit befinden sich die Ergebnisse im Einklang mit bestehenden Untersuchungen. In einer dritten Analyse wurden erste Anhaltspunkte über die unternehmerischen Erfolgsfaktoren gewonnen. So sind erfolgreiche Selbstständige tendenziell besser ausgebildet als weniger erfolgreiche Selbstständige.

Gegenstand von Kapitel 3 war die Erarbeitung eines theoretischen Modellrahmens für die empirische Analyse der Erfolgsfaktoren im Gründungsprozess. Speziell für die Migranten liegen in der Erfolgsfaktorenforschung bislang nur wenige Erkenntnisse vor, weshalb das theoriegebundene Vorgehen in dieser Arbeit als Grundlage für weitere Untersuchungen dienen kann. Um einen Modellrahmen für die empirische Analyse zu erarbeiten, wurden Konzepte aus der allgemeinen und ethnischen Gründungsforschung kombiniert. Als wesentliche Einflussgruppen ließen sich personenbezogene, betriebsbezogene und umfeldbezogene Erfolgsfaktoren identifizieren. Unter die personenbezogenen Faktoren fallen zunächst sozio-demographische Merkmale des Gründers. Von Bedeutung sind dabei das Geschlecht, das Alter und der Familienstand. Besondere Aufmerksamkeit wird in der Gründungsforschung dem Humankapital des Gründers geschenkt. Als weiterer Einflussfaktor auf den Gründungserfolg wurde die Planung und Vorbereitung identifiziert. Wesentliches Charakteristikum eines ausländischen Gründers sind die ethnischen Ressourcen. Die wichtigste Form dieser Ressourcen stellen die Netzwerke innerhalb der ethnischen Gemeinschaft dar. Eine Ausprägung der betriebsbezogenen Erfolgsfaktoren ist die Kapitalausstattung. Unter die betriebliche Organisation fallen die Wahl der Rechtsform, die Art der Gründung und die internen Arbeitsabläufe. Bei der Wahl der Strategie ist zwischen der Marktsituation und dem Marktgebiet zu unterscheiden. Die umfeldbezogenen Erfolgsfaktoren beziehen sich auf die regionale Ansiedlung, die Konkurrenzdichte, öffentliche Förderprogramme und die Gründungsbranche.

Kapitel 4 erweiterte das Bild eines türkischen Selbstständigen um tiefergehende betriebswirtschaftliche Informationen. Hierzu wurde ein Datensatz von 186 türkischen Selbstständigen, die in den Regionen Ulm/Neu-Ulm und Stuttgart befragt wurden, ausgewertet. Bezüglich des persönlichen Hintergrundes ließen sich wesentliche Ergebnisse aggregierter Studien bestätigen. So sind die türkischen Selbstständigen äußerst jung und Frauen deutlich unterrepräsentiert. Etwas weniger als ein Drittel der Befragten wurde in Deutschland geboren und ist damit der zweiten Generation zuzuordnen. Bei den beruflichen Abschlüssen dominiert die Lehre. Darüber hinaus weist ein großer Teil der türkischen Selbstständigen keinen beruflichen Abschluss auf. Die Betriebe sind relativ jung, so besteht mehr als die Hälfte erst seit höchstens fünf Jahren. Als Motiv für die Selbstständigkeit überwogen bei den Befragten die Pull-Faktoren, allerdings nannten rund ein Drittel eine mögliche oder vorherige Arbeitslosigkeit als zusätzlichen Einflussfaktor.

Bezüglich der betrieblichen Struktur konnte ebenfalls ein hohes Maß an Übereinstimmung mit bestehenden Studien festgestellt werden. So ist die Mehrheit der türkischen Selbstständigen im Handel tätig. Die am häufigsten gewählte Rechtsform ist mit Abstand das Einzelunternehmen. Für viele Türken stellt die Übernahme eines bestehenden Unternehmens den Einstieg in die Selbstständigkeit dar. Im Vergleich zu bestehenden Studien wagen die türkischen Selbstständigen aus Ulm/Neu-Ulm etwas besser vorbereitet den Schritt in die Selbstständigkeit. Allerdings ergaben sich bei einer branchenspezifischen Analyse deutliche Unterschiede. Hinsichtlich des finanziellen Mittelbedarfs bewegt sich die Mehrheit der türkischen Selbstständigen in den kleinen und mittleren Finanzierungsklassen. Eine große Bedeutung bei der Mobilisierung des Startkapitals kommt der ethnischen Gemeinschaft bei. So stammte das Kapital überwiegend von der Familie sowie Freunden und Bekannten aus dem türkischen Umfeld. Der Bankkredit spielt zur Finanzierung der Gründung eine untergeordnete Rolle. Auch wenn mittlerweile ein nicht unbedeutender Anteil an türkischen Selbstständigen auf öffentliche Fördermaßnahmen zurückgreift, so sind diese Angebote noch immer bei vielen Unternehmer/-innen unbekannt. Eine wichtige Rolle spielt die ethnische Gemeinschaft bei der Mitarbeiterakquise. So ist ein Großteil der Mitarbeiter türkischer Herkunft. Bei drei Vierteln der türkischen Unternehmer/-innen waren die Kunden zu Beginn der Gründung gleicher ethnischer Herkunft. Im Zeitverlauf gelang es jedoch vielen Selbstständigen, mehr deutsche Kunden zu gewinnen.

In Kapitel 5 wurde der theoretische Modellrahmen zur Analyse der Erfolgsfaktoren im Gründungsprozess empirisch überprüft. In ein anfängliches Basismodell wurden zunächst ausgewählte personenbezogene, betriebsbezogene und umfeldbezogene Erfolgsfaktoren integriert. Als wesentlicher Einflussfaktor auf den Gründungserfolg wurde die Vorgesetztenerfahrung identifiziert. Dieses Ergebnis ließ sich durch alle drei Erfolgsindikatoren bestätigen. So ist die in einer vorherigen Tätigkeit gesammelte Managementerfahrung von Vorteil für die Gründung. Darüber hinaus sind jüngere Selbstständige zufriedener mit der geschäftlichen Entwicklung, führen jedoch seltener Folgeinvestitionen durch. Die Vorbereitung der Gründung sollte einen gewissen zeitlichen Rahmen in Anspruch nehmen und nicht ad hoc durchgeführt werden. Unfreiwillige Gründungen sind dabei weniger erfolgsversprechend. Vielmehr ist es von Bedeutung, dass der Gründer einen Wunsch nach Selbstverwirklichung verspürt. Darauf deuten alle drei Erfolgsindikatoren hin. Gerade in der Anfangszeit der Gründung sollte der Selbstständige dazu bereit sein, einen außerordentlich hohen Arbeitseinsatz zu leisten. Weiter ist es von Vorteil, wenn ein bestehender Betrieb übernommen wird und Mitarbeiter zu Beginn der Gründung beschäftigt werden. Von großer Bedeutung für den Gründungserfolg ist die Branchenwahl. Als wenig erfolgsversprechend stellten sich Branchen mit einem hohen Wettbewerbsdruck und starkem Preiskampf heraus. Das betrifft die Gastronomie und den Einzelhandel. Vielversprechender sind dagegen die Bereiche der wissensintensiven Dienstleistungen und des Verarbeitenden Gewerbes.

Die Ergänzung des Basismodells um zusätzliche personenbezogene Faktoren konnte das Bild einer erfolgreichen Gründung erweitern. So sind die Gründungen der zweiten Generation der Migranten erfolgreicher als die der ersten Generation. Zusätzlich ließ sich ein positiver Zusammenhang zwischen dem formalen Bildungsniveau und dem Gründungserfolg festhalten. Die Inanspruchnahme einer Gründungsberatung nahm dagegen einen negativen Einfluss auf die Erfolgswahrscheinlichkeit. Die Gründe sind in der Art der aufgesuchten Beratungsinstanz zu suchen. So ist die Qualität einer Beratungsleistung aus dem familiären Umfeld anzuzweifeln. Vielmehr sollten die Gründer/-innen die Beratungsinstanz mit Bedacht wählen und eine professionelle Gründungsberatung in Anspruch nehmen. Für eine erfolgreiche Gründung ist darüber hinaus eine gezielte Standortwahl von Bedeutung. Dies signalisierte der langfristig konzipierte Indikator der Zufriedenheit mit der geschäftlichen Entwicklung. Einen weiteren Einfluss auf den Gründungserfolg nahm die Inanspruchnahme ethnischer Ressourcen. Wichtig ist es für den türkischen Gründer, seine Netzwerke über die ethnische Gemeinschaft hinaus zu erweitern und neue Kontakte zu knüpfen. Eine zu starke Verflechtung mit den eigenen Landsleuten begrenzt das unternehmerische Entwicklungspotenzial. Für die persönliche Zufriedenheit ließ sich dieser Zusammenhang jedoch nicht beobachten. Bei den ergänzenden betriebsbezogenen Faktoren erwies sich die interne Struktur als signifikant. So ist es zu Beginn der Gründung ratsam, den Großteil der operativen Arbeit zunächst selbst durchzuführen. Im weiteren Verlauf sollten dann jedoch Aufgaben an Mitarbeiter verteilt werden und der Fokus auf dem Leiten des Betriebes liegen. Bezüglich der betrieblichen Strategie ist es für den Gründer von Bedeutung, seinen Kundenkreis über die eigene Ethnie hinaus zu erweitern und eine größere Reichweite des Marktgebietes zu erzielen. Als signifikanter Erfolgsfaktor des Umfeldes erwies sich die konjunkturelle Lage. Demnach ist ein robustes Wirtschaftswachstum für die unternehmerische Entwicklung von Vorteil. Darüber hinaus sollte sich der Standort des Betriebes in einer Agglomerationslage befinden.

Die Einordnung der empirischen Ergebnisse in den Kontext bestehender Studien der allgemeinen Gründungsforschung ergab, dass sich das Profil einer erfolgreichen türkischen Gründung von dem einer erfolgreichen deutschen Gründung nur in wenigen Punkten unterscheidet. Ein wesentlicher Unterschied zu einer deutschen Gründung liegt in dem Grad der Verflechtung mit der ethnischen Gemeinschaft. Gelingt es einem türkischen Selbstständigen sich von diesen Verbindungen zu lösen, d.h. seine Netzwerke zu erweitern und wesentliche Ressourcen aus Quellen außerhalb der eigenen Ethnie zu beziehen, dann liegen vergleichbare Voraussetzungen mit einem deutschen Gründer vor.

Auf Basis der durchgeführten Analysen ergeben sich eine Reihe von Implikationen für die politischen Entscheidungsträger. Eine erste Implikation betrifft die unterschiedliche Humankapitalausstattung der türkischen und deutschen Selbstständigen. So sind speziell die türkischen Selbstständigen deutlich schlechter ausgebildet als ihre deutschen Unternehmerkollegen/-innen. Da das Qualifikationsniveau einen Einfluss auf die unternehmerische Entwicklung nimmt, besteht auf diesem Feld Handlungsbedarf. Um das Bildungsniveau der Migranten zu erhöhen, sind verstärkte Integrationsbemühungen nötig. Dies beginnt bereits mit einer gezielten Sprachförderung im Kindergarten und reicht über die verbesserte Aus- und Weiterbildung der Lehrkräfte in den Schulen bis hin zum leichteren Zugang der Migranten zum BaföG. Zusätzlich stellt die frühe Trennung der Bildungswege im deutschen Schulsystem ein Problem dar. Dadurch können Schülerinnen und Schüler mit ungünstigen Eingangsvoraussetzungen den Rückstand gegenüber den Gleichaltrigen nur schwer aufholen. Gezielte Maßnahmen im Bereich der Bildungspolitik können nachhaltig dazu beitragen, das Bildungsniveau der zukünftigen Selbstständigen, aber auch der restlichen Erwerbsgruppen, zu erhöhen. Um die Bedingungen der aktuell selbstständigen Migranten zu verbessern, bietet sich aus wirtschaftspolitischer Sicht die gezielte Förderung von Weiterbildungs- und Qualifizierungsmaßnahmen an.

Die Analyse hat gezeigt, dass die Partizipation an Netzwerken für den Gründungserfolg der Türken von entscheidender Bedeutung ist. Diese Netzwerke sollten jedoch über die eigene ethnische Gemeinschaft hinaus reichen. Auf regionaler Ebene existieren zahlreiche Netzwerkinitiativen, die Selbstständige aller Nationalität zusammenbringen und zu einem Erfahrungsaustausch anregen. Diese Netzwerke können von den Unternehmern selbst organisiert sein oder aber auch von lokalen Institutionen wie den Kammern. Die Angebote für eine erfolgreiche Vernetzung sind also vorhanden. Häufig mangelt es jedoch an einer aktiven Wahrnehmung durch die ausländischen Gründer/-innen. Hier empfehlen sich gezielte Informationskampagnen und eine Sensibilisierung der Beratungsinstanzen auf die Bedeutung der Netzwerke für die Migranten. Denkbar wäre zudem, dass jede Kommune eine virtuelle Datenbank einrichtet, die jedem Gründer einen raschen Überblick über die Netzwerke vor Ort erlauben. Ein Hauptproblem, mit dem viele Netzwerkinitiativen zu kämpfen haben, ist die finanzielle Mittelausstattung. Darunter leidet die inhaltliche Arbeit des Netzwerkes und damit auch die Attraktivität für neue Mitglieder. Von Seiten der öffentlichen Hand bietet sich eine zeitlich begrenzte Anschubfinanzierung der Initiativen an, die sich um eine explizite Integration von ausländischen Selbstständigen in das Netzwerk bemühen.

An vielen Stellen der Untersuchung wurde ein Informationsbedarf der Zielgruppe hinsichtlich allgemeiner Themen rund um die Existenzgründung deutlich. So hatten die türkischen Selbstständigen keine Kenntnisse über die Möglichkeiten der Gründungsförderung. Hier gilt es, unter Einbeziehung der türkischen Medien auf die bestehenden Informations- und Beratungsangebote hinzuweisen. Um mögliche Hemmschwellen bei den Selbstständigen zu beseitigen, empfehlen viele Experten, eine Umstrukturierung der Beratungslandschaft vorzunehmen. Das Ziel sollte es sein, ein breites Netz an dezentralen Informations- und Beratungsstellen zu schaffen. Primäre Beratungsinstanzen stellen insbesondere die Kammern, die KfW-Mittelstandsbank und andere überregionale Instanzen dar. Türkische Selbstständige bevorzugen jedoch häufig einen ortsnahen und persönlichen Kontakt mit einer starken individuellen Beratung.

Hier können dezentrale Beratungsstellen als eine "Erstinstanz" zur Vermittlung von Informationen dienen. Daher sollten Maßnahmen und Projekte gefördert werden, die migrationssensible Strukturen in den Kommunen schaffen. Diese Anlaufstellen ersetzen nicht die bestehenden Beratungsangebote, sondern übernehmen vielmehr die Funktion eines Mediators. Eine Möglichkeit stellt die Einrichtung von Lotsendiensten für Gründer/-innen mit Migrationshintergrund dar. Dieser Lotsendienst steht in der Gründungsphase beratend zur Seite und vermittelt Qualifizierungsleistungen. Wichtig ist dabei die interkulturelle Kompetenz des Lotsen und ein entsprechendes Begleitnetzwerk. Der Lotsendienst könnte in einer kommunalen Einrichtung integriert werden und ließe sich in der Anfangszeit durch öffentliche Gelder finanzieren. Jedem Gründer steht in der Anfangsphase ein gewisses Budget zur Verfügung, dass für individuelle Beratungsleistungen genutzt werden kann. Auch nach der Gründungsphase sollte der Lotse dem Selbstständigen begleitend zur Seite stehen, wobei es sinnvoll wäre, die weiteren Qualifizierungsmaßnahmen durch einen Eigenanteil finanzieren zu lassen.

Die Analyse hat gezeigt, dass die türkischen Migranten im Vergleich zu den Deutschen eine unterdurchschnittliche Selbstständigenquote aufweisen. Gerade bei den Türken besteht noch erhebliches "Gründungspotenzial". Ein besonderes Augenmerk bei den wirtschaftspolitischen Maßnahmen sollte insbesondere der Förderung von türkischen Unternehmerinnen gelten. Obwohl die Migrantinnen im Vergleich zu den Migranten eine bessere Ausbildung aufweisen und eine hohe Entscheidungskompetenz besitzen, wagen sie nur selten den Schritt in die Selbstständigkeit. Migrantenberatungsstellen müssen daher auch auf frauenspezifische Fragen und Problemlagen bei der Gründungsförderung vorbereitet sein. Anbieten würden sich darüber hinaus speziell auf Migrantinnen zugeschnittene Mentoring-Programme. Zudem sollten Informationskampagnen gezielt erfolgreiche weibliche Selbstständige vorstellen, mit dem Ziel, Vorbildfunktionen zu erzeugen. Denn eine Gründungswelle unter den Migrantinnen kann Emanzipations- und Integrationseffekte hervorrufen und damit positive gesamtgesellschaftliche Auswirkungen haben.

Jede Einleitung von gezielten Maßnahmen und Förderansätzen setzt eine umfassende Bestandsanalyse voraus. Fundierte Informationen über die Erfolgsfaktoren im Gründungsprozess eines türkischen Selbstständigen lagen in Deutschland bislang nicht vor. Die empirischen Analysen bieten einen ersten Ansatzpunkt für die Konzeption zielgruppenspezifischer Unterstützungsangebote. Wichtig ist dabei, dass die wissenschaftlichen Ergebnisse eine praktische Anwendung finden. Ein Großteil, der in dieser Arbeit verwendeten Daten, wurde durch ADUV, einem Zusammenschluss türkischer Selbstständiger in Ulm, gewonnen. Das von ADUV betreute Projekt "Bedarfsermittlung, Coaching und Qualifizierung der ExistenzgründerInnen und UnternehmerInnen mit Migrationshintergrund in der Region Ulm" baut auf den wissenschaftlichen Ergebnissen der Untersuchung auf. So fließen diese in die Erstellung zielgruppenspezifischer Beratungskonzepte mit ein. Dadurch sollen potenzielle Existenzgründer/-innen adäquat auf den Schritt in die Selbstständigkeit vorbereitet werden und bereits bestehende Unternehmen in ihrer Existenz gefestigt werden.

Um das Potenzial der türkischen Selbstständigen langfristig zu erschließen, ist es von Bedeutung, dass die Förderung nicht nur über zeitlich begrenzte Projekte erfolgt. Vielmehr gilt es, die migrationssensiblen Strukturen nachhaltig in die Förderlandschaft zu integrieren. Durch eine Verstetigung der zahlreichen Projekte lässt sich verhindern, dass die initiierten Aktivitäten nur kurzfristiger Art sind und Ressourcen verschwendet werden. Darüber hinaus können sich die beteiligten Akteure auf ihre eigentlichen Aufgaben konzentrieren und müssen nicht darum bemüht sein, fortwährend neue Projekte zu akquirieren.

Aus wissenschaftlicher Sicht ergibt sich aus den Ergebnissen dieser Arbeit weiterer Forschungsbedarf. So lag der Schwerpunkt der empirischen Analysen auf den Türken als ökonomisch stärkste Gruppe unter den Migranten. Ob die Ergebnisse auch auf die restlichen Ausländer übertragbar sind, bedarf spezifischer Untersuchungen. Denn die ausländischen Selbstständigen stellen eine heterogene Gruppe mit strukturellen Unterschieden dar. Von Bedeutung wären an dieser Stelle nationenübergreifende Analysen. Insbesondere das Feld der ethnischen Gründungsforschung wurde in den letzten Jahren von wissenschaftlicher Seite aus vernachlässigt. Dies gilt es zu ändern, denn Gründungen durch Migranten werden auch in Zukunft an Bedeutung gewinnen.

Anhang

Anhang zu Kapitel 2

Tabelle A2.1: Wahrscheinlichkeit der Selbstständigkeit – Koeffizienten

Zu erklärende Variable: Wahrscheinlichkeit der Selbstständigkeit (0/1)

	(1) Deutscher		(2) Migrant		(3) Türke	
Frau	-0,049**	(0,015)	-0,017	(0,047)	-0,167	(0,125)
Alter 30 bis 40	0,388**	(0,025)	0,269**	(0,060)	0,663**	(0,123)
Alter über 40	0,513**	(0,024)	0,232**	(0,057)	0,625**	(0,131)
Verheiratet	-0,100**	(0,015)	0,028	(0,044)	0,167	(0,125)
Kinder	0,023*	(0,013)	-0,031	(0,038)	-0,238**	(0,105)
Lehre	-0,159**	(0,015)	-0,148**	(0,042)	0,029	(0,098)
Meister	0,211**	(0,022)	0,226**	(0,080)	-0,006	(0,298)
FH	0,108**	(0,023)	0,039	(0,090)	0,585**	(0,271)
Uni	0,085**	(0,022)	0,170**	(0,066)	0,781**	(0,208)
Gesundheit	0,030**	(0,014)	0,036	(0,044)	0,029	(0,109)
Selbst-Eltern	0,371**	(0,016)	-0,037	(0,076)	0,435**	(0,189)
Politik	0,139**	(0,013)	0,116**	(0,042)	0,034	(0,100)
Eink mittel	-0,219**	(0,017)	0,066	(0,050)	0,196*	(0,118)
Eink hoch	-0,036*	(0,020)	0,611**	(0,061)	1,071**	(0,133)
Haus	0,199**	(0,013)	0,055	(0,041)	0,092	(0,104)
Stund mittel	-0,211**	(0,016)	-0,073	(0,046)	-0,149	(0,116)
Stund hoch	0,817**	(0,017)	0,939**	(0,049)	1,226**	(0,109)
Industrie	-0,283**	(0,019)	-0,726**	(0,060)	-0,489**	(0,194)
Bau	0,369**	(0,022)	0,090	(0,069)	0,175	(0,210)
Handel	0,221**	(0,017)	0,194**	(0,049)	0,729**	(0,152)
Wissens-DL	0,529**	(0,017)	0,102*	(0,059)	1,003**	(0,182)
Jahres-Dummys	inkl.		inkl.		inkl.	
Beobachtungen	124 030		20 752		5 826	
Est. Mittelwert	0,047		0,020		0,005	
Konstante	-2,352		-2,152		-2,824	
Log likelihood	-27 713,088		-2 988,299		-497,171	
Jarque-Bera	0,000		0,000		0,000	

Daten des SOEP für die Jahre 1990-2008; robuste Schätzer nach Huber und White
Koeffizienten mit Standardabweichungen in Klammern
* $p < 0,10$, ** $p < 0,05$

Tabelle A2.2: Wahrscheinlichkeit der Selbstständigkeit – Jahreskonstante

Zu erklärende Variable: Wahrscheinlichkeit der Selbstständigkeit (0/1)

	(1) Deutscher		(2) Migrant		(3) Türke	
1991	-0,058	(0,053)	-0,114	(0,125)	-0,185	(0,310)
1992	0,038	(0,053)	-0,016	(0,125)	-0,011	(0,289)
1993	0,045	(0,052)	-0,037	(0,120)	-0,491	(0,313)
1994	0,109**	(0,052)	-0,122	(0,122)	-0,256	(0,279)
1995	0,132**	(0,051)	-0,109	(0,118)	-0,042	(0,285)
1996	0,093*	(0,052)	-0,209*	(0,122)	-0,249	(0,308)
1997	0,165**	(0,051)	-0,076	(0,122)	-0,308	(0,282)
1998	0,198**	(0,050)	-0,099	(0,126)	-0,355	(0,304)
1999	0,207**	(0,050)	-0,071	(0,122)	-0,505	(0,322)
2000	0,137**	(0,047)	-0,092	(0,113)	-0,264	(0,283)
2001	0,133**	(0,048)	-0,139	(0,119)	-0,416	(0,290)
2002	0,193**	(0,047)	-0,042	(0,113)	-0,439	(0,292)
2003	0,202**	(0,047)	-0,060	(0,117)	-0,627**	(0,293)
2004	0,259**	(0,047)	0,001	(0,116)	-0,512*	(0,281)
2005	0,245**	(0,047)	-0,010	(0,118)	-0,838**	(0,316)
2006	0,231**	(0,047)	0,003	(0,118)	-0,393	(0,294)
2007	0,243**	(0,047)	0,057	(0,116)	-0,602**	(0,298)
2008	0,224**	(0,048)	0,122	(0,119)	-0,375	(0,294)
Jahres-Dummys	inkl.		inkl.		inkl.	
Beobachtungen	124 030		20 752		5 826	
Est. Mittelwert	0,047		0,020		0,005	
Konstante	-2,352		-2,152		-2,824	
Log likelihood	-27 713,088		-2 988,299		-497,171	
Jarque-Bera	0,000		0,000		0,000	

Daten des SOEP für die Jahre 1990-2008; robuste Schätzer nach Huber und White
Koeffizienten mit Standardabweichungen in Klammern
* $p < 0,10$, ** $p < 0,05$

Tabelle A2.3: Determinanten der Selbstständigkeit – Koeffizienten

Zu erklärende Variable: Wahrscheinlichkeit selbstständig zu werden (0/1)

	(1) Deutscher		(2) Migrant		(3) Türke	
Frau	-0,187**	(0,027)	-0,202**	(0,080)	-0,532**	(0,222)
Alter 30 bis 40	0,117**	(0,040)	-0,100	(0,108)	0,023	(0,175)
Alter über 40	-0,018	(0,042)	-0,406**	(0,116)	-0,362*	(0,208)
Verheiratet	-0,104**	(0,031)	-0,149*	(0,088)	0,383**	(0,169)
Kinder	0,073**	(0,027)	-0,078	(0,078)	-0,047	(0,151)
Lehre	-0,076**	(0,031)	-0,073	(0,082)	0,088	(0,142)
Meister	0,063	(0,050)	0,345**	(0,133)	0,272	(0,406)
FH	0,166**	(0,049)	-0,152	(0,214)	0,965**	(0,293)
Uni	0,229**	(0,045)	0,410**	(0,121)	0,899**	(0,299)
Gesundheit	0,109**	(0,031)	0,039	(0,094)	-0,068	(0,167)
Selbst-Eltern	0,121**	(0,037)	-0,088	(0,160)	0,436	(0,348)
Politik	0,151**	(0,027)	0,152*	(0,081)	0,255*	(0,138)
Eink mittel	-0,143**	(0,034)	0,119	(0,094)	-0,252	(0,160)
Eink hoch	-0,073*	(0,041)	0,381**	(0,122)	0,202	(0,255)
Haus	-0,011	(0,026)	0,017	(0,083)	0,081	(0,164)
Arbeitslos	0,529**	(0,038)	0,300**	(0,120)	0,400**	(0,182)
Sorgen	0,090**	(0,031)	0,198**	(0,080)	-0,071	(0,126)
Jahres-Dummys	ohne		ohne		ohne	
Beobachtungen	105 333		17 776		5 107	
Est. Mittelwert	0,008		0,004		0,003	
Konstante	-2,444		-2,367		-2,703	
Log likelihood	-5 473,191		-641,889		-184,377	
Jarque-Bera	0,000		0,000		0,000	

Daten des SOEP für die Jahre 1991-2008; robuste Schätzer nach Huber und White
Koeffizienten mit Standardabweichungen in Klammern
* $p < 0,10$, ** $p < 0,05$

Tabelle A2.4: Faktoren unternehmerischen Erfolges – Koeffizienten

Zu erklärende Variable: Wahrscheinlichkeit erfolgreich zu sein (0/1)

	(1) Deutscher		(2) Migrant		(3) Türke	
Frau	-0,439**	(0,034)	-0,349**	(0,110)	-0,985**	(0,378)
Alter 30 bis 40	0,462**	(0,073)	0,583**	(0,162)	0,562*	(0,319)
Alter über 40	0,758**	(0,071)	0,534**	(0,160)	0,495	(0,370)
Verheiratet	0,044	(0,033)	-0,195*	(0,117)	-0,188	(0,367)
Kinder	0,047	(0,031)	0,029	(0,101)	0,316	(0,317)
Lehre	-0,062*	(0,037)	0,048	(0,103)	-0,141	(0,237)
Meister	-0,179**	(0,050)	0,175	(0,173)	0,190	(0,629)
FH	0,265**	(0,049)	0,395**	(0,193)	-0,114	(0,618)
Uni	0,581**	(0,044)	0,670**	(0,136)	0,311	(0,402)
Gesundheit	0,248**	(0,034)	0,241**	(0,110)	0,968**	(0,304)
Selbst-Eltern	0,087**	(0,034)	0,210	(0,161)	-0,054	(0,368)
Politik	0,105**	(0,029)	0,055	(0,095)	0,255	(0,227)
Stund mittel	0,768**	(0,046)	0,971**	(0,141)	0,098	(0,394)
Stund hoch	0,910**	(0,040)	1,080**	(0,133)	0,402	(0,313)
Industrie	0,056	(0,050)	-0,036	(0,162)	0,393	(0,727)
Bau	0,086*	(0,051)	0,120	(0,168)	-0,182	(0,810)
Handel	-0,116**	(0,042)	-0,347**	(0,132)	0,850	(0,717)
Wissens-DL	0,439**	(0,040)	-0,053	(0,139)	1,608**	(0,688)
Jahres-Dummys	ohne		ohne		ohne	
Beobachtungen	9 790		1 008		208	
Est. Mittelwert	0,391		0,461		0,437	
Konstante	-1,920		-1,484		-2,561	
Log likelihood	-5 558,122		-584,685		-113,120	
Jarque-Bera	0,000		0,000		0,013	

Daten des SOEP für die Jahre 1990-2008; robuste Schätzer nach Huber und White
Koeffizienten mit Standardabweichungen in Klammern
* $p < 0,10$, ** $p < 0,05$

Anhang zu Kapitel 4

Die Daten der empirischen Analysen aus Kapitel 4 und Kapitel 5 wurden im Rahmen zweier Projekte gewonnen.

- Der Unternehmerverband ADUV führt ein vom Europäischen Sozialfonds gefördertes Projekt mit dem Titel "Bedarfsermittlung, Coaching und Qualifizierung der ExistenzgründerInnen und UnternehmerInnen mit Migrationshintergrund in der Region Ulm" durch. Zu den Projektpartnern zählen als Kofinanzierer der Stadtentwicklungsverband Ulm/Neu-Ulm, die Agentur für Arbeit sowie das Institut für Wirtschaftspolitik der Universität Ulm; weitere Netzwerkpartner sind die IHK Ulm und die Handwerkskammer Ulm. Ziel des im September 2008 begonnenen und auf drei Jahre angelegten Projektes ist es, Existenzgründung in dieser Zielgruppe zu unterstützen und die wirtschaftliche Situation von Gründern in der Zielregion zu festigen, damit sie erfolgreich am Markt bestehen können.

- Ziel des vom Unternehmerverein SELF durchgeführten Projektes "Zielgruppenspezifische Förderung der ExistenzgründerInnen und Gründungswilligen mit Migrationshintergrund in der Region Stuttgart" ist die Förderung von Existenzgründungen mit Migrationshintergrund. Durch die Schaffung einer zentralen Anlaufstelle und die Bündelung der Angebote der lokalen Maßnahmenträger sollen Qualifizierungs-, Planungs- und Informationsdefizite der Gründer/-innen verringert werden. Weiterer Projektträger ist die Landeshauptstadt Stuttgart. Das im September 2009 begonnene Projekt hat eine Laufzeit von zwei Jahren.

Bei den Betriebsbefragungen in Ulm/Neu-Ulm und Stuttgart wurde ein identischer Fragebogen eingesetzt. Dieser umfasst 30 Seiten und ist in 16 themenspezifische Bereiche unterteilt. Dabei wurde der Fragebogen in Zusammenarbeit mit den Unternehmerverbänden ADUV und SELF erstellt. Die themenspezifischen Bereiche beinhalten beispielsweise Aspekte wie Organisation und Struktur, Planung und Vorbereitung, Finanzierung, Mitarbeiterstruktur, Kundenstruktur und Marketing oder Beratung und Weiterbildung. Der Fragebogen orientiert sich an dem bisherigen Kenntnisstand aus der allgemeinen Erfolgsfaktorenforschung und wurde theoriegestützt entwickelt.

Um das Problem geringer Rücklaufquoten zu vermeiden, aber auch gezielt Kontakt mit den Unternehmern/-innen aufzunehmen, wurde die Befragung persönlich und vor Ort durchgeführt; verantwortlich hierfür waren die Unternehmerverbände ADUV und SELF. Insgesamt wurden zwischen Herbst 2008 und Frühjahr 2009 186 türkische Unternehmer/-innen in den Regionen Ulm/Neu-Ulm und Stuttgart befragt. Die Auswahl der kontaktierten Betriebe erfolgte über die beiden Unternehmervereine und deren Netzwerke. Die folgenden Seiten enthalten den bei der Betriebsbefragung in Ulm/Neu-Ulm eingesetzten Fragebogen.

Befragung türkischer Selbstständiger in Ulm/Neu-Ulm – Erfolgsfaktoren, Strategien und Förderbedarf

„Bedarfsermittlung, Coaching und Qualifizierung der ExistenzgründerInnen und UnternehmerInnen mit Migrationshintergrund in der Region Ulm"

Projektträger

ADUV Unternehmerverband Alb-Donau e.V.

Partner der Maßnahmen

ulm Neu Ulm Der Wirtschaftsstandort

Bundesagentur für Arbeit
Agentur für Arbeit Ulm

ulm university universität uulm

Netzwerkpartner

IHK Ulm

Handwerkskammer Ulm

gefördert von

ESF Chancen fördern EUROPÄISCHER SOZIALFONDS IN BADEN-WÜRTTEMBERG

Wirtschaftsministerium Baden-Württemberg

ifex

<u>Ansprechpartner:</u>

Dipl. WiWi. Önder Kurt, Unternehmerverband ADUV e.V.
Geschäftsführer
Auchertwiesenweg 5
89081 Ulm
Tel. 0731 / 38 90 684
Fax 0731 38 90 685
email: o.kurt@aduv.org

Die **Befragung türkischer Selbstständiger in Ulm/Neu-Ulm – Erfolgsfaktoren, Strategien und Förderbedarf** ist ein Gemeinschaftsprojekt des Unternehmerverbandes ADUV e.V. in Kooperation mit der Stadt Ulm/Neu-Ulm, der Agentur für Arbeit Ulm und der Universität Ulm. Ziel der Befragung ist es, umfassende Informationen über türkische Unternehmen zu sammeln, auf deren Basis zielgruppenspezifische Förderkonzepte abgeleitet werden sollen, um bestehenden und nachfolgenden Unternehmern mit adäquaten Instrumenten zu Seite zu stehen.

Die türkische Ökonomie in Deutschland zeichnet sich durch eine hohe Entwicklungsdynamik aus. Aktuell leiten über 60.000 Türken ein eigenes Unternehmen. Die türkischen Unternehmer sind über Jahre hinweg zu einer wichtigen Stütze für die deutsche Volkswirtschaft geworden: Türkische Selbstständige beschäftigen annähernd 300.000 Arbeitnehmer und erzielen einen Jahresumsatz von mehr als 25 Mrd. €.

Trotz der zunehmenden ökonomischen Bedeutung sind Informationen über von türkischen Selbstständigen geführten Unternehmen nur unzureichend vorhanden. So liegt ein umfassender Überblick über die Entwicklung und Struktur des türkischen Unternehmertums in Deutschland nicht vor. Unbestritten ist jedoch, dass sich die Bedürfnisse und Strukturen türkischer Unternehmen in gewissen Punkten von denen der deutschen Unternehmen unterscheiden. Um diesen spezifischen Bedürfnissen gerecht zu werden und gezielte Unterstützungsangebote zu erarbeiten, bedarf es einer gesicherten Datenbasis.

Die Befragung richtet sich an Sie als Unternehmer, der einen wichtigen Beitrag zur wirtschaftlichen Entwicklung des Landes leistet, und soll Ihre Erfahrungen aufnehmen, die Sie im Laufe Ihrer Selbstständigkeit gesammelt haben. Von diesen Erfahrungen können Sie, sowie Ihre aktuellen und zukünftigen Unternehmerkollegen –innen im weiteren Geschäftsleben profitieren. Die Befragung hilft dabei, die gewonnen Erkenntnisse zu bündeln und strukturiert zu erfassen. Mit den Ergebnissen, die Ihnen später zur Verfügung gestellt werden, können maßgeschneiderte Instrumente entworfen werden, die Ihnen helfen sollen, auch in Zukunft wettbewerbsfähig und erfolgreich zu sein.

Wichtiger Hinweis zum Datenschutz

Die aus der Befragung gewonnenen Daten werden **absolut vertraulich behandelt** und stehen ausschließlich dem Unternehmerverband ADUV e.V., dem Unternehmerverband Self e.V. als Kooperationspartner sowie Herrn Prof. Dr. Werner Smolny und Herrn Dipl. WiWi. Michael Alpert von der Universität Ulm für wissenschaftliche Zwecke zur Verfügung. **Eine Weitergabe der Daten an dritte Personen findet nicht statt.**

I. Personenbezogene Fragen

1. In welchem Jahr wurden Sie geboren?

   19______

2. Welches Geschlecht haben Sie?

   ☐ Männlich ☐ Weiblich

3. Wie ist Ihr Familienstand?

   ☐ Ledig ☐ Verheiratet ☐ ____________________

4a. Wo sind Sie geboren? Falls Sie in der Türkei geboren wurden, in welcher Stadt?

   ☐ Türkei, in ____________________ ☐ Deutschland ☐ ____________________

4b. Falls Sie <u>nicht in Deutschland geboren wurden</u>, in welchem Jahr sind Sie zugezogen?

______

5a. Welche Staatsbürgerschaft besitzen Sie?

☐ Deutsch

☐ Türkisch

☐ Doppelte Staatsbürgerschaft

☐ ____________________

5b. Falls Sie die <u>deutsche Staatsbürgerschaft besitzen</u>, wann haben Sie diese erworben?

☐ Seit Geburt ☐ Später erworben

6. Besitzt eines Ihrer Elternteile die türkische Staatsbürgerschaft?

   ☐ Ja ☐ Nein

7. Welchen Schulabschluss besitzen Sie und wo haben Sie diesen Abschluss erreicht?

<u>In Deutschland:</u>	<u>Im Heimatland:</u>
☐ Hauptschulabschluss	☐ Grundschule
☐ Realschulabschluss	☐ Mittelschule
☐ (Fach-) Abitur	☐ Lyse
☐ anderer Schulabschluss	☐ anderer Schulabschluss
☐ kein Abschluss	☐ kein Abschluss

8a. Welchen beruflichen Abschluss besitzen Sie und wo haben Sie diesen Abschluss erreicht?

In Deutschland:	Im Heimatland:
☐ Berufsausbildung (Gesellenbrief/Berufsschule)	☐ Berufsausbildung (Gesellenbrief/Berufsschule)
☐ Meister/Techniker	☐ Meister/Techniker
☐ Fachhochschulabschluss	☐ Fachhochschulabschluss
☐ Universitätsabschluss	☐ Universitätsabschluss
☐ kein Abschluss	☐ kein Abschluss

8b. Falls Sie einen beruflichen Abschluss besitzen, in welche Richtung geht dieser?

☐ Kaufmännisch
☐ Technisch / Naturwissenschaftlich
☐ Sozial / Pflege
☐ Bildung
☐ ____________________

II. Hintergrundsfragen zur Existenzgründung

1. In welchem Jahr haben Sie Ihren derzeitigen Betrieb gegründet?

   ______

2. In welcher Stadt haben Sie Ihren derzeitigen Betrieb gegründet?

   ____

3. Warum haben Sie Ihren derzeitigen Betrieb gegründet? Beurteilen Sie dazu bitte folgende Aussagen:

...um unabhängig und eigenständig zu sein	☐ trifft zu	☐ trifft nicht zu
...um meine Ideen zu verwirklichen	☐ trifft zu	☐ trifft nicht zu
...um mehr verdienen zu können	☐ trifft zu	☐ trifft nicht zu
...weil ich sonst arbeitslos geworden wäre	☐ trifft zu	☐ trifft nicht zu
...weil ich arbeitslos war	☐ trifft zu	☐ trifft nicht zu
...weil ich mich diskriminiert gefühlt habe	☐ trifft zu	☐ trifft nicht zu
...weil ich mit meinem alten Beruf unzufrieden war	☐ trifft zu	☐ trifft nicht zu

4. Welchen beruflichen Status besaßen Sie vor Ihrer Selbstständigkeit?

   ☐ Erwerbstätig als ____________________
   ☐ Selbstständig als ____________________
   ☐ In Ausbildung als ____________________
   ☐ Arbeitslos

5. Waren Sie früher schon einmal selbstständig? Falls ja, wo und wie oft?

☐ Ja,
  ☐ ___ Mal in Deutschland
  ☐ ___ Mal in der Türkei

☐ Nein

6. War oder ist eines Ihrer Familienmitglieder ebenfalls selbstständig?

☐ Vater
☐ Mutter
☐ Geschwister
☐ Sonstige Verwandtschaft
☐ Keines

7. Hatten Sie in einer früheren beruflichen Position Mitarbeiter unter sich?

☐ Ja
☐ Nein

8. Wie würden Sie rückblickend betrachtet Ihre kaufmännischen Kenntnisse zu Beginn Ihrer Selbstständigkeit einstufen?

☐ Gut
☐ Befriedigend
☐ Schlecht

III. Organisation und Struktur

1. Welcher Kammer gehört Ihr derzeitiger Betrieb an?

☐ Industrie- und Handelskammer
☐ Handwerkskammer
☐ Freiberufler
☐ Sonstiges: ______________

2. Sind Sie Mitglied in einem Unternehmerverband? Falls ja, welcher?

☐ Ja, ______________________
☐ Nein

3. In welcher Branche sind Sie mit Ihrem derzeitigen Betrieb tätig?

☐ Verarbeitendes Gewerbe
☐ Einzelhandel
☐ Gastronomie
☐ Baugewerbe
☐ Großhandel
☐ Verkehr / Spedition

☐ Wissensintensive Dienstleistungen:
  ☐ Kredit und Versicherung
  ☐ Steuerberatung
  ☐ Unternehmensberatung
  ☐ Werbung
  ☐ ______________________

☐ Nicht-Wissensintensive Dienstl.:
  ☐ Änderungsschneider
  ☐ Friseur
  ☐ Schuster
  ☐ Gebäudemanagement
  ☐ ______________________

☐ ____

4. Haben Sie früher schon einmal in der Branche gearbeitet, in der Sie jetzt tätig sind?

☐ Ja, als ☐ Angestellter
☐ Selbstständiger
☐ Nein

5a. Handelte es sich bei Ihrer Gründung um eine Vollerwerbs- oder Nebenerwerbsgründung?

☐ Vollerwerbsgründung, zur hauptsächlichen Abdeckung des Lebensunterhalts
☐ Nebenerwerbsgründung

5b. Falls es sich bei Ihrer Gründung um eine Nebenerwerbsgründung handelte, sind sie parallel einer anderen Erwerbstätigkeit nachgegangen?

☐ Ja
☐ Nein

6. Welche Rechtsform hatte Ihr derzeitiger Betrieb bei Gründung und welche aktuell?

Rechtsform bei Gründung:		Rechtsform aktuell:	
☐ Einzelunternehmen	☐ OHG	☐ Einzelunternehmen	☐ OHG
☐ GbR	☐ KG	☐ GbR	☐ KG
☐ GmbH	☐ AG	☐ GmbH	☐ AG
☐ GmbH & Co. KG	☐ KG aA	☐ GmbH & Co. KG	☐ KG aA
☐ ____________		☐ ____________	

7. Haben Sie Ihr derzeitiges Unternehmen alleine gegründet, oder mit Partner(n)?

☐ Alleine
☐ Mit __________ Partner

8. Hat sich daran im Zeitverlauf etwas geändert, d.h. betreiben Sie Ihr Unternehmen heute mit Partner(n), oder ohne?

☐ Ohne Partner
☐ Mit __________ Partner

9. Beschreiben Sie den Beginn Ihrer Selbständigkeit!

☐ Neugründung
☐ Betriebsübernahme
☐ Beteiligung an einem bestehenden Unternehmen
☐ Mitglied einer Franchise-Kette
☐ ____________________

10. Haben Sie zu Beginn Ihrer Gründung den Großteil der Arbeit selbst übernommen oder auch einfache Aufgaben an Ihre Mitarbeiter weitergegeben?

☐ Habe den Großteil der Arbeit selbst übernommen
☐ Habe auch Aufgaben an meine Mitarbeiter weitergegeben

11. Wie würden Sie heute Ihre Hauptaufgabe in Ihrem Betrieb beschreiben?

☐ Ich bin hauptsächlich für das Führen und Leiten des Betriebs verantwortlich
☐ Ich übernehme noch ein Großteil der täglich anfallenden Arbeit selbst

12a. Wie würden Sie die Organisation in Ihrem Betrieb zu Beginn der Gründung beschreiben?

- ☐ Es gab keine festen Kompetenzbereiche, die Mitarbeiter wurden flexibel für unterschiedliche Aufgaben eingesetzt
- ☐ Es gab feste Zuständigkeitsbereiche, für die jeder Mitarbeiter verantwortlich war
- ☐ Es gab keine Mitarbeiter zu Beginn der Gründung

12b. Falls Sie zu Beginn keine festen Kompetenzbereiche für Ihre Mitarbeiter hatten, hat sich das im Zeitverlauf verändert?

☐ Ja, es haben sich feste Zuständigkeitsbereiche etabliert ☐ Nein, die Mitarbeiter werden immer noch flexibel eingesetzt

13. Wie steuern Sie Ihr Unternehmen?

☐ Eher intuitiv / Erfahrung ☐ Eher Kennzahlen-steuerung, z.B. Beobachtung von Kosten-entwicklung ☐ Kombination

14. Arbeiten Sie mit Unternehmensberatern zusammen?

☐ Häufig ☐ Selten ☐ Nie

15. Wie wichtig ist es Ihnen, interne Abläufe ständig zu optimieren und Kosten zu senken?

☐ Sehr wichtig ☐ Weniger wichtig ☐ Unwichtig

16. Erstellen Sie regelmäßig detaillierte Kontrollberichte?

☐ Ja ☐ Nein

17. Wie viele Stunden in der Woche arbeiten Sie im Durchschnitt?

_______________ Stunden

18a. Haben Sie zu Beginn Ihrer Selbstständigkeit intensiv auf die Hilfe Ihrer Familie, Freunde und engere Verwandtschaft zurückgegriffen?

☐ Ja ☐ Nein

18b. Falls ja, hat sich das im Zeitverlauf geändert, d.h. greifen Sie nun auf Kontakte / Netzwerke außerhalb Ihrer Familie und Verwandtschaft (z.B. Unternehmerkollegen, Kunden etc.) zurück?

☐ Ja ☐ Nein

IV. Planung und Vorbereitung

1. Welche Zeitspanne lag zwischen dem Aufkommen Ihres Gründungswunsches und der eigentlichen Gründung?

☐ Weniger als 6 Monate ☐ 7 Monate bis 2 Jahre ☐ mehr als 2 Jahre

2. Haben Sie vor Ihrer Existenzgründung einen Geschäftsplan ausgearbeitet?

☐ Ja ☐ Nein

3a. Haben Sie im Rahmen Ihrer Existenzgründung auf Beratung zurückgegriffen? Falls ja, auf welche Quellen (Mehrfachnennungen möglich)?

- ☐ Ja, auf
  - ☐ Ehe-/Lebenspartner, Eltern
  - ☐ Verwandte / Freunde
  - ☐ Bekannte
  - ☐ frühere Arbeitskollegen / Arbeitgeber
  - ☐ Geschäftspartner
  - ☐ Kammern
  - ☐ Unternehmens-/ Steuerberater
  - ☐ Unternehmerverein
  - ☐ ____________________
- ☐ Nein

3b. Falls Sie keine Beratung in Anspruch genommen haben, was war der Hauptgrund dafür?

- ☐ Zu hohe Kosten
- ☐ Vorberatung nicht notwendig gewesen
- ☐ Unkenntnis über Möglichkeiten der Beratung
- ☐ ____________________

4. Haben Sie den Standort Ihres Unternehmens zur Gründung gezielt gewählt?

☐ Ja ☐ Nein

5. Befindet sich Ihr (Gründungs-) Standort in unmittelbarer Nähe zu Ihrer Wohnung oder Ihrem familiären Umfeld?

☐ Ja ☐ Nein

6. Liegt Ihr (Gründungs-) Standort eher in Agglomerations- (Shopping-Center, Fußgängerzone usw.) oder in Einzellage?

☐ Eher Agglomeration ☐ Eher Einzellage

7. Sind Sie rückblickend mit der Wahl Ihres (Gründungs-) Standortes zufrieden? Falls nein, was sind die Hauptprobleme (Mehrfachnennungen möglich)?

- ☐ Ja
- ☐ Nein, Hauptprobleme:
  - ☐ zu viele Konkurrenten
  - ☐ zu wenig Kunden
  - ☐ schlechte Infrastruktur
  - ☐ kaum geeignete Arbeitskräfte
  - ☐ Lieferant zu weit weg
  - ☐ ____________________

8. Verfügen Sie mittlerweile über mehr als einen Standort mit Ihrem Unternehmen? Falls ja, über wie viele?

☐ Ja, über ____ Standorte ☐ Nein

9. Wie viele unmittelbare Konkurrenten hatten Sie zum Zeitpunkt Ihrer Gründung in der näheren Umgebung?

☐ Wenige (bis 2) ☐ Mittel (3 bis 5) ☐ Viele (mehr als 5)

V. Finanzierung

1. Wie hoch waren Ihre Investitionen zur Unternehmensgründung?

- ☐ Bis 5.000 € (oder: bis 10.000 DM)
- ☐ Mehr als 5.000 und weniger als 10.000 € (oder: 10.001 – 20.000 DM)
- ☐ Mehr als 10.000 und weniger als 25.000 € (oder: 20.001 – 50.000 DM)
- ☐ Mehr als 25.000 und weniger als 50.000 € (oder: 50.001 – 100.000 DM)
- ☐ Mehr als 50.000 und weniger als 100.000 € (oder: 100.001 – 200.000 DM)
- ☐ Mehr als 100.000 € (oder: mehr als 200.000 DM)

2. Woher stammte das Startkapital?

Eigenkapital:

- ☐ Eigene Ersparnisse
- ☐ Kapital von Ehe-/Lebenspartner, Eltern
- ☐ Kapital von Verwandten / Freunden
- ☐ Kapital von Bekannten / Kollegen
- ☐ ____________________

Fremdkapital:

- ☐ Kredit von Ehe-/Lebenspartner, Eltern
- ☐ Kredit von Verwandten / Freunden
- ☐ Kredit von Bekannten / Kollegen
- ☐ Bankkredit
- ☐ Öffentliche Fördermittel
- ☐ ____________________

3. Bestand das Startkapital überwiegend aus Eigen- oder Fremdkapital?

- ☐ Nur Eigenkapital
- ☐ Überwiegend Eigenkapital
- ☐ Ungefähr gleiches Verhältnis
- ☐ Nur Fremdkapital
- ☐ Überwiegend Fremdkapital

4. Hatten Sie Probleme, für die Gründung einen Bankkredit zu erhalten?

- ☐ Habe mich nicht um einen Bankkredit bemüht
- ☐ Habe einen Bankkredit ohne Probleme erhalten
- ☐ Ein Kredit wurde abgelehnt, weil *(keine Mehrfachnennung!)*
  - ☐ ungenügendes Eigenkapital
  - ☐ ungenügende Kreditsicherheiten
  - ☐ fehlende Unterlagen (kein Geschäftsplan etc.)
  - ☐ meine Staatsangehörigkeit / Diskriminierung
  - ☐ Verständigungsschwierigkeiten
  - ☐ ____________________

5a. Haben Sie öffentliche Fördermittel beantragt und erhalten? Falls ja, aus welcher Quelle kamen die Fördermittel und welcher Art waren diese?

☐ Ja, Quelle:
- ☐ KfW: ____________________
- ☐ Landesbank: ____________________
- ☐ Agentur für Arbeit: ☐ Ich-AG ☐ Überbrückungsgeld ☐ Gründungszuschuss ☐ ____________________
- ☐ Sonstige: ____________________

Art:
- ☐ Zuschuss zum Startkapital ☐ Übernahme von Personalkosten
- ☐ ____________________

☐ Nein, ich habe keine öffentliche Fördermittel beantragt und erhalten

5b. Falls Sie keine öffentlichen Fördermittel beantragt haben, was war der Grund bzw. waren die Gründe dafür (Mehrfachnennungen möglich)?

- ☐ Keine Kenntnis über Fördermöglichkeiten
- ☐ Zu kompliziertes Antragsverfahren
- ☐ Antrag zu spät gestellt, nach der Betriebsaufnahme
- ☐ Meine Hausbank wollte nicht fördern, weil ________________
- ☐ Keine Befürwortung durch die Kammer
- ☐ Ungenügendes Eigenkapital
- ☐ Ungenügende Kreditsicherheiten
- ☐ ________________

6a. Haben Sie im Verlauf Ihrer Selbstständigkeit mit dem derzeitigen Betrieb weitere größere Investitionen getätigt? Falls ja, woher kam dieses Kapital?

☐ Ja,
- ☐ Kapital von Ehe-/Lebenspartner, Eltern
- ☐ Kapital von Verwandten / Freunden
- ☐ Kapital von Bekannten / Kollegen
- ☐ Bankkredit
- ☐ Öffentliche Fördermittel
- ☐ Betriebskapital

☐ Nein

6b. Falls Sie weitere Investitionen getätigt haben, in welcher Höhe waren diese?

- ☐ Bis 5.000 €
- ☐ Mehr als 5.000 und weniger als 10.000 €
- ☐ Mehr als 10.000 und weniger als 25.000 €
- ☐ Mehr als 25.000 und weniger als 50.000 €
- ☐ Mehr als 50.000 und weniger als 100.000 €
- ☐ Mehr als 100.000 €

7. Planen Sie in nächster Zeit weitere Investitionen?

☐ Ja ☐ Nein

VI. Mitarbeiterstruktur

Mitarbeiter zum Zeitpunkt der Gründung

1. Wie viele Mitarbeiter haben Sie kurz nach dem Zeitpunkt Ihrer Gründung beschäftigt?

☐Insgesamt: _____ MA, davon:
- ☐ _____ in Vollzeit
- ☐ _____ in Teilzeit
- ☐ _____ Auszubildende
- ☐ _____ Stunden-Basis
- ☐ _____ geringfügig Beschäftigte

☐Keine Mitarbeiter (weiter mit Frage 7)

2. Sind diese Mitarbeiter, die sie kurz nach Ihrer Gründung hatten, überwiegend Familienangehörige, Bekannte und/oder stammen aus anderen Kreisen?

☐ Überwiegend Familienangehörige ☐ Überwiegend Bekannte
☐ Überwiegend aus anderen Kreisen ☐ Gemischt

3. Welche Nationalität haben diese Mitarbeiter, die Sie kurz nach Gründung hatten?

☐ Überwiegend türkischer Herkunft
☐ Überwiegend deutscher Herkunft
☐ Gemischt

4. Haben Sie gezielt auf türkische Arbeitskräfte zurückgegriffen? Falls ja, warum?

☐ Ja, habe gezielt auf türkische Arbeitskräfte zurückgegriffen, weil

☐ Türkische Arbeitskräfte sind flexibel
☐ Habe Vertrauen in türkische Arbeitskräfte
☐ Brauche türkische Arbeitskräfte für meine Kunden
☐ Türkische Arbeitskräfte sind preiswert

☐ Nein, habe nicht gezielt auf türkische Arbeitskräfte zurückgegriffen

5. Wie sind Sie an Ihre Mitarbeiter gekommen, die Sie kurz nach Gründung hatten *(bitte keine Mehrfachnennung, sondern nur Hauptbezugsquelle)?*

☐ Tipps von Familie
☐ Tipps von Freunden / Verwandten
☐ Tipps von Bekannten / Kollegen
☐ Über Stellenanzeigen (Zeitung, Internet ect.)
☐ Über das Arbeitsamt
☐ ____________________________

6. Welches berufliche Qualifikationsniveau wiesen die Mitarbeiter zum Zeitpunkt Ihrer Gründung auf? Geben Sie eine ungefähre prozentuale Verteilung an!

☐ ________% mit Fachhochschul- / Universitätsabschluss
☐ ________% Meister / Techniker
☐ ________% mit Berufsausbildung
☐ ________% mit keinem beruflichen Abschluss

Mitarbeiter aktuell

7. Bilden Sie derzeit aus oder haben bereits einmal ausgebildet? Falls nein, warum nicht?

☐ Ja, ich bilde aktuell aus

☐ Grundsätzlich ja, aber aktuell nicht

☐ Nein, weil

☐ Betrieb zu klein / spezialisiert
☐ keine Zeit
☐ kein Bedarf
☐ keine geeigneten Jugendlichen
☐ Vorschriften zu kompliziert
☐ schlechte Wirtschaftslage
☐ ______________________

8. Wie viele Mitarbeiter beschäftigen Sie aktuell?

Insgesamt: ______ MA, davon:
☐ _____ in Vollzeit:
☐ _____ in Teilzeit:
☐ _____ Auszubildende
☐ _____ Stunden-Basis
☐ _____ geringfügig Beschäftigte

☐Keine Mitarbeiter (weiter mit Frage 13)

9. Welches berufliche Qualifikationsniveau weisen Ihre derzeitigen Mitarbeiter auf? Geben Sie eine ungefähre prozentuale Verteilung an!

☐ ________% mit Berufsausbildung
☐ ________% Meister / Techniker
☐ ________% mit Fachhochschul- / Universitätsabschluss
☐ ________% mit keinem beruflichen Abschluss

Entwicklung Mitarbeiter

10. Hat sich an der Zusammensetzung Ihrer Mitarbeiter im Zeitverlauf etwas geändert?

☐ Mehr Familienangehörige
☐ Mehr Bekannte
☐ Mehr Mitarbeiter aus anderen Kreisen
☐ Ungefähr gleich geblieben

11. Hat sich an der Nationalität Ihrer Mitarbeiter im Zeitverlauf etwas geändert?

☐ Mehr türkischer Herkunft
☐ Mehr deutscher Herkunft
☐ Mehr anderer Herkunft
☐ Ungefähr gleich geblieben

12. Hat sich an der Beschaffungsart Ihrer Mitarbeiter im Zeitverlauf etwas geändert *(bitte keine Mehrfachnennung, sondern nur Hauptbezugsquelle)*?

☐ Mehr Tipps von Familie
☐ Mehr Tipps von Freunden / Verwandten
☐ Mehr Tipps von Bekannten / Kollegen
☐ Mehr über Stellenanzeigen (Zeitung, Internet etc.)
☐ Mehr über das Arbeitsamt
☐ Ungefähr gleich geblieben

13. Wie hat sich die Mitarbeiterzahl Ihres Betriebes seit der Gründung entwickelt?

☐ Es kam zu einem kontinuierlichen Beschäftigungsaufbau
☐ Es kam zu einem kontinuierlichen Beschäftigungsabbau
☐ Es kam zu starken Schwankungen in der Beschäftigungszahl
☐ Die Mitarbeiterzahl ist in etwa konstant geblieben
☐ Ich habe noch nie Mitarbeiter gehabt

14. Planen Sie aktuell Neueinstellungen? Falls ja, wie viele?

☐ Ja, ☐ Nein
☐ _____ Vollzeit ☐ _____ Teilzeit
☐ _____ Azubis ☐ _____ Stunden-Basis
☐ _____ geringfügig Beschäftigte

15. Haben Sie im Verlauf der Selbstständigkeit Mitarbeiter Ihres Betriebes über die Agentur für Arbeit (Arbeitsamt) bezogen? Falls nein, warum nicht?

☐ Ja

☐ Nein, weil
☐ Angebote der Agentur für Arbeit nicht bekannt
☐ es wurde kein geeignetes Personal angeboten
☐ habe andere Quellen für die Mitarbeiterbeschaffung
☐ ______________________________

16. Welche Erfahrungen haben Sie bislang mit der Agentur für Arbeit (Arbeitsamt) oder dem JobCenter bezüglich der Beschaffung von Mitarbeitern gemacht?

☐ Gute ☐ Befriedigende ☐ Schlechte ☐ Keine Erfahrung

VII. Kundenstruktur und Marketing

1. Was für ein Produkt bzw. welche Dienstleistung bieten Sie an?

☐ Ein neues Produkt / Dienstleistung, das es in dieser Form nicht auf dem Markt gibt
☐ Ein herkömmliches Produkt / Dienstleistung, das es bereits auf dem Markt gibt

2. Wie setzte sich die Kundschaft Ihres derzeitigen Betriebs zu Beginn zusammen?

☐ Hauptsächlich Kunden türkischer Herkunft ☐ Gemischte Kundschaft
☐ Hauptsächlich Kunden deutscher Herkunft

3. Hat sich an der Zusammensetzung Ihrer Kundschaft im Zeitverlauf etwas geändert?

☐ Mehr Kunden türkischer Herkunft ☐ Gleich bleibend
☐ Mehr Kunden deutscher Herkunft

4. Woher kamen die Kunden Ihres derzeitigen Betriebes zu Beginn überwiegend?

☐ Aus der lokalen Nachbarschaft
☐ Über die lokale Nachbarschaft hinaus, aber regional beschränkt
☐ Überregional

5. Hat sich Ihr Einzugsgebiet der Kunden im Zeitverlauf geändert?

☐ Ja, ☐ mehr aus der lokalen Nachbarschaft
☐ mehr über die lokale Nachbarschaft hinaus, aber regional beschränkt
☐ mehr überregional

☐ Nein, gleich bleibend

6. Welche derzeitige Bedeutung kommt dem Marketing in Ihrem Unternehmen bei?

☐ Sehr bedeutend ☐ Weniger bedeutend ☐ Unbedeutend

7. Hat sich der Stellenwert des Marketings in Ihrem Betrieb seit der Gründung erhöht?

☐ Ja ☐ Nein ☐ Gleich geblieben

8. Welche Instrumente des Marketings haben Sie im Verlauf Ihrer Selbstständigkeit in Ihrem Betrieb eingesetzt (Mehrfachnennungen möglich)?

☐ Habe meine Produktqualität verbessert
☐ Habe meinen Service verbessert
☐ Habe mein Angebot erweitert

☐ Habe meine Logistik verbessert (Lagerung, Transport, Lieferzeit)

☐ Habe meine Preise häufig geändert / angepasst
☐ Habe meinen Kunden besondere Rabatte / Kredite / Skonti gewährt

☐ Habe regelmäßig Werbung gemacht (Zeitungsanzeigen etc.)

☐ Habe keines dieser Instrumente eingesetzt

9. Welche Bedeutung messen Sie den einzelnen Instrumenten in Ihrem Betrieb bei?

	Sehr bedeutend				Unbedeutend
Verbesserung der Produktqualität	☐ 1	☐ 2	☐ 3	☐ 4	☐ 5
Verbesserung des Service	☐ 1	☐ 2	☐ 3	☐ 4	☐ 5
Erweiterung des Angebots	☐ 1	☐ 2	☐ 3	☐ 4	☐ 5
Verbesserung der Logistik	☐ 1	☐ 2	☐ 3	☐ 4	☐ 5
Preispolitik	☐ 1	☐ 2	☐ 3	☐ 4	☐ 5
Werbung / Promotion	☐ 1	☐ 2	☐ 3	☐ 4	☐ 5

10. Wie stufen Sie Ihr Angebot an Produkten und Dienstleistungen gegenüber vergleichbaren Unternehmen ein?

Breites Angebot für alle Kundengruppen				Spezielles, segment-spezifisches Angebot
☐ 1	☐ 2	☐ 3	☐ 4	☐ 5

11. Wie stufen Sie die Preislage Ihrer Produkte und Dienstleistungen gegenüber vergleichbaren Unternehmen ein?

Sehr niedrigpreisig				Sehr hochpreisig
☐ 1	☐ 2	☐ 3	☐ 4	☐ 5

12. Wie schätzen Sie Ihr Serviceniveau im Vergleich zu Ihrer Konkurrenz ein?

	stark unterdurchschnittlich			Stark überdurchschnittlich	
Generelles Serviceniveau	☐ 1	☐ 2	☐ 3	☐ 4	☐ 5
Beratung	☐ 1	☐ 2	☐ 3	☐ 4	☐ 5
Kulanz (Umtausch, Reklamationsabwicklung)	☐ 1	☐ 2	☐ 3	☐ 4	☐ 5
Warenbereitstellung (Zustellung, Reservierung)	☐ 1	☐ 2	☐ 3	☐ 4	☐ 5

13. Haben Sie im Zeitverlauf Kundenbefragungen und –analysen durchgeführt? Falls ja, wie oft?

☐ Ja, ☐ einmal ☐ mehrmals ☐ Nein

14. Wie würden Sie Ihre Absatzmarktstrategie einordnen (Mehrfachnennungen möglich)?

☐ Preisführerschaft
☐ Differenzierung, z.B. durch Service oder Kommunikationspolitik
☐ Konzentration auf Marktnischen, z.B. spezielle Kundengruppen
☐ ____________________

15. Wie sieht Ihre Kundenstruktur aus?

☐ Breit gestreut ☐ Beschränkte Zahl von größeren Kunden ☐ Ein großer Kunde

16a. Wie sieht Ihre Lieferantenstruktur aus?

☐ Benötige keine Lieferanten ☐ Breit gestreuter Lieferantenkreis ☐ Begrenzte Zahl an Lieferanten ☐ Ein einziger Lieferant

16b. Falls Sie Lieferanten für Ihr Geschäft benötigen, sind Sie generell von einem bestimmten Lieferanten abhängig?

☐ Ja, bin von einem bestimmten Lieferanten abhängig ☐ Nein, bin nicht auf einen bestimmten Lieferanten angewiesen

17. Welcher finanziellen Bedeutung messen sie Verfahrens- und Produktinnovationen in Ihrem Betrieb bei?

	Sehr bedeutend				Unbedeutend
Verfahrensinnovationen – Ausgaben für effizientere Produktion	☐ 1	☐ 2	☐ 3	☐ 4	☐ 5
Produktinnovation – Ausgaben für neue Produkte	☐ 1	☐ 2	☐ 3	☐ 4	☐ 5

VIII. Wirtschaftliche Entwicklung

1. Wie beurteilen Sie Ihre augenblickliche Geschäftslage?

☐ Gut ☐ Befriedigend ☐ Schlecht

2. Wie würden Sie die wirtschaftliche Entwicklung Ihres Betriebs bis zum heutigen Zeitpunkt beschreiben?

☐ Das Geschäft hat sich insgesamt sehr gut entwickelt, ich bin zufrieden
☐ Das Geschäft hat sich alles in allem zufrieden stellend entwickelt, könnte aber besser sein
☐ Das Geschäft hat sich eher schleppend entwickelt, ich bin unzufrieden

3. In welcher Größenordnung liegt der derzeitige jährliche Umsatz Ihres Betriebes?

☐ Bis 25.000 €	(oder: bis 50.000 DM)
☐ Mehr als 25.000 und weniger als 50.000 €	(oder: 50.001 – 100.000 DM)
☐ Mehr als 50.000 und weniger als 100.000 €	(oder: 100.001 – 200.000 DM)
☐ Mehr als 100.000 und weniger als 250.000 €	(oder: 200.001 – 500.000 DM)
☐ Mehr als 250.000 und weniger als 500.000 €	(oder: 500.001 – 1.000.000 DM)
☐ Mehr als 500.000 €	(oder: mehr als 1.000.000 DM)

4. Was glauben Sie, wie wird sich Ihr Umatz in der nächsten Zeit entwickeln?

☐ Umsatz wird sich erhöhen ☐ Umsatz wird zurück-gehen ☐ Umsatz wird gleich bleiben

5. Rückblickend betrachtet, würden Sie heute noch einmal denselben Betrieb gründen?

☐ Ja ☐ Nein

IX. Spezifischer Frageteil für Betriebe, die nach 1995 gegründet wurden!

Bitte nur beantworten, wenn Ihr Betrieb nach 1995 gegründet wurde!

Falls Ihr Betrieb noch keine 5 Jahre bestehen sollte, beantworten Sie die Fragen bitte bis zum jetzigen Zeitpunkt!

1. Wie würden Sie die ersten 5 Jahre Ihrer Betriebsgründung beurteilen:

☐ Ich habe meinen Geschäftsraum ein oder mehrmals erweitert	☐ Ja	☐ Nein
☐ Ich habe ein oder mehrmals wesentliche Aufstockungen des Anlage- oder Betriebskapitals vorgenommen	☐ Ja	☐ Nein
☐ Ich habe mein früheres Einkommen übertroffen	☐ Ja	☐ Nein

2. Um wie viel Prozent ist Ihr Umsatz im Durchschnitt pro Jahr in den ersten 5 Jahren nach Betriebsgründung gewachsen?

☐ Umsatzrückgang
☐ Gleich bleibender Umsatz
☐ 1 – 5 Prozent pro Jahr
☐ 6 – 10 Prozent pro Jahr
☐ 11 – 20 Prozent pro Jahr
☐ Mehr als 20 Prozent pro Jahr

3. Wie lange hat es vom Zeitpunkt der Gewerbeanmeldung an gedauert, bis sich Ihr neugegründeter Betrieb rentiert hat und Gewinne erzielt wurden?

☐ Betrieb hat von Anfang an Gewinne erzielt
☐ 1 – 6 Monate
☐ 7 – 12 Monate
☐ 1 – 2 Jahre
☐ Mehr als 2 Jahre
☐ Betrieb hat sich bis jetzt nicht rentiert

4. Wie viele Mitarbeiter haben Sie in den ersten 5 Jahren nach Betriebsgründung zusätzlich eingestellt?

☐ _____Mitarbeiter ☐ Keine Mitarbeiter

Ab hier wieder für alle Betriebe!

X. Marktcharakteristika und Problemfelder

1. Geben Sie bitte eine Einschätzung – **unabhängig von der Situation Ihres eigenen Betriebes** – der allgemeinen Rahmenbedingungen auf dem Markt ab, auf dem sich ihr Betrieb bewegt!

In meiner Gründungsbranche…			
herrscht ein hoher Wettbewerbsdruck	☐ trifft voll zu	☐ trifft teilweise zu	☐ trifft nicht zu
sind die Preise der Produkte/Dienstl. das Entscheidende	☐ trifft voll zu	☐ trifft teilweise zu	☐ trifft nicht zu
ist die Qualität der Produkte/Dienstl. das Entscheidende	☐ trifft voll zu	☐ trifft teilweise zu	☐ trifft nicht zu
sind neuartige Produkte/Dienstl. das Entscheidende	☐ trifft voll zu	☐ trifft teilweise zu	☐ trifft nicht zu
beherrschen wenige große Anbieter den Markt	☐ trifft voll zu	☐ trifft teilweise zu	☐ trifft nicht zu
verändern sich die Marktbedingungen schnell	☐ trifft voll zu	☐ trifft teilweise zu	☐ trifft nicht zu
ändert sich der Kreis der Kunden schnell	☐ trifft voll zu	☐ trifft teilweise zu	☐ trifft nicht zu
wird das Geschäft mit wenigen großen Aufträgen getätigt	☐ trifft voll zu	☐ trifft teilweise zu	☐ trifft nicht zu
wird das Geschäft stark von saisonalen Schwankungen getroffen	☐ trifft voll zu	☐ trifft teilweise zu	☐ trifft nicht zu

2. Welche Probleme und Schwierigkeiten traten während der Gründung Ihres derzeitigen Betriebes auf (Mehrfachnennungen möglich)?

☐ Bürokratischer Aufwand
☐ Erhalt Genehmigung

☐ Beschaffung geeigneter Räume
☐ Erhalt Kredit / Kapital

☐ Kaufmännische Kenntnisse
☐ Unzureichende Branchenkenntnisse
☐ Unzureichende Marktkenntnisse
☐ Fehlende Informationen zum Thema Existenzgründung

☐ Geeignetes Personal
☐ Starke Konkurrenz
☐ Aufbau eines Kundenstamms
☐ Schlechte wirtschaftliche Lage
☐ Generelle Problemunterschätzung

☐ ______________________________

☐ Keine Schwierigkeiten

3. Mit welchen Problemen und Schwierigkeiten haben Sie seit der Gründung zu kämpfen (Mehrfachnennungen möglich)?

☐ Geringer Umsatz
☐ Kunden- / Auftragsrückgang
☐ Starke Konkurrenz
☐ Wirtschaftliche Situation allgemein

☐ Buchführungs- und Steuerprobleme
☐ Mangelnde Markt- / Branchenkenntnisse
☐ Falsche Erwartungen

☐ Bürokratie

☐ Finanzierungsprobleme
☐ Technische Betriebsausstattung
☐ Geeignetes / qualifiziertes Personal zu finden
☐ Probleme mit dem eigenen Personal

☐ ______________________________

☐ Keine Schwierigkeiten

4. Wie würden Sie die Probleme, die sich während Ihrer Selbstständigkeit ergaben, generell einstufen?

☐ Schwerwiegend ☐ Mittel ☐ Leicht

XI. Beratung und Weiterbildung

1. Wie würden Sie Ihre Kenntnisse in folgenden Bereichen einstufen?

Deutsche Sprache	☐ gut	☐ befriedigend	☐ schlecht
Buchführung	☐ gut	☐ befriedigend	☐ schlecht
Personalführung	☐ gut	☐ befriedigend	☐ schlecht
Management	☐ gut	☐ befriedigend	☐ schlecht
Finanzierung	☐ gut	☐ befriedigend	☐ schlecht
Steuern / Recht	☐ gut	☐ befriedigend	☐ schlecht
EDV / Computer	☐ gut	☐ befriedigend	☐ schlecht
Markt-/ Branchenkenntnisse	☐ gut	☐ befriedigend	☐ schlecht
Marketing / Kundenakquise	☐ gut	☐ befriedigend	☐ schlecht

2a. Haben Sie im Verlauf Ihrer Selbstständigkeit auf Beratung von außen zurückgegriffen?
Falls ja, an wen haben Sie sich für gewöhnlich als erstes gewendet und welche Themengebiete haben Sie nachgefragt?
Falls nein, warum nicht?

☐ Ja, Beratung bei
- ☐ Ehe-/Lebenspartner, Eltern
- ☐ Verwandte / Freunde
- ☐ Bekannten / (Unternehmer-) Kollegen
- ☐ Kammer
- ☐ Unternehmensverband
- ☐ Unternehmens-/ Steuerberater
- ☐ ______________________

☐ Nein, weil
- ☐ kein Bedarf
- ☐ keine Kenntnis über Angebote
- ☐ keine passenden Angebote
- ☐ zu teuer
- ☐ ______________________

Nachgefragte Themen:

- ☐ Deutsche Sprache
- ☐ Buchführung
- ☐ Personalführung
- ☐ Management
- ☐ Finanzierung
- ☐ Steuern / Recht
- ☐ EDV / Computer
- ☐ Markt-/ Branchenkenntnisse
- ☐ Marketing / Kundenakquise
- ☐ Allgemeine Fragen der Selbstständigkeit
- ☐ ______________________

2b. Falls Sie Beratung in Anspruch genommen haben, wie empfanden Sie diese?

☐ Vollauf hilfreich ☐ Teilweise hilfreich ☐ Überhaupt nicht hilfreich

3a. Haben Sie selbst oder Ihre Mitarbeiter an Weiterbildungs- oder Qualifizierungsmaßnahmen teilgenommen?

Falls ja, bei welcher Institution und welche Themengebiete haben Sie nachgefragt?

Falls nein, warum nicht?

- ☐ Ja, bei
  - ☐ Kammer
  - ☐ Arbeitsamt / JobCenter
  - ☐ Wirtschaftsförderung / Stadt
  - ☐ Wirtschaftsministerium / ifex
  - ☐ Unternehmerverband
  - ☐ ____________________
- ☐ Nein, weil,
  - ☐ kein Bedarf
  - ☐ keine Kenntnis über Angebote
  - ☐ keine passenden Angebote
  - ☐ zu teuer
  - ☐ ____________________

Nachgefragte Themen:

- ☐ Deutsche Sprache
- ☐ Buchführung
- ☐ Personalführung
- ☐ Management
- ☐ Finanzierung
- ☐ Steuern / Recht
- ☐ EDV / Computer
- ☐ Markt-/ Branchenkenntnisse
- ☐ Marketing / Kundenakquise
- ☐ Allgemeine Fragen der Selbstständigkeit
- ☐ ____________________

3b. Falls Sie Weiterbildungs- oder Qualifizierungsmaßnahmen in Anspruch genommen haben, wie empfanden Sie diese?

☐ Vollauf hilfreich ☐ Teilweise hilfreich ☐ Überhaupt nicht hilfreich

4. Würden Sie Beratungs- oder Weiterbildungsangebote mit türkischer Ausprägung begrüßen?

- ☐ Ja, in türkischer Sprache
- ☐ Ja, mit türkischem Ansprechpartner
- ☐ Ja, mit zielgruppenspezifischem Inhalt
- ☐ Nein

5. Wie ist generell Ihre Einstellung gegenüber Beratungs- und Weiterbildungsangeboten (Mehrfachnennungen möglich)?

- ☐ Ist wichtige praktische Unterstützung
- ☐ Bin informiert, habe keinen Beratungsbedarf
- ☐ Ist mir zu theoretisch
- ☐ Ist mir zu teuer
- ☐ Habe keine Zeit
- ☐ Meist falsche Themen
- ☐ Keine Anlaufstelle bekannt

6. Haben Sie Interesse daran, in Zukunft Beratungs- oder Unterstützungsmaßnahmen für sich selbst oder ihre Mitarbeiter in Anspruch zu nehmen? Falls ja, in welchem Bereich sehen Sie Bedarf bei sich an?

☐ Ja, ☐ Nein

☐ Deutsche Sprache
☐ Buchführung
☐ Personalführung
☐ Management
☐ Finanzierung
☐ Steuern / Recht
☐ EDV / Computer
☐ Markt-/ Branchenkenntnisse
☐ Marketing / Kundenakquise
☐ ______________________

7. Wie sollten Ihrer Meinung nach Beratungs- und Weiterbildungsangebote organisatorisch gestaltet sein?

☐ Blockweise
☐ Ganztägig
☐ 3-4 Stunden
☐ 2 Stunden
☐ Egal

8. An welchem Wochentag sollten Ihrer Meinung nach Beratungs- und Weiterbildungsangebote stattfinden?

☐ Nur Wochenende
☐ Nur Werktags
☐ Egal

9. Zu welcher Tageszeit sollten Ihrer Meinung nach Beratungs- und Weiterbildungsangebote stattfinden?

☐ Vormittags
☐ Nachmittags
☐ Abends
☐ Egal

10. Würden Sie Ihre Mitarbeiter während der Arbeitszeit für Beratungs- und Weiterbildungsangebote freistellen?

☐ Ja
☐ Nein

XII. Förderinstrumente der lokalen Wirtschaftsinstitutionen

Im Folgenden werden Sie gebeten, die konkret in Anspruch genommen Unterstützungsangebote der Institutionen...

- Wirtschaftsministerium des Landes / ifex
- Wirtschaftsförderung der Stadt
- Kammern (IHK / HK)
- Landesbank
- Agentur für Arbeit
- Unternehmerverband

...anzugeben und zu bewerten!

Dazu wird in 3 Schritten vorgegangen:

1. Zunächst bitten wir Sie anzugeben, ob Sie im Verlauf Ihrer Selbstständigkeit die Hilfe einer der oben angegebenen Institution in Anspruch genommen haben. Diese Hilfe kann in Form von Beratung, Informationsmaterial oder Seminaren stattgefunden haben.

2. Im zweiten Schritt bitten wir Sie, den thematischen Bereich anzugeben, in dem Sie auf die Hilfe der Institutionen zurückgegriffen haben.

3. Im dritten Schritt bitten wir Sie, die angenommene Hilfe zu konkretisieren:

   a) In welchem Bereich haben Sie die Hilfe angenommen?
   Finanzierung, Marketing, Organisation und Humankapital

   b) In welcher Form fand diese Hilfe statt?
   Beratung, Informationsmaterial oder Seminare

   c) Wie war diese Hilfe ausgestaltet?
   Allgemeiner Natur, in türkischer Sprache, mit einem türkischen Ansprechpartner oder mit zielgruppenspezifischem Inhalt

   d) Wie empfanden Sie diese Hilfe?
   Vollauf hilfreich, teilweise hilfreich oder überhaupt nicht hilfreich

   e) Besteht Unterstützungsbedarf für diesen Bereich?
   Ja oder Nein

1. Schritt: Art der aufgesuchten Institution

2. Haben Sie im Verlauf Ihrer Selbstständigkeit auf die Hilfe einer der angegebenen Institutionen zurückgegriffen (Mehrfachnennungen möglich)?

- ☐ Wirtschaftsministerium des Landes / ifex
- ☐ Wirtschaftsförderung der Stadt
- ☐ Kammer (IHK / HK)
- ☐ Landesbank
- ☐ Agentur für Arbeit
- ☐ Unternehmerverband
- ☐ Habe mich an keine der Institutionen gewendet

2. Schritt: Bereich der in Anspruch genommenen Hilfe

1. Falls Sie auf die Hilfe einer der Institutionen zurückgegriffen haben, in welchem Themenbereich war dies? Zutreffendes bitte ankreuzen (Mehrfachnennungen möglich)!

- ☐ Finanzierung, im speziellen:
  - ☐ Öffentliche Fördermittel
  - ☐ Finanzierung in der Existenzgründung
  - ☐ Investitions- und Wachstumsfinanzierung
  - ☐ Rechnungswesen
  - ☐ Steuern
- ☐ Marketing, im speziellen:
  - ☐ Allg. Marktanalyse
  - ☐ Preispolitik
  - ☐ Produktpolitik
  - ☐ Kommunikationspolitik (Werbung)
  - ☐ Distributionspolitik
- ☐ Organisation, im speziellen:
  - ☐ Geschäftsplan
  - ☐ Management
  - ☐ Rechtsform
  - ☐ Interne Struktur
- ☐ Humankapital, im speziellen:
  - ☐ Mitarbeiterakquise
  - ☐ Personalführung
  - ☐ Arbeitsorganisation
  - ☐ Qualifizierung / Weiterbildung
  - ☐ Ausbildungsfähigkeit
- ☐ ______________________________
- ☐ Habe nie auf die Hilfe dieser Institutionen zurückgegriffen

3. Schritt: Konkretisierung und Bewertung der Hilfe: Bereich Finanzierung
Art des Instrumentes : A: allg. Natur, B: in türk. Sprache, C: mit einem türk. Ansprechpartner, D: mit zielgruppenspezifischen Inhalt
Bewertung des Instrumentes: 1: vollauf hilfreich, 2: teilweise hilfreich, 3: überhaupt nicht hilfreich

Finanzierung			Wirtschaftsministerium des Landes		Wirtschaftsförderung der Stadt		IHK / HK		Landesbank		Agentur für Arbeit		Unternehmerverband	
Öffentliche Fördermittel	Nein	Instrument	Falls finanzielle Förderungen in Anspruch genommen, bitte das konkrete Instrument angeben: ______ ______		Falls finanzielle Förderungen in Anspruch genommen, bitte das konkrete Instrument angeben: ______ ______		Falls finanzielle Förderungen in Anspruch genommen, bitte das konkrete Instrument angeben: ______ ______		Falls finanzielle Förderungen in Anspruch genommen, bitte das konkrete Instrument angeben: ______ ______		Falls finanzielle Förderungen in Anspruch genommen, bitte das konkrete Instrument angeben: ______ ______		Falls finanzielle Förderungen in Anspruch genommen, bitte das konkrete Instrument angeben: ______ ______	
	JA	Beratung	☐A ☐B ☐C ☐D	☐1 ☐2 ☐3	☐A ☐B ☐C ☐D	☐1 ☐2 ☐3	☐A ☐B ☐C ☐D	☐1 ☐2 ☐3	☐A ☐B ☐C ☐D	☐1 ☐2 ☐3	☐A ☐B ☐C ☐D	☐1 ☐2 ☐3	☐A ☐B ☐C ☐D	☐1 ☐2 ☐3
		Infomaterial	☐A ☐B ☐C ☐D	☐1 ☐2 ☐3	☐A ☐B ☐C ☐D	☐1 ☐2 ☐3	☐A ☐B ☐C ☐D	☐1 ☐2 ☐3	☐A ☐B ☐C ☐D	☐1 ☐2 ☐3	☐A ☐B ☐C ☐D	☐1 ☐2 ☐3	☐A ☐B ☐C ☐D	☐1 ☐2 ☐3
		Seminare	☐A ☐B ☐C ☐D	☐1 ☐2 ☐3	☐A ☐B ☐C ☐D	☐1 ☐2 ☐3	☐A ☐B ☐C ☐D	☐1 ☐2 ☐3	☐A ☐B ☐C ☐D	☐1 ☐2 ☐3	☐A ☐B ☐C ☐D	☐1 ☐2 ☐3	☐A ☐B ☐C ☐D	☐1 ☐2 ☐3
Finanzierung in der Existenzgründung	NEIN	Beratung	☐A ☐B ☐C ☐D	☐1 ☐2 ☐3	☐A ☐B ☐C ☐D	☐1 ☐2 ☐3	☐A ☐B ☐C ☐D	☐1 ☐2 ☐3	☐A ☐B ☐C ☐D	☐1 ☐2 ☐3	☐A ☐B ☐C ☐D	☐1 ☐2 ☐3	☐A ☐B ☐C ☐D	☐1 ☐2 ☐3
	JA	Infomaterial	☐A ☐B ☐C ☐D	☐1 ☐2 ☐3	☐A ☐B ☐C ☐D	☐1 ☐2 ☐3	☐A ☐B ☐C ☐D	☐1 ☐2 ☐3	☐A ☐B ☐C ☐D	☐1 ☐2 ☐3	☐A ☐B ☐C ☐D	☐1 ☐2 ☐3	☐A ☐B ☐C ☐D	☐1 ☐2 ☐3
		Seminare	☐A ☐B ☐C ☐D	☐1 ☐2 ☐3	☐A ☐B ☐C ☐D	☐1 ☐2 ☐3	☐A ☐B ☐C ☐D	☐1 ☐2 ☐3	☐A ☐B ☐C ☐D	☐1 ☐2 ☐3	☐A ☐B ☐C ☐D	☐1 ☐2 ☐3	☐A ☐B ☐C ☐D	☐1 ☐2 ☐3
Investitions- und Wachstumsfinanzierung	NEIN	Beratung	☐A ☐B ☐C ☐D	☐1 ☐2 ☐3	☐A ☐B ☐C ☐D	☐1 ☐2 ☐3	☐A ☐B ☐C ☐D	☐1 ☐2 ☐3	☐A ☐B ☐C ☐D	☐1 ☐2 ☐3	☐A ☐B ☐C ☐D	☐1 ☐2 ☐3	☐A ☐B ☐C ☐D	☐1 ☐2 ☐3
	JA	Infomaterial	☐A ☐B ☐C ☐D	☐1 ☐2 ☐3	☐A ☐B ☐C ☐D	☐1 ☐2 ☐3	☐A ☐B ☐C ☐D	☐1 ☐2 ☐3	☐A ☐B ☐C ☐D	☐1 ☐2 ☐3	☐A ☐B ☐C ☐D	☐1 ☐2 ☐3	☐A ☐B ☐C ☐D	☐1 ☐2 ☐3
		Seminare	☐A ☐B ☐C ☐D	☐1 ☐2 ☐3	☐A ☐B ☐C ☐D	☐1 ☐2 ☐3	☐A ☐B ☐C ☐D	☐1 ☐2 ☐3	☐A ☐B ☐C ☐D	☐1 ☐2 ☐3	☐A ☐B ☐C ☐D	☐1 ☐2 ☐3	☐A ☐B ☐C ☐D	☐1 ☐2 ☐3
Steuern	NEIN	Beratung	☐A ☐B ☐C ☐D	☐1 ☐2 ☐3	☐A ☐B ☐C ☐D	☐1 ☐2 ☐3	☐A ☐B ☐C ☐D	☐1 ☐2 ☐3	☐A ☐B ☐C ☐D	☐1 ☐2 ☐3	☐A ☐B ☐C ☐D	☐1 ☐2 ☐3	☐A ☐B ☐C ☐D	☐1 ☐2 ☐3
	JA	Infomaterial	☐A ☐B ☐C ☐D	☐1 ☐2 ☐3	☐A ☐B ☐C ☐D	☐1 ☐2 ☐3	☐A ☐B ☐C ☐D	☐1 ☐2 ☐3	☐A ☐B ☐C ☐D	☐1 ☐2 ☐3	☐A ☐B ☐C ☐D	☐1 ☐2 ☐3	☐A ☐B ☐C ☐D	☐1 ☐2 ☐3
		Seminare	☐A ☐B ☐C ☐D	☐1 ☐2 ☐3	☐A ☐B ☐C ☐D	☐1 ☐2 ☐3	☐A ☐B ☐C ☐D	☐1 ☐2 ☐3	☐A ☐B ☐C ☐D	☐1 ☐2 ☐3	☐A ☐B ☐C ☐D	☐1 ☐2 ☐3	☐A ☐B ☐C ☐D	☐1 ☐2 ☐3
Rechnungswesen	NEIN	Beratung	☐A ☐B ☐C ☐D	☐1 ☐2 ☐3	☐A ☐B ☐C ☐D	☐1 ☐2 ☐3	☐A ☐B ☐C ☐D	☐1 ☐2 ☐3	☐A ☐B ☐C ☐D	☐1 ☐2 ☐3	☐A ☐B ☐C ☐D	☐1 ☐2 ☐3	☐A ☐B ☐C ☐D	☐1 ☐2 ☐3
	JA	Infomaterial	☐A ☐B ☐C ☐D	☐1 ☐2 ☐3	☐A ☐B ☐C ☐D	☐1 ☐2 ☐3	☐A ☐B ☐C ☐D	☐1 ☐2 ☐3	☐A ☐B ☐C ☐D	☐1 ☐2 ☐3	☐A ☐B ☐C ☐D	☐1 ☐2 ☐3	☐A ☐B ☐C ☐D	☐1 ☐2 ☐3
		Seminare	☐A ☐B ☐C ☐D	☐1 ☐2 ☐3	☐A ☐B ☐C ☐D	☐1 ☐2 ☐3	☐A ☐B ☐C ☐D	☐1 ☐2 ☐3	☐A ☐B ☐C ☐D	☐1 ☐2 ☐3	☐A ☐B ☐C ☐D	☐1 ☐2 ☐3	☐A ☐B ☐C ☐D	☐1 ☐2 ☐3

3. Schritt: Konkretisierung und Bewertung der Hilfe

Bereich Marketing

Art des Instrumentes

A: allgemeiner Natur　　B: in türkischer Sprache

C: mit einem türkischen Ansprechpartner　　D: mit zielgruppenspezifischen Inhalt

Bewertung des Instrumentes

1: vollauf hilfreich 2: teilweise hilfreich 3: überhaupt nicht hilfreich

Marketing			Wirtschafts-ministerium des Landes		Wirtschafts-förderung der Stadt		IHK / HK		Landesbank		Agentur für Arbeit		Unternehmer-verband	
Allgemeine Marktanalyse	NEIN	Bera-tung	☐A ☐B ☐C ☐D	☐1 ☐2 ☐3	☐A ☐B ☐C ☐D	☐1 ☐2 ☐3	☐A ☐B ☐C ☐D	☐1 ☐2 ☐3	☐A ☐B ☐C ☐D	☐1 ☐2 ☐3	☐A ☐B ☐C ☐D	☐1 ☐2 ☐3	☐A ☐B ☐C ☐D	☐1 ☐2 ☐3
	JA	Infoma-terial	☐A ☐B ☐C ☐D	☐1 ☐2 ☐3	☐A ☐B ☐C ☐D	☐1 ☐2 ☐3	☐A ☐B ☐C ☐D	☐1 ☐2 ☐3	☐A ☐B ☐C ☐D	☐1 ☐2 ☐3	☐A ☐B ☐C ☐D	☐1 ☐2 ☐3	☐A ☐B ☐C ☐D	☐1 ☐2 ☐3
		Semi-nare	☐A ☐B ☐C ☐D	☐1 ☐2 ☐3	☐A ☐B ☐C ☐D	☐1 ☐2 ☐3	☐A ☐B ☐C ☐D	☐1 ☐2 ☐3	☐A ☐B ☐C ☐D	☐1 ☐2 ☐3	☐A ☐B ☐C ☐D	☐1 ☐2 ☐3	☐A ☐B ☐C ☐D	☐1 ☐2 ☐3
Preispolitik	NEIN	Bera-tung	☐A ☐B ☐C ☐D	☐1 ☐2 ☐3	☐A ☐B ☐C ☐D	☐1 ☐2 ☐3	☐A ☐B ☐C ☐D	☐1 ☐2 ☐3	☐A ☐B ☐C ☐D	☐1 ☐2 ☐3	☐A ☐B ☐C ☐D	☐1 ☐2 ☐3	☐A ☐B ☐C ☐D	☐1 ☐2 ☐3
	JA	Infoma-terial	☐A ☐B ☐C ☐D	☐1 ☐2 ☐3	☐A ☐B ☐C ☐D	☐1 ☐2 ☐3	☐A ☐B ☐C ☐D	☐1 ☐2 ☐3	☐A ☐B ☐C ☐D	☐1 ☐2 ☐3	☐A ☐B ☐C ☐D	☐1 ☐2 ☐3	☐A ☐B ☐C ☐D	☐1 ☐2 ☐3
		Semi-nare	☐A ☐B ☐C ☐D	☐1 ☐2 ☐3	☐A ☐B ☐C ☐D	☐1 ☐2 ☐3	☐A ☐B ☐C ☐D	☐1 ☐2 ☐3	☐A ☐B ☐C ☐D	☐1 ☐2 ☐3	☐A ☐B ☐C ☐D	☐1 ☐2 ☐3	☐A ☐B ☐C ☐D	☐1 ☐2 ☐3
Produktpolitik	NEIN	Bera-tung	☐A ☐B ☐C ☐D	☐1 ☐2 ☐3	☐A ☐B ☐C ☐D	☐1 ☐2 ☐3	☐A ☐B ☐C ☐D	☐1 ☐2 ☐3	☐A ☐B ☐C ☐D	☐1 ☐2 ☐3	☐A ☐B ☐C ☐D	☐1 ☐2 ☐3	☐A ☐B ☐C ☐D	☐1 ☐2 ☐3
	JA	Infoma-terial	☐A ☐B ☐C ☐D	☐1 ☐2 ☐3	☐A ☐B ☐C ☐D	☐1 ☐2 ☐3	☐A ☐B ☐C ☐D	☐1 ☐2 ☐3	☐A ☐B ☐C ☐D	☐1 ☐2 ☐3	☐A ☐B ☐C ☐D	☐1 ☐2 ☐3	☐A ☐B ☐C ☐D	☐1 ☐2 ☐3
		Semi-nare	☐A ☐B ☐C ☐D	☐1 ☐2 ☐3	☐A ☐B ☐C ☐D	☐1 ☐2 ☐3	☐A ☐B ☐C ☐D	☐1 ☐2 ☐3	☐A ☐B ☐C ☐D	☐1 ☐2 ☐3	☐A ☐B ☐C ☐D	☐1 ☐2 ☐3	☐A ☐B ☐C ☐D	☐1 ☐2 ☐3
Werbung	NEIN	Bera-tung	☐A ☐B ☐C ☐D	☐1 ☐2 ☐3	☐A ☐B ☐C ☐D	☐1 ☐2 ☐3	☐A ☐B ☐C ☐D	☐1 ☐2 ☐3	☐A ☐B ☐C ☐D	☐1 ☐2 ☐3	☐A ☐B ☐C ☐D	☐1 ☐2 ☐3	☐A ☐B ☐C ☐D	☐1 ☐2 ☐3
	JA	Infoma-terial	☐A ☐B ☐C ☐D	☐1 ☐2 ☐3	☐A ☐B ☐C ☐D	☐1 ☐2 ☐3	☐A ☐B ☐C ☐D	☐1 ☐2 ☐3	☐A ☐B ☐C ☐D	☐1 ☐2 ☐3	☐A ☐B ☐C ☐D	☐1 ☐2 ☐3	☐A ☐B ☐C ☐D	☐1 ☐2 ☐3
		Semi-nare	☐A ☐B ☐C ☐D	☐1 ☐2 ☐3	☐A ☐B ☐C ☐D	☐1 ☐2 ☐3	☐A ☐B ☐C ☐D	☐1 ☐2 ☐3	☐A ☐B ☐C ☐D	☐1 ☐2 ☐3	☐A ☐B ☐C ☐D	☐1 ☐2 ☐3	☐A ☐B ☐C ☐D	☐1 ☐2 ☐3
Distributionspolitik	NEIN	Bera-tung	☐A ☐B ☐C ☐D	☐1 ☐2 ☐3	☐A ☐B ☐C ☐D	☐1 ☐2 ☐3	☐A ☐B ☐C ☐D	☐1 ☐2 ☐3	☐A ☐B ☐C ☐D	☐1 ☐2 ☐3	☐A ☐B ☐C ☐D	☐1 ☐2 ☐3	☐A ☐B ☐C ☐D	☐1 ☐2 ☐3
	JA	Infoma-terial	☐A ☐B ☐C ☐D	☐1 ☐2 ☐3	☐A ☐B ☐C ☐D	☐1 ☐2 ☐3	☐A ☐B ☐C ☐D	☐1 ☐2 ☐3	☐A ☐B ☐C ☐D	☐1 ☐2 ☐3	☐A ☐B ☐C ☐D	☐1 ☐2 ☐3	☐A ☐B ☐C ☐D	☐1 ☐2 ☐3
		Semi-nare	☐A ☐B ☐C ☐D	☐1 ☐2 ☐3	☐A ☐B ☐C ☐D	☐1 ☐2 ☐3	☐A ☐B ☐C ☐D	☐1 ☐2 ☐3	☐A ☐B ☐C ☐D	☐1 ☐2 ☐3	☐A ☐B ☐C ☐D	☐1 ☐2 ☐3	☐A ☐B ☐C ☐D	☐1 ☐2 ☐3

3. Schritt: Konkretisierung und Bewertung der Hilfe

Bereich Organisation

Art des Instrumentes
A: allgemeiner Natur
B: in türkischer Sprache
C: mit einem türkischen Ansprechpartner
D: mit zielgruppenspezifischen Inhalt
Bewertung des Instrumentes
1: vollauf hilfreich 2: teilweise hilfreich 3: überhaupt nicht hilfreich

Organisation			Wirtschaftsministerium des Landes		Wirtschaftsförderung der Stadt		IHK / HK		Landesbank		Agentur für Arbeit		Unternehmerverband	
Geschäftsplan	NEIN	Beratung	☐A ☐B ☐C ☐D	☐1 ☐2 ☐3	☐A ☐B ☐C ☐D	☐1 ☐2 ☐3	☐A ☐B ☐C ☐D	☐1 ☐2 ☐3	☐A ☐B ☐C ☐D	☐1 ☐2 ☐3	☐A ☐B ☐C ☐D	☐1 ☐2 ☐3	☐A ☐B ☐C ☐D	☐1 ☐2 ☐3
	JA	Infomaterial	☐A ☐B ☐C ☐D	☐1 ☐2 ☐3	☐A ☐B ☐C ☐D	☐1 ☐2 ☐3	☐A ☐B ☐C ☐D	☐1 ☐2 ☐3	☐A ☐B ☐C ☐D	☐1 ☐2 ☐3	☐A ☐B ☐C ☐D	☐1 ☐2 ☐3	☐A ☐B ☐C ☐D	☐1 ☐2 ☐3
		Seminare	☐A ☐B ☐C ☐D	☐1 ☐2 ☐3	☐A ☐B ☐C ☐D	☐1 ☐2 ☐3	☐A ☐B ☐C ☐D	☐1 ☐2 ☐3	☐A ☐B ☐C ☐D	☐1 ☐2 ☐3	☐A ☐B ☐C ☐D	☐1 ☐2 ☐3	☐A ☐B ☐C ☐D	☐1 ☐2 ☐3
Management	NEIN	Beratung	☐A ☐B ☐C ☐D	☐1 ☐2 ☐3	☐A ☐B ☐C ☐D	☐1 ☐2 ☐3	☐A ☐B ☐C ☐D	☐1 ☐2 ☐3	☐A ☐B ☐C ☐D	☐1 ☐2 ☐3	☐A ☐B ☐C ☐D	☐1 ☐2 ☐3	☐A ☐B ☐C ☐D	☐1 ☐2 ☐3
	JA	Infomaterial	☐A ☐B ☐C ☐D	☐1 ☐2 ☐3	☐A ☐B ☐C ☐D	☐1 ☐2 ☐3	☐A ☐B ☐C ☐D	☐1 ☐2 ☐3	☐A ☐B ☐C ☐D	☐1 ☐2 ☐3	☐A ☐B ☐C ☐D	☐1 ☐2 ☐3	☐A ☐B ☐C ☐D	☐1 ☐2 ☐3
		Seminare	☐A ☐B ☐C ☐D	☐1 ☐2 ☐3	☐A ☐B ☐C ☐D	☐1 ☐2 ☐3	☐A ☐B ☐C ☐D	☐1 ☐2 ☐3	☐A ☐B ☐C ☐D	☐1 ☐2 ☐3	☐A ☐B ☐C ☐D	☐1 ☐2 ☐3	☐A ☐B ☐C ☐D	☐1 ☐2 ☐3
Rechtsform	NEIN	Beratung	☐A ☐B ☐C ☐D	☐1 ☐2 ☐3	☐A ☐B ☐C ☐D	☐1 ☐2 ☐3	☐A ☐B ☐C ☐D	☐1 ☐2 ☐3	☐A ☐B ☐C ☐D	☐1 ☐2 ☐3	☐A ☐B ☐C ☐D	☐1 ☐2 ☐3	☐A ☐B ☐C ☐D	☐1 ☐2 ☐3
	JA	Infomaterial	☐A ☐B ☐C ☐D	☐1 ☐2 ☐3	☐A ☐B ☐C ☐D	☐1 ☐2 ☐3	☐A ☐B ☐C ☐D	☐1 ☐2 ☐3	☐A ☐B ☐C ☐D	☐1 ☐2 ☐3	☐A ☐B ☐C ☐D	☐1 ☐2 ☐3	☐A ☐B ☐C ☐D	☐1 ☐2 ☐3
		Seminare	☐A ☐B ☐C ☐D	☐1 ☐2 ☐3	☐A ☐B ☐C ☐D	☐1 ☐2 ☐3	☐A ☐B ☐C ☐D	☐1 ☐2 ☐3	☐A ☐B ☐C ☐D	☐1 ☐2 ☐3	☐A ☐B ☐C ☐D	☐1 ☐2 ☐3	☐A ☐B ☐C ☐D	☐1 ☐2 ☐3
Interne Struktur	NEIN	Beratung	☐A ☐B ☐C ☐D	☐1 ☐2 ☐3	☐A ☐B ☐C ☐D	☐1 ☐2 ☐3	☐A ☐B ☐C ☐D	☐1 ☐2 ☐3	☐A ☐B ☐C ☐D	☐1 ☐2 ☐3	☐A ☐B ☐C ☐D	☐1 ☐2 ☐3	☐A ☐B ☐C ☐D	☐1 ☐2 ☐3
	JA	Infomaterial	☐A ☐B ☐C ☐D	☐1 ☐2 ☐3	☐A ☐B ☐C ☐D	☐1 ☐2 ☐3	☐A ☐B ☐C ☐D	☐1 ☐2 ☐3	☐A ☐B ☐C ☐D	☐1 ☐2 ☐3	☐A ☐B ☐C ☐D	☐1 ☐2 ☐3	☐A ☐B ☐C ☐D	☐1 ☐2 ☐3
		Seminare	☐A ☐B ☐C ☐D	☐1 ☐2 ☐3	☐A ☐B ☐C ☐D	☐1 ☐2 ☐3	☐A ☐B ☐C ☐D	☐1 ☐2 ☐3	☐A ☐B ☐C ☐D	☐1 ☐2 ☐3	☐A ☐B ☐C ☐D	☐1 ☐2 ☐3	☐A ☐B ☐C ☐D	☐1 ☐2 ☐3

3. Schritt: Konkretisierung und Bewertung der Hilfe

Bereich Humankapital

Art des Instrumentes

A: allgemeiner Natur — B: in türkischer Sprache

C: mit einem türkischen Ansprechpartner — D: mit zielgruppenspezifischen Inhalt

Bewertung des Instrumentes

1: vollauf hilfreich 2: teilweise hilfreich 3: überhaupt nicht hilfreich

Human-kapital			Wirtschafts-ministerium des Landes		Wirtschafts-förderung der Stadt		IHK / HK		Landesbank		Agentur für Arbeit		Unternehmer-verband	
Mitarbeiteraquise	NEIN	Bera-tung	☐A ☐B ☐C ☐D	☐1 ☐2 ☐3	☐A ☐B ☐C ☐D	☐1 ☐2 ☐3	☐A ☐B ☐C ☐D	☐1 ☐2 ☐3	☐A ☐B ☐C ☐D	☐1 ☐2 ☐3	☐A ☐B ☐C ☐D	☐1 ☐2 ☐3	☐A ☐B ☐C ☐D	☐1 ☐2 ☐3
	JA	Infoma-terial	☐A ☐B ☐C ☐D	☐1 ☐2 ☐3	☐A ☐B ☐C ☐D	☐1 ☐2 ☐3	☐A ☐B ☐C ☐D	☐1 ☐2 ☐3	☐A ☐B ☐C ☐D	☐1 ☐2 ☐3	☐A ☐B ☐C ☐D	☐1 ☐2 ☐3	☐A ☐B ☐C ☐D	☐1 ☐2 ☐3
		Semi-nare	☐A ☐B ☐C ☐D	☐1 ☐2 ☐3	☐A ☐B ☐C ☐D	☐1 ☐2 ☐3	☐A ☐B ☐C ☐D	☐1 ☐2 ☐3	☐A ☐B ☐C ☐D	☐1 ☐2 ☐3	☐A ☐B ☐C ☐D	☐1 ☐2 ☐3	☐A ☐B ☐C ☐D	☐1 ☐2 ☐3
Personalführung	NEIN	Bera-tung	☐A ☐B ☐C ☐D	☐1 ☐2 ☐3	☐A ☐B ☐C ☐D	☐1 ☐2 ☐3	☐A ☐B ☐C ☐D	☐1 ☐2 ☐3	☐A ☐B ☐C ☐D	☐1 ☐2 ☐3	☐A ☐B ☐C ☐D	☐1 ☐2 ☐3	☐A ☐B ☐C ☐D	☐1 ☐2 ☐3
	JA	Infoma-terial	☐A ☐B ☐C ☐D	☐1 ☐2 ☐3	☐A ☐B ☐C ☐D	☐1 ☐2 ☐3	☐A ☐B ☐C ☐D	☐1 ☐2 ☐3	☐A ☐B ☐C ☐D	☐1 ☐2 ☐3	☐A ☐B ☐C ☐D	☐1 ☐2 ☐3	☐A ☐B ☐C ☐D	☐1 ☐2 ☐3
		Semi-nare	☐A ☐B ☐C ☐D	☐1 ☐2 ☐3	☐A ☐B ☐C ☐D	☐1 ☐2 ☐3	☐A ☐B ☐C ☐D	☐1 ☐2 ☐3	☐A ☐B ☐C ☐D	☐1 ☐2 ☐3	☐A ☐B ☐C ☐D	☐1 ☐2 ☐3	☐A ☐B ☐C ☐D	☐1 ☐2 ☐3
Qualifizierung/ Weiterbildung	NEIN	Bera-tung	☐A ☐B ☐C ☐D	☐1 ☐2 ☐3	☐A ☐B ☐C ☐D	☐1 ☐2 ☐3	☐A ☐B ☐C ☐D	☐1 ☐2 ☐3	☐A ☐B ☐C ☐D	☐1 ☐2 ☐3	☐A ☐B ☐C ☐D	☐1 ☐2 ☐3	☐A ☐B ☐C ☐D	☐1 ☐2 ☐3
	JA	Infoma-terial	☐A ☐B ☐C ☐D	☐1 ☐2 ☐3	☐A ☐B ☐C ☐D	☐1 ☐2 ☐3	☐A ☐B ☐C ☐D	☐1 ☐2 ☐3	☐A ☐B ☐C ☐D	☐1 ☐2 ☐3	☐A ☐B ☐C ☐D	☐1 ☐2 ☐3	☐A ☐B ☐C ☐D	☐1 ☐2 ☐3
		Semi-nare	☐A ☐B ☐C ☐D	☐1 ☐2 ☐3	☐A ☐B ☐C ☐D	☐1 ☐2 ☐3	☐A ☐B ☐C ☐D	☐1 ☐2 ☐3	☐A ☐B ☐C ☐D	☐1 ☐2 ☐3	☐A ☐B ☐C ☐D	☐1 ☐2 ☐3	☐A ☐B ☐C ☐D	☐1 ☐2 ☐3
Ausbildungs-fähigkeit	NEIN	Bera-tung	☐A ☐B ☐C ☐D	☐1 ☐2 ☐3	☐A ☐B ☐C ☐D	☐1 ☐2 ☐3	☐A ☐B ☐C ☐D	☐1 ☐2 ☐3	☐A ☐B ☐C ☐D	☐1 ☐2 ☐3	☐A ☐B ☐C ☐D	☐1 ☐2 ☐3	☐A ☐B ☐C ☐D	☐1 ☐2 ☐3
	JA	Infoma-terial	☐A ☐B ☐C ☐D	☐1 ☐2 ☐3	☐A ☐B ☐C ☐D	☐1 ☐2 ☐3	☐A ☐B ☐C ☐D	☐1 ☐2 ☐3	☐A ☐B ☐C ☐D	☐1 ☐2 ☐3	☐A ☐B ☐C ☐D	☐1 ☐2 ☐3	☐A ☐B ☐C ☐D	☐1 ☐2 ☐3
		Semi-nare	☐A ☐B ☐C ☐D	☐1 ☐2 ☐3	☐A ☐B ☐C ☐D	☐1 ☐2 ☐3	☐A ☐B ☐C ☐D	☐1 ☐2 ☐3	☐A ☐B ☐C ☐D	☐1 ☐2 ☐3	☐A ☐B ☐C ☐D	☐1 ☐2 ☐3	☐A ☐B ☐C ☐D	☐1 ☐2 ☐3
Arbeitsorganisation	NEIN	Bera-tung	☐A ☐B ☐C ☐D	☐1 ☐2 ☐3	☐A ☐B ☐C ☐D	☐1 ☐2 ☐3	☐A ☐B ☐C ☐D	☐1 ☐2 ☐3	☐A ☐B ☐C ☐D	☐1 ☐2 ☐3	☐A ☐B ☐C ☐D	☐1 ☐2 ☐3	☐A ☐B ☐C ☐D	☐1 ☐2 ☐3
	JA	Infoma-terial	☐A ☐B ☐C ☐D	☐1 ☐2 ☐3	☐A ☐B ☐C ☐D	☐1 ☐2 ☐3	☐A ☐B ☐C ☐D	☐1 ☐2 ☐3	☐A ☐B ☐C ☐D	☐1 ☐2 ☐3	☐A ☐B ☐C ☐D	☐1 ☐2 ☐3	☐A ☐B ☐C ☐D	☐1 ☐2 ☐3
		Semi-nare	☐A ☐B ☐C ☐D	☐1 ☐2 ☐3	☐A ☐B ☐C ☐D	☐1 ☐2 ☐3	☐A ☐B ☐C ☐D	☐1 ☐2 ☐3	☐A ☐B ☐C ☐D	☐1 ☐2 ☐3	☐A ☐B ☐C ☐D	☐1 ☐2 ☐3	☐A ☐B ☐C ☐D	☐1 ☐2 ☐3

XIII. Interaktion mit wirtschaftspolitischen Akteuren

1. Geben Sie bitte eine Einschätzung über die wirtschaftspolitischen Akteure in Ihrer Region ab!

a. **Hatten Sie im Verlauf Ihrer Selbstständigkeit Kontakt mit einer der angegebenen Institutionen? Falls ja, wie oft?**

Kammer	☐ Ja, ☐ selten ☐ häufiger	☐ Nein
Stadt / Wirt.förderung	☐ Ja, ☐ selten ☐ häufiger	☐ Nein
Land / Wirt.ministerium	☐ Ja, ☐ selten ☐ häufiger	☐ Nein
Agentur für Arbeit / JobCenter	☐ Ja, ☐ selten ☐ häufiger	☐ Nein
Unternehmerverein	☐ Ja, ☐ selten ☐ häufiger	☐ Nein

b. ***Falls Sie <u>keinen Kontakt</u> mir einer der Institutionen hatten, warum nicht?***

Kammer	☐ kein Bedarf gehabt	☐ kenne ich nicht	☐ ________________
Stadt / Wirt. förderung	☐ kein Bedarf gehabt	☐ kenne ich nicht	☐ ________________
Land / Wirt. ministerium	☐ kein Bedarf gehabt	☐ kenne ich nicht	☐ ________________
Agentur für Arbeit	☐ kein Bedarf gehabt	☐ kenne ich nicht	☐ ________________
Unternehmerverein	☐ kein Bedarf gehabt	☐ kenne ich nicht	☐ ________________

c. ***Falls Sie <u>ein oder mehrmals Kontakt</u> mir einer der Institutionen hatten, welcher Art waren diese Kontakte überwiegend?***

Kammer	☐ Bürokratischer Art	☐ Beratung	☐ ________________
Stadt / Wirt. förderung	☐ Bürokratischer Art	☐ Beratung	☐ ________________
Land / Wirt. ministerium	☐ Bürokratischer Art	☐ Beratung	☐ ________________
Agentur für Arbeit	☐ Bürokratischer Art	☐ Beratung	☐ ________________
Unternehmerverein	☐ Bürokratischer Art	☐ Beratung	☐ ________________

d. **Welche Erfahrungen haben Sie mit der Institution bislang gemacht? Was waren Ihre Eindrücke dabei?**

Kammer
☐ gute ☐ befriedigende ☐ schlechte ☐ keine Erfahrung
Eindrücke:____
____

Stadt / Wirt. förderung
☐ gute ☐ befriedigende ☐ schlechte ☐ keine Erfahrung
Eindrücke:____
____

Land / Wirt. ministerium
☐ gute ☐ befriedigende ☐ schlechte ☐ keine Erfahrung
Eindrücke:____
____

Agentur für Arbeit
☐ gute ☐ befriedigende ☐ schlechte ☐ keine Erfahrung
Eindrücke:____
____

Unternehmerverein	☐ gute ☐ befriedigende ☐ schlechte ☐ keine Erfahrung Eindrücke:______________________________ ______________________________	
e.	**Soll die Institution präsenter sein und mehr Informationen über ihre Angebote vermitteln? Falls ja, haben Sie dabei konkrete <u>Vorschläge und Wünsche</u>?**	
Kammer	☐ Ja, Wünsche: ____________________ ____________________ ____________________	☐ Nein
Stadt / Wirt. förderung	☐ Ja, Wünsche: ____________________ ____________________ ____________________	☐ Nein
Land / Wirt. ministerium	☐ Ja, Wünsche: ____________________ ____________________ ____________________	☐ Nein
Agentur für Arbeit	☐ Ja, Wünsche: ____________________ ____________________ ____________________	☐ Nein
Unternehmerverein	☐ Ja, Wünsche: ____________________ ____________________ ____________________	☐ Nein

XIV. Unternehmensgrundsätze und Ziele

1. Jedes Unternehmen hat gewisse Grundsätze, inwieweit stimmen Sie den folgenden Aussagen zu (1 = stimme nicht zu ... 5 = stimme voll zu)? Bei Nichtzutreffen der Aussage bitte das entsprechende Feld nicht ausfüllen!

	1	2	3	4	5
Unsere Mitarbeiter sind stolz auf das Unternehmen	☐	☐	☐	☐	☐
Der private Kontakt zwischen den Mitarbeitern ist stark ausgeprägt	☐	☐	☐	☐	☐
Der Entscheidungsspielraum unserer Führungskräfte ist bei uns genau festgelegt	☐	☐	☐	☐	☐
Wir haben eine große Anzahl von detaillierten Regeln für unsere Aktivitäten	☐	☐	☐	☐	☐
Was zählt, ist das Ergebnis	☐	☐	☐	☐	☐
Überstunden sind bei uns etwas ganz normales	☐	☐	☐	☐	☐
Schnelle Entscheidungen sind für uns überlebenswichtig	☐	☐	☐	☐	☐
Besprechungen werden bei uns eher kurz gehalten	☐	☐	☐	☐	☐
Bei uns sind die Qualifikationsanforderungen besonders hoch	☐	☐	☐	☐	☐
Unsere Mitarbeiter müssen eine Vielzahl von unterschiedlichen Arbeiten beherrschen	☐	☐	☐	☐	☐
Wir verbringen viel Zeit damit, die Kundenprobleme zu kennen	☐	☐	☐	☐	☐
Bei uns herrscht ein ehrliches, offenes Vertrauensverhältnis	☐	☐	☐	☐	☐
Unsere Abteilungen wissen immer, was in anderen Abteilungen passiert	☐	☐	☐	☐	☐
Die Karrieremechanismen sind bei uns gut durchschaubar	☐	☐	☐	☐	☐
Selbst im Beisein von Kunden halte ich zu meinen Mitarbeitern	☐	☐	☐	☐	☐

2. Welche Bedeutung haben die nachfolgenden Ziele für Ihr Unternehmen?

Bitte bewerten Sie zuerst die Bedeutung der einzelnen Ziele von 1 = gering bis 5 = sehr hoch!

Vergeben Sie anschließend Rangplätze von 1 bis 4, z.B. Gewinn als wichtigstes Ziel = 1 usw.

	1	2	3	4	5	**Rang**
Umsatzwachstum	☐	☐	☐	☐	☐	
Gewinn	☐	☐	☐	☐	☐	
Sicherung des Unternehmensbestandes	☐	☐	☐	☐	☐	
Sicherung der Unabhängigkeit	☐	☐	☐	☐	☐	

XV. Wettbewerb und Kooperation

1. Wie beurteilen Sie die Wahrscheinlichkeit, dass in den nächsten 3 Jahren neue Wettbewerber in Ihren Markt eintreten (1 = nicht wahrscheinlich ... 5 = sehr wahrscheinlich)?

☐ 1 ☐ 2 ☐ 3 ☐ 4 ☐ 5

2. Inwieweit bedeutet der Eintritt neuer Wettbewerber in Ihren Markt eine Gefahr für Ihr Unternehmen (1 = keine Gefahr ... 5 = große Gefahr)?

☐ 1 ☐ 2 ☐ 3 ☐ 4 ☐ 5

3. Wie hat sich der Wettbewerbsdruck in den letzen 3 Jahren entwickelt (1 = stark verringert ... 5 = stark erhöht)?

☐ 1 ☐ 2 ☐ 3 ☐ 4 ☐ 5

4. Bitte bewerten Sie Ihre Wettbewerbsposition in zwei Schritten:
   1) In welchen der folgenden Bereiche sind Sie besser als Ihre Konkurrenz (1 = viel schlechter als Konkurrenz ... 5 = viel besser als Konkurrenz)? **(1. Spalte)**
   2) Wie groß ist die Bedeutung der angegebenen Bereiche Ihrer Meinung nach zur Erringung von Wettbewerbsvorteilen (1 = geringe Bedeutung ... 5 = sehr hohe Bedeutung)? **(2. Spalte)**

	Vergleich zur Konkurrenz	Bedeutung zur Erzielung von Wettbewerbsvorteilen
Kompetenz der Mitarbeiter	☐ 1 ☐ 2 ☐ 3 ☐ 4 ☐ 5	☐ 1 ☐ 2 ☐ 3 ☐ 4 ☐ 5
Service	☐ 1 ☐ 2 ☐ 3 ☐ 4 ☐ 5	☐ 1 ☐ 2 ☐ 3 ☐ 4 ☐ 5
Flexibilität	☐ 1 ☐ 2 ☐ 3 ☐ 4 ☐ 5	☐ 1 ☐ 2 ☐ 3 ☐ 4 ☐ 5
Sortiment	☐ 1 ☐ 2 ☐ 3 ☐ 4 ☐ 5	☐ 1 ☐ 2 ☐ 3 ☐ 4 ☐ 5
Standort (e)	☐ 1 ☐ 2 ☐ 3 ☐ 4 ☐ 5	☐ 1 ☐ 2 ☐ 3 ☐ 4 ☐ 5
Führung	☐ 1 ☐ 2 ☐ 3 ☐ 4 ☐ 5	☐ 1 ☐ 2 ☐ 3 ☐ 4 ☐ 5
Kundenorientierung	☐ 1 ☐ 2 ☐ 3 ☐ 4 ☐ 5	☐ 1 ☐ 2 ☐ 3 ☐ 4 ☐ 5

5a. Kooperieren Sie langfristig mit einer der folgenden Gruppen?

☐ Industrie ☐ Großhandel ☐Wettbewerber ☐ Sonstige ☐ Keine Koop.

5b. Falls Sie kooperieren, wie intensiv sind diese Kooperationen (1 = nur lose Vereinbarungen ... 5 = straffe vertragliche Zusammenarbeit)?

☐ 1 ☐ 2 ☐ 3 ☐ 4 ☐ 5

6. Sind Sie Mitglied einer Beschaffungskooperation?

☐Klassischer Einkaufsverbund ☐ Kooperation mit befreundeten Einzelhändlern ☐ Keine Beschaffungskooperation

XVI. Abschlussfrage

1. Bitte beurteilen Sie abschließend folgende Aussagen (1 = stimme nicht zu … 5 = stimme voll zu)! Bei <u>Nichtzutreffen der Aussage</u> bitte das entsprechende Feld nicht ausfüllen!

	1	2	3	4	5
Wir haben eine leistungsfördernde Unternehmenskultur	☐	☐	☐	☐	☐
Wir haben überwiegend gute Standorte	☐	☐	☐	☐	☐
Wir profitieren von Kooperationen	☐	☐	☐	☐	☐
Wir verfügen über eine ausreichende Betriebsgröße	☐	☐	☐	☐	☐
Wir verfügen über ein profiliertes Sortiment	☐	☐	☐	☐	☐
Unser Serviceniveau ist angemessen	☐	☐	☐	☐	☐
Wir sind flexibel	☐	☐	☐	☐	☐
Wir haben ausreichend Personal	☐	☐	☐	☐	☐
Wir haben kompetentes Personal	☐	☐	☐	☐	☐
Wir konzentrieren uns auf unsere Stärken	☐	☐	☐	☐	☐
Wir sind kundenorientiert	☐	☐	☐	☐	☐
Wir verfügen über eine funktionsfähige Organisation	☐	☐	☐	☐	☐
Wir sind in einer guten Wettbewerbsposition	☐	☐	☐	☐	☐

Sind Sie damit einverstanden, dass Ihre Kontaktdaten an die Stadt Ulm und Agentur für Arbeit Ulm weitergeleitet werden, um Sie über <u>zukünftige Veranstaltungen</u> zu informieren?

☐ Ja ☐ Nein

Vielen Dank für Ihre Mitarbeit!

Kontaktdaten

____

Firmenname

____

Inhaber

____

Adresse

________	________	________
PLZ	**Stadt**	**Handy**
________	________	________
Tel.	**Fax**	**E-Mail**

Anhang zu Kapitel 5

Tabelle A5.1: Basismodell zur Wahrscheinlichkeit des Erfolges – Koeffizienten

Zu erklärende Variable: Wahrscheinlichkeit erfolgreich zu sein (0/1)

	(1) Umsatz		(2) Investition		(3) Zufrieden	
Frau	-0,591	(0,397)	-0,231	(0,358)	0,411	(0,330)
Alter 30 bis 40	-0,373	(0,358)	0,808**	(0,348)	-0,607**	(0,304)
Alter über 40	0,087	(0,403)	1,077**	(0,410)	-0,732**	(0,350)
Selbsterf	0,378	(0,261)	0,080	(0,257)	0,057	(0,250)
Branchenerf	-0,423	(0,270)	-0,076	(0,263)	0,049	(0,253)
Vorgesetztenerf	0,575**	(0,266)	0,526**	(0,251)	0,494**	(0,250)
Vorbereit hoch	0,416*	(0,244)	0,424*	(0,225)	0,283	(0,224)
Push	-0,842**	(0,265)	-0,462*	(0,262)	-0,647**	(0,251)
Selbst-Eltern	-0,082	(0,309)	0,321	(0,297)	0,096	(0,280)
Kapital mittel	0,143	(0,305)	0,570**	(0,282)	0,287	(0,288)
Kapital hoch	-0,290	(0,378)	0,347	(0,336)	-0,013	(0,355)
Neugründung	-0,382	(0,339)	-0,338	(0,344)	-0,692**	(0,298)
Mitarbeiter	0,198	(0,261)	0,204	(0,248)	0,497**	(0,248)
Arbeitszeit hoch	0,869**	(0,303)	0,700**	(0,273)	0,057	(0,282)
Einzelhandel	-0,684*	(0,408)	-0,657	(0,450)	-1,175**	(0,375)
Gastronomie	-1,043**	(0,512)	-1,214**	(0,528)	-0,975**	(0,472)
WD-DL	-0,243	(0,407)	-0,562	(0,432)	-0,551	(0,358)
NW-DL	-0,605	(0,467)	-1,166**	(0,467)	-0,950**	(0,388)
Beobachtungen	141		157		159	
Est. Mittelwert	0,416		0,666		0,354	
Konstante	0,018		-0,677		0,796	
Log likelihood	-75,371		-79,749		-86,485	
Jarque-Bera	0,077		0,112		0,005	

Daten der eigenen Primärerhebung; robuste Schätzer nach Huber und White
Koeffizienten mit Standardabweichungen in Klammern
* $p < 0,10$, ** $p < 0,05$

Tabelle A5.2: Erweiterung um sozio-demographische Merkmale – Koeffizienten

Zu erklärende Variable: Wahrscheinlichkeit erfolgreich zu sein (0/1)	(1) Umsatz		(2) Investition		(3) Zufrieden	
Frau	-0,656	(0,419)	-0,235	(0,366)	0,434	(0,341)
Alter 30 bis 40	-0,330	(0,385)	0,976**	(0,375)	-0,579*	(0,320)
Alter über 40	0,340	(0,450)	1,517**	(0,450)	-0,598	(0,387)
Selbsterf	0,514*	(0,268)	0,219	(0,278)	0,095	(0,260)
Branchenerf	-0,429	(0,290)	0,012	(0,267)	0,068	(0,254)
Vorgesetztenerf	0,562**	(0,273)	0,557**	(0,262)	0,482*	(0,258)
Vorbereit hoch	0,483*	(0,247)	0,484**	(0,236)	0,302	(0,226)
Push	-0,867**	(0,272)	-0,480*	(0,264)	-0,655**	(0,249)
Selbst-Eltern	0,002	(0,331)	0,497	(0,309)	0,114	(0,294)
Kapital mittel	0,159	(0,314)	0,627**	(0,290)	0,280	(0,291)
Kapital hoch	-0,215	(0,372)	0,483	(0,333)	-0,006	(0,363)
Neugründung	-0,530	(0,353)	-0,468	(0,362)	-0,716**	(0,306)
Mitarbeiter	0,364	(0,276)	0,387	(0,258)	0,597**	(0,258)
Arbeitszeit hoch	0,795**	(0,318)	0,622**	(0,280)	0,010	(0,294)
Einzelhandel	-0,745*	(0,418)	-0,715	(0,500)	-1,202**	(0,374)
Gastronomie	-1,107**	(0,539)	-1,282**	(0,573)	-0,950**	(0,469)
WD-DL	-0,358	(0,414)	-0,799	(0,487)	-0,617*	(0,361)
NW-DL	-0,704	(0,490)	-1,277**	(0,514)	-0,958**	(0,390)
Verheiratet	0,517	(0,361)	0,471	(0,355)	0,156	(0,293)
Geburt Deutschl	0,697**	(0,344)	0,975**	(0,339)	0,383	(0,321)
Deutscher Pass	0,051	(0,273)	0,075	(0,262)	-0,062	(0,270)
Beobachtungen	141		157		159	
Est. Mittelwert	0,407		0,681		0,352	
Konstante	-0,709		-1,637		0,514	
Log likelihood	-72,216		-75,210		-85,626	
Jarque-Bera	0,174		0,201		0,006	

Daten der eigenen Primärerhebung; robuste Schätzer nach Huber und White
Koeffizienten mit Standardabweichungen in Klammern
* $p < 0,10$, ** $p < 0,05$

Tabelle A5.3: Erweiterung um das allgemeine Humankapital – Koeffizienten

Zu erklärende Variable: Wahrscheinlichkeit erfolgreich zu sein (0/1)	(1) Umsatz		(2) Investition		(3) Zufrieden	
Frau	-0,767**	(0,386)	-0,373	(0,375)	0,459	(0,336)
Alter 30 bis 40	-0,422	(0,367)	0,859**	(0,347)	-0,542*	(0,312)
Alter über 40	0,074	(0,413)	1,172**	(0,393)	-0,621*	(0,358)
Selbsterf	0,529*	(0,282)	0,155	(0,261)	0,091	(0,275)
Branchenerf	-0,387	(0,300)	-0,175	(0,285)	0,0797	(0,255)
Vorgesetztenerf	0,543*	(0,277)	0,444*	(0,260)	0,462*	(0,257)
Vorbereit hoch	0,438*	(0,246)	0,512**	(0,233)	0,352	(0,228)
Push	-0,849**	(0,271)	-0,519*	(0,279)	-0,650**	(0,254)
Selbst-Eltern	-0,036	(0,313)	0,366	(0,294)	0,116	(0,281)
Kapital mittel	0,103	(0,310)	0,558*	(0,291)	0,273	(0,288)
Kapital hoch	-0,352	(0,385)	0,378	(0,361)	-0,050	(0,370)
Neugründung	-0,478	(0,343)	-0,379	(0,349)	-0,759**	(0,310)
Mitarbeiter	0,193	(0,260)	0,182	(0,253)	0,527**	(0,249)
Arbeitszeit hoch	0,877**	(0,303)	0,802**	(0,290)	0,097	(0,281)
Einzelhandel	-0,460	(0,437)	-0,585	(0,470)	-1,342**	(0,394)
Gastronomie	-0,765	(0,540)	-1,140**	(0,539)	-1,140**	(0,492)
WD-DL	-0,152	(0,439)	-0,444	(0,469)	-0,635*	(0,373)
NW-DL	-0,505	(0,497)	-1,239**	(0,474)	-1,128**	(0,391)
Lehre	0,176	(0,362)	0,484	(0,346)	0,357	(0,347)
Meister	1,025*	(0,534)	1,186**	(0,488)	0,154	(0,491)
Hochschule	0,590	(0,448)	0,328	(0,446)	-0,069	(0,441)
Berufsort	0,283	(0,383)	-0,079	(0,358)	0,083	(0,334)
Beobachtungen	141		157		159	
Est. Mittelwert	0,420		0,672		0,350	
Konstante	-0,574		-1,110		0,559	
Log likelihood	-73,222		-77,136		-85,274	
Jarque-Bera	0,093		0,093		0,007	

Daten der eigenen Primärerhebung; robuste Schätzer nach Huber und White
Koeffizienten mit Standardabweichungen in Klammern
* $p < 0,10$, ** $p < 0,05$

Tabelle A5.4: Erweiterung um das spezifische Humankapital – Koeffizienten

Zu erklärende Variable: Wahrscheinlichkeit erfolgreich zu sein (0/1)

	(1) Umsatz		(2) Investition		(3) Zufrieden	
Frau	-0,716*	(0,384)	-0,166	(0,368)	0,308	(0,337)
Alter 30 bis 40	-0,305	(0,350)	0,832**	(0,348)	-0,568*	(0,298)
Alter über 40	0,211	(0,402)	1,064**	(0,422)	-0,632*	(0,346)
Selbsterf	0,353	(0,257)	0,085	(0,256)	0,030	(0,252)
Branchenerf	-0,465	(0,283)	-0,093	(0,266)	0,009	(0,260)
Vorgesetztenerf	0,528**	(0,266)	0,552**	(0,250)	0,458*	(0,258)
Vorbereit hoch	0,407	(0,248)	0,414*	(0,226)	0,272	(0,226)
Push	-0,881**	(0,274)	-0,431	(0,265)	-0,663**	(0,260)
Selbst-Eltern	-0,055	(0,299)	0,301	(0,300)	0,121	(0,283)
Kapital mittel	0,130	(0,308)	0,563**	(0,283)	0,283	(0,296)
Kapital hoch	-0,255	(0,374)	0,358	(0,339)	0,034	(0,356)
Neugründung	-0,362	(0,333)	-0,338	(0,344)	-0,687**	(0,300)
Mitarbeiter	0,170	(0,265)	0,221	(0,250)	0,459*	(0,248)
Arbeitszeit hoch	0,908**	(0,318)	0,676**	(0,271)	0,083	(0,277)
Einzelhandel	-0,674	(0,426)	-0,677	(0,459)	-1,185**	(0,372)
Gastronomie	-1,079**	(0,525)	-1,225**	(0,535)	-1,038**	(0,482)
WD-DL	-0,309	(0,432)	-0,571	(0,431)	-0,618*	(0,357)
NW-DL	-0,568	(0,472)	-1,171**	(0,473)	-0,882**	(0,383)
Kfm gut	0,309	(0,359)	0,115	(0,339)	0,275	(0,328)
Kfm mittel	-0,081	(0,345)	0,248	(0,315)	-0,113	(0,351)
Beobachtungen	141		157		159	
Est. Mittelwert	0,417		0,667		0,354	
Konstante	-0,074		-0,832		0,767	
Log likelihood	-74,400		-79,467		-85,399	
Jarque-Bera	0,093		0,129		0,005	

Daten der eigenen Primärerhebung; robuste Schätzer nach Huber und White
Koeffizienten mit Standardabweichungen in Klammern
* $p < 0,10$, ** $p < 0,05$

Tabelle A5.5: Erweiterung um Variablen der Planung – Koeffizienten

Zu erklärende Variable: Wahrscheinlichkeit erfolgreich zu sein (0/1)

	(1) Umsatz		(2) Investition		(3) Zufrieden	
Frau	-0,532	(0,377)	-0,172	(0,339)	0,559	(0,356)
Alter 30 bis 40	-0,391	(0,348)	0,892**	(0,359)	-0,507	(0,310)
Alter über 40	0,117	(0,395)	1,282**	(0,431)	-0,360	(0,357)
Selbsterf	0,321	(0,268)	-0,008	(0,276)	-0,063	(0,252)
Branchenerf	-0,425	(0,272)	-0,093	(0,261)	0,020	(0,257)
Vorgesetztenerf	0,633**	(0,296)	0,608**	(0,268)	0,514*	(0,276)
Vorbereit hoch	0,480*	(0,279)	0,584**	(0,246)	0,370	(0,235)
Push	-0,761**	(0,272)	-0,305	(0,279)	-0,580**	(0,265)
Selbst-Eltern	-0,054	(0,302)	0,474	(0,329)	0,298	(0,286)
Kapital mittel	0,112	(0,308)	0,477	(0,297)	0,122	(0,298)
Kapital hoch	-0,375	(0,387)	0,257	(0,356)	-0,255	(0,369)
Neugründung	-0,353	(0,350)	-0,218	(0,342)	-0,656**	(0,332)
Mitarbeiter	0,218	(0,261)	0,314	(0,252)	0,620**	(0,260)
Arbeitszeit hoch	0,848**	(0,326)	0,752**	(0,289)	0,091	(0,303)
Einzelhandel	-0,644	(0,430)	-0,721	(0,474)	-1,367**	(0,384)
Gastronomie	-1,037*	(0,539)	-1,392**	(0,552)	-1,354**	(0,490)
WD-DL	-0,237	(0,436)	-0,615	(0,465)	-0,812**	(0,366)
NW-DL	-0,601	(0,493)	-1,281**	(0,484)	-1,318**	(0,406)
Geschäftsplan	0,059	(0,288)	-0,110	(0,276)	-0,076	(0,277)
Beratung	-0,582**	(0,292)	-0,723**	(0,295)	-0,244	(0,264)
Gezielt	0,002	(0,259)	0,363	(0,259)	0,926**	(0,254)
Beobachtungen	141		157		159	
Est. Mittelwert	0,415		0,677		0,337	
Konstante	0,327		-0,591		0,476	
Log likelihood	-73,193		-75,289		-79,416	
Jarque-Bera	0,156		0,159		0,025	

Daten der eigenen Primärerhebung; robuste Schätzer nach Huber und White
Koeffizienten mit Standardabweichungen in Klammern
* $p < 0,10$, ** $p < 0,05$

Tabelle A5.6: Erweiterung um Instanzen der Beratung – Koeffizienten

Zu erklärende Variable: Wahrscheinlichkeit erfolgreich zu sein (0/1)

	(1) Umsatz		(2) Investition		(3) Zufrieden	
Frau	-0,656	(0,407)	0,002	(0,394)	0,357	(0,330)
Alter 30 bis 40	-0,441	(0,344)	0,865**	(0,336)	-0,616**	(0,304)
Alter über 40	0,0296	(0,392)	1,170**	(0,415)	-0,749**	(0,350)
Selbsterf	0,346	(0,267)	-0,006	(0,254)	0,090	(0,254)
Branchenerf	-0,327	(0,274)	0,048	(0,274)	0,012	(0,256)
Vorgesetztenerf	0,657**	(0,277)	0,622**	(0,257)	0,491*	(0,253)
Vorbereit hoch	0,504*	(0,267)	0,411*	(0,223)	0,321	(0,228)
Push	-0,787**	(0,274)	-0,390	(0,271)	-0,625**	(0,250)
Selbst-Eltern	-0,065	(0,314)	0,458	(0,314)	0,105	(0,288)
Kapital mittel	0,158	(0,306)	0,679**	(0,291)	0,286	(0,291)
Kapital hoch	-0,295	(0,389)	0,503	(0,339)	-0,019	(0,353)
Neugründung	-0,289	(0,345)	-0,198	(0,353)	-0,691**	(0,300)
Mitarbeiter	0,236	(0,265)	0,262	(0,246)	0,502**	(0,251)
Arbeitszeit hoch	0,823**	(0,314)	0,776**	(0,286)	0,014	(0,288)
Einzelhandel	-0,666	(0,418)	-0,795*	(0,454)	-1,146**	(0,374)
Gastronomie	-0,980*	(0,519)	-1,414**	(0,557)	-0,948**	(0,469)
WD-DL	-0,265	(0,418)	-0,722	(0,448)	-0,519	(0,357)
NW-DL	-0,586	(0,471)	-1,344**	(0,485)	-0,918**	(0,386)
Berat Familie	-0,324	(0,253)	-0,071	(0,272)	-0,142	(0,245)
Berat Kollegen	0,090	(0,301)	0,601*	(0,321)	-0,148	(0,281)
Berat Institution	-0,446	(0,274)	-0,621**	(0,251)	0,067	(0,248)
Beobachtungen	141		157		159	
Est. Mittelwert	0,408		0,670		0,353	
Konstante	0,155		-0,932		0,885	
Log likelihood	-73,106		-76,083		-86,085	
Jarque-Bera	0,145		0,102		0,006	

Daten der eigenen Primärerhebung; robuste Schätzer nach Huber und White
Koeffizienten mit Standardabweichungen in Klammern
* $p < 0,10$, ** $p < 0,05$

Tabelle A5.7: Erweiterung um ethnische Ressourcen I – Koeffizienten

Zu erklärende Variable: Wahrscheinlichkeit erfolgreich zu sein (0/1)

	(1) Umsatz		(2) Investition		(3) Zufrieden	
Frau	-0,990**	(0,474)	-0,294	(0,363)	0,381	(0,342)
Alter 30 bis 40	-0,311	(0,375)	0,985**	(0,348)	-0,560*	(0,304)
Alter über 40	0,297	(0,407)	1,273**	(0,403)	-0,664*	(0,347)
Selbsterf	0,354	(0,278)	0,058	(0,267)	0,042	(0,250)
Branchenerf	-0,473	(0,290)	-0,117	(0,261)	0,029	(0,255)
Vorgesetztenerf	0,408	(0,287)	0,428*	(0,256)	0,463*	(0,252)
Vorbereit hoch	0,379	(0,264)	0,352	(0,231)	0,269	(0,224)
Push	-1,119**	(0,304)	-0,509*	(0,271)	-0,663**	(0,258)
Selbst-Eltern	0,191	(0,350)	0,501	(0,311)	0,170	(0,282)
Kapital mittel	0,063	(0,319)	0,672**	(0,288)	0,296	(0,289)
Kapital hoch	-0,413	(0,428)	0,414	(0,364)	-0,023	(0,362)
Neugründung	-0,422	(0,383)	-0,301	(0,370)	-0,688**	(0,301)
Mitarbeiter	0,301	(0,289)	0,213	(0,264)	0,492**	(0,250)
Arbeitszeit hoch	1,163**	(0,337)	0,825**	(0,281)	0,084	(0,287)
Einzelhandel	-0,468	(0,435)	-0,448	(0,470)	-1,118**	(0,378)
Gastronomie	-0,570	(0,557)	-0,883*	(0,534)	-0,887*	(0,482)
WD-DL	-0,209	(0,430)	-0,490	(0,437)	-0,533	(0,355)
NW-DL	-0,387	(0,484)	-0,902*	(0,473)	-0,877**	(0,390)
Stark Beginn	-0,122	(0,291)	-0,118	(0,267)	0,051	(0,244)
Stark Verlauf	-1,502**	(0,312)	-0,746**	(0,269)	-0,314	(0,286)
Beobachtungen	141		157		159	
Est. Mittelwert	0,369		0,671		0,354	
Konstante	0,216		-0,786		0,777	
Log likelihood	-64,511		-75,534		-85,837	
Jarque-Bera	0,606		0,175		0,004	

Daten der eigenen Primärerhebung; robuste Schätzer nach Huber und White
Koeffizienten mit Standardabweichungen in Klammern
* $p < 0,10$, ** $p < 0,05$

Tabelle A5.8: Erweiterung um ethnische Ressourcen II – Koeffizienten

Zu erklärende Variable: Wahrscheinlichkeit erfolgreich zu sein (0/1)

	(1) Umsatz		(2) Investition		(3) Zufrieden	
Frau	-0,644	(0,399)	0,094	(0,430)	0,386	(0,329)
Alter 30 bis 40	-0,447	(0,367)	0,882**	(0,350)	-0,605**	(0,305)
Alter über 40	0,046	(0,424)	1,121**	(0,435)	-0,734**	(0,349)
Selbsterf	0,408	(0,275)	-0,078	(0,271)	0,077	(0,255)
Branchenerf	-0,396	(0,292)	-0,118	(0,325)	0,062	(0,256)
Vorgesetztenerf	0,551**	(0,278)	0,546**	(0,265)	0,497**	(0,252)
Vorbereit hoch	0,445*	(0,250)	0,365	(0,253)	0,292	(0,226)
Push	-0,670**	(0,276)	-0,193	(0,285)	-0,648**	(0,255)
Selbst-Eltern	0,000	(0,303)	0,456	(0,312)	0,113	(0,286)
Kapital mittel	0,041	(0,316)	0,346	(0,325)	0,296	(0,290)
Kapital hoch	-0,374	(0,393)	0,153	(0,387)	-0,002	(0,356)
Neugründung	-0,307	(0,354)	-0,365	(0,409)	-0,683**	(0,301)
Mitarbeiter	0,262	(0,264)	0,182	(0,269)	0,514**	(0,256)
Arbeitszeit hoch	0,748**	(0,312)	0,664**	(0,285)	0,056	(0,284)
Einzelhandel	-0,521	(0,411)	-0,761	(0,531)	-1,162**	(0,378)
Gastronomie	-0,910*	(0,521)	-1,502**	(0,594)	-0,946**	(0,475)
WD-DL	-0,111	(0,411)	-0,419	(0,506)	-0,552	(0,357)
NW-DL	-0,454	(0,469)	-1,230**	(0,566)	-0,933**	(0,393)
Ethnisch Beginn	-0,578**	(0,280)	-0,118	(0,306)	-0,093	(0,262)
Ethnisch Verlauf	-0,729*	(0,407)	-2,410**	(0,471)	0,069	(0,301)
Beobachtungen	141		157		159	
Est. Mittelwert	0,407		0,649		0,354	
Konstante	0,380		-0,107		0,790	
Log likelihood	-71,817		-60,351		-86,394	
Jarque-Bera	0,172		0,000		0,005	

Daten der eigenen Primärerhebung; robuste Schätzer nach Huber und White
Koeffizienten mit Standardabweichungen in Klammern
* $p < 0,10$, ** $p < 0,05$

Tabelle A5.9: Erweiterung um das Finanzkapital – Koeffizienten

Zu erklärende Variable: Wahrscheinlichkeit erfolgreich zu sein (0/1)

	(1) Umsatz		(2) Investition		(3) Zufrieden	
Frau	-0,579	(0,397)	-0,264	(0,363)	0,416	(0,326)
Alter 30 bis 40	-0,375	(0,355)	0,820**	(0,343)	-0,609**	(0,306)
Alter über 40	0,095	(0,391)	1,113**	(0,409)	-0,740**	(0,351)
Selbsterf	0,373	(0,259)	0,087	(0,254)	0,059	(0,248)
Branchenerf	-0,446	(0,289)	-0,045	(0,272)	0,025	(0,258)
Vorgesetztenerf	0,598**	(0,274)	0,500**	(0,250)	0,520**	(0,249)
Vorbereit hoch	0,378	(0,240)	0,463**	(0,222)	0,253	(0,226)
Push	-0,854**	(0,272)	-0,448*	(0,262)	-0,671**	(0,256)
Selbst-Eltern	-0,122	(0,315)	0,341	(0,304)	0,074	(0,280)
Kapital mittel	0,072	(0,318)	0,628**	(0,299)	0,228	(0,304)
Kapital hoch	-0,374	(0,398)	0,407	(0,339)	-0,089	(0,376)
Neugründung	-0,398	(0,347)	-0,352	(0,339)	-0,696**	(0,299)
Mitarbeiter	0,208	(0,264)	0,219	(0,248)	0,492**	(0,249)
Arbeitszeit hoch	0,875**	(0,308)	0,685**	(0,275)	0,042	(0,280)
Einzelhandel	-0,707*	(0,424)	-0,667	(0,443)	-1,174**	(0,374)
Gastronomie	-1,066**	(0,524)	-1,226**	(0,521)	-0,976**	(0,469)
WD-DL	-0,269	(0,416)	-0,565	(0,427)	-0,565	(0,355)
NW-DL	-0,642	(0,464)	-1,211**	(0,467)	-0,943**	(0,397)
Mehr EK	-0,184	(0,444)	-0,008	(0,405)	-0,130	(0,400)
Mehr FK	0,054	(0,540)	-0,237	(0,482)	0,080	(0,453)
Beobachtungen	141		157		159	
Est. Mittelwert	0,414		0,669		0,353	
Konstante	0,246		-0,678		0,961	
Log likelihood	-75,064		-79,481		-86,239	
Jarque-Bera	0,088		0,157		0,005	

Daten der eigenen Primärerhebung; robuste Schätzer nach Huber und White
Koeffizienten mit Standardabweichungen in Klammern
* $p < 0,10$, ** $p < 0,05$

Tabelle A5.10: Erweiterung um die Organisation – Koeffizienten

Zu erklärende Variable: Wahrscheinlichkeit erfolgreich zu sein (0/1)

	(1) Umsatz		(2) Investition		(3) Zufrieden	
Frau	-0,735	(0,449)	-0,200	(0,360)	0,391	(0,325)
Alter 30 bis 40	-0,395	(0,383)	0,790**	(0,354)	-0,626**	(0,299)
Alter über 40	0,107	(0,443)	1,073**	(0,415)	-0,766**	(0,357)
Selbsterf	0,484*	(0,284)	0,093	(0,262)	0,065	(0,258)
Branchenerf	-0,172	(0,270)	-0,022	(0,273)	0,131	(0,273)
Vorgesetztenerf	0,357	(0,295)	0,384	(0,246)	0,441*	(0,260)
Vorbereit hoch	0,371	(0,252)	0,437*	(0,227)	0,217	(0,226)
Push	-0,811**	(0,278)	-0,528*	(0,276)	-0,596**	(0,267)
Selbst-Eltern	-0,011	(0,322)	0,424	(0,301)	0,103	(0,286)
Kapital mittel	-0,150	(0,315)	0,554*	(0,300)	0,227	(0,298)
Kapital hoch	-0,700*	(0,424)	0,370	(0,370)	0,014	(0,378)
Neugründung	-0,427	(0,364)	-0,254	(0,344)	-0,742**	(0,307)
Mitarbeiter	0,005	(0,296)	0,291	(0,276)	0,462*	(0,252)
Arbeitszeit hoch	0,886**	(0,302)	0,644**	(0,299)	0,036	(0,310)
Einzelhandel	-0,709	(0,433)	-0,781	(0,481)	-1,287**	(0,395)
Gastronomie	-1,210**	(0,561)	-1,390**	(0,563)	-1,072**	(0,470)
WD-DL	-0,570	(0,458)	-0,810*	(0,459)	-0,677*	(0,361)
NW-DL	-0,769	(0,509)	-1,346**	(0,501)	-0,986**	(0,385)
Einzel	-0,319	(0,374)	0,002	(0,309)	0,354	(0,324)
Wechsel	0,442	(0,490)	0,702	(0,561)	0,155	(0,457)
Vollerwerb	0,223	(0,360)	0,278	(0,321)	-0,089	(0,374)
Beginn Doing	1,126**	(0,570)	0,665	(0,436)	0,234	(0,431)
Verlauf Managing	1,037**	(0,294)	0,051	(0,249)	0,363	(0,258)
Beobachtungen	141		157		159	
Est. Mittelwert	0,407		0,675		0,353	
Konstante	-1,031		-1,441		0,366	
Log likelihood	-66,368		-77,286		-85,155	
Jarque-Bera	0,840		0,183		0,006	

Daten der eigenen Primärerhebung; robuste Schätzer nach Huber und White
Koeffizienten mit Standardabweichungen in Klammern
* $p < 0,10$, ** $p < 0,05$

Tabelle A5.11: Erweiterung um die Strategie I – Koeffizienten

Zu erklärende Variable: Wahrscheinlichkeit erfolgreich zu sein (0/1)

	(1) Umsatz		(2) Investition		(3) Zufrieden	
Frau	-0,493	(0,400)	-0,220	(0,369)	0,449	(0,337)
Alter 30 bis 40	-0,248	(0,369)	0,996**	(0,354)	-0,560*	(0,295)
Alter über 40	0,119	(0,403)	1,225**	(0,398)	-0,755**	(0,340)
Selbsterf	0,385	(0,263)	0,020	(0,261)	0,045	(0,253)
Branchenerf	-0,564**	(0,276)	-0,236	(0,250)	-0,034	(0,253)
Vorgesetztenerf	0,395	(0,279)	0,313	(0,264)	0,305	(0,265)
Vorbereit hoch	0,403	(0,247)	0,453*	(0,241)	0,346	(0,234)
Push	-0,986**	(0,273)	-0,477*	(0,277)	-0,706**	(0,259)
Selbst-Eltern	0,009	(0,327)	0,469	(0,319)	0,084	(0,282)
Kapital mittel	0,144	(0,321)	0,727**	(0,301)	0,305	(0,301)
Kapital hoch	-0,231	(0,380)	0,442	(0,335)	0,010	(0,363)
Neugründung	-0,371	(0,344)	-0,421	(0,347)	-0,781**	(0,300)
Mitarbeiter	0,235	(0,263)	0,260	(0,260)	0,529**	(0,254)
Arbeitszeit hoch	1,015**	(0,325)	0,737**	(0,295)	0,085	(0,287)
Einzelhandel	-0,676*	(0,406)	-0,744	(0,456)	-1,254**	(0,380)
Gastronomie	-0,810	(0,523)	-1,156**	(0,543)	-0,852*	(0,480)
WD-DL	-0,134	(0,422)	-0,469	(0,433)	-0,506	(0,370)
NW-DL	-0,382	(0,476)	-0,988**	(0,470)	-0,791**	(0,394)
Ausbr Situation	0,824**	(0,305)	0,596*	(0,348)	0,323	(0,361)
Ausbr Gebiet	0,756**	(0,280)	0,751**	(0,256)	0,692**	(0,255)
Beobachtungen	141		157		159	
Est. Mittelwert	0,398		0,679		0,348	
Konstante	-1,270		-1,643		0,238	
Log likelihood	-69,723		-74,307		-82,333	
Jarque-Bera	0,377		0,359		0,010	

Daten der eigenen Primärerhebung; robuste Schätzer nach Huber und White
Koeffizienten mit Standardabweichungen in Klammern
* $p < 0,10$, ** $p < 0,05$

Tabelle A5.12: Erweiterung um die Strategie II – Koeffizienten

Zu erklärende Variable: Wahrscheinlichkeit erfolgreich zu sein (0/1)

	(1) Umsatz		(2) Investition		(3) Zufrieden	
Frau	-0,595	(0,405)	-0,268	(0,354)	0,380	(0,336)
Alter 30 bis 40	-0,350	(0,361)	0,780**	(0,348)	-0,697**	(0,316)
Alter über 40	0,103	(0,404)	1,055**	(0,407)	-0,845**	(0,358)
Selbsterf	0,373	(0,262)	0,110	(0,262)	-0,023	(0,255)
Branchenerf	-0,429	(0,275)	-0,086	(0,265)	0,014	(0,264)
Vorgesetztenerf	0,597**	(0,266)	0,525**	(0,251)	0,559**	(0,263)
Vorbereit hoch	0,399	(0,244)	0,470**	(0,228)	0,284	(0,230)
Push	-0,848**	(0,270)	-0,471*	(0,263)	-0,743**	(0,262)
Selbst-Eltern	-0,069	(0,330)	0,321	(0,303)	0,054	(0,277)
Kapital mittel	0,157	(0,307)	0,600**	(0,284)	0,306	(0,279)
Kapital hoch	-0,283	(0,377)	0,370	(0,342)	-0,067	(0,358)
Neugründung	-0,379	(0,346)	-0,340	(0,354)	-0,732**	(0,323)
Mitarbeiter	0,195	(0,261)	0,178	(0,247)	0,560**	(0,252)
Arbeitszeit hoch	0,889**	(0,311)	0,714**	(0,265)	-0,003	(0,284)
Einzelhandel	-0,724*	(0,412)	-0,641	(0,448)	-1,072**	(0,387)
Gastronomie	-1,062**	(0,520)	-1,154**	(0,530)	-1,064**	(0,478)
WD-DL	-0,208	(0,409)	-0,608	(0,426)	-0,537	(0,360)
NW-DL	-0,603	(0,470)	-1,145**	(0,468)	-0,977**	(0,387)
Differenzierung	-0,034	(0,300)	-0,049	(0,280)	0,415	(0,278)
Marktnischen	-0,236	(0,418)	0,392	(0,437)	0,020	(0,382)
Preisführer	0,136	(0,423)	-0,233	(0,376)	-0,994**	(0,448)
Beobachtungen	141		157		159	
Est. Mittelwert	0,415		0,668		0,340	
Konstante	0,008		-0,695		0,865	
Log likelihood	-75,135		-78,938		-82,233	
Jarque-Bera	0,073		0,114		0,008	

Daten der eigenen Primärerhebung; robuste Schätzer nach Huber und White
Koeffizienten mit Standardabweichungen in Klammern
* $p < 0,10$, ** $p < 0,05$

Tabelle A5.13: Erweiterung um das makroökonomische Umfeld – Koeffizienten

Zu erklärende Variable: Wahrscheinlichkeit erfolgreich zu sein (0/1)

	(1) Umsatz		(2) Investition		(3) Zufrieden	
Frau	-0,513	(0,421)	-0,157	(0,364)	0,544	(0,345)
Alter 30 bis 40	-0,425	(0,381)	0,729*	(0,372)	-0,743**	(0,315)
Alter über 40	0,137	(0,430)	0,773*	(0,435)	-1,100**	(0,388)
Selbsterf	0,631**	(0,276)	0,204	(0,265)	0,194	(0,250)
Branchenerf	-0,487*	(0,274)	-0,069	(0,266)	0,124	(0,255)
Vorgesetztenerf	0,570**	(0,276)	0,512**	(0,252)	0,445*	(0,243)
Vorbereit hoch	0,453*	(0,254)	0,424*	(0,230)	0,234	(0,226)
Push	-0,938**	(0,289)	-0,495*	(0,261)	-0,658**	(0,253)
Selbst-Eltern	-0,218	(0,301)	0,336	(0,305)	0,042	(0,282)
Kapital mittel	0,286	(0,311)	0,635**	(0,271)	0,306	(0,292)
Kapital hoch	-0,387	(0,400)	0,424	(0,337)	-0,046	(0,358)
Neugründung	-0,347	(0,352)	-0,348	(0,345)	-0,622**	(0,301)
Mitarbeiter	0,252	(0,274)	0,189	(0,251)	0,550**	(0,251)
Arbeitszeit hoch	1,087**	(0,320)	0,632**	(0,276)	-0,036	(0,296)
Einzelhandel	-0,652	(0,420)	-0,767	(0,476)	-1,163**	(0,370)
Gastronomie	-1,387**	(0,505)	-1,107**	(0,561)	-0,897*	(0,466)
WD-DL	-0,412	(0,398)	-0,560	(0,451)	-0,534	(0,361)
NW-DL	-0,837*	(0,449)	-1,096**	(0,505)	-0,920**	(0,403)
BIP mittel	-0,613**	(0,302)	0,782**	(0,301)	0,395	(0,302)
BIP hoch	0,755**	(0,360)	0,592*	(0,307)	0,780**	(0,309)
Beobachtungen	141		157		159	
Est. Mittelwert	0,401		0,679		0,354	
Konstante	-0,136		-0,937		0,568	
Log likelihood	-67,876		-76,029		-83,482	
Jarque-Bera	0,575		0,245		0,007	

Daten der eigenen Primärerhebung; robuste Schätzer nach Huber und White
Koeffizienten mit Standardabweichungen in Klammern
* $p < 0,10$, ** $p < 0,05$

Tabelle A5.14: Erweiterung um das regionale Umfeld – Koeffizienten

Zu erklärende Variable: Wahrscheinlichkeit erfolgreich zu sein (0/1)

	(1) Umsatz		(2) Investition		(3) Zufrieden	
Frau	-0,579	(0,404)	-0,411	(0,373)	0,180	(0,336)
Alter 30 bis 40	-0,273	(0,372)	0,917**	(0,368)	-0,596*	(0,333)
Alter über 40	0,163	(0,422)	1,227**	(0,420)	-0,699*	(0,387)
Selbsterf	0,378	(0,266)	0,045	(0,260)	-0,168	(0,255)
Branchenerf	-0,355	(0,278)	-0,070	(0,270)	0,098	(0,260)
Vorgesetztenerf	0,604**	(0,281)	0,430	(0,261)	0,569**	(0,266)
Vorbereit hoch	0,444*	(0,252)	0,425*	(0,229)	0,289	(0,242)
Push	-0,824**	(0,272)	-0,417	(0,271)	-0,700**	(0,272)
Selbst-Eltern	-0,093	(0,308)	0,280	(0,293)	0,113	(0,282)
Kapital mittel	0,126	(0,312)	0,473*	(0,286)	0,125	(0,306)
Kapital hoch	-0,310	(0,375)	0,307	(0,347)	-0,160	(0,387)
Neugründung	-0,411	(0,368)	-0,166	(0,373)	-0,630*	(0,328)
Mitarbeiter	0,254	(0,275)	0,310	(0,261)	0,737**	(0,268)
Arbeitszeit hoch	0,841**	(0,321)	0,838**	(0,296)	0,080	(0,283)
Einzelhandel	-0,736*	(0,426)	-0,716	(0,477)	-1,665**	(0,423)
Gastronomie	-1,074**	(0,516)	-1,343**	(0,560)	-1,469**	(0,522)
WD-DL	-0,318	(0,423)	-0,515	(0,439)	-0,741**	(0,363)
NW-DL	-0,665	(0,464)	-1,207**	(0,489)	-1,192**	(0,394)
Region mittel	-0,095	(0,317)	-0,292	(0,317)	0,383	(0,284)
Region groß	0,055	(0,383)	-0,813**	(0,352)	-0,153	(0,325)
Agglomeration	0,143	(0,288)	0,250	(0,258)	0,590**	(0,260)
Konk mittel	-0,302	(0,306)	0,269	(0,340)	0,007	(0,290)
Konk groß	-0,022	(0,314)	-0,057	(0,300)	-0,435	(0,307)
Förderung	0,008	(0,297)	-0,095	(0,265)	-0,334	(0,295)
Beobachtungen	141		157		159	
Est. Mittelwert	0,414		0,675		0,342	
Konstante	0,004		-0,668		0,888	
Log likelihood	-74,751		-76,451		-80,191	
Jarque-Bera	0,097		0,200		0,031	

Daten der eigenen Primärerhebung; robuste Schätzer nach Huber und White
Koeffizienten mit Standardabweichungen in Klammern
* $p < 0,10$, ** $p < 0,05$

Ökonometrischer Anhang

Lineares Regressionsmodell versus Probit-Modell

Ein weit verbreitetes Verfahren im Rahmen ökonometrischer Analysen stellt das lineare Regressionsmodell nach der Kleinsten-Quadrate-Methode (Ordinary Least Squares oder auch OLS) dar. Dieses Verfahren unterstellt einen linearen funktionalen Zusammenhang zwischen der endogenen, abhängigen Variablen y_i und den exogenen, erklärenden Variablen $x_{1,i} \ldots x_{k,i}$. Bezeichnet β_0 das Absolutglied, $\beta_1 \ldots \beta_k$ die Koeffizienten der exogenen Variablen und ε_i das Residuum (Störterm), dann lässt sich dieser Zusammenhang wie folgt darstellen (Winker 2006, S. 141):

$$y_i = \underbrace{\beta_0 + \beta_1 \cdot x_{1,i} + \beta_2 \cdot x_{2,i} + \ldots + \beta_k \cdot x_{k,i}}_{\substack{\text{Modell} \\ \text{"erklärt"}}} + \underbrace{\varepsilon_i}_{\substack{\text{Störterm} \\ \text{"nicht erklärt"}}} \quad . \tag{1}$$

Dabei sei k die Anzahl der Regressoren und bei Querschnittsdaten $i = 1, 2, ..., I$ die Zahl der unterschiedlichen Erhebungseinheiten.[32] Grundidee der Kleinsten-Quadrate-Methode ist es, die quadratischen Abweichungen zu minimieren, um dadurch eine möglichst gute Anpassung der Daten durch das geschätzte Modell zu erhalten. Der Fehler der Anpassung lässt sich durch die Abstände zwischen den vom Modell erklärten und den tatsächlich realisierten Größen erklären. Nach Winker (2006) sind das gerade die Realisierungen $\hat{\varepsilon_i}$ von ε_i. Formal ergibt sich folgendes Optimierungsproblem:

$$min \sum_{i=1}^{I} \hat{\varepsilon}_i^2 = \sum_{i=1}^{I} (y_i - \hat{\beta}_0 - \hat{\beta}_1 \cdot x_{1,i} - \hat{\beta}_2 \cdot x_{2,i} - \ldots - \hat{\beta}_k \cdot x_{k,i})^2 \quad . \tag{2}$$

An das Modell der Kleinsten Quadrate werden eine Reihe von Anforderungen gestellt. Insbesondere müssen folgende Annahmen erfüllt sein (Winker 2006, S. 141f; Auer 2005, S. 138-144):

(A1) In der Matrix X der erklärenden Variablen sind alle relevanten Variablen enthalten; der wahre Zusammenhang zwischen den exogenen Variablen und der endogenen Variablen ist linear.

[32] Im Fall des SOEP stellen die Erhebungseinheiten beispielsweise die Zahl der Personen bzw. Haushalte dar.

(A2) Auf Grund der Exogenität der erklärenden Variablen sind diese mit den Störgrößen nicht korreliert.

(A3) Die Störgröße ε_i hat für alle Beobachtungen i einen Erwartungswert von 0 (Erwartungswert).

(A4) Die Störgröße ε_i hat für alle Beobachtungen i eine konstante Varianz (Homoskedastizität).

(A5) Die Störgröße ε_i ist nicht korreliert (Freiheit von Autokorrelation).

(A6) Die Störgröße ε_i ist normalverteilt (Freiheit von Autokorrelation).

(A7) Die Matrix X ist exogen vorgegeben und weist eine endliche Varianz auf. Außerdem hat sie einen vollen Rang und die Zahl der Beobachtungen ist mindestens so groß wie die Zahl der exogenen Variablen (Freiheit von perfekter Multikollinearität).

Erfüllt der Kleinste-Quadrate-Schätzer diese Eigenschaften, dann ist er innerhalb der Klasse der unverzerrten linearen Schätzer effizient. In diesem Zusammenhang wird auch von der $BLUE$-Eigenschaft des Kleinste-Quadrate-Schätzers gesprochen ($BLUE$ steht für best linear unbiased estimator). Dies wird als Gauß-Markov-Theorem bezeichnet (Auer 2005, S. 75).

Die in den ökonometrischen Analysen dieser Arbeit verwendeten endogenen Variablen sind qualitativ und können die Werte 0 bzw. 1 annehmen. Die Überlegungen aus dem linearen Regressionsmodell lassen sich direkt auf diesen Fall übertragen. So beschreibt das lineare Wahrscheinlichkeitsmodell die Wahrscheinlichkeit, mit der die abhängige Variable den Wert 1 annimmt, in Abhängigkeit von den Werten der erklärenden Variablen (Winker 2006, S. 206). Ein großer Vorteil des linearen Wahrscheinlichkeitsmodells liegt in der direkten Interpretation der geschätzten Parameter als Effekte auf die Wahrscheinlichkeit für die Ausprägung 1. Ein gravierendes Problem ist jedoch, dass die Varianz der Residuen von den erklärenden Variablen abhängt und das Modell damit heteroskedastische Störterme aufweist. Dies kann zu ineffizienten Schätzern führen. Zudem sind die Residuen nicht normalverteilt und die vom Modell erklärten Werte liegen nicht zwangsläufig im Intervall [0;1].

Eine Möglichkeit mit diesen Problemen umzugehen, bildet das in Kapitel 2.5.4 vorgestellte Konzept der latenten Variablen. Das Probit-Modell unterstellt dabei eine Standardnormalverteilung für die Störgröße. Eine Alternative bildet das Logit-Modell. Hier wird eine logistische Verteilung verwendet (Winker 2006). Beide Varianten basieren auf der gleichen Grundidee, so dass in dieser Arbeit auf das in der empirischen Erfolgsfaktorenforschung häufiger verwendete Probit-Modell zurückgegriffen wird.[33] Tabelle A6.1 vergleicht die Koeffizienten nach der Kleinste-Quadrate-Methode und dem Probit-Modell. Die Schätzung wurde bereits in Kapitel 2.5.4

[33]Das Logit-Modell zeichnet sich gegenüber dem Probit-Modell v.a. dadurch aus, dass die Parameter einfacher zu schätzen sind. Dies stellt bei der gängigen Statistik-Software jedoch kein Problem dar.

Tabelle A6.1: Koeffizienten nach OLS und Probit

Panel 1990-2008	OLS Methode	Probit Methode
$\hat{\beta}_0$	**0,115**	**-1,198**
$\hat{\sigma}(\hat{\beta}_0)$	*(0,001)*	*(0,005)*
$\hat{\beta}_1 = Frau$	**-0,050**	**-0,315**
$\hat{\sigma}(\hat{\beta}_1)$	*(0,001)*	*(0,009)*
Mittelwert	0,116	0,092*
Beobachtungen	166 643	166 643

* Geschätzter Mittelwert

durchgeführt und beinhaltet alle Deutschen der Jahre 1990 bis 2008. Die endogene Variable bildet die Wahrscheinlichkeit selbstständig zu sein.

Nach der Kleinste-Quadrate-Methode besitzen die Deutschen eine Basiswahrscheinlichkeit von 11,5% selbstständig zu sein. Ist die Person eine Frau, so beläuft sich der durchschnittliche Effekt auf -5%. Die Wahrscheinlichkeit reduziert sich auf 6,5%.

Beim Probit-Modell beläuft sich der Koeffizient für die Konstante ($\hat{\beta}_0$) auf -1,198. Der entsprechende z-Wert der kumulierten Standardnormalverteilung für den gerundeten Koeffizienten liegt bei 0,115. Demnach beträgt die Basiswahrscheinlichkeit, dass ein Deutscher selbstständig ist, 11,5%. Die Werte der OLS- und Probit-Schätzung unterscheiden sich folglich nur geringfügig voneinander. Gleiches gilt für den Einfluss des Geschlechts auf die Basiswahrscheinlichkeit. So beläuft sich das geschätzte arithmetische Mittel auf 9,2%, was ungefähr dem Wert -1,33 entspricht. Die Steigung an dieser Stelle beträgt $\approx 0,165\%$. Dadurch ergibt sich ein marginaler Effekt für das weibliche Geschlecht von -5,1%. Die Basiswahrscheinlichkeit reduziert sich auf 6,4%, was nur einen geringfügigen Unterschied zur OLS-Schätzung bedeutet. Einen Überblick über einige ausgewählte z-Werte der kumulierten Standardnormalverteilung bietet Tabelle A6.2.

Tabelle A6.2: Standardnormalverteilung für Probit

z-Wert	kumulierte Standardnorm.	Steigung an der Stelle z	z-Wert	kumulierte Standardnorm.	Steigung an der Stelle z
0,0	0,5000	0,3989	0,0	0,5000	0,3989
0,1	0,5398	0,3970	-0,1	0,4602	0,3970
0,2	0,5793	0,3910	-0,2	0,4207	0,3910
0,3	0,6179	0,3814	-0,3	0,3821	0,3814
0,4	0,6554	0,3683	-0,4	0,3446	0,3683
0,5	0,6915	0,3521	-0,5	0,3085	0,3521
0,6	0,7257	0,3332	-0,6	0,2743	0,3332
0,7	0,7580	0,3123	-0,7	0,2420	0,3123
0,8	0,7881	0,2897	-0,8	0,2119	0,2897
0,9	0,8159	0,2661	-0,9	0,1841	0,2661
1,0	0,8413	0,2420	-1,0	0,1587	0,2420
1,1	0,8643	0,2179	-1,1	0,1357	0,2179
1,2	0,8849	0,1942	-1,2	0,1151	0,1942
1,3	0,9032	0,1714	-1,3	0,0968	0,1714
1,4	0,9192	0,1497	-1,4	0,0808	0,1497
1,5	0,9332	0,1295	-1,5	0,0668	0,1295
1,6	0,9452	0,1109	-1,6	0,0548	0,1109
1,7	0,9554	0,0940	-1,7	0,0446	0,0940
1,8	0,9641	0,0790	-1,8	0,0359	0,0790
1,9	0,9713	0,0656	-1,9	0,0287	0,0656
2,0	0,9772	0,0540	-2,0	0,0228	0,0540
2,1	0,9821	0,0440	-2,1	0,0179	0,0440
2,2	0,9861	0,0355	-2,2	0,0139	0,0355
2,3	0,9893	0,0283	-2,3	0,0107	0,0283
2,4	0,9918	0,0224	-2,4	0,0082	0,0224
2,5	0,9938	0,0175	-2,5	0,0062	0,0175
2,6	0,9953	0,0136	-2,6	0,0047	0,0136
2,7	0,9965	0,0104	-2,7	0,0035	0,0104
2,8	0,9974	0,0079	-2,8	0,0026	0,0079
2,9	0,9981	0,0060	-2,9	0,0019	0,0060
3,0	0,9987	0,0044	-3,0	0,0013	0,0044

Quelle: Pindyck und Rubinfeld (1997), S. 603; Greene (2003), S. 953; Wetzel et al. (1967), S. 95

Probleme bei ökonometrischen Analysen

Für die Interpretation der Schätzergebnisse werden in der Ökonometrie eine Reihe von Annahmen getroffen (siehe Eigenschaften A1-A7). Werden diese Annahmen nicht erfüllt, so kann dies bei der Analyse der Daten zu unterschiedlichen Problemen führen. Auf einige wesentliche Probleme wird im Folgenden eingegangen.

Von **Multikollinearität** spricht man, wenn zwei oder mehr erklärende Variablen stark miteinander korreliert sind (vgl. Pindyck und Rubinfeld 1997, S. 95-98). Bei perfekter Kollinearität ist die Annahme des vollen Spaltenrangs der Matrix X verletzt. Demnach lässt sich eine der exogenen Variablen als Linearkombination von einer oder mehreren anderen exogenen Variablen darstellen. In diesem Fall ist der OLS-Schätzer nicht berechenbar. In der Praxis kommt perfekte Kollinearität nur selten vor und meist nur dann, wenn unabhängige Variablen durch eine definitorische Beziehung miteinander verknüpft sind. Dagegen liegt einfache Multikollinearität dann vor, wenn einzelne exogene Variablen zwar nicht vollständig linear abhängig sind, aber eine hohe Korrelation aufweisen. Multikollinearität führt dazu, dass der Schätzer und die Schätzfehler nicht robust sind. So können sich bereits kleine Datenveränderungen stark auf die geschätzten Koeffizienten auswirken. Der Standardfehler der Koeffizienten nimmt zu, was zu einer Vergrößerung der entsprechenden Konfidenzintervalle führt. Auf Multikollinearität kann nicht explizit getestet werden, jedoch lassen sich einige Anhaltspunkte finden. So kann ein hohes R^2 und wenig signifikante Koeffizienten ein Zeichen für Multikollinearität sein. Gleiches gilt im Fall schwankender Schätzergebnisse in Abhängigkeit von der gewählten Spezifikation bzw. bei Ausschluss einzelner Beobachtungen.

Es lassen sich eine Reihe von Möglichkeiten finden, wie mit dem Problem der Multikollinearität umgegangen werden kann. Eine Alternative stellt die Erweiterung der Datenbasis dar. Liegt die Korrelation jedoch in der Grundgesamtheit, so ist dieses Vorgehen nicht zielführend. Ebenso können zusätzliche externe Informationen erhoben werden, wie beispielsweise die Kombination von Zeitreihen- und Querschnittsdaten. Ein weiteres Verfahren ist die Transformation der Variablen. Beispielsweise kann Multikollinearität bei trendbehafteten Daten durch einfache Differenzenbildung ausgeschlossen werden. Schließlich können hoch korrelierte Variablen aus dem Modell entfernt werden. Allerdings lässt sich dieser Ausschluss häufig inhaltlich schwer begründen und fällt in die subjektive Entscheidung des Anwenders. Darüber hinaus kann die Störgröße durch den Ausschluss einer oder mehrerer exogener Variablen Systematiken enthalten, was die Modellannahmen verletzt. Im Rahmen der ökonometrischen Analysen in Kapitel 5.4 wird dem Problem der Multikollinearität durch die schrittweise Erweiterung des Basismodells vorgebeugt.

Ein weiteres Problem stellen **fehlende Variablen** dar. So können im Modell nicht berücksichtigte Einflussgrößen zu verzerrten und inkonsistenten Schätzergebnissen führen (vgl. Winker 2006, S. 163f). Das Überprüfen, ob und welche Variablen im ökonometrischen Modell nicht verwendet wurden, erscheint jedoch schwierig. Von großer

Bedeutung ist die ökonomische Analyse im Vorfeld der Schätzung, um potenzielle Einflussgrößen zu ermitteln. Daher erfolgte die Auswahl der relevanten Variablen im Rahmen dieser Arbeit auf Basis bestehender theoretischer und empirischer Untersuchungen.

Eine der im vorherigen Abschnitt getroffenen Annahmen besagt, dass die Varianz der Störgrößen unabhängig von den Beobachtungen konstant sein soll (vgl. Winker 2006, S. 164-168). In diesem Fall wird von Homoskedastie gesprochen. Ist die Varianz der Residuen in der Stichprobe jedoch nicht konstant, so liegt **Heteroskedastie** vor. Die Ursachen für Heteroskedastie können vielfältiger Art sein. Häufig ist das Problem auf eine nicht symmetrische Verteilung der abhängigen Variablen zurückzuführen. Im Fall von Heteroskedastie ist der OLS-Schätzer immer noch linear und unverzerrt, aber nicht mehr $BLUE$. Die Schätzwerte der Standardfehler sind verzerrt, wodurch Konfidenzintervalle und Hypothesentests auf Basis der Standardfehler irreführend sind.

Es existieren eine Reihe von formalen Verfahren, die das Vorliegen von Heteroskedastie überprüfen. Grundidee ist es, die Nullhypothese zu testen, dass die vorliegenden Beobachtungen der Fehler $\hat{\varepsilon}_i$ aus einer Verteilung stammen, die der Annahme homoskedastischer Fehler unterliegen (Winker 2006, S. 166). Gegen diese Nullhypothese werden unterschiedliche Alternativen getestet. Ein häufig verwendetes Testverfahren stellt der White-Test dar. Dieser Test basiert auf der Überlegung, die quadrierten Residuen der linearen OLS-Schätzung auf quadratische Terme der erklärenden Variablen zu schätzen. Anschließend wird überprüft, ob die geschätzte Varianz der Störgrößen mit den exogenen Variablen des Modells oder deren Quadraten korreliert. Da das verwendete Probit-Modell jedoch auf dem Maximum-Likelihood-Prinzip basiert, kann der White-Test nicht durchgeführt werden. Um dem Problem der Heteroskedastie entgegenzutreten, werden in der Arbeit heteroskedastiekonsistente Schätzer nach Huber und White verwendet. Dieses Verfahren liefert konsistente Varianzschätzungen und wird als robust bezeichnet.

Die Herleitung von t- und F-Test setzt eine **Normalverteilung** der Störgrößen voraus. Die Überprüfung dieser Annahme erfolgt zumeist mit dem Jarque-Bera-Test (vgl. Winker 2006, S. 168-170). Dieser berücksichtigt die Schiefe, also die Verteilung auf Symmetrie, und die Wölbung, d.h. die vorliegende Dichtefunktion, und misst deren Unterschied. Sei S die Schiefe, K die Wölbung und σ die Standardabweichung der Variablen x, so lautet die Testgleichung:

$$JB = \frac{I}{6} \cdot (S^2 + \frac{(K-3)^2}{4}) \tag{3}$$

mit

$$S = \frac{1}{I} \cdot \sum_{i=1}^{I} \frac{x_i^3}{\sigma^3} \quad und \quad K = \frac{1}{I} \cdot \sum_{i=1}^{I} \frac{x_i^4}{\sigma^4} \quad . \tag{4}$$

Die Werte der Teststatistik liegen im positiven Bereich und sind korreliert mit der Abweichung der empirischen Momente S und K von denen einer Normalverteilung. Für normalverteilte Störgrößen liegt der Wert der Schiefe bei Null und der Wert der Wölbung bei Drei. Die Nullhypothese der Normalverteilung muss verworfen werden, wenn die Teststatistik einen kritischen Wert überschreitet. Für die Nullhypothese ist die Teststatistik χ^2-verteilt mit zwei Freiheitsgraden. Ebenso kann die Nullhypothese bei Betrachtung des Probability-Wertes abgelehnt werden, wenn dieser kleiner als die Irrtumswahrscheinlichkeit α ist.

Ein weiteres Problem stellen **Strukturbrüche** dar. Ein Strukturbruch liegt dann vor, wenn die Regressionsparameter nicht über den gesamten Schätzzeitraum konstant sind. Wird nach Winker (2006, S. 178) das ökonometrische Modell als Verhaltensgleichung interpretiert, gibt es oftmals Gründe, die einen Wandel dieses Verhaltens erwarten lassen. Bei Zeitreihendaten kann eine solche Veränderung der parametrischen Struktur des Modells auf die ökonomischen Rahmenbedingungen zurückgeführt werden. Hierunter fallen Ereignisse wie die deutsche Wiedervereinigung oder die europäische Währungsunion. Im Falle von Querschnittsdaten können es Unterschiede in verschiedenen Teilgruppen sein (z.B. zwischen Männern und Frauen), die einen Strukturbruch verursachen. Werden Strukturbrüche vernachlässigt, so impliziert dies eine Fehlspezifikation des Modells und die OLS-Schätzung führt zu verzerrten Werten für die Parameter. Ein gängiges Testverfahren zur Überprüfung von Strukturbrüchen stellt der Chow-Test dar. Liegt der Zeitpunkt des Strukturbruchs vor, so teilt der Chow-Test den Untersuchungszeitraum in zwei Teilperioden und ermittelt die Summe der Fehlerquadrate für beide Teilperioden separat. Ein Strukturbruch ergibt sich, wenn die Summe der Fehlerquadrate für den gesamten Zeitraum signifikant höher ist als die Summe der Fehler der beiden Teilperioden. Allerdings ist der Test nur bei Zeitreihendaten sinnvoll.

Endogenität liegt vor, wenn die exogenen Variablen in einer Schätzung endogen sind, also durch die zu erklärende Variable beeinflusst werden (vgl. Winker 2006, S. 176f). Dann ist $E(X_\varepsilon) \neq 0$. Dies führt beim OLS-Ansatz zu verzerrten Ergebnissen für die Koeffizienten. Möglichkeiten mit diesem Problem umzugehen, sind die Schätzung der reduzierten Form, die Schätzung anhand verzögerter Werte der erklärenden Variablen sowie die Methode des Instrumentenschätzers.

Weitere Probleme, die jedoch vorwiegend bei Zeitreihendaten auftauchen, sind die Autokorrelation und die Stationarität. **Autokorrelation** liegt dann vor, wenn die Residuen für unterschiedliche Beobachtungen nicht unabhängig voneinander verteilt sind. Autokorrelation führt nicht unbedingt zu verzerrten Schätzungen der Koeffizienten, aber zu verzerrten Schätzungen der Standardabweichung. **Stationarität** setzt voraus, dass die statistischen Eigenschaften der verwendeten Zufallsvariablen im Zeitverlauf unverändert bleiben. Dadurch soll ein Trend in den Daten ausgeschlossen werden. Nicht-Stationarität kann zu einer Scheinregression führen. Tests auf Autokorrelation und Stationarität sind auch bei Querschnitts- bzw. Paneluntersuchungen möglich. Auf Grund der jahresspezifischen Änderungen der Beobachtungszahlen in dieser Arbeit wird darauf jedoch verzichtet.[34] So würde eine gezielte Auswahl an Haushalten, die in jedem Jahr vorhanden sind, zu einer starken Reduktion der Grundgesamtheit führen.

Gütekriterien

In diesem Abschnitt wird auf die Kriterien und Testverfahren eingegangen, die zur Beurteilung der Güte der Schätzergebnisse dienen.

Im linearen Regressionsmodell ist das **Bestimmtheitsmaß** R^2 die wichtigste Maßzahl zur Beurteilung der Güte der Anpassung. Diese Maßzahl ist das Verhältnis der durch die Regression erklärten Varianz und der Gesamtvarianz der endogenen Variablen. Sei s_y^2 die Gesamtstreuung der endogenen Variablen und $\hat{s}_y^2$ die erklärte Streuung, dann ergibt sich:

$$R^2 = \frac{\hat{s}_y^2}{s_y^2} \qquad mit\ 0 \leq R^2 \leq 1 \quad . \tag{5}$$

Je höher der Anteil der erklärten Varianz, desto höher fällt das Bestimmtheitsmaß aus. Dabei liegt dieses Gütekriterium zwischen Null und Eins, da die erklärte Varianz größer oder gleich Null ist, aber nicht größer als die Gesamtvarianz der endogenen Variablen sein kann (Auer 2005, S. 166). Da das Bestimmtheitsmaß mit der Zahl an zusätzlich aufgenommenen Regressoren (k) steigt, berücksichtigt das **korrigierte Bestimmtheitsmaß** $\bar{R}^2$ dies "bestrafend":

$$\bar{R}^2 = 1 - \frac{n-1}{n-k}(1 - R^2) \quad . \tag{6}$$

Auf Grund der Unbeobachtbarkeit der latenten Variablen und der daraus resultierenden Modellresiduen kann im Rahmen des Probit-Modells nicht auf ein vergleichbares Gegenstück zum Bestimmtheitsmaß der linearen Regression zurückgegriffen werden. Vielmehr existieren eine Reihe unterschiedlicher Maßzahlen und Konzepte. Ein häufig verwendetes Verfahren stellt das Pseudo-R^2 dar. Das bekannteste Pseudo-R^2 geht auf McFadden zurück. Das **Pseudo-R^2 nach McFadden** ($Pseudo - R_{MF}^2$) wird in direkter Analogie zum Bestimmtheitsmaß der linearen Regression berechnet:

$$Pseudo - R_{MF}^2 = \frac{ln\ L_0 - ln\ L}{ln\ L_0} = 1 - \frac{ln\ L}{ln\ L_0} \quad , \tag{7}$$

mit $ln\ L_0$ der Likelihood, dass alle Koeffizienten außer der Konstanten Null sind, und mit $ln\ L$ der Likelihood des berechneten Modells. Der Wertebereich des Pseudo-R_{MF}^2 liegt zwischen Null und Eins. Obwohl dieser Wertebereich dem des R^2 aus dem linearen Regressionsmodell entspricht, kann das Pseudo-R_{MF}^2 nicht als Anteil der erklärten Varianz der endogenen Variablen durch das Modell interpretiert werden. So

[34] Das betrifft die Schätzungen auf Basis des SOEP aus Kapitel 2.5.5.

ist nach Kohler und Kreuter (2001) die inhaltliche Interpretation deutlich problematischer. "Je höher, desto besser" ist praktisch das Einzige, was man zum Pseudo-R^2_{MF} sagen kann (Kohler und Kreuter 2001, S. 272). Neben dem Pseudo-R^2 nach McFadden existieren zahlreiche weitere Varianten dieses Konzeptes (vgl. Winkelmann und Boes 2006, S. 122-126). Da die Varianten nur bedingt miteinander vergleichbar sind und sich bis heute noch kein einheitliches Pseudo-R^2 durchgesetzt hat, wird auf diese Maßzahl im Rahmen der Arbeit verzichtet. Eine geeignete Alternative stellt der **Likelihood-Ratio-Test** dar:

$$\lambda = -2 \cdot [ln\ L - ln\ L_0] \sim \chi^2_k \quad . \tag{8}$$

Der Likelihood-Ratio-Test überprüft, ob das Modell mit den Einflussvariablen einen signifikanten Erklärungswert besitzt. Dieses Gütekriterium wird in den Schätzungen der Arbeit ausgewiesen.

Ein weiteres gängiges Gütekriterium im Rahmen des linearen Regressionsmodells bildet die **F-Statistik**. Diese überprüft, ob alle geschätzten Koeffizienten außer dem Absolutglied einen Einfluss auf die endogene Variable nehmen. Allerdings können beim Probit-Modell keine Werte für den F-Test berechnet werden, da das Probit-Modell auf dem Maximum-Likelihood-Prinzip basiert. Daher werden als weitere Gütekriterien der Standardfehler, die Konfidenzintervalle und die z-Statistik betrachtet.

Die Standardabweichung bezieht sich auf die Streuung der vorliegenden Beobachtungswerte. Ein hoher **Standardfehler** eines einzelnen Koeffizienten bedeutet, dass die Ausprägungen des Koeffizienten in mehreren Stichproben stark um die entsprechende Größe streuen. Daher gilt: Je geringer der Standardfehler, desto zuverlässiger die Schätzung des Koeffizienten und damit dessen Interpretation.

Ein weiteres Gütekriterium stellen die **Konfidenzintervalle** dar. Ein Konfidenzintervall beschreibt den Wertebereich, in dem man den wahren, aber unbekannten Koeffizienten eines Modells mit einer bestimmten Wahrscheinlichkeit erwartet. Die Breite des Konfidenzintervalls wird dabei als Präzision der Schätzung bezeichnet. Das Intervall $(\hat{\beta}_i \pm 2 \cdot \sigma^2)$ enthält beispielsweise in 95% der Fälle den wahren, aber unbekannten Koeffizienten (unter Annahme der Normalverteilung).

Um die Signifikanz der einzelnen Koeffizienten zu bewerten, wird im Rahmen des Probit-Modells auf die **z-Statistik** zurückgegriffen. Hierbei wird die Nullhypothese überprüft, ob die exogene Variable einen signifikanten Einfluss auf die endogene Variable nimmt, d.h. $H_0 : \hat{\beta}_i = 0$. Ist der Koeffizient signifikant von Null verschieden, so wird H_0 abgelehnt und die Größe leistet einen signifikanten Erklärungsbeitrag zur Bestimmung der endogenen Variablen.

Literaturverzeichnis

Agentur für Arbeit Memmingen (2009): *Der Arbeitsmarkt im August 2009*, Memmingen.

Agentur für Arbeit Stuttgart (2009): *Der Arbeitsmarkt im Bezirk der Agentur für Arbeit Stuttgart. Berichtsmonat August 2009*, Stuttgart.

Agentur für Arbeit Ulm (2009): *Der Arbeitsmarkt im Bezirk der Agentur für Arbeit Ulm. Berichtsmonat August 2009*, Ulm.

Albach, H., K. Bock und T. Warnke (1985): *Kritische Wachstumsschwellen in der Unternehmensentwicklung*, Poeschel, Stuttgart.

Aldrich, H. E. und R. Waldinger (2000): Ethnizität und Unternehmertum, in: Bögenhold, D. (Hrsg.): *Moderne amerikanische Soziologie*, Lucius & Lucius, Stuttgart, S. 243-277.

Aldrich, H. E. und G. Wiedenmayer (1993): From Traits to Rates: An Ecological Perspective on Organizational Foundings, in: Brockhaus, R. H. und J. Katz (Hrsg.): *Advances in Entrepreneurship, Firm Emergence, and Growth*, JAI Press, Greenwich, S. 145-195.

Aldrich, H. E., C. Zimmer und D. McEvoy (1989): Continuities in the Study of Ecological Succession: Asian Businesses in Three English Cities, in: *Social Forces*, Volume 67, Nr. 4, S. 920-943.

Almus, M. und E. A. Nerlinger (1999): Growth of New Technology-based Firms: Which Factors Matter?, in: *Small Business Economics*, Volume 13, Nr. 2, S. 141-154.

Almus, M. und S. Prantl (2002): Die Auswirkungen öffentlicher Gründungsförderung auf das Überleben und Wachstum junger Unternehmen, in: *Jahrbücher für Nationalökonomie und Statistik*, Volume 222, Nr. 2, S. 161-185.

Angst, D. (2005): *Welche Minderheiten? Von der fehlenden Definition der nationalen Minderheit zu einer dynamischen Auslegung im Rahmenübereinkommen des Europarates*, Bern.

Assig, D. (1987): *Mut gehört dazu. Informationen für Frauen, die beruflich selbständig sind oder werden wollen*, Rowohlt, Reinbeck.

Auer, L. v. (2005): *Ökonometrie. Eine Einführung*, 3. Auflage, Springer Verlag, Berlin u.a.

Barrett, G. A., T. P. Jones und D. McEvoy (1996): Ethnic Minority Business: Theoretical Discourse in Britain and North America, in: *Urban Studies*, Volume 33, Nr. 4-5, S. 783-809.

Basu, A. (2006): Ethnic Minority Entrepreneurship, in: Casson, M., B. Yeung, A. Basu und N. Wadeson (Hrsg.): *The Oxford Handbook of Entrepreneurship*, Oxford University Press, Oxford, S. 580-600.

Basu, A. und E. Altinay (2003): *Family and Work in Minority Ethnic Businesses*, The Policy Press, Bristol.

Basu, A. und A. Goswami (1999): Determinants of South Asian Entrepreneurial Growth in Britain: A Multivariate Analysis, in: *Small Business Economics*, Volume 13, Nr. 1, S. 57-70.

Bates, T. (1990): Entrepreneur Human Capital Inputs and Small Business Longevity, in: *Review of Economics and Statistics*, Volume 72, Nr. 4, S. 551-559.

Bates, T. (1993): Determinants of Survival and Profitability among Asian Immigrant-owned Small Businesses, *CES Discussion Paper*, Nr. 11.

Baum, R. J., E. A. Locke und K. G. Smith (2001): A Multidimensional Model of Venture Growth, in: *Academy of Management Journal*, Volume 44, Nr. 2, S. 292-303.

Becker, G. S. (1962): Investment in Human Capital: A Theoretical Analysis, in: *Journal of Political Economy*, Volume 70, Nr. 5, S. 9-49.

Becker, G. S. (1964): *Human Capital: A Theoretical and Empirical Analysis, with Special Reference to Education*, University of Chicago Press, Chicago.

Bhave, M. P. (1994): A Process Model of Entrepreneurial Venture Creation, in: *Journal of Business Venturing*, Volume 9, Nr. 3, S. 223-242.

Bischoff, T. (2001): Die Wahl der Rechtsform, in: Koch, L. T. und C. Zacharias (Hrsg.): *Gründungsmanagement*, Oldenbourg, München, S. 137-150.

Blaschke, J. und A. Ersöz (1987): *Herkunft und Geschäftsaufnahme türkischer Kleingewerbetreibender in Berlin*, EXpress Edition, Berlin.

BMWi (Hrsg.) (2009): *Mittelstand: Leistung und Vielfalt*, BMWi Publikationen, Berlin.

Böing, C. (2001): *Erfolgsfaktoren im Business-to-Consumer-E-Commerce*, Gabler, Wiesbaden.

Bonacich, E. (1973): A Theory of Middleman Minorities, in: *American Sociological Review*, Volume 38, S. 583-594.

Bonoma, T. V. (1985): Case Research in Marketing: Opportunities, Problems, and a Process, in: *Journal of Marketing Research*, Volume 22, Nr. 2, S. 199-208.

Borjas, G. J. (1986): The Self-employment Experience of Immigrants, in: *Journal of Human Resources*, Volume 21, Nr. 4, S. 485-506.

Boswell, J. (1972): *The Rise and Decline of Small Firms*, Allen and Unwin, London.

Bourdieu, P. (1983): Forms of Capital, in: Richards, J. C. (Hrsg): *Handbook of Theory and Research for the Sociology of Education*, Greenwood Press, New York, S. 183-198.

Brüderl, J., P. Preisendörfer und R. Ziegler (1998): *Der Erfolg neugegründeter Betriebe. Eine empirische Studie zu den Chancen und Risiken von Unternehmensgründungen*, 2. Auflage, Duncker & Humblot, Berlin.

Burgbacher, H. G. (2004): *Migrantenunternehmer. Existenzgründung und -förderung am Beispiel Hamburgs*, LIT Verlag, Münster.

Capon, N., J. U. Farley und S. Hoenig (1990): Determinants of Financial Performance: A Meta-analysis, in: *Management Science*, Volume 36, Nr. 10, S. 1143-1159.

Carroll, G. R. (1987): *Publish and Perish: The Organizational Ecology of Newspaper Industries*, JAI Press, Greenwich.

Carter, N. M., W. B. Gartner und P. D. Reynolds (1996): Exploring Start-up Event Sequences, in: *Journal of Business Venturing*, Volume 11, Nr. 3, S. 151-166.

Carter, S. und P. Rosa (1998): The Financing of Male- and Female-owned Businesses, in: *Entrepreneurship and Regional Development*, Volume 10, Nr. 3, S. 225-241.

Cassar, G. (2004): The Financing of Business Start-ups, in: *Journal of Business Venturing*, Volume 19, Nr. 2, S. 261-284.

Casson, M. (1982): *The Entrepreneur. An Economic Theory*, Barnes & Noble, Tatowa.

Chaganti, R. und P. G. Greene (2000): Who are Ethnic Entrepreneurs? A Study of Entrepreneurs' Ethnic Involvement and Business Characteristics, in: *Journal of Small Business Management*, Volume 40, Nr. 2, S. 126-143.

Chaganti, R. und J. A. Schneer (1994): A Study of the Impact of Owner's Mode of Entry on Venture Performance and Management Patterns, in: *Journal of Business Venturing*, Volume 9, Nr. 3, S. 243-260.

Chandler, G. N. und E. J. Jansen (1997): Founder Self-efficacy and Venture Performance, in: *Academy of Management Proceedings*, Nr. 28, S. 98-102.

Coleman, J. C. (1988): Social Capital in the Creation of Human Capital, in: *American Journal of Sociology*, Volume 94, Nr. 1, S. 95-120.

Coleman, S. (2004): Access to Debt Capital for Women- and Minority-owned Small Firms: Does Educational Attainment Have an Impact?, in: *Journal of Developmental Entrepreneurship*, Volume 9, Nr. 2, S. 127-143.

Constant, A. und K. F. Zimmermann (2004): The Making of Entrepreneurs in Germany: Are Men and Immigrants Alike?, *IZA Discussion Paper*, Nr. 1440.

Constant, A., Y. Shachmurove und K. F. Zimmermann (2003): What Makes an Entrepreneur and Does It Pay? Native Men, Turks, and Other Migrants in Germany, *IZA Discussion Paper*, Nr. 940.

Constant, A., Y. Shachmurove und K. F. Zimmermann (2005): The Role of Turkish Immigrants in Entrepreneurial Activities in Germany, *PIER Working Paper*, Nr. 05-029.

Cooper, A. C., F. J. Gimeno-Gascón und C. Y. Woo (1994): Initial Human and Financial Capital as Predictors of New Venture Performance, in: *Journal of Business Venturing*, Volume 9, Nr. 5, S. 371-395.

Cooper, A. C., W. C. Dunkelberg und C. Y. Woo (1988): Survival and Failure: A Longitudinal Study, in: Kirchhoff, B. A. und W. A. Long (Hrsg.): *Frontiers of Entrepreneurship Research 1988*, Babson College, Wellesley, S. 225-237.

Corsten, H. (2002): Determinanten der Gründungsentscheidung. Ein empirischer Befund, in: Corsten, H. (Hrsg.): *Dimensionen der Unternehmensgründung. Erfolgsaspekte der Selbstständigkeit* , Erich Schmidt Verlag, Berlin, S. 1-42.

Cragg, P. B. und M. King (1988): Organizational Characteristics and Small Firms' Performance Revisited, in: *Entrepreneurship: Theory & Practice*, Volume 13, Nr. 2, S. 49-64.

Cuba, R., D. DeCenzo und A. Anish (1983): Management Practices of Successful Female Business Owners, in: *American Journal of Small Business*, Volume 8, Nr. 2, S. 40-46.

Curran, J., R. Blackburn und A. Woods (1991): *Profiles of the Small Enterprise in the Service Sector*, ESRC Centre for Research on Small Service Sector Enterprise, Kingston Business School.

Daschmann, H.-A. (1993): *Erfolgsfaktoren mittelständischer Unternehmen*, Dissertation, Ludwig-Maximilians-Universität München.

De, D. A. (2005): *Entrepreneurship. Gründung und Wachstum von kleinen und mittleren Unternehmen*, Pearson Studium, München.

Deakins, D., M. Ishaq, D. Smallbone, G. Whittam, G und J. Wyper (2007): Ethnic Minority Businesses in Scotland and the Role of Social Capital, in: *International Small Business Journal*, Volume 25, Nr. 3, S. 307-326.

Dellmann, K. (1991): Einflußgrößen der Erfolgsdynamik, in: Kistner, K.-P. und R. Schmidt (Hrsg.): *Unternehmensdynamik*, Gabler, Wiesbaden, S. 419-442.

Delmar, F. und P. Davidsson (2000): Where Do They Come From? Prevalence and Characteristics of Nacent Entrepreneurs, in: *Entrepreneurship & Regional Development*, Volume 12, Nr. 1, S. 1-23.

Denison, D. R. und J. M. Alexander (1986): Patterns and Profiles of Entrepreneurs: Data From Entrepreneurship Forums, in: Ronstadt, R., R. Hornaday, R. Peterson und K. Vesper (Hrsg.): *Frontiers of Entrepreneurship Research*, Babson College, Wellesley, S. 578-593.

Dietrich, H. (1999): Empirische Befunde zur selbständigen Erwerbstätigkeit unter besonderer Berücksichtigung scheinselbständiger Erwerbsverhältnisse, in: *Mitteilungen aus der Arbeitsmarkt- und Berufsforschung*, Volume 32, Nr. 1, S. 85-101.

Dunkelberg, W. C. und A. C. Cooper (1982): Patterns of Small Business Growth, in: *Academy of Management Proceedings*, Nr. 13, S. 409-413.

Dunkelberg, W. C., A. C. Cooper, C. Y. Woo und W. Dennis (1987): New Firm Growth and Performance, in: Churchill, N. C., K. H. Vesper, B. A. Kirchhoff, J. A. Hornaday und O. J. Krasner (Hrsg.): *Frontiers of Entrepreneurship Research*, Babson College, Wellesley, S. 307-321.

Duchesneau, D. A. und W. B. Gartner (1990): A Profile of New Venture Success and Failure in an Emerging Industry, in: *Journal of Business Venturing*, Volume 5, Nr. 5, S. 297-312.

Eisenhardt, K. und C. B. Schoonhoven (1990): Organizational Growth: Linking Founding Team, Strategy, Environment, and Growth Among U.S. Semiconductor Ventures, in: *Administrative Science Quarterly*, Volume 35, Nr. 3, S. 504-529.

Ernst, C. und J. Angst (1983): *Birth Order: Its Influence on Personality*, Springer Verlag, Berlin u.a.

Fairlie, R. W. und B. D. Meyer (1996): Ethnic and Racial Self-Employment Differences and Possible Explanations, in: *Journal of Human Resources*, Volume 31, Nr. 4, S. 757-793.

Faltin, G. (1998): Das Netz weiter werfen – Für eine neue Kultur unternehmerischen Handelns, in: Faltin, G., S. Ripsas und J. Zimmer (Hrsg.): *Entrepreneurship. Wie aus Ideen Unternehmen werden*, Verlag C. H. Beck, München, S. 3-20.

Fischer, E. M., A. R. Reuber und L. S. Dyke (1993): A Theoretical Overview and Extension of Research on Sex, Gender and Entrepreneurship, in: *Journal of Business Venturing*, Volume 8, Nr. 2, S. 151-168.

Fischer, P. (2002): Deutschland – ein Einwanderungsland?, in: *Cornelsen – Aktuelle Landkarte*, Volume 49, Nr. 2, S. 1-9.

Flap, H., A. Kumcu und B. Bulder (2000): The Social Capital of Ethnic Entrepreneurs and their Business Success, in: Rath, J. (Hrsg.): *Immigrant Businesses. The Economic, Political and Social Environment*, Macmillan Press, London, S. 142-161.

Floeting, H., B. Reimann und U.-K. Schuleri-Hartje (2004): *Ethnische Ökonomie: Integrationsfaktor und Integrationsmaßstab*, difu, Berlin.

Floeting, H., B. Reimann und U.-K. Schuleri-Hartje (2005): Von "Tante Emma" zu "Onkel Ali" – Entwicklung der Migrantenökonomie in den Stadtquartieren deutscher Großstädte, *difu Aktuelle Information*, April 2005.

Franz, W. (2003): *Arbeitsmarktökonomik*, 5. Auflage, Springer Verlag, Berlin u.a.

Freiling, J. (2006): *Entrepreneurship. Theoretische Grundlagen und unternehmerische Praxis*, Vahlen, München.

Gälweiler, A. (1986): *Unternehmensplanung: Grundlagen und Praxis*, Campus, Frankfurt a.M./New York.

Gadenne, D. (1998): Critical Success Factors for Small Business: An Inter-industry Comparison, in: *International Small Business Journal*, Volume 17, Nr. 1, S. 36-57.

Grabner-Kräuter, S. (1993): Diskussionsansätze zur Erforschung von Erfolgsfaktoren, in: *Journal für Betriebswirtschaft*, Volume 43, Nr. 6, S. 278-295.

Granovetter, M. (1973): The Strength of Weak Ties, in: *American Journal of Sociology*, Volume 78, Nr. 6, S. 1360-1381.

Greene, W. H. (2003): *Econometric Analysis*, 5. Auflage, Pearson Education International, Upper Saddle River/New Jersey.

Grünig, R., F. Heckner und A. Zeus (1996): Methoden zur Identifikation strategischer Erfolgsfaktoren, in: *Die Unternehmung*, Volume 50, Nr. 1, S. 3-12.

Hamburger, F. (2000): Migration und Migrationspolitik in Deutschland, in: Escher, A. (Hrsg.): *Ausländer in Deutschland. Probleme einer transkulturellen Gesellschaft aus geographischer Sicht* , Mainzer Kontaktstudium Geographie, Nr. 6, S. 19-25.

Hammarstedt, M. (2001): Immigrant Self-employment in Sweden – Its Variation and Some Possible Determinants, in: *Entrepreneurship & Regional Development*, Volume 13, Nr. 2, S. 147-161.

Hanifan, L. J. (1916): The Rural School Community Center, in: *Annals of the American Academy of Political and Social Science*, Volume 67, Nr. 1, S. 130-138.

Hanifan, L. J. (1920): *The Community Center*, Silver Burdett, Boston.

Harhoff, D., K. Stahl und M. Woywode (1998): Legal Form, Growth and Exit of West-German Firms: Empirical Results for Manufacturing, Construction, Trade and Service Industries, in: *Journal of Industrial Economics*, Volume 46, Nr. 4, S. 453-488.

Heil, A. H. (1997): *Entwicklung junger Unternehmen in Ost- und Westdeutschland*, Wissenschaftliche Reihe der deutschen Ausgleichsbank, Nr. 7, Bonn.

Hell, M. (2005): *Einwanderungsland Deutschland? Die Zuwanderungsdiskussion 1998-2002*, VS Verlag, Wiesbaden.

Henley, A. (2005): Job Creation by the Self-employed: The Roles of Entrepreneurial and Financial Capital, in: *Small Business Economics*, Volume 25, Nr. 2, S. 175-196.

Hering, T. und A. J. F. Vincenti (2005): *Unternehmensgründung*, Oldenbourg, München/Wien.

Herr, C. (2007): *Nicht-lineare Wirkungsbeziehungen von Erfolgsfaktoren der Unternehmensgründung*, Deutscher Universitäts-Verlag, Wiesbaden.

Herzog, R. (1997): *Freiheit und Verantwortung – Mehr Mut zur Selbstständigkeit*, Ansprache von Roman Herzog auf der Jahresversammlung der Arbeitsgemeinschaft Selbstständiger Unternehmer e.V.

Hildebrandt, L. (1989): *Die quantitative Analyse strategischer Erfolgsfaktoren in der Marketingforschung*, Habilitation, Technische Universität Berlin.

Hildebrandt, L. und V. Trommsdorff (1989): Anwendungen der Erfolgsfaktorenanalyse im Handel, in: Trommsdorff, V. (Hrsg.): *Handelsforschung*, Gabler, Wiesbaden, S. 15-26.

Hisrich, R. D. und C. Brush (1987): Women Entrepreneurs: A Longitudinal Study, in: Churchill, N. C., K. H. Vesper, B. A. Kirchhoff, J. A. Hornaday und O. J. Krasner (Hrsg.): *Frontiers of Entrepreneurship Research*, Babson College, Wellesley, S. 187-199.

Hoad, W. M. und P. Rosko (1964): *Management Factors Contributing to the Success and Failure of New Small Manufactures*, University of Michigan, Ann Arbor.

Hobson, E. L. und R. M. Morrison (1983): How Do Corporate Start-up Ventures Fare?, in: Hornaday, J. A., J. A. Timmons und K. H. Vesper (Hrsg.): *Frontiers of Entrepreneurship Research*, Babson College, Wellesley, S. 390-410.

Hofer, C. W. und W. R. Sandberg (1987): Improving New Venture Performance. Some guideline for Success, in: *American Journal of Small Business*, Volume 12, Nr. 1, S. 11-25.

Homburg, C. (2000): *Quantitative Betriebswirtschaftslehre. Entscheidungsunterstützung durch Modelle*, 3. Auflage, Gabler, Wiesbaden.

Hull, C. J. und B. Hjern (1987): *Helping Small Firms*, Croom Helm, London.

Humpert, A. (1996): Türkische Selbstständige in Nordrhein-Westfalen – Empirische Ergebnisse einer Umfrage aus dem Jahre 1995, in: Sen, F. und A. Goldberg (Hrsg.): *Türken als Unternehmer. Eine Gesamtdarstellung und Ergebnisse neuerer Untersuchungen*, Leske + Budrich, Opladen, S. 99-144.

Hungenberg, H. (2004): *Strategisches Management in Unternehmen. Ziele – Prozesse – Verfahren*, 3. Auflage, Gabler, Wiesbaden.

Hunsdiek, D. und E. May-Strobl (1986): *Entwicklungslinien und Entwicklungsrisiken neugegründeter Unternehmen*, Poeschel, Stuttgart.

Hunsdiek, D. und E. May-Strobl (1987): *Gründungsfinanzierung durch den Staat*, Poeschel, Stuttgart.

Jacobsen, L. K. (2006): *Erfolgsfaktoren bei der Unternehmensgründung. Entrepreneurship in Theorie und Praxis*, Deutscher Universitäts-Verlag, Wiesbaden.

Jenner, T. (1999): *Determinanten des Unternehmenserfolges. Eine empirische Analyse auf Basis eines holistischen Untersuchungsansatzes*, Schäffer-Poeschel, Stuttgart.

Jones, T., G. Barrett und D. McEvoy (2000): Market Potential as a Decisive Influence on the Performance of Ethnic Minority Business, in: Rath, J. (Hrsg.): *Immigrant Businesses. The Economic, Political and Social Environment*, Macmillan Press, London, S. 37-53.

Jovanovic, B. (1982): Selection and the Evolution of Industry, in: *Econometrica*, Volume 50, Nr. 3, S. 649-670.

Jung, H. (2006): *Allgemeine Betriebswirtschaftslehre*, 10. Auflage, Oldenbourg, München.

Kamp, M. E. und W. Langen (1978): *Probleme neugegründeter Unternehmen – Eine empirische Untersuchung*, Göttingen.

Kemper, F.-J. (1997): Ausländer in Deutschland, Ethnische Vielfalt und regionale Schwerpunkte, in: *Geographische Rundschau*, Nr. 7-8, S. 392-398.

Kenneth, C. und S. Drinkwater (1998): Ethnicity and Self-employment in Britain, in: *Oxford Bulletin of Economics and Statistics*, Volume 60, Nr. 3, S. 383-407.

Klandt, H. (1984): *Aktivität und Erfolg des Unternehmensgründers. Eine empirische Analyse unter Einbeziehung des mikro-sozialen Umfeldes*, Eul Verlag, Bergisch Gladbach.

Klandt, H. (2006): *Gründungsmanagement: Der integrierte Unternehmensplan*, 2. Auflage, Oldenbourg, München.

Klees, S. (2008): *Kleine und mittlere Unternehmen in Deutschland*, Statistisches Bundesamt, Wiesbaden.

Kloosterman, R. und J. Rath (2001): Immigrant Entrepreneurs in Advanced Economies: Mixed Embeddedness Further Explored, in: *Journal of Ethnic and Migration Studies*, Volume 27, Nr. 2, S. 189-201.

Kloosterman, R., J. van der Leun und J. Rath (1999): Mixed Embeddedness: (In)formal Economic Activities and Immigrant Businesses in the Netherlands, in: *International Journal of Urban and Regional Research*, Volume 23, Nr. 2, S. 253-267.

Koch, L. T. (2001): Unternehmensgründung als Motor der wirtschaftlichen Entwicklung, in: Koch, L. T. und C. Zacharias (Hrsg.): *Gründungsmanagement*, Oldenbourg, München, S. 23-35.

Kohler, U. und F. Kreuter (2001): *Datenanalyse mit Stata. Allgemeine Konzepte der Datenanalyse und ihre praktische Anwendung*, Oldenbourg, München.

Kohn, K. und H. Spengler (2007): Unternehmensgründungen von Personen mit Migrationshintergrund, *KfW Wirtschafts-Observer online*, Nr. 27.

Korndörfer, W. (1999): *Allgemeine Betriebswirtschaftslehre. Aufbau, Ablauf, Führung, Leitung*, 12. Auflage, Gabler, Wiesbaden.

Kristof, K., M. Schmitt, B. Tuncer und S. Lubjuhn (2004): *Erfolgreich sein – Erfolgreich bleiben. Check für Unternehmen mit türkischem Migrationshintergrund. Ökonomische, soziale und ökologische Erfolgsfaktoren für kleinere und mittlere Unternehmen*, Wuppertal Spezial 32, Wuppertal Institut für Klima, Umwelt, Energie GmbH.

Kroiß, A. (2003): *Erfolgsfaktoren von Internet-Start-Ups. Eine empirische Untersuchung originärer deutscher Unternehmensgründungen nach Wachstumsphasen und Internet-Anbietersegmenten*, Dr. Kovač, Hamburg.

Kubicek, H. (1977): Heuristischer Bezugsrahmen und heuristisch angelegte Forschungsdesigns als Elemente einer Konstruktionsstrategie empirischer Forschung, in: Köhler, R. (Hrsg.): *Empirische und handlungstheoretische Forschungskonzeptionen in der Betriebswirtschaftslehre*, Poeschel, Stuttgart, S. 3-36.

Kuipers, M. (1990): *Erfolgsfaktoren der Unternehmungsgründung. Eine Untersuchung erfolgreicher und erfolgloser Unternehmungsgründer in der Schweiz*, Dissertation, Hochschule St. Gallen für Wirtschafts-, Rechts- und Sozialwissenschaften.

Landeshauptstadt Stuttgart (Hrsg.) (2007): *Stuttgarter Einwohnerdaten*, Stuttgart.

Lee, Y., T. Cameron, P. Schaeffer und C. G. Schmidt (1997): Ethnic Minority Small Business: A Comparative Analysis of Restaurants in Denver, in: *Urban Geography*, Volume 18, Nr. 7, S. 591-621.

Lehnert, N. (2003): Existenzgründungen durch Migranten in Deutschland. Ergebnisse des DtA-Gründungsmonitors 2002, in: DtA (Hrsg.): *Wirtschaftsdynamik durch Existenzgründungen von Migranten. Analysen auf Basis der DtA-Förderdaten und des DtA-Gründungsmonitors*, Bonn, S. 35-54.

Leicht, R. und M. Leiß (2007): Planen türkischstämmige Gründer und Unternehmer anders? Zum Einfluss von "Kultur" und individuellen Ressourcen, in: Meyer, J.-A. (Hrsg.): *Planung in kleinen und mittleren Unternehmen*, EUL Verlag, Lohmar, S. 469-484.

Leicht, R., M. Leiß und K. Hermes (2006): *Bedeutung der ausländischen Selbstständigen für den Arbeitsmarkt und den sektoralen Strukturwandel*, Institut für Mittelstandsforschung der Universität Mannheim, Mannheim.

Leicht, R., A. Humpert, M. Leiß, M. Zimmer-Müller, M. Lauxen-Ulbrich und S. Fehrenbach (2005): *Die Bedeutung der ethnischen Ökonomie in Deutschland. Push- und Pull-Faktoren für Unternehmensgründungen ausländischer und ausländischstämmiger Mitbürger*, Institut für Mittelstandsforschung der Universität Mannheim, Mannheim.

Light, I. H. (1972): *Ethnic Enterprise in America*, University of California Press, Berkeley.

Light, I. H. (1987): Unternehmer und Unternehmertum ethnischer Gruppen, in: *Kölner Zeitschrift für Soziologie und Sozialpsychologie / Sonderhefte*, Volume 28, S. 193-215.

Light, I. H. und S. J. Gold (2000): *Ethnic Economies*, Academic Press, London.

Light, I. H. und S. Karageorgis (1994): The Ethnic Economy, in: Smelser, N. J. und R. Swedberg (Hrsg.): *The Handbook of Economic Society*, Princeton University Press, Princeton, S. 647-671.

Light, I. H. und C. Rosenstein (1995): Expanding the Interaction Theory of Entrepreneurship, in: Portes, A. (Hrsg.): *The Economic Sociology of Immigration. Essays on Networks, Ethnicity, and Entrepreneurship*, Russel Sage Foundation, New York, S. 166-212.

Loeffelholz, H. D. von, A. Gieseck und H. Buch (1994): *Ausländische Selbstständige in der Bundesrepublik unter besonderer Berücksichtigung von Entwicklungsperspektiven in den neuen Bundesländern*, Duncker & Humblot, Berlin.

Lussier, R. N. und S. Pfeifer (2000): A Comparison of Business Success versus Failure Variables between U.S. and Central Eastern Europe Croatian Entrepreneurs, in: *Entrepreneurship: Theory & Practice*, Volume 24, Nr. 4, S. 59-67.

Mahnig, H. (2001): "Ist Deutschland wirklich anders?" Die deutsche Integrationspolitik im europäischen Vergleich, in: Currle, E. und T. Wunderlich (Hrsg.): *Deutsch-*

land - ein Einwanderungsland? Rückblick, Bilanz und neue Fragen, Lucius & Lucius, Stuttgart, S. 159-196.

Marger, M. N. (2001): The Use of Social and Human Capital among Canadian Business Immigrants, in: *Journal of Ethnic and Migration Studies*, Volume 27, Nr. 3, S. 439-453.

Marlow, S. (1997): Self-employed Women – New Opportunities, Old Challenges, in: *Entrepreneurship and Regional Development*, Volume 9, Nr. 3, S. 199-210.

Mars, G. und R. Ward (1984): Ethnic Business Development in Britain: Opportunities and Resources, in: Ward, R. und R. Jenkins (Hrsg.): *Ethnic Communities in Business. Strategies for Economic Survival*, Cambridge University Press, Cambridge, S. 1-19.

Mason, E. S. (1939): Price and Production Policies of Large-scale Enterprises, in: *American Economic Review*, Volume 29, Nr. 1, S. 61-74.

Mayer, K. B. und S. Goldstein (1961): *The First Two Years: Problems of Small Firm's Growth and Survival*, U.S. Government Printing Office, Washington, D.C.

Meyer-Scharenberg, D. E. (2002): Rechtsformwahl, in: Dowling, M. und H. J. Drumm (Hrsg.): *Gründungsmanagement*, Springer Verlag, Berlin u.a., S. 29-50.

Mincer, J. (1970): The Distribution of Labor Incomes: A Survey with Special Reference to the Human Capital Approach, in: *Journal of Economic Literature*, Volume 8, Nr. 1, S. 1-26.

Mincer, J. (1974): *Schooling, Experience and Earnings*, Columbia University Press, New York.

Müller-Böling, D. und H. Klandt (1993): Unternehmensgründung, in: Hauschild, J. und O. Grün (Hrsg.): *Ergebnisse empirischer betriebswirtschaftlicher Forschung*, Schäffer-Poeschel, Stuttgart, S. 135-178.

Münz, R. und R. Ulrich (1998): Migration und Integration von Zuwanderern. Optionen für Deutschland, in: *Informationen zur Raumentwicklung*, Nr. 11-12, S. 697-711.

Münz, R., W. Seifert und R. Ulrich (1999): *Zuwanderung nach Deutschland. Strukturen, Wirkungen, Perspektiven*, 2. Auflage, Campus, Frankfurt a.M./New York.

Neiswander, D. K. und J. M. Drollinger (1986): Origins of Successful Start-up Ventures, in: Ronstadt, R., R. Hornaday, R. Peterson und K. Vesper (Hrsg.): *Frontiers of Entrepreneurship Research*, Babson College, Wellesley, S. 328-343.

Nicolai, A. T. und A. Kieser (2002): Trotz eklatanter Erfolgslosigkeit: Die Erfolgsfaktorenforschung weiter auf Erfolgskurs, in: *Die Betriebswirtschaft*, Volume 62, Nr. 6, S. 579-596.

Oc, T. und S. Tiesdell (1999): Supporting Ethnic Minority Business: A Review of Business Support for Ethnic Minorities in City Challenge Areas, in: *Urban Studies*, Volume 36, Nr. 10, S. 1723-1746.

Oliveira, C. R. (2007): Understanding the Diversity of Immigrant Entrepreneurial Strategies, in: Dana, L.-P. (Hrsg.): *Handbook of Research on Ethnic Minority Entrepreneurship. A Co-evolutionary View on Resource Management*, Edward Elgar, Cheltenham/Northampton, S. 61-82.

Öztürk, R. (2001): *Eine mikroökonometrische Analyse der Bestimmungsfaktoren für die Selbstständigkeit von Ausländern*, LIT Verlag, Münster.

Picot, A., U.-D. Laub und D. Schneider (1989): *Innovative Unternehmensgründungen*, Springer Verlag, Berlin u.a.

Pindyck, R. S. und D. L. Rubinfeld (1997): *Econometric Models and Econometric Forecasts*, 4. Auflage, McGraw-Hill Verlag, Boston.

Porter, J. (1981): The Urban Middleman: A Comparative Analysis, in: *Comparative Social Research*, Volume 4, S. 199-215.

Portes, A. (1987): The Social Origins of Urban Enclave Economy of Miami, in: *Sociological Perspectives*, Volume 30, Nr. 4, S. 340-372.

Portes, A. (1995): Economic Sociology and the Sociology of Immigration: A Conceptual Overview, in: Portes, A. (Hrsg.): *The Economic Sociology of Immigration. Essays on Networks, Ethnicity, and Entrepreneurship*, Russel Sage Foundation, New York, S. 1-41.

Portes, A. und K. L. Wilson (1980): "Immigrant Enclaves": An Analysis of the Labour Market Experiences of Cubans in Miami, in: *American Journal of Sociology*, Volume 86, Nr. 2, S. 295-319.

Pütz, R. (2000): Von der Nische zum Markt? Türkische Einzelhändler im Rhein-Main-Gebiet, in: Escher, A. (Hrsg.): *Ausländer in Deutschland. Probleme einer transkulturellen Gesellschaft aus geographischer Sicht*, Mainzer Kontaktstudium Geographie, Nr. 6, S. 27-39.

Pütz, R. (2003): Berliner Unternehmer türkischer Herkunft: "Ethnic" Business, in: *Die Erde*, Volume 134, Nr. 3, S. 257-275.

Preisendörfer, P. und T. Voss (1990): Organizational Mortality of Small Firms: The Effects of Entrepreneurial Age and Human Capital, in: *Organization Studies*, Volume 11, Nr. 1, S. 107-129.

Reynolds, P. D. und S. B. White (1997): *The Entrepreneurial Process: Economic Growth, Men, Women, and Minorities*, Quorum Books, Westport.

Robinson, W. T. (1990): Product Innovation and Start-up Business Market Share Performance, in: *Management Science*, Volume 36, Nr. 10, S. 1279-1289.

Rockart, J. F. (1979): Chief Executives Define Their Own Data Needs, in: *Harvard Business Review*, Volume 57, Nr. 2, S. 81-93.

Ronning, G. (1991): *Mikroökonometrie*, Springer Verlag, Berlin u.a.

Sandberg, W. R. (1986): *New Venture Performance. The Role of Strategy and Industry Structure*, Lexington Books, Lexington.

Sapienza, H. J. und C. M. Grimm (1997): Founder Characteristics, Start-up Process, and Strategies/Structure Variables as Predictors of Shortline Railroad Performance, in: *Entrepreneurship: Theory & Practice*, Volume 22, Nr. 1, S. 5-24.

Schüßler, R. und T. Voss (1988): *Bedingungen des Überlebens von Kleinbetrieben*, Institut für Soziologie der Universität München.

Schultz, T. W. (1960): Capital Formation by Education, in: *Journal of Political Economy*, Volume 68, S. 571-583.

Schultz, T. W. (1961): Investment in Human Capital, in: *American Economic Review*, Volume 51, Nr. 1, S. 1-17.

Sen, F. und M. Sauer (2005): *Türkische Unternehmer in Berlin. Struktur – Wirtschaftskraft – Problemlagen*, Berliner Beiträge zur Integration und Migration, Berlin.

Sequeira, J. M. und A. A. Rasheed (2004): The Role of Social and Human Capital in the Start-up and Growth of Immigrant Business, in: Stiles, C. H. und C. S. Galbraith (Hrsg.): *Ethnic Entrepreneurship: Structure and Process*, Elsevier Science, Amsterdam, S. 77-94.

Sexton, E. A. und P. B. Robinson (1989): The Economic and Demographic Determinants of Self-employment, in: Brockhaus, R. H., N. C. Churchill, J. A. Katz, B. A. Kirchhoff, K. H. Vesper und W. E. Wetzel (Hrsg.): *Frontiers of Entrepreneurship Research*, Babson College, Wellesley, S. 28-42.

Shapero, A. (1975): The Displaced, Uncomfortable Entrepreneur, in: *Psychology Today*, Volume 9, S. 83-86.

Shaver, K. G. und L. R. Scott (1991): Person, Process, Choice: The Psychology of New Venture Creation, in: *Entrepreneurship: Theory & Practice*, Volume 16, Nr. 2, S. 23-45.

Smolny, W. und M. Alpert (2006): *Der Ausbildungsmarkt und das Ausbildungspotenzial von Unternehmen mit Inhaberinnen und Inhabern mit Migrationshintergrund in der Region Ulm*, Institut für Wirtschaftspolitik der Universität Ulm, Ulm.

Smolny, W. und M. Alpert (2009): *Selbstständige mit Migrationshintergrund im Wirtschaftsraum Ulm/Neu-Ulm*, Institut für Wirtschaftspolitik der Universität Ulm, Ulm..

Stadt Ulm (Hrsg.) (2008): *Statistisches Jahrbuch 2007*, Ulm.

Stadtentwicklungsverband Ulm/Neu-Ulm (Hrsg.) (2008): *Wirtschaft 2008. Daten und Fakten*, Neu-Ulm.

Stearns, T. M., N. M. Carter, P. D. Reynolds und M. L. Williams (1995): New Firm Survival: Industry, Strategy, and Location, in: *Journal of Business Venturing*, Volume 10, Nr. 1, S. 23-42.

Statistisches Bundesamt (2009a): *Bevölkerung und Erwerbstätigkeit. Bevölkerung mit Migrationshintergrund*, Fachserie 1, Reihe 2.2, Wiesbaden.

Statistisches Bundesamt (2009b): *Statistisches Jahrbuch 2009*, Wiesbaden.

Statistisches Bundesamt (2009c): *Unternehmen und Arbeitsstätten. Gewerbeanzeigen. Dezember und das Jahr 2008*, Fachserie 2, Reihe 5, Wiesbaden.

Statistisches Bundesamt (2009d): *Bevölkerung und Erwerbstätigkeit. Einbürgerungen*, Fachserie 1, Reihe 2.1, Wiesbaden.

Storey, D. J. (1994): *Understanding the Small Business Sector*, Routledge, London.

Struck, J. (1995): *Ost-Betriebe: Zwischen Wachstumsdynamik und Liquiditätsengpässen*, Wissenschaftliche Reihe der deutschen Ausgleichsbank, Nr. 2, Bonn.

Stuart, R. W. und P. A. Abetti (1990): Impact of Entrepreneurial and Management Experience on Early Performance, in: *Journal of Business Venturing*, Volume 5, Nr. 3, S. 151-162.

Szyperski, N. und K. Nathusius (1977): *Probleme der Unternehmensgründung – eine betriebswirtschaftliche Analyse unternehmerischer Startbedingungen*, Stuttgart.

Täuber, M. (2003): Förderung ausländischer Existenzgründer durch die deutsche Ausgleichsbank. Eine Förderbilanz der Jahre 1990-2002, in: DtA (Hrsg.): *Wirtschaftsdynamik durch Existenzgründungen von Migranten. Analysen auf Basis der DtA-Förderdaten und des DtA-Gründungsmonitors* , Bonn, S. 1-33.

Thompson, D.-M. (2001): Entrepreneurial Success Factors Ten Years Later: Toward a Theory of "Developmental Entrepreneurship", in: Bygrave, W. D. (Hrsg.): *Frontiers of Entrepreneurship Research*, Babson College, Wellesley.

Tolciu, A. und A.-J. Schaland (2008): Selbstständige Migranten in Deutschland, in: *Wirtschaftsdienst*, Volume 88, Nr. 8, S. 536-542.

Vahs, D. v. (2003): Entwicklung einer Geschäftsidee, in: Pepels, W. (Hrsg.): *BWL-Wissen zur Existenzgründung*, Expert-Verlag, Renningen, S. 1-25.

Van Praag, C. M. (2003): Business Survival and Success of Young Small Business Owners, in: *Small Business Economics*, Volume 21, Nr. 1, S. 1-17.

Van Praag, C. M. und J. S. Cramer (2001): The Roots of Entrepreneurship and Labour Demand: Individual Ability and Low Risk Aversion, in: *Economica*, Volume 68, Nr. 269, S. 45-62.

Volery, T. (2007): Ethnic Entrepreneurship: A Theoretical Framework, in: Dana, L.-P. (Hrsg.): *Handbook of Research on Ethnic Minority Entrepreneurship. A Co-evolutionary View on Resource Management*, Edward Elgar, Cheltenham/Northampton, S. 30-41.

Volkmann, C. K. und K. O. Tokarski (2006): *Entrepreneurship. Gründung und Wachstum von jungen Unternehmen*, Lucius & Lucius, Stuttgart.

Waldinger, R., H. E. Aldrich und R. Ward (1990): Opportunities, Group Characteristics and Strategies, in: Waldinger, R., H. E. Aldrich und R. Ward (Hrsg.): *Ethnic Entrepreneurs. Immigrant Business in Industrial Societies*, Sage Publications, Newbury Park u.a., S. 13-48.

Wannenwetsch, H. (2004): *Integrierte Materialwirtschaft und Logistik. Beschaffung, Logistik, Materialwirtschaft und Produktion*, 2. Auflage, Springer Verlag, Berlin u.a.

Wetzel, W., M.-D. Jöhnk und P. Naeve (1967): *Statistische Tabellen*, Verlag Walter de Gruyter & Co., Berlin.

Wiebe, D. (1982): Sozialgeographische Aspekte ausländischer Gewerbetätigkeiten in Kiel, in: *Zeitschrift für Wirtschaftsgeographie*, Volume 26, Nr. 3, S. 69-78.

Wiebe, D. (1984): Zur sozioökonomischen Bedeutung der türkischen Gewerbetreibenden in der Bundesrepublik Deutschland, in: Brandt, H. J. und C.-P. Haase (Hrsg.): *Begegnungen mit Türken, Begegnungen mit dem Islam*, Hamburg, S. 319-326.

Williamson, O. E. (1975): *Markets and Hierarchies*, Free Press, New York.

Winkelmann, R. und S. Boes (2006): *Analysis of Microdata*, Springer Verlag, Berlin u.a.

Winker, P. (2006): *Empirische Wirtschaftsforschung und Ökonometrie*, 2. Auflage, Springer Verlag, Berlin u.a.

Wöhe, G. (2005): *Einführung in die Allgemeine Betriebswirtschaftslehre*, 22. Auflage, Verlag Vahlen, München.

Wolf, J. (2003): *Organisation, Management, Unternehmensführung. Theorien, Praxisbeispiele und Kritik* , 1. Auflage, Gabler, Wiesbaden.

Woywode, M. (2004): Wege aus der Erfolglosigkeit der Erfolgsfaktorenforschung, in: KfW Bankengruppe (Hrsg.): *Was erfolgreiche Unternehmen ausmacht. Erkenntnisse aus Wissenschaft und Praxis*, Physica-Verlag, Heidelberg, S. 15-48.

Woywode, M. und J. Struck (2004): Zu den Ursachen des Erfolgs staatlich geförderter Unternehmen: Ergebnisse einer aktuellen empirischen Untersuchung, in: KfW

Bankengruppe (Hrsg.): *Was erfolgreiche Unternehmen ausmacht. Erkenntnisse aus Wissenschaft und Praxis*, Physica-Verlag, Heidelberg, S. 89-138.

Yuengert, A. M. (1995): Testing Hypotheses of Immigrant Self-Employment, in: *Journal of Human Resources*, Volume 30, Nr. 1, S. 194-204.

Zentrum für Türkeistudien (Hrsg.) (1989): *Türkische Unternehmensgründungen: von der Nische zum Markt*, Leske + Budrich, Opladen.

Zentrum für Türkeistudien (Hrsg.) (1991): *Ausländische Betriebe in Nordrhein-Westfalen. Eine vergleichende Untersuchung zur unternehmerischen Selbstständigkeit von Türken, Italienern, Griechen und Jugoslawen*, Leske + Budrich, Opladen.